大学物理（上册）

UNIVERSITY PHYSICS

主　编　竹有章

副主编　韩星星　赵学阳

参　编　焦春红　刘兆梅　马　琳

西安交通大学出版社
XI'AN JIAOTONG UNIVERSITY PRESS

内容提要

本教材前期作为讲义，已经过多期试用，在编写过程中吸收了教师和学生的意见，参考了国内外多部相关教材，结合了当前理工科院校关于课程“高阶性、创新性、挑战度”的要求，特别注意满足应用型本科学生发展的需求。本书在落实基本知识、原理的基础上，着重强调学生应用能力和创新意识培养，同时内容上探索了科学思维、科学家精神等元素的融入。

上册包括力学和电磁学两部分内容。

本教材可以作为高等院校，尤其是应用型大学理工类（非物理）各专业大学物理课的教材，也可作为成人教育相关专业的参考书，也可供自学者使用。

图书在版编目（CIP）数据

大学物理．上册/竹有章主编；韩星星，赵学阳副主编．—西安：西安交通大学出版社，2023.1(2025.1 重印)
ISBN 978-7-5693-2901-8

Ⅰ.①大… Ⅱ.①竹… ②韩… ③赵… Ⅲ.①物理学—高等学校—教材 Ⅳ.①O4-33

中国版本图书馆 CIP 数据核字(2022)第 218231 号

DAXUE WULI(SHANGCE)
书　　名 大学物理（上册）
主　　编 竹有章
副 主 编 韩星星　赵学阳
责任编辑 刘雅洁
责任校对 毛　帆
封面设计 任加盟

出版发行 西安交通大学出版社
（西安市兴庆南路 1 号　邮政编码 710048）
网　　址 http://www.xjtupress.com
电　　话 (029)82668357　82667874（市场营销中心）
(029)82668315（总编办）
传　　真 (029)82668280
印　　刷 陕西奇彩印务有限责任公司

开　　本 787mm×1092mm　1/16　**印张** 14.75　**字数** 364 千字
版次印次 2023 年 1 月第 1 版　2025 年 1 月第 2 次印刷
书　　号 ISBN 978-7-5693-2901-8
定　　价 37.00 元

如发现印装质量问题，请与本社市场营销中心联系。
订购热线：(029)82665248　(029)82667874
投稿热线：(029)82664954
读者信箱：liuyajie@xjtu.edu.cn

前 言

大学物理课程是高校理工类专业学生必修的一门基础课，学生通过该课程的学习能够理解自然界物质的结构、性质、相互作用及其运动的基本规律，为后续专业课程的学习奠定必要的物理基础。同时，学生在学习过程中能够掌握科学的思维方式，培养解决问题的思路和方法。大学物理的学习对学生创新意识、创新精神和科学素养的培养具有重要作用。

本教材是按照高等院校工科类专业大学物理课程基本要求，从科技发展对高素质创新型应用型人才培养的总要求出发，遵循“加强基础、注重应用、增强素质（课程思政）、培养能力”的教学目标，遵循以学生为中心的教学理念，在编者多年教学经验的基础上，参照前期历年出版的教材编写而成。

本教材的编写立足于知识的传授，重视基本概念的引入、基本原理的阐述，避免一些复杂的推导过程。为了提高学生对基本概念、原理的理解，习题中增加了简答题的题型；着眼于能力、素质的培养和提高，强调解决问题思路的引导和训练，教材中增加了实际应用的内容和应用型的习题；重视科学素养、价值观、家国情怀的培养，教材中引入物理学发展过程中的重要事件、物理学家的故事、中国对物理学的贡献和当前科技成就等相关内容。

本教材重视引导学生自主学习，在内容的安排上，每章开头设置预习提要，章末设置本章小结；排版上采用了分栏的方式，将大学物理主要知识体系和辅助内容分开，中间一般为知识中心内容，图、想一想、小贴士、解题指导等作为辅助内容安排在边栏。这样既保持了主体内容的连贯，也保证了边栏内容对主体内容的补充和扩展，适合学生自学。每章后安排了思考题和习题。思考题引导学生对基本内容的深入思考；习题设置了简答题、计算题和应用题三种题型，从对有关基本概念和规律的分析讨论，到处理问题的思路、方法，再到知识的应用，层层递进，形成一个完整的框架结构。学生通过完成思考题和习题可以实现对知识内容的运用，也能够实现对所学内容掌握程度的检验。同时，为了适应不同教学的要求，书中安排了以“*”标注的内容作为正文的延伸或补充，用以选学或作为学有余力学生的阅读材料。

本教材分为上下两册，上册编写情况如下：竹有章编写了第1章(质点运动学)和第3章(刚体)，焦春红编写了第2章(动力学基本定律)，刘兆梅编写了第4章(静电场)，韩星星编写了第5章(恒定磁场)，竹有章、马琳编写了第6章(电磁感应与电磁场)和附录，竹有章和赵学阳负责全书统稿。

本教材的编写始终得到西安交通大学城市学院大学物理教学开创者李甲科教授的关心和支持，李教授对于内容优化和选取给予编者持续指导，并提供了大量的素材；编者曾多次求教西安交通大学王小力教授，王教授关于教材编写思路、课程思政等相关内容给了很多指导和建议；西安交通大学城市学院物理教学部牛海波教授为教材编写做了大量工作，多次组织讨论并对教材编写目标、原则和内容给予建设性意见。本教材是在西安交通大学城市学院教材建设项目的支持下完成的，在这里表示感谢。本教材也吸收了其他教材优秀的思想和内容并以讲义的形式试用了两期。在试用中，很多老师和同学提出了宝贵的建议。在这里向这些老师和同学表示感谢。在教材出版的过程中，关于教材内容表达、版面设计、图形绘制，西安交通大学出版社编辑付出了巨大的劳动，编者对他们深表感谢。

由于编者水平有限，教材还有很多未尽之处，希望读者批评指正、不吝赐教，这里也向读者表示感谢。

编　者

目　录

第一部分　力　学

第二部分　电磁学

附　录

第一部分 力学

物理学研究自然界中最基本的现象和规律，一切物理现象都是物质运动的表现。

在各种形态的物质运动中，最简单的一种运动是物体位置随时间的变动。宏观物体之间（或物体内各部分之间）的相对位置变动，例如，各种交通工具的行驶、大气和河水的流动、天体的运行等，称为机械运动（mechanical motion）。

各种自然现象之间都存在着一定的内在联系，任何高级的复杂的实际运动形式都包含着简单的基本的运动形式。例如分子热运动、电磁运动以及原子中电子的运动等，几乎所有的运动形式都包含着机械运动形式。力学研究机械运动的规律及其应用，因而力学不仅是物理学乃至整个自然科学的基础，也是各种工程技术的基础。

力学 (mechanics) 的研究对象是机械运动。经典力学研究的是在弱引力场中宏观物体的低速运动。通常把力学分为运动学 (kinematis)、动力学 (dynamics) 和静力学 (statics)。运动学只描述物体的运动，不涉及引起运动和改变运动的原因；动力学则研究物体的运动与物体间相互作用的内在联系；静力学研究物体在相互作用下的平衡问题。

根据研究对象的不同，力学又可分为质点力学和刚体力学。本书力学部分共三章，包括质点运动学、质点动力学和刚体力学基础等内容。学好力学部分对后续内容以及其他课程的学习是大有裨益的。

第1章　质点运动学

自然界几种运动形式包括机械运动、分子热运动、电磁运动、原子和原子核运动以及其他微观粒子运动等，机械运动是这些运动中最简单、最常见的运动形式，其基本形式有平动和转动。在平动过程中，若物体内各点的位置没有相对变化，那么各点所移动的路径完全相同，可用物体上任一点的运动来代表整个物体的运动。在力学中，研究物体的位置随时间变化规律的分支称为运动学。

本章主要内容：位置矢量、位移、速度和加速度、质点的运动方程、切向加速度、法向加速度和相对运动等。

本章的内容不是对高中物理内容地简单重复，它包含许多新的物理思想和数学方法，须认真学习。

预习提要：

1. 力学研究的对象是什么？
2. 为什么要引入质点的概念？
3. 如何描述质点所处的位置？理解参考系、坐标系等概念。
4. 如何描述质点位置的变化？
5. 物理量中什么是状态量(瞬时量)，什么是过程量？
6. 什么是运动学方程，为什么说它包含了质点运动的全部信息？
7. 理解质点速度、加速度定义，体会利用矢量描述质点运动的速度、加速度方法及运算关系。
8. 了解直线运动、斜抛运动、圆周运动三种运动的状态描述方法和运动特征。
9. 什么是相对运动，你了解的相对运动有哪些？理解描述相对运动的方法。

1.1 质点运动的描述

1.1.1 质点 参考系 坐标系

1. 质点

任何物体都有大小和形状，在研究机械运动时，物体的形状和大小是千差万别的。一般说来，物体在运动时各部分的位置变化是不同的，物体的运动情况是非常复杂的。

例如，平直公路上行驶的汽车，汽车车身平动，车轮除了随车身平动外还在绕车轴转动。

对有些场合(如落体受到空气的阻力问题)，物体的形状和大小是重要的；但在很多问题中，这些差别对物体运动的影响不大，若不涉及物体的转动和形变，我们可暂不考虑它们的形状和大小，把它们当作一个具有质量的点(即质点)来处理。

也就是说，研究物体某些运动的时候，物体上各部分的差异为次要因素，物体的大小和形状可以忽略不计，把物体当作一个有质量的几何点，称为**质点**。质点是一个理想模型。

什么样的物体可以看作质点呢?

一个物体能否当作质点，并不取决于它的实际大小，而是取决于研究问题的性质。

例如，人们常把单摆的摆球、在电场中运动的带电粒子等当作质点。又如，同样是地球，在研究它绕日公转时，可以将它看作质点；在研究它的自转问题时，就不能把它当作质点处理了。

质点是力学中重要的概念，质点的选用使很多物体的运动描述变得简单，其运动规律变得明晰。同时，对于一般的物体，如果不能当作质点时，可以把整个物体看作是由许多质点组成的质点系(system of particle)。分析这些质点的运动，就可以弄清楚整个物体的运动。因此研究质点的运动是研究实际物体复杂运动的基础。

如果不作说明，本章的研究对象是质点。

想一想：

由于物体大小形状的影响，物体运动一般很复杂，描述清楚其运动非常困难，更不用说找到其运动规律了。那如何才能消除物体大小、形状的影响对物体运动进行描述呢?

小贴士：

理想模型

物理学中某些情况下为了突出研究对象的主要性质，暂不考虑一些次要的因素，引入的一个理想化的模型来代替实际的物体，称作理想模型。其主要思路是突出重要因素，选取适当的模型代替实际物体，通过研究这个理想化模型状态和行为，从而获得物体运动或演变的基本规律。它是物理学中的重要思想和方法，并成功地解决了很多物理问题。物理学习过程中我们要深刻理解这些成功的范例，并练习运用这种方法解决一些实际的问题。

理想化模型法的思想和方法对我们的启示：不论是生活中还是工作中也应该重视并善于抓关键、抓重点，集中主要力量解决主要矛盾，同时也学会统筹兼顾，恰当处理次要矛盾。

2. 参考系

质点运动时，其位置通常随着时间不断变化。研究质点的运动，首先要描述任意时刻质点的位置。

1)运动的绝对性与相对性

(1)运动的绝对性：在自然界中所有的物体都在不停地运动，绝对不动的物体是没有的。

例如：放在桌子上的书相对于桌子是静止的，但它却随地球一起绕太阳运动，这就是运动的绝对性。

(2)运动的相对性：描述物体的运动或静止总是相对于某个选定的物体而言的，即观察一个物体的运动时，总是选取其他的物体作为参考物。选取的参考物不同，对物体运动的描述也是不一样的，这就是运动的相对性。

例如，一辆运动的汽车，车上的人和地面上的人观察到的汽车运动是不一样的。

2)参考系(reference system)的定义

为描述物体的运动而选择的标准物(或物体组)称为参考系。

3)说明

(1)参考系的选择是任意的，主要根据问题的性质和研究方便而定。例如：

月亮相对于地球的运动——以地球为参考系，如图 1.1 所示，图中实线表示月亮运动的轨迹；

月亮相对于太阳的运动——以太阳为参考系，如图 1.2 所示，图中实线表示月亮运动的轨迹。

(2)在描述物体的运动时，必须指明参考系。参考系不同，对同一物体运动的描述是不同的。例如，匀速运动的火车上落下一物体：

以火车作为参考系——自由落体运动，直线；

以地面作为参考系——平抛运动，抛物线。

(3)本书中若不指明参考系，一般认为以地面为参考系。

3. 坐标系

为了定量确定物体相对于参考系的位置，需要在参考系上选定一个固定的坐标系。

坐标系的原点一般选在参考系上，并取通过原点标有单位长度的有向直线作为坐标轴。

坐标系是由参考系抽象而成的数学框架。常用的坐标系有直角坐标系，还有其他坐标系，如极坐标系(polar coordination)、柱坐标系(cylindrical coordination)、球坐标系(spherical coordination)和自然坐标系(natural coordination)等。

物理学中常用的坐标系是直角坐标系，如图 1.3 所示，

x 方向单位矢量：$\boldsymbol{i}$

y 方向单位矢量：$\boldsymbol{j}$

z 方向单位矢量：$\boldsymbol{k}$

坐标系的选择是任意的，主要是为研究问题提供方便。坐标系的选择不同，描述物体运动的方程是不同的，但对物体运

小贴士：

物体长度的数量级

质子的半径：10^{-15} m
原子的半径：10^{-10} m
病毒的线度：10^{-7} m
阿米巴原虫的线度：10^{-4} m
人的身长：10^{0} m
珠穆朗玛峰的高度：10^{4} m
地球半径：10^{7} m
太阳半径：10^{9} m
太阳系半径：10^{13} m
地球距离最近恒星(比邻星)的距离：10^{16} m
银河系的尺度：10^{21} m

小贴士：

地球公转轨道平均半径：1.5×10^{8} km
地球半径：6370 km
两者之比：2.33×10^{4}

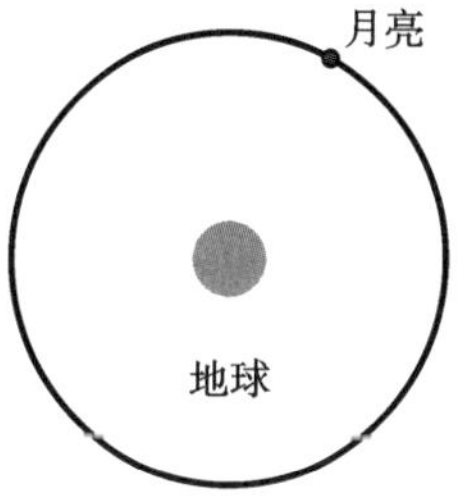

图 1.1　以地球为参照系

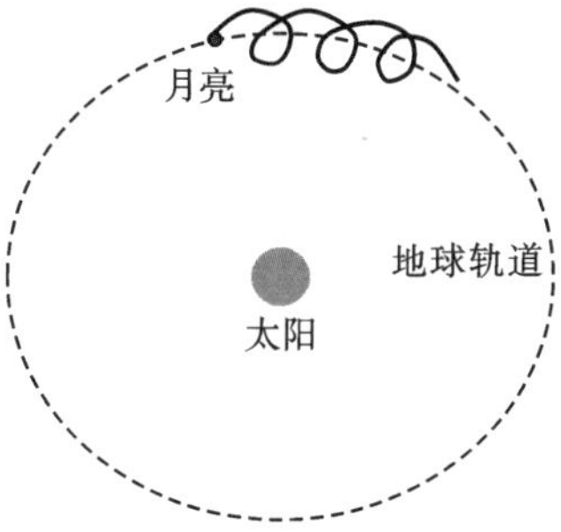

图 1.2　以太阳为参照系

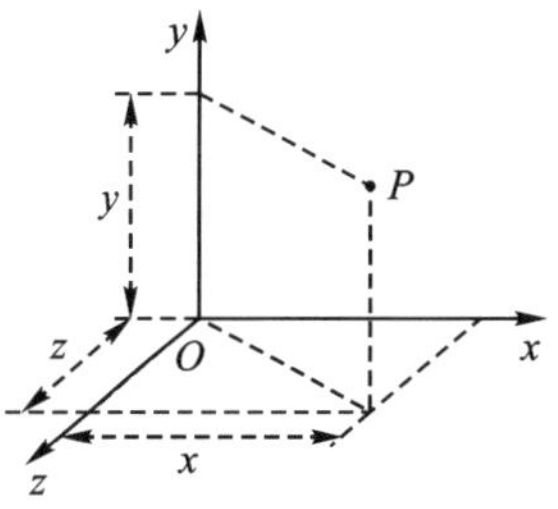

图 1.3　直角坐标系

动的规律没有影响。

> **小贴士：**
> 日常生活中同学们一般不区分时间和时刻的概念，但在物理学习中应重视这两个概念的差异。

4. 时间和时刻

物体的运动不能脱离空间，也不能脱离时间；因此要定量描述物体的运动，还要建立适当的时间坐标轴。时间轴上的点表示**时刻**，它与物体的某一位置相对应，通常用 t 表示；两个时刻之间的间隔表示**时间**，它与物体位置的某一变化过程相对应，通常用 Δt 表示。

1.1.2　位置矢量、运动方程、位移

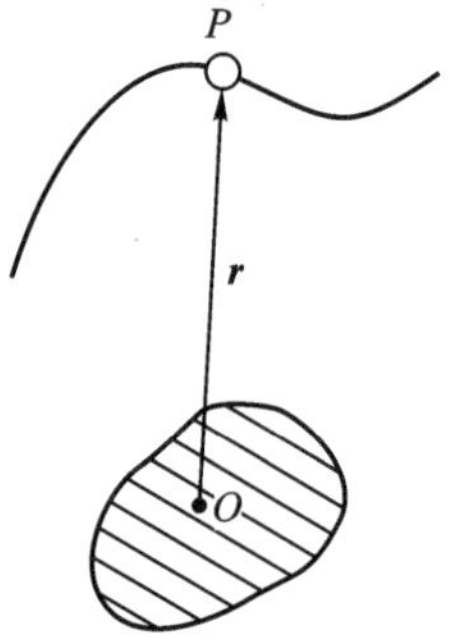

图 1.4　位置矢量

1. 位置矢量及运动学方程

要描述一个质点的运动，首要问题是如何确定质点相对于参考系的位置。如图 1.4 所示，可以在参考系上取一点 O，称之为原点，从原点 O 到质点所在的位置 P 的有向线段能唯一地确定质点相对于参考系的位置。因而定义**从原点 O 到质点所在的位置 P 点的有向线段 $\boldsymbol{r}$，叫作位置矢量或位矢。**

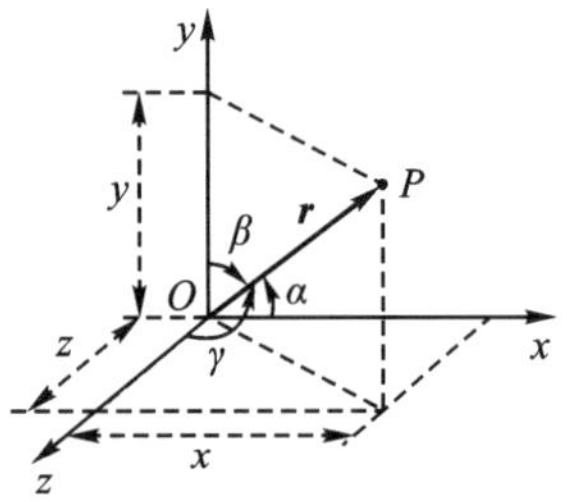

图 1.5　直角坐标系中位置矢量

在直角坐标系中，如图 1.5 所示。如果位置矢量 $\boldsymbol{r}$ 在 x、y 和 z 轴上的分量(即投影)分别为 x、y 和 z，以 $\boldsymbol{i}$、$\boldsymbol{j}$ 和 $\boldsymbol{k}$ 分别表示 x、y 和 z 轴上的单位矢量，位置矢量写作

$$\boldsymbol{r}=x\boldsymbol{i}+y\boldsymbol{j}+z\boldsymbol{k} \tag{1.1}$$

位置矢量 $\boldsymbol{r}$ 大小：$r=\sqrt{x^2+y^2+z^2}$

位置矢量 $\boldsymbol{r}$ 的方向由该矢量与 x、y 和 z 轴的夹角 α、β 和 γ 来确定，有如下关系：

$$\cos\alpha=\frac{x}{r}$$

$$\cos\beta=\frac{y}{r}$$

$$\cos\gamma=\frac{z}{r}$$

说明：

①位置矢量是矢量，有大小和方向。

②位置矢量具有瞬时性，运动质点在不同时刻的位置矢量是不同的。

③位置矢量具有相对性，位置矢量的大小和方向，与参考系以及坐标系的原点的选择有关。在不同的参考系中，同一质点的位置矢量是不同的。

> **小贴士：**
> **物理中的状态量**
> 描述某一时刻的物理量叫作状态量，也叫瞬时量。大家在学习时关注哪些物理量是状态量。

④国际单位制中，位置矢量大小的单位是米(m)。

2. 质点的运动方程和轨迹

质点运动时，它相对坐标原点 O 的位置矢量 $\boldsymbol{r}$ 是随时间变化的。因此，$\boldsymbol{r}$ 是时间的函数，如图 1.6 所示，即

矢量式　$$\boldsymbol{r}=\boldsymbol{r}(t) \tag{1.2}$$

标量式　$$\begin{cases} x=x(t) \\ y=y(t) \\ z=z(t) \end{cases} \tag{1.3}$$

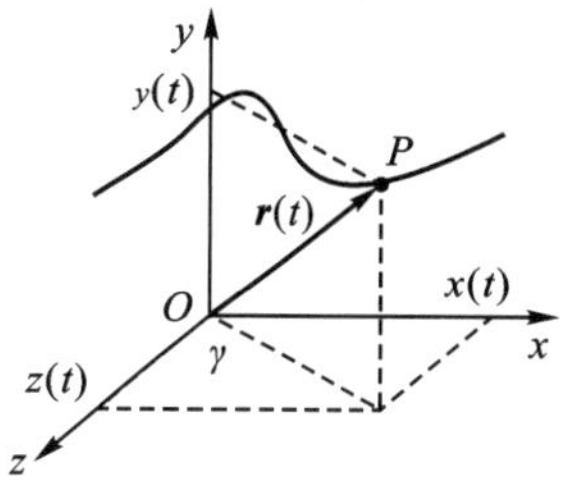

图 1.6　运动学方程

式中，t 表示质点运动的时刻。这就是质点运动方程，直角坐标系中运动方程写为

$$\boldsymbol{r}=x(t)\boldsymbol{i}+y(t)\boldsymbol{j}+z(t)\boldsymbol{k} \tag{1.4}$$

运动方程中包含了质点运动的全部信息。因此运动学的重要任务之一，就是找出各种具体运动所遵循的运动方程，或者说知道运动方程，也就可以解决质点的运动问题。

质点运动时，在坐标系中描绘的线称为质点运动的轨迹。即在运动方程的分量式中，消去时间 t 得 $f(x,y,z)=0$，**此方程称为质点的轨迹方程(轨道方程)。**

> **小贴士：**
>
> 我们通常所说质点做直线还是曲线运动就是利用运动轨迹方程来判断的。例如质点运动的轨迹是直线，则质点做直线运动；质点运动的轨迹是曲线，则质点做曲线运动。

例 1.1　质点做自由落体运动的运动方程为

$$y=\frac{1}{2}gt^2$$

例 1.2　质点做平抛运动的运动方程为

$$\begin{cases} x=v_0 t \\ y=\dfrac{1}{2}gt^2 \end{cases}$$

从以上运动方程中消去 t，则质点的轨迹方程为

$$y=\frac{g}{2v_0^2}x^2$$

3. 位移

1)位移的概念

位移是描述质点位移变化的物理量。

如图 1.7 所示，质点运动，t_1时刻位置为 P_1，t_2时刻位置为 P_2。质点相对于原点的位置矢量由 $\boldsymbol{r}(t_1)$(也可以记作 $\boldsymbol{r}_1$)变化到 $\boldsymbol{r}(t_2)$(也可以记作 $\boldsymbol{r}_2$)，我们**把由始点 P_1 到终点 P_2 的有向线段 P_1P_2 定义为质点的位移矢量，简称位移。**

$$\Delta\boldsymbol{r}=\boldsymbol{r}(t_2)-\boldsymbol{r}(t_1) \text{ 或 } \Delta\boldsymbol{r}=\boldsymbol{r}_2-\boldsymbol{r}_1 \tag{1.5}$$

在 Δt 这段时间内位移的增量 $\Delta\boldsymbol{r}=\boldsymbol{r}(t_2)-\boldsymbol{r}(t_1)$称为质点在 Δt 时间内的位移。

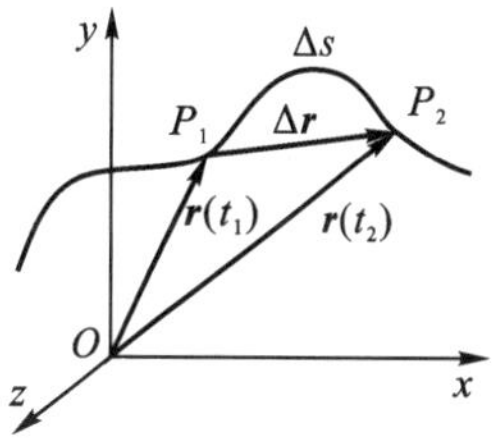

图 1.7　曲线运动中的位移和路程

2)位移的计算

由式(1.5)可知位移 $\Delta\boldsymbol{r}=\boldsymbol{r}_2-\boldsymbol{r}_1$ 等于终点 P_2与始点 P_1 的位置矢量之差。在直角坐标中，如图 1.7 所示，质点运动到 P_1 点和 P_2 点位置矢量可以分别写作：

$$\boldsymbol{r}_1=x_1\boldsymbol{i}+y_1\boldsymbol{j}+z_1\boldsymbol{k}$$
$$\boldsymbol{r}_2=x_2\boldsymbol{i}+y_2\boldsymbol{j}+z_2\boldsymbol{k}$$

$$\Delta \boldsymbol{r}=\boldsymbol{r}_2-\boldsymbol{r}_1=(x_2\boldsymbol{i}+y_2\boldsymbol{j}+z_2\boldsymbol{k})-(x_1\boldsymbol{i}+y_1\boldsymbol{j}+z_1\boldsymbol{k})$$
$$=(x_2-x_1)\boldsymbol{i}+(y_2-y_1)\boldsymbol{j}+(z_2-z_1)\boldsymbol{k} \tag{1.6}$$

大小：$|\Delta \boldsymbol{r}|=\sqrt{(x_2-x_1)^2+(y_2-y_1)^2+(z_2-z_1)^2}$

$$方向：\begin{cases}\cos\alpha=\dfrac{x_2-x_1}{|\Delta \boldsymbol{r}|}\\ \cos\beta=\dfrac{y_2-y_1}{|\Delta \boldsymbol{r}|}\\ \cos\gamma=\dfrac{z_2-z_1}{|\Delta \boldsymbol{r}|}\end{cases} \tag{1.7}$$

由以上内容可以看出位移为矢量，方向从质点初位置指向末位置，大小记为$|\Delta \boldsymbol{r}|=|\boldsymbol{r}_2-\boldsymbol{r}_1|$，它是位移矢量的长度。

> 小贴士：
>
> **物理中的过程量**
>
> 表述某个时间物体状态变化的物理量为过程量。位移、路程为过程量。

3)位移与路程的区别

路程是指质点由P_1到P_2(图1.7所示P_1到P_2曲线)实际通过的距离，用Δs表示。

位移是矢量，是指位置矢量的变化。

路程是标量，是指运动轨迹的长度。

即使在直线运动中，位移和路程也是截然不同的两个概念。

> 小贴士：
>
> 质点运动过程中，前后两个时刻越接近，这段时间内质点的位移大小越接近路程，当两个时刻无限接近时，这段时间内位移的大小就等于路程了。这是一个量变到质变的过程。

当$\Delta t\to 0$时，位移写作$\mathrm{d}\boldsymbol{r}$，路程写作$\mathrm{d}s$，位移的大小等于路程，写作$\mathrm{d}s=|\mathrm{d}\boldsymbol{r}|$。

说明：

①位移是矢量，有大小和方向。

②位移具有瞬时性，运动质点在不同时刻的位移是不同的，位移是过程量。

③位移具有相对性，在不同的参考系中，同一质点的位移是相同的。

④国际单位制中位移大小的单位是米(m)。

位移是位置矢量的增量，是与运动过程有关的物理量，它是时间的函数。它与位置矢量不同的是，**质点的位矢取决于坐标原点的选择，位移和坐标系原点的选择无关。**

1.1.3　速度

速度是描述质点位置随时间变化的快慢和方向的物理量。如图1.8所示，t时刻，质点的位置矢量为$\boldsymbol{r}(t)$，$t+\Delta t$时刻，质点的位置矢量为$\boldsymbol{r}(t+\Delta t)$，其位移为$\Delta \boldsymbol{r}=\boldsymbol{r}(t+\Delta t)-\boldsymbol{r}(t)$。

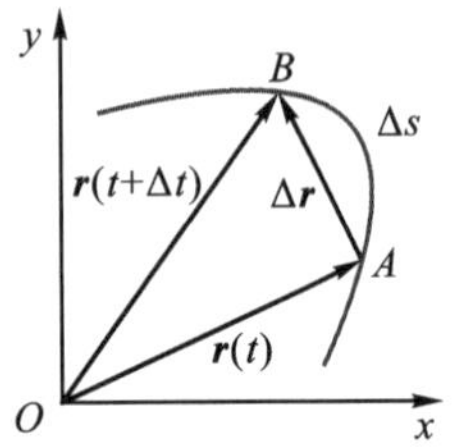

图1.8　曲线运动中的平均速度

1. 平均速度

Δt时间内位移$\Delta \boldsymbol{r}=\boldsymbol{r}(t+\Delta t)-\boldsymbol{r}(t)$和时间$\Delta t$的比值，即单位时间质点位移的变化量称作$\Delta t$质点在$\Delta t$时间内的平均速度，记作$\bar{\boldsymbol{v}}$，即

$$\bar{\boldsymbol{v}}=\frac{\Delta \boldsymbol{r}}{\Delta t}=\frac{\boldsymbol{r}_2-\boldsymbol{r}_1}{t_2-t_1} \tag{1.8}$$

平均速度是矢量，大小为$\frac{|\Delta \boldsymbol{r}|}{\Delta t}$，表示质点在确定时间内运动的快慢程度，方向就是质点在这段时间内位移的方向。

由于平均速度与质点的位移和所用的时间有关。因而在叙述平均速度时，必须指明是哪一段时间内或哪一段位移内的平均速度。

想一想：

平均速度是过程量还是状态量(瞬时量)?

2. 瞬时速度

瞬时速度精确地描述质点在某一时刻或某一位置的运动快慢和运动方向。

当 $\Delta t\to 0$ 时，平均速度的极限值称为质点在 t 时刻的瞬时速度，简称速度，用 $\boldsymbol{v}$ 表示。

$$\boldsymbol{v}=\lim_{\Delta t\to 0}\frac{\Delta \boldsymbol{r}}{\Delta t}=\frac{\mathrm{d}\boldsymbol{r}}{\mathrm{d}t} \tag{1.9}$$

上式表明速度是运动学方程对时间的一阶导数。

速度是矢量，其大小简称速率(用 $|\boldsymbol{v}|$ 或 v 表示)，方向为沿轨道上质点所在位置的切线并且指向前进的一方，如图1.9所示。

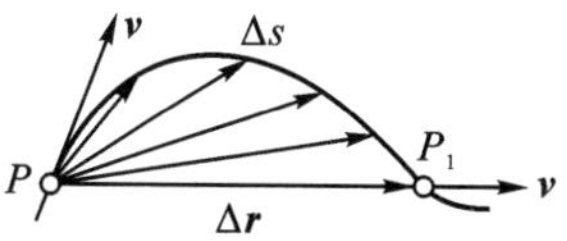

图 1.9　质点在轨道运动速度的方向

3. 速度分量式

在直角坐标系中，根据式(1.9)，速度可以写作：

$$\begin{aligned}\boldsymbol{v}&=\frac{\mathrm{d}\boldsymbol{r}}{\mathrm{d}t}=\frac{\mathrm{d}x}{\mathrm{d}t}\boldsymbol{i}+\frac{\mathrm{d}y}{\mathrm{d}t}\boldsymbol{j}+\frac{\mathrm{d}z}{\mathrm{d}t}\boldsymbol{k}\\&=v_x\boldsymbol{i}+v_y\boldsymbol{j}+v_z\boldsymbol{k}\end{aligned} \tag{1.10}$$

速度在直角坐标系中分量式：

$$\begin{cases}v_x=\dfrac{\mathrm{d}x}{\mathrm{d}t}\\v_y=\dfrac{\mathrm{d}y}{\mathrm{d}t}\\v_z=\dfrac{\mathrm{d}z}{\mathrm{d}t}\end{cases} \tag{1.11}$$

小贴士：

北斗卫星导航系统是中国自主建设运行的全球卫星导航系统。2000 年 10 月 31 日第一颗北斗导航试验卫星发射，2020 年 7 月 31 日北斗三号卫星全球导航系统建成，当前在轨工作卫星 45 颗。北斗卫星导航系统可以在全球范围内全天候、全天时提供定位、导航、授时服务，并具备短报文通信能力，定位精度 10 m，测速精度 0.2 m/s，授时精度 10 nm。全球范围已经有 137 个国家与北斗卫星导航系统签订了合作协议。

4. 关于速度的说明

(1)速度是矢量，既有大小又有方向，二者只要有一个变化，速度就变化。如果 $\boldsymbol{r}=\text{const}$，则质点做匀速运动；若 $\boldsymbol{r}\neq\text{const}$，则质点做变速运动。其中，const 表示常量。

(2)速度大小简称速率(用 $|\boldsymbol{v}|$ 或 v 表示)，在直角坐标中写为

$$v=|\boldsymbol{v}|=\sqrt{v_x^2+v_y^2+v_z^2} \tag{1.12}$$

速度和速率的概念明显不同，但有时在不产生混淆的情况

下也把速率称作速度,注意区分。

(3)速度具有瞬时性:运动质点在不同时刻的速度是不同的。

(4)速度具有相对性:在不同的参考系中,同一质点的速度是不同的。

(5)国际单位制中,速度的单位为米每秒($m \cdot s^{-1}$)。

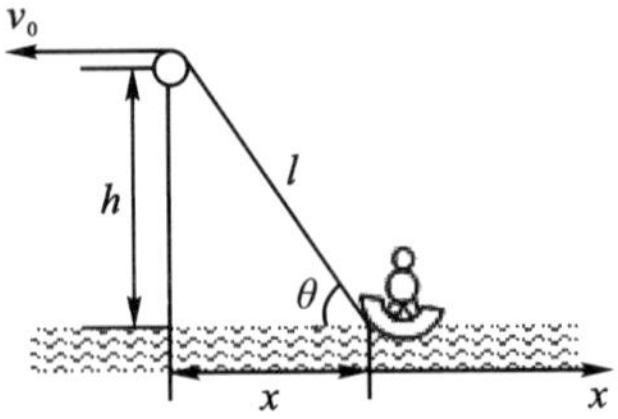

图 1.10　小船运动

$x^2=l^2-h^2$
即为小船的运动学方程。

想一想:
小船做什么运动?

例 1.3　如图 1.10 所示,湖中有一小船,船在离岸边一定距离处,有人在离水面高度为 h 的岸边用绳子拉船靠岸,设该人以匀速率 v_0 收绳,绳不伸长且湖水静止,求小船的速率 v。

解　首先确定研究对象,这里研究对象是小船,可以将其看作质点。画图建立坐标系如图 1.10 所示,小船沿 x 轴移动,设某时刻小船的位置为 x。

由三角关系知

$$x^2=l^2-h^2$$

两边对时间求导有

$$x\frac{\mathrm{d}x}{\mathrm{d}t}=l\frac{\mathrm{d}l}{\mathrm{d}t}$$

考虑到 $v=\frac{\mathrm{d}x}{\mathrm{d}t}$,$v_0=\frac{\mathrm{d}l}{\mathrm{d}t}$,且 $\cos\theta=\frac{x}{l}$,有

$$v=\frac{v_0}{\cos\theta}$$

1.1.4　加速度

加速度是描述质点速度变化快慢的物理量,其概念最先是由伽利略(Galileo)提出的。

1. 平均加速度

如图 1.11 所示,t_1时刻,质点在 P_1点的速度为 $\boldsymbol{v}_1(t_1)$;t_2时刻,质点在 P_2点的速度为 $\boldsymbol{v}_2(t_2)$。

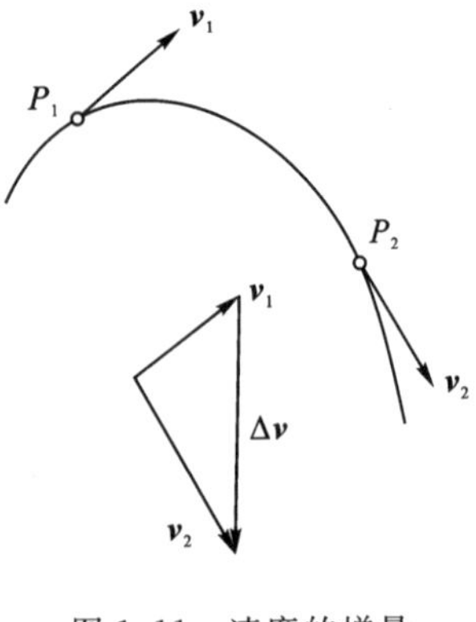

图 1.11　速度的增量

$\Delta t=t_2-t_1$ 时间内的速度的增量 $\Delta\boldsymbol{v}=\boldsymbol{v}(t_2)-\boldsymbol{v}(t_1)$与所用时间 Δt 的比值即单位时间速度的变化量,称作质点在 Δt 时间内的**平均加速度**,用 $\bar{\boldsymbol{a}}$ 表示

$$\bar{\boldsymbol{a}}=\frac{\Delta\boldsymbol{v}}{\Delta t}=\frac{\boldsymbol{v}_2-\boldsymbol{v}_1}{t_2-t_1} \tag{1.13}$$

平均加速度是矢量,大小为$\frac{|\Delta\boldsymbol{v}|}{\Delta t}$,表示质点在确定时间间隔内速度改变的快慢程度,方向就是质点在这段时间内速度增量的方向。

速度的变化量和起始时间有关,在叙述平均加速度时,必须指明是哪一段时间内或哪一段位移。

2. 瞬时加速度

当 $\Delta t \to 0$ 时，平均加速度的极限值称为质点在 t 时刻的**瞬时加速度**，简称**加速度**，用 $\boldsymbol{a}$ 表示。

$$\boldsymbol{a}=\lim_{\Delta t\to 0}\frac{\Delta \boldsymbol{v}}{\Delta t}=\frac{d\boldsymbol{v}}{dt}=\frac{d^2\boldsymbol{r}}{dt^2} \tag{1.14}$$

上式表明，加速度是速度对时间的一阶导数或质点运动学方程对时间的二阶导数。

加速度是精确地描述质点在某一时刻或某一位置运动变化快慢的物理量。

3. 加速度分量式

在直角坐标系中，根据式(1.14)，加速度可以写作：

$$\begin{aligned}\boldsymbol{a}&=\frac{d^2\boldsymbol{r}}{dt^2}=\frac{d^2x}{dt^2}\boldsymbol{i}+\frac{d^2y}{dt^2}\boldsymbol{j}+\frac{d^2z}{dt^2}\boldsymbol{k}\\&=a_x\boldsymbol{i}+a_y\boldsymbol{j}+a_z\boldsymbol{k}\end{aligned} \tag{1.15}$$

加速度在直角坐标系的分量式：

$$\begin{cases}a_x=\dfrac{dv_x}{dt}=\dfrac{d^2x}{dt^2}\\ a_y=\dfrac{dv_y}{dt}=\dfrac{d^2y}{dt^2}\\ a_z=\dfrac{dv_z}{dt}=\dfrac{d^2z}{dt^2}\end{cases} \tag{1.16}$$

4. 关于加速度的说明

(1)加速度是矢量，既有大小又有方向，二者只要有一个变化，加速度就变化。如果 $\boldsymbol{a}=\text{const}$，则质点做匀变速运动；若 $\boldsymbol{a}\neq\text{const}$，则质点做非匀变速运动。其中，const 表示常量。

对于直线运动：当加速度的方向与速度的方向相同时，质点做加速运动；当加速度的方向与速度的方向相反时，质点做减速运动。并不是说，加速度为正，质点就做加速运动；加速度为负，质点就做减速运动。因为加速度的正负与坐标系的选择有关。

对于曲线运动：加速度的方向和速度的方向不一定相同：当二者方向夹角成锐角时，速率增加；二者方向夹角成钝角时，速率减小；二者方向夹角成直角时，速率不变。加速度的方向总是指向曲线凹的一方，如图 1.12 所示。

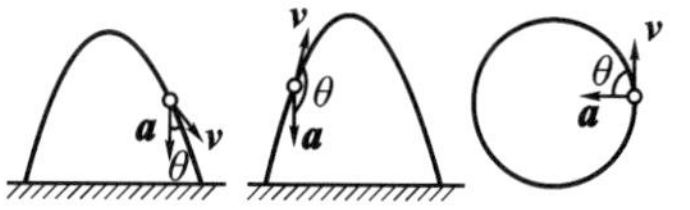

图 1.12　加速度的方向

(2)加速度大小用 $|\boldsymbol{a}|$ 或 a 表示，在直角坐标系中其大小为

$$a=|\boldsymbol{a}|=\sqrt{a_x^2+a_y^2+a_z^2}$$

(3)加速度具有瞬时性：运动质点在不同时刻的加速度是

不同的。

(4)加速度具有相对性:在不同的参考系中,同一质点的加速度是不同的。

(5)在国际单位制中,加速度的单位为米每二次方秒($\mathrm{m\cdot s^{-2}}$)。

例 1.4　一个质点在 x 轴上做直线运动,运动方程为 $x=2t^3+4t^2+8$,式中 x 的单位为 m,t 的单位为 s,求:

(1)任意时刻的速度和加速度;

(2)在 $t=2$ s 和 $t=3$ s 时,质点的位置、速度和加速度;

(3)在 $t=2$ s 到 $t=3$ s 时,质点的平均速度和平均加速度。

> **小贴士:**
> 求解一维运动相当于处理一个分量运动,因此例 1.4 计算的过程中不用写矢量符号。

解　(1)由速度和加速度的定义式,可求得

$$v=\frac{\mathrm{d}x}{\mathrm{d}t}=\frac{\mathrm{d}(2t^3+4t^2+8)}{\mathrm{d}t}=6t^2+8t\quad(\mathrm{m\cdot s^{-1}})$$

(2)$t=2$ s 时,

$$x=2\times2^3+4\times2^2+8=40\ \mathrm{m}$$

$$v=6\times2^2+8\times2=40\ \mathrm{m\cdot s^{-1}}$$

$$a=12\times2+8=32\ \mathrm{m\cdot s^{-2}}$$

$t=3$ s 时,

$$x=2\times3^3+4\times3^2+8=90\ \mathrm{m}$$

$$v=6\times3^2+8\times3=73\ \mathrm{m\cdot s^{-1}}$$

$$a=12\times3+8=44\ \mathrm{m\cdot s^{-2}}$$

(3)在 $t=2$ s 到 $t-3$ s 时,

$$\bar{v}=\frac{\Delta x}{\Delta t}=\frac{98\ \mathrm{m}-40\ \mathrm{m}}{3\ \mathrm{s}-2\ \mathrm{s}}=58\ \mathrm{m\cdot s^{-1}}$$

$$\bar{a}=\frac{\Delta v}{\Delta t}=\frac{78\ \mathrm{m\cdot s}-40\ \mathrm{m\cdot s}}{3\ \mathrm{s}-2\ \mathrm{s}}=35\ \mathrm{m\cdot s^{-2}}$$

> **小贴士:**
> 所谓运动学第一类问题,是指已知质点的运动方程,求质点在任意时刻的速度和加速度,从而得知质点运动的全部情况,求解这类问题采用微分方法,即沿 $\boldsymbol{r}\to\boldsymbol{v}\to\boldsymbol{a}$ 的思路微分求解。

想一想:

一般一个质点的运动状态需要哪几个物理量来描述?练习用这些物理量描述马路上汽车的运动状态。

例 1.5　一质点的运动方程为 $x=4t^2$,$y=2t+3$,其中 x 和 y 的单位是 m,t 的单位是 s。试求:

(1)质点的运动轨迹;

(2)第 1 s 内的位移;

(3)$t=0$ s 和 $t=1$ s 两时刻质点的速度和加速度。

解　(1)由运动方程 $x=4t^2$,$y=2t+3$,消去参数 t 得

$$x=(y-3)^2$$

此为抛物线方程,即质点的运动轨迹为抛物线。

(2)先将运动方程写成位置矢量形式:

$\boldsymbol{r}=x\boldsymbol{i}+y\boldsymbol{j}=4t^2\boldsymbol{i}+(2t+3)\boldsymbol{j}$

$t=0$ s 时,$\boldsymbol{r}_0=3\boldsymbol{j}$ (m)

$t=1$ s 时,$\boldsymbol{r}_1=4\boldsymbol{i}+5\boldsymbol{j}$ (m)

所以第 1 s 内的位移

$$\boldsymbol{r}=\boldsymbol{r}_1-\boldsymbol{r}_0=4\boldsymbol{i}+5\boldsymbol{j}-3\boldsymbol{j}=4\boldsymbol{i}+2\boldsymbol{j}\ (\mathrm{m})$$

(3)由速度及加速度定义：

$$\boldsymbol{v}=\frac{\mathrm{d}\boldsymbol{v}}{\mathrm{d}t}=\frac{\mathrm{d}x}{\mathrm{d}t}\boldsymbol{i}+\frac{\mathrm{d}y}{\mathrm{d}t}\boldsymbol{j}=8t\,\boldsymbol{i}+2\boldsymbol{j}\ (\mathrm{m\cdot s^{-1}})$$

$t=0$ s 时，$\boldsymbol{v}=2\boldsymbol{j}\ (\mathrm{m\cdot s^{-1}})$，$\boldsymbol{a}=8\boldsymbol{i}\ (\mathrm{m\cdot s^{-2}})$

$t=1$ s 时，$\boldsymbol{v}=8\boldsymbol{i}+2\boldsymbol{j}\ (\mathrm{m\cdot s^{-1}})$，$a=8\boldsymbol{i}\ (\mathrm{m\cdot s^{-2}})$

1.2　质点运动学问题举例

> 小贴士：
>
> 所谓运动学第二类问题，是指已知质点在任意时刻的速度(或加速度)以及初始状态，求质点的运动方程。求解问题的思路：利用速度、加速度的定义公式，通过数学变换、分离变量以及积分等运算求解。其思路是沿着 $\boldsymbol{a}\to\boldsymbol{v}\to\boldsymbol{r}$ 顺序积分求解。运动学第二类问题可以看作第一类问题的逆运算。

上文讨论了已知质点的运动方程，求质点在任意时刻的速度和加速度，从而得知质点运动的全部情况——用微分方法求解，这是运动学第一类问题。

如果已知质点的加速度、速度和初始条件，可以求出质点的运动方程吗，这就是运动学的第二类问题。

1.2.1　加速度为恒矢量时质点的运动方程

假设质点做曲线运动，如图 1.13 所示，其加速度 $\boldsymbol{a}=$ const，且在 $t=0$ 时，质点的位置矢量为 $\boldsymbol{r}_0$，速度为 $\boldsymbol{v}_0$，现在求在任意 t 时刻，质点的位置矢量、位移和速度。

1. 速度

已知加速度 $\boldsymbol{a}$，由 $\boldsymbol{a}=\dfrac{\mathrm{d}\boldsymbol{v}}{\mathrm{d}t}$，得

$$\mathrm{d}\boldsymbol{v}=\boldsymbol{a}\mathrm{d}t$$

积分，

$$\int_{v_0}^{v}\mathrm{d}\boldsymbol{v}=\int_0^t\boldsymbol{a}\mathrm{d}t$$

得

$$\boldsymbol{v}-\boldsymbol{v}_0=\boldsymbol{a}t$$

因而

$$\boldsymbol{v}=\boldsymbol{v}_0+\boldsymbol{a}t$$

若 $\boldsymbol{v}_0=0$，则 $\boldsymbol{v}=\boldsymbol{a}t$。

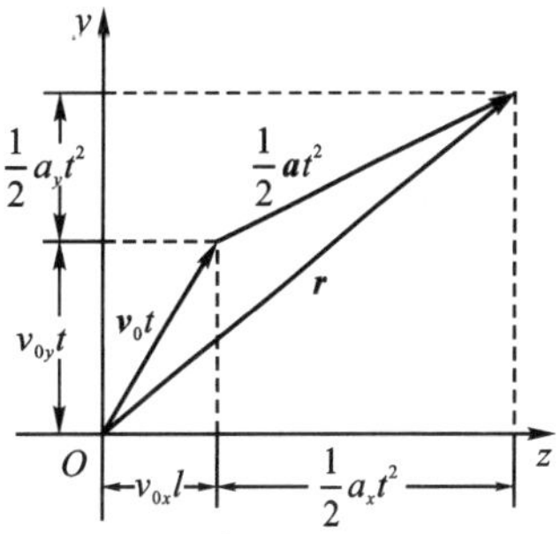

图 1.13　加速度为常矢量时的运动轨迹

2. 位移和位置矢量

由 $\boldsymbol{v}=\dfrac{\mathrm{d}\boldsymbol{r}}{\mathrm{d}t}$，得

$$\mathrm{d}\boldsymbol{r}=\boldsymbol{v}\mathrm{d}t=(\boldsymbol{v}_0+\boldsymbol{a}t)\mathrm{d}t$$

积分

$$\int_{r_0}^{r}\mathrm{d}\boldsymbol{r}=\int_0^t(\boldsymbol{v}_0+\boldsymbol{a}t)\mathrm{d}t$$

得

$$\boldsymbol{r}=\boldsymbol{r}_0+\boldsymbol{v}_0t+\frac{1}{2}\boldsymbol{a}t^2$$

> 小贴士：
>
> 可以看到，这里所得到的公式的形式与中学学习的公式是一致的，只不过这里用矢量形式表示。本节虽然只给出加速度为常量的计算方法，但这种方法对于加速度不是常量的问题依然有效。

因而

$$\boldsymbol{r}=\boldsymbol{r}_0+\boldsymbol{v}_0t+\frac{1}{2}\boldsymbol{a}t^2$$

3. 标量形式——直角坐标系

速度：

$$\begin{cases}v_x=v_{0x}+a_xt\\v_y=v_{0y}+a_yt\\v_z=v_{0z}+a_zt\end{cases}$$

位移：

$$\begin{cases}x-x_0=v_{0x}t+\frac{1}{2}a_xt^2\\y-y_0=v_{0y}t+\frac{1}{2}a_yt^2\\z-z_0=v_{0z}t+\frac{1}{2}a_zt^2\end{cases}$$

位置矢量：

$$\begin{cases}y=y_0+v_{0y}t+\frac{1}{2}a_yt^2\\z=z_0+v_{0z}t+\frac{1}{2}a_zt^2\end{cases}$$

因而对于曲线运动，可以将其分解为几个相互垂直方向的运动。这就是**运动的叠加原理或运动的独立性原理**。

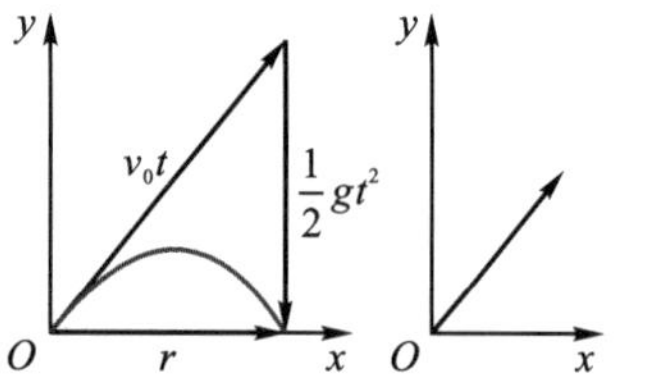

有地球引力时　　无地球引力时

图 1.14　运动的合成图

小贴士：

重力加速度 $g=9.8\ \mathrm{m\cdot s^{-2}}$ 与地理纬度有关。

如图 1.14 所示，斜抛体运动中被抛物体同时参加水平方向的匀速运动和竖直方向的自由落体运动，其轨道为抛物线。当抛射角为 90°时，称为竖直上抛运动。

在处理曲线运动的问题时，可以根据运动叠加原理，先将已知运动沿坐标轴分解，然后根据直线运动的规律分别求解，最后将结果叠加。实际上，这就是用分量运算来代替矢量运算。因为分量运算是代数量，这样做就可以避免矢量运算的麻烦。

1.2.2　斜抛运动

1. 定义

物体的初速度与水平方向有一夹角的运动称作斜抛运动。

2. 运动方程

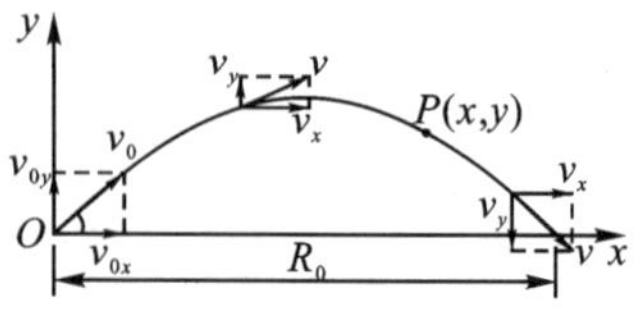

图 1.15　斜抛运动图

斜抛运动为二维恒加速运动，如图 1.15 所示，建立坐标系，水平向右为 x 轴正方向，竖直向上为 y 轴正方向。

x 方向：初速度为 $v_{0x}=v_0\cos\alpha$ 的匀速直线运动，$x_0=0$，$a_x=0$。

y 方向：初速度为 $v_{0y}=v_0\sin\alpha$ 的匀变速直线运动，$y_0=0$，$a_y=-g$。

根据 $\dfrac{\mathrm{d}\boldsymbol{v}}{\mathrm{d}t}=\boldsymbol{a}=-g\boldsymbol{j}$，可以求得 t 时刻物体的速度，其分量式为

$$\begin{cases} v_x=v_0\cos\alpha t \\ v_y=v_0\sin\alpha-gt \end{cases}$$

根据 $\dfrac{\mathrm{d}\boldsymbol{r}}{\mathrm{d}\boldsymbol{t}}=\boldsymbol{v}$ 可以求得 t 时刻物体的位置矢量，可得平抛物体的运动方程，其分量式为

$$\begin{cases} x=v_0\cos\alpha t \\ y=v_0\sin\alpha t-\dfrac{1}{2}gt^2 \end{cases}$$

轨迹方程：

$$y=x\tan\alpha\ \frac{g}{2v_0^2\cos^2\alpha}x^2$$

3. 关于斜抛的讨论

(1)射程——抛体落地点与抛出点之间的距离定义为射程。

落地点 $y=0$，由轨迹方程可得，

$$d_0\ \frac{2v_0^2}{g}\sin\alpha\cos\alpha=\frac{v_0^2}{g}\sin2\alpha$$

在给定初速度的情况下，射程与抛射角有关，如图 1.16 所示。对于最大射程有

$$\frac{\mathrm{d}d_0}{\mathrm{d}\alpha}=\frac{2v_0^2}{g}\cos2\alpha=0$$

得 $2\alpha=\dfrac{\pi}{2}$，$\alpha=\dfrac{\pi}{4}$。即当抛射角 $\alpha=\dfrac{\pi}{4}$时，抛体的射程最大，其值为

$$d_{0\mathrm{m}}=\frac{v_0^2}{g}$$

(2)上升时间：最高点 $v_y=0$，则

$$t_{升}=\frac{v_0\sin\alpha}{g}$$

(3)抛体所能到达的最高高度(射高)：

$$y_{\mathrm{m}}=\frac{v_0^2\sin^2\alpha}{2g}$$

(4)斜抛运动的轨迹是对称的。

(5)在上述讨论中，忽略了空气阻力的影响。若空气阻力较大，则抛体的路径为一条不对称的曲线，如图 1.17 所示，实际射程比真空射程小。

想一想：

对于斜抛运动，我们是由物体所受的力，求解加速度，然后求其速度、运动学方程和轨迹，这里用了积分的方法，请体会一下用微积分方法解斜抛运动问题的步骤和方法，理解大学物理与中学物理的区别。

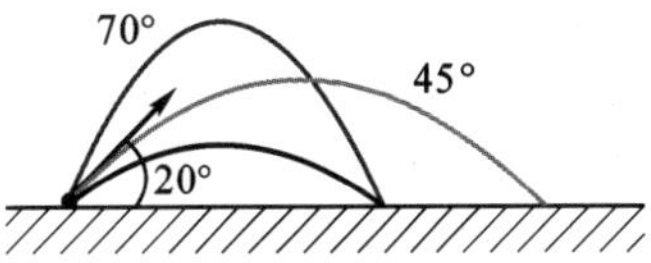

图 1.16　射程随抛射角变化关系

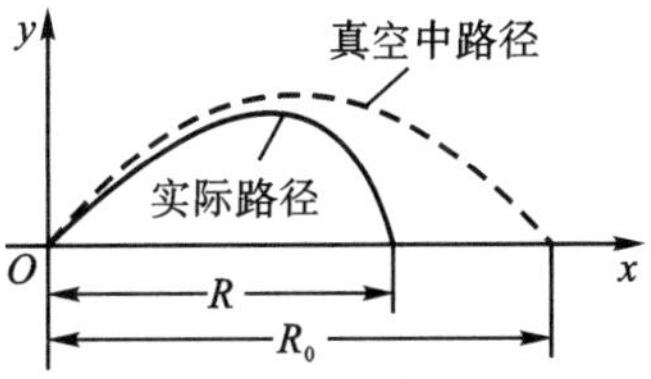

图 1.17　空气阻力对斜抛运动轨迹的影响

实验表明：

初速度较小时，真空射程与实际射程差别小；

初速度较大时，真空射程与实际射程差别大。

其原因是物体在空气中运动时所受阻力与速度有关，速度大，阻力大；速度小，阻力小。

例 1.6　匀速直线运动特性及分析：

(1)特点：$v=\text{const}$；

(2)加速度：$a=\frac{dv}{dt}=0$；

(3)位移和位置矢量：

$t=t_0$时，$x=x_0$，由

$$v=\frac{dx}{dt}$$

得

$$dx=v dt$$

积分，

$$\int_{x_0}^{x} dx=\int_{t_0}^{t} v dt$$

得，

$$x-x_0=v(t-t_0)$$

所以

$$x=x_0+v(t-t_0)$$

特例：$t_0=0$ 时，$x_0=0$，则 $x=vt$。

解题指导：

运动学第二类问题处理步骤

(1)写出速度、加速度的定义公式(微分方程)；

(2)分离变量；

(3)方程两侧写成积分形式，确定积分上下限；

(4)积分并讨论。

例 1.7　匀变速直线运动特性及分析：

(1)特点：$a=\text{const}$

(2)速度：$t=t_0$时，$v=v_0$，由

$$a=\frac{dv}{dt}$$

得

$$dv=a dt$$

积分

$$\int_{v_0}^{v} dv=\int_{t_0}^{t} a dt$$

得

$$v-v_0=a(t-t_0)$$

所以

$$v=v_0+a(t-t_0)$$

(3)位移：

$t=t_0$时，$x=x_0$，由

$$v\frac{dx}{dt}$$

得

$$dx=vdt=(v_0+a(t-t_0))dt$$

积分

$$\int_{x_0}^{x}dx=\int_{t_0}^{t}(v_0+a(t-t_0))dt$$

得

$$x-x_0=v_0(t-t_0)+\frac{1}{2}a(t-t_0)^2$$

所以

$$x=x_0+v_0(t-t_0)+\frac{1}{2}a(t-t_0)^2$$

特例 1：$t_0=0$ 时，$v=v_0$，$x_0=0$，则

$$v=v_0+at,x=v_0t+\frac{1}{2}at^2$$

从位移公式和速度公式中消去时间变量 t，可得

$$v^2-v_0^2=2ax$$

* 对于一维运动，当加速度是常数或者是 x 的函数，可以采用以下变换求解。

$$a=\frac{dv}{dt}=\frac{dv}{dx}\frac{dx}{dt}=v\frac{dv}{dx}$$

所以

$$adx=vdv$$

积分

$$\int_0^x adx=\int_{v_0}^{v}vdx$$

得

$$ax=\frac{1}{2}(v^2-v_0^2)$$

所以

$$v^2-v_0^2=2ax$$

特例 2：自由落体运动，初速度为 0，速度及位移公式可写作：

$$v=gt,y=\frac{1}{2}gt^2$$

特例 3：竖直上抛运动，初速度为 v_0，速度及位移公式可写作：

$$v=v_0-gt,y=v_0t-\frac{1}{2}gt^2$$

例 1.8　设某质点沿 x 轴运动，在 t=0 时的速度为 $\boldsymbol{v}_0$，其加速度与速度的大小成正比而方向相反，比例系数为 $k(k>0)$，试求速度随时间变化的关系式。

解　由题意及加速度的定义式，可知

$$a=-kv=\frac{dv}{dt}$$

可得

想一想：

例 1.7 中两种解题的方法有什么不同，你认为哪种方法更容易理解，为什么？

$$\frac{dv}{v}=-k\mathrm{d}t$$

积分

$$\int_{v_0}^{v}\frac{dv}{v}=\int_0^t -k\mathrm{d}t$$

得

$$\ln\frac{v}{v_0}=-kt$$

所以

$$v=v_0\mathrm{e}^{-kt}$$

因而速度的方向保持不变,但速度的大小随时间增大而减小,直到速度为零。

1.3 圆周运动

质点运动轨迹为圆周的运动称作圆周运动,圆周运动的本质是一种特殊的平面曲线运动。下面我们先研究一般的平面曲线运动,然后将结论运用到圆周运动上。

1.3.1 平面极坐标

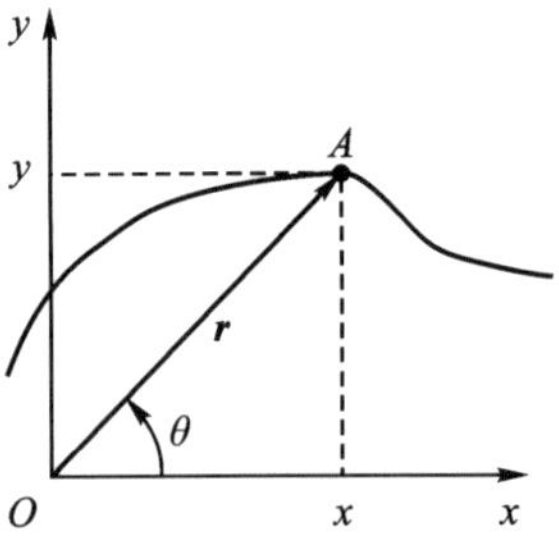

图 1.18 平面极坐标

如图 1.18 所示,由坐标原点 O 到点 A 的有向线段 $\boldsymbol{r}$ 称为矢径,$\boldsymbol{r}$ 与 Ox 轴之间的夹角为 θ,则以($\boldsymbol{r}$,θ)为坐标的参考系称为平面极坐标系。在平面直角坐标系中 A 点的坐标为(x,y),那么直角坐标系中 A 的坐标(x,y)用极坐标表示为

$$x=r\cos\theta$$
$$y=r\sin\theta$$

当质点做圆周运动时,质点的径向坐标 r 为常量。当质点做直线运动时,质点的坐标 θ 为常量。

在二维空间中,确定一个位置,需 2 个参数。而极坐标中,质点的坐标值表示为 $\boldsymbol{r}=r\boldsymbol{e}_r$。

1.3.2 圆周运动的角速度和角加速度

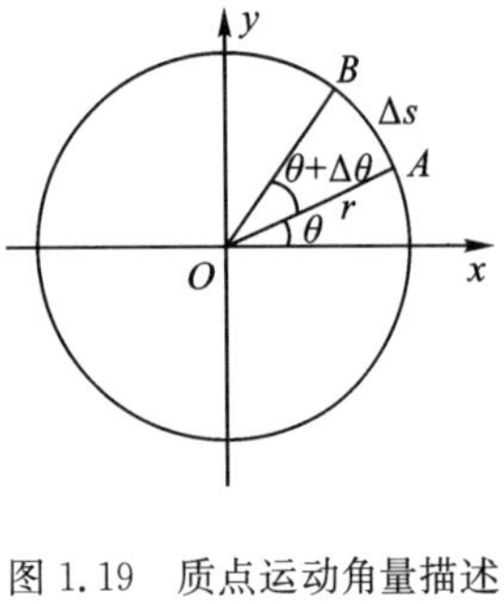

图 1.19 质点运动角量描述

当质点在平面做圆周运动时,除了用前面介绍的线量(直角坐标系中的坐标)外,用角量描述质点运动状态更加便捷。

如图 1.19 所示,一质点在 O-xy 平面上,以 O 点为圆心,r 为半径做圆周运动,设 t 时刻它位于 A 点,在平面直角坐标系中质点位矢为 $\boldsymbol{r}$,位矢 $\boldsymbol{r}$ 和 Ox 轴之间的夹角 θ 称作质点在 t 时刻的角坐标。

当质点运动时,描述角坐标随时间变化的方程称作质点的角运动方程:

$$\theta=\theta(t) \tag{1.17}$$

设质点在 $t+\Delta t$ 时刻位于 B 点，角坐标为 $\theta+\Delta\theta$，则从 t 时刻开始的 Δt 时间内，质点位置变化可以用角坐标增量表示，称作质点的角位移，记作 $\Delta\theta$，即

$$\Delta\theta=\theta(t+\Delta t)-\theta(t) \tag{1.18}$$

在国际单位制中，角坐标和角位移的单位均为弧度(rad)。

1. 角速度

t 时刻开始的 Δt 时间内角位移为 $\Delta\theta$，单位时间内质点运动的角位移称作 Δt 时间内质点**平均角速度**，记作 $\bar{\omega}$，即

$$\bar{\omega}=\frac{\Delta\theta}{\Delta t}=\frac{\theta(t+\Delta t)-\theta(t)}{\Delta t} \tag{1.19}$$

当 $\Delta t\to 0$ 时，式(1.19)的极限称作质点在 t 时刻的**瞬时角速度**，简称**角速度**，用 ω 表示，即

$$\omega=\lim_{\Delta t\to 0}\frac{\Delta\theta}{\Delta t}=\frac{\mathrm{d}\theta}{\mathrm{d}t} \tag{1.20}$$

上式表明，**质点的角速度等于质点的角运动方程对时间的一阶导数**。

如果 $\omega=\text{const}$，表示质点做匀角速圆周运动，即匀速圆周运动；如果 $\omega\neq\text{const}$，表示质点做变速圆周运动。

国际单位制中，角速度的单位为弧度每秒($\mathrm{rad\cdot s^{-1}}$)。

2. 角加速度

从 t 时刻开始的 Δt 时间内，质点角速度增量为 $\Delta\omega=\omega(t+\Delta t)-\omega(t)$，单位时间的角速度的变化称作 Δt 时间内质点的**平均角加速度**，记作 $\bar{\alpha}$，即

$$\bar{\alpha}=\frac{\Delta\omega}{\Delta t} \tag{1.21}$$

当 $\Delta t\to 0$ 时，式(1.21)的极限称作质点在时刻 t 的**瞬时角加速度**，简称**角加速度**，用 ω 表示，即

$$\alpha=\lim_{\Delta t\to 0}\frac{\Delta\omega}{\Delta t}=\frac{\mathrm{d}\omega}{\mathrm{d}t}=\frac{\mathrm{d}^2\theta}{\mathrm{d}t^2} \tag{1.22}$$

上式表明，**质点的角加速度等于质点的角速度对时间的一阶导数或者是质点角运动方程的二阶导数。**

如果 $\alpha=\text{const}$，表示质点做匀变速圆周运动；如果 $\alpha\neq\text{const}$，表示质点做非匀变速圆周运动。

国际单位制中，角速度的单位为弧度每二次方秒($\mathrm{rad\cdot s^{-2}}$)。

> **小贴士：**
>
> 角速度也是一个矢量，它的方向沿转轴方向，指向用右手螺旋定则判定：右手握住轴线，四指旋向转动方向，此时拇指沿轴线所指的方向即为角速度的方向。下面所述角加速度也是矢量。本书所提及的角速度和角加速度实际分别为角速度和角加速度的大小。

3. 角量与线量的关系

质点绕半径为 r 的圆周运动中，如果质点的角位移为 $\Delta\theta$，

则质点路程和角位移关系为

$$\Delta s = r\Delta\theta \tag{1.23}$$

质点线速度大小和角速度之间的关系为

$$v = \lim_{\Delta t \to 0}\frac{\Delta s}{\Delta t} = \lim_{\Delta t \to 0} r\frac{\Delta\theta}{\Delta t} = r\omega \tag{1.24}$$

1.3.3 圆周运动的切向加速度和法向加速度

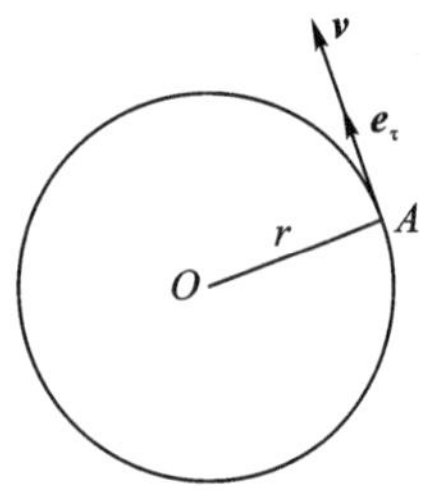

图 1.20　切向单位矢量

如图 1.20 所示，质点在圆周上 A 点的运动速度为 $\boldsymbol{v}$，大小为 $|\boldsymbol{v}| = v$，方向与 A 点处的切线方向相同，为了便于表示速度方向，我们在 A 点处圆的切线方向上取一个单位矢量 $\boldsymbol{e}_\tau$，叫作切向单位矢量。于是 A 点处质点的运动速度可以写为

$$\boldsymbol{v} = v\,\boldsymbol{e}_\tau \tag{1.25}$$

从式(1.25)可以看出，利用切线方向单位矢量描述圆周运动形式非常简单。一般来说，质点做圆周运动速度的大小和方向都在改变，我们可以根据式(1.14)，将加速度写作

$$\boldsymbol{a} = \frac{\mathrm{d}\boldsymbol{v}}{\mathrm{d}t} = \frac{\mathrm{d}v}{\mathrm{d}t}\boldsymbol{e}_\tau + v\frac{\mathrm{d}\boldsymbol{e}_\tau}{\mathrm{d}t} \tag{1.26}$$

从上式可以看出，加速度 $\boldsymbol{a}$ 有两个分矢量，式(1.26)中等号右边第一项是由于速度大小变化而引起的，记作 $\boldsymbol{a}_\tau$，其方向为 $\boldsymbol{e}_\tau$，此项称作**切向加速度**。

切向加速度的大小为 $a_\tau = \frac{\mathrm{d}v}{\mathrm{d}t}$，对于圆周运动，根据角速度和线速度之间的关系式(1.24)，可以写为

$$a_\tau = \frac{\mathrm{d}v}{\mathrm{d}t} = r\frac{\mathrm{d}\omega}{\mathrm{d}t} = r\alpha$$

因此，做圆周运动的质点的切向加速度可以写作

$$\boldsymbol{a}_\tau = r\alpha\boldsymbol{e}_\tau \tag{1.27}$$

上式是质点做变速圆周运动时，切向加速度与角加速度之间的瞬时关系。

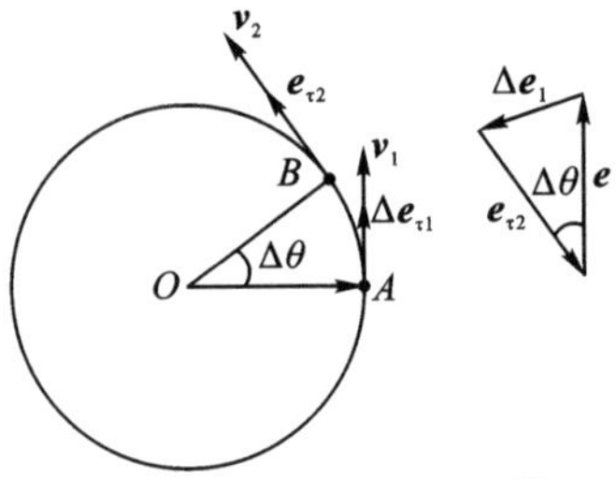

图 1.21　自然坐标系

式(1.26)中等号右边第二项 $\frac{\mathrm{d}\boldsymbol{e}_\tau}{\mathrm{d}t}$，表示切向单位矢量随时间的变化率。如图 1.21(a)所示，设 t 时刻质点位于圆周上 A 点，其速度为 $\boldsymbol{v}_1$，切向单位矢量为 $\boldsymbol{e}_{\tau1}$；$t+\Delta t$ 时刻质点位于圆周上 B 点，其速度为 $\boldsymbol{v}_2$，切向单位矢量为 $\boldsymbol{e}_{\tau2}$。在 Δt 时间内角位置变化量为 $\Delta\theta$，切向单位矢量的增量为 $\Delta\boldsymbol{e}_\tau = \boldsymbol{e}_{\tau2} - \boldsymbol{e}_{\tau1}$。由于切向单位矢量的大小为 1，即 $|\boldsymbol{e}_{\tau1}| = |\boldsymbol{e}_{\tau2}| = 1$，因而从图 1.21(b)可知 $|\Delta\boldsymbol{e}_\tau| = \Delta\theta \times 1 = \Delta\theta$。当 $\Delta t \to 0$ 时，$\Delta\theta$ 趋近于零，这时 $\Delta\boldsymbol{e}_\tau$ 的方向趋于与 $\boldsymbol{e}_{\tau1}$ 垂直，且趋于指向圆心。如果我们在指向圆心的方向取单位矢量 $\boldsymbol{e}_n$，则该单位矢量称为法向单位矢量，如图1.22所示。

小贴士：

由于没有学过矢量微分，对于法向加速的理解是个难点，推导切向单位矢量求导时同学们可以从几何和极限的角度去理解这一概念。

因此当 $\Delta t \to 0$ 时，

$$\lim_{\Delta t\to 0}\frac{\Delta \boldsymbol{e}_\tau}{\Delta t}\frac{\mathrm{d}\boldsymbol{e}_\tau}{\mathrm{d}t}=\frac{\mathrm{d}\theta}{\mathrm{d}t}\boldsymbol{e}_\mathrm{n}$$

这样式(1.26)等号右边第二项就可以写作

$$v\frac{\mathrm{d}\boldsymbol{e}_\tau}{\mathrm{d}t}=v\frac{\mathrm{d}\theta}{\mathrm{d}t}\boldsymbol{e}_\mathrm{n}$$

此项加速度沿法向方向称作**法向加速度**，用 a_n 表示。对于圆周运动，根据角速度和线速度之间的关系式(1.24)，

$$a_\mathrm{n}=v\frac{\mathrm{d}\theta}{\mathrm{d}t}=v\omega=r\omega^2=\frac{v^2}{r}$$

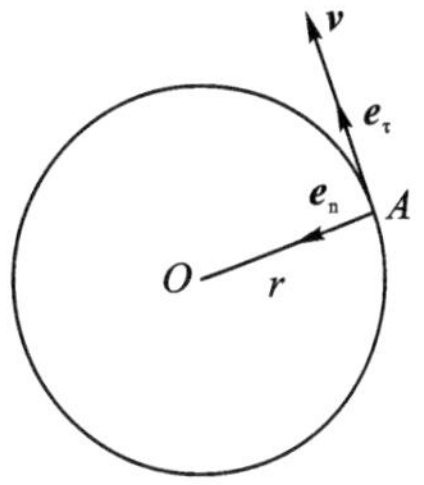

图 1.22　法向单位矢量

质点圆周运动法向加速度可以写作

$$\boldsymbol{a}_\mathrm{n}=r\omega^2\boldsymbol{e}_\mathrm{n}=\frac{v^2}{r}\boldsymbol{e}_\mathrm{n} \tag{1.28}$$

由式(1.27)和式(1.28)，质点做圆周运动时加速度 $\boldsymbol{a}$ 写为

$$\boldsymbol{a}=\boldsymbol{a}_\tau+\boldsymbol{a}_\mathrm{n}=\frac{\mathrm{d}v}{\mathrm{d}t}\boldsymbol{e}_\tau+\frac{v^2}{r}\boldsymbol{e}_\mathrm{n} \tag{1.29a}$$

或

$$\boldsymbol{a}=r\alpha\boldsymbol{e}_\tau+r\omega^2\boldsymbol{e}_\mathrm{n} \tag{1.29b}$$

切向加速度 $\boldsymbol{a}_\tau$ 和法向加速度 $\boldsymbol{a}_\mathrm{n}$ 互相垂直，加速度大小为 $a=\sqrt{a_\mathrm{n}^2+a_\tau^2}$，其方向为

$$\varphi=\arctan\frac{a_\mathrm{n}}{a_\tau} \tag{1.30}$$

式中，φ 是 $\boldsymbol{a}$ 与 $\boldsymbol{a}_\tau$ 的夹角，如图 1.23 所示，方向不再指向圆心。

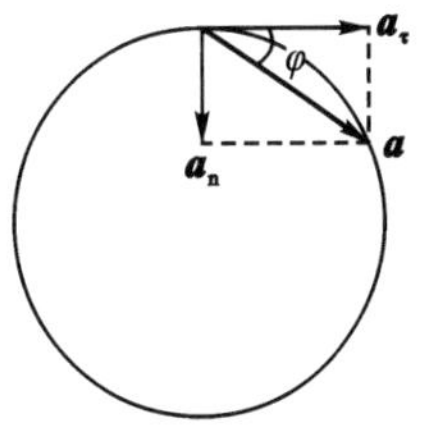

图 1.23　法向加速度和切向加速度

1.3.4　匀速率圆周运动和匀变速率圆周运动

1. 匀速率圆周运动

(1)定义。

质点做圆周运动时，如果在任意相等的时间内通过相等的圆弧长度，则这种运动称为匀速圆周运动(匀速率圆周运动)。

(2)速度。

$$\boldsymbol{v}=v\boldsymbol{e}_\tau$$

其大小(速率)为 v，常数；方向沿该点切线方向，时刻变化。

(3)加速度。

法向加速度　$\boldsymbol{a}_\mathrm{n}=r\omega^2\boldsymbol{e}_\mathrm{n}=\dfrac{v^2}{r}\boldsymbol{e}_\mathrm{n}$

切向加速度　$\boldsymbol{a}_\tau=\boldsymbol{0}$

在匀速圆周运动中，质点速度大小不变，但方向时刻变化，是变速运动，因此存在加速度，这个加速度就称作法向加速度，其大小等于 $\dfrac{v^2}{r}$，方向与速度垂直而指向圆心。法向加速度只改变速度方向而不改变速度的大小。

小贴士：

在图 1.22 中，如果以动点 A 为原点，则以切向单位矢量 $\boldsymbol{e}_\tau$ 和法向单位矢量 $\boldsymbol{e}_\mathrm{n}$ 建立的坐标系称作自然坐标系。在讨论圆周运动及曲线运动时，经常会采用这种坐标系。大家在学习的时候注意体会使用自然坐标系的优点。

(4)相关运动公式。

角位移　$\Delta\theta = \omega t$

角位置　$\theta = \theta_0 + \omega t$

2. 匀变速率圆周运动

(1)加速度。

物体沿着圆周运动时,其速度大小随时间变化,则该物体做变速圆周运动,即物体速度大小和方向都在变化,总的加速度为

$$\boldsymbol{a} = \boldsymbol{a}_n + \boldsymbol{a}_\tau$$

法向加速度

$$\boldsymbol{a}_n = \frac{v^2}{r}\boldsymbol{e}_n$$

表示速度方向变化的快慢,改变速度方向。

切向加速度　$\boldsymbol{a}_\tau = \dfrac{dv}{dt}\boldsymbol{e}_\tau$

表示速度大小变化的快慢,改变速度大小。

在变速圆周运动中,由于速度的大小和方向都在变化,所以加速度的方向不再指向圆心。切向加速度与物体运动方向相同,用来改变速度的大小;法向加速度与物体运动方向垂直,用来改变速度的方向。

(2)运动公式(第二类问题)。

角加速度　$\alpha = \text{const}$

角速度　$\omega = \omega_0 + \alpha t$

角位移　$\Delta\theta = \omega_0 t + \dfrac{1}{2}\alpha t^2$

角位置　$\theta = \theta_0 + \omega_0 t + \dfrac{1}{2}\alpha t^2$

1.3.5　一般曲线运动

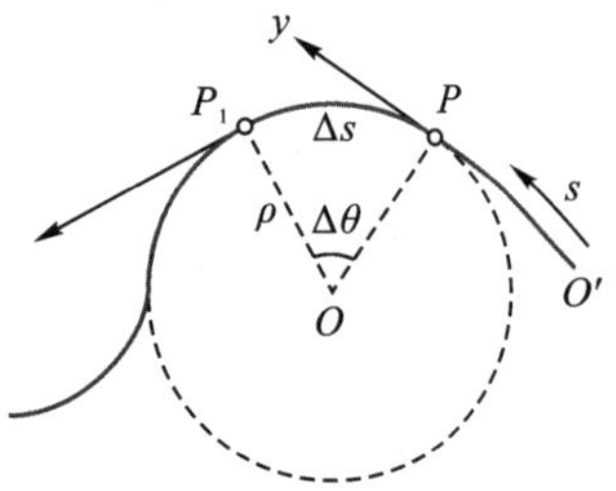

图 1.24　一般曲线运动

如图 1.24 所示,斜抛运动和圆周运动都是曲线运动,分析曲线运动问题可以用直角坐标系,也可以用自然坐标系。对于平面运动,质点在任一点的加速度为

法向加速度　$\boldsymbol{a}_n = \dfrac{v^2}{\rho}\boldsymbol{e}_n$

切向加速度　$\boldsymbol{a}_\tau = \dfrac{dv}{dt}\boldsymbol{e}_\tau$

其中,$\rho = \dfrac{(1 + f'^2)^{3/2}}{|f''|}$为曲线的曲率半径(radius of curvature),$y = f(x)$为曲线运动的轨迹方程。

其加速度为

$$\boldsymbol{a}=\boldsymbol{a}_{\tau}+\boldsymbol{a}_{n}=\frac{\mathrm{d}v}{\mathrm{d}t}\boldsymbol{e}_{\tau}+\frac{v^2}{\rho}\boldsymbol{e}_{n} \tag{1.31}$$

可分为四种情况：

$a_n=0,a_\tau=0$，匀速直线运动；

$a_n=0,a_\tau\neq0$，变速直线运动；

$a_n\neq0,a_\tau=0$，匀速曲线运动；

$a_n\neq0,a_\tau\neq0$，一般曲线运动。

> **小贴士：**
> 工程实践中，如果已知物体运动速率，可以测量物体运动速度法向方向的力，从而得到运动曲线的曲率半径。

例 1.9　一球以 30 m·s^{-1}的速度水平抛出，试求 5 s 后加速度的切向分量和法向分量。

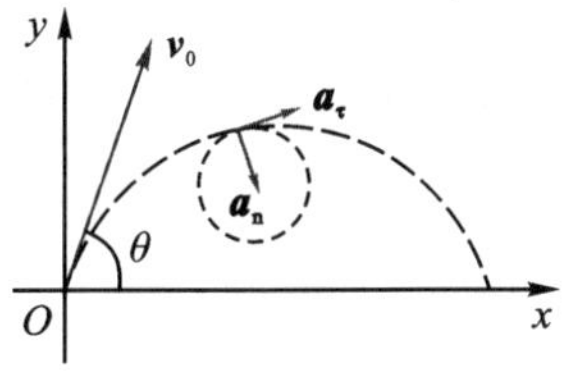

图 1.25　例 1.9 图

解　如图 1.25 所示，将研究对象小球当作质点，小球做平抛运动，它的运动方程为

$$x=v_0t,y=\frac{1}{2}gt^2$$

将上式对时间求导，可得速度在坐标轴上的分量为

$$v_x=\frac{\mathrm{d}x}{\mathrm{d}t}=\frac{\mathrm{d}}{\mathrm{d}t}(v_0t)=v_0$$

$$v_y=\frac{\mathrm{d}y}{\mathrm{d}t}=\frac{\mathrm{d}}{\mathrm{d}t}\left(\frac{1}{2}gt^2\right)=gt$$

因而在 t 时刻小球速度的大小为

$$v=\sqrt{v_x^2+v_y^2}=\sqrt{v_0^2+(gt)^2}$$

故在 t 时刻小球切向加速度的大小为

$$a_\tau=\frac{\mathrm{d}v}{\mathrm{d}t}=\frac{\mathrm{d}}{\mathrm{d}t}\sqrt{v_0^2+(gt)^2}=\frac{g^2t}{\sqrt{v_0^2+(gt)^2}}$$

> **小贴士：**
> 在计算质点的法向加速度时，可以先写出它的轨迹方程，再算出曲率半径和速度大小，最后算出法向加速度。但是这样计算是相当复杂的。在例 1.9 中，已经知道总的加速度和切向加速度，然后利用它们三者之间的关系求解法向加速度。

由因为小球做加速度 $\boldsymbol{a}=\boldsymbol{g}$ 的抛体运动，所以在任意时刻，它的切向加速度与法向加速度满足 $\boldsymbol{g}=\boldsymbol{a}_n+\boldsymbol{a}_\tau$ 且互相垂直。由三角形的关系，可求得法向加速度为

$$a_n=\sqrt{g^2-a_\tau^2}=\frac{gv_0}{\sqrt{v_0^2+(gt)^2}}$$

代入数据，得

$$a_\tau=\frac{(9.8\ \mathrm{m\cdot s^{-2}})\times5\ \mathrm{s}}{\sqrt{(30\ \mathrm{m\cdot s^{-1}})^2+(9.8\ \mathrm{m\cdot s^{-2}}\times5\ \mathrm{s})^2}}=8.36\ \mathrm{m\cdot s^{-2}}$$

$$a_n=\frac{9.8\ \mathrm{m\cdot s^{-2}}\times30\ \mathrm{m\cdot s^{-1}}}{\sqrt{(30\ \mathrm{m\cdot s^{-1}})^2+(9.8\ \mathrm{m\cdot s^{-2}}\times5\ \mathrm{s})^2}}=5.12\ \mathrm{m\cdot s^{-2}}$$

1.4* 相对运动

我们在观察和描述物体运动的时候，总是相对于另一物体或物体群而言，或者说有参考系。对于居住在地球的我们，通常习惯选择地面或者相对静止的物体作为参考系。然而我们

想一想:

这里我们假设,两个参考系具有共同的时间变量 t,在日常生活中这似乎是无可怀疑的,这就是所谓"绝对时间",然而从相对论的观点,这只是一种近似,只有在运动速度远低于光速时这一假设才成立。

图 1.26 不同的观察者观察的结果不同

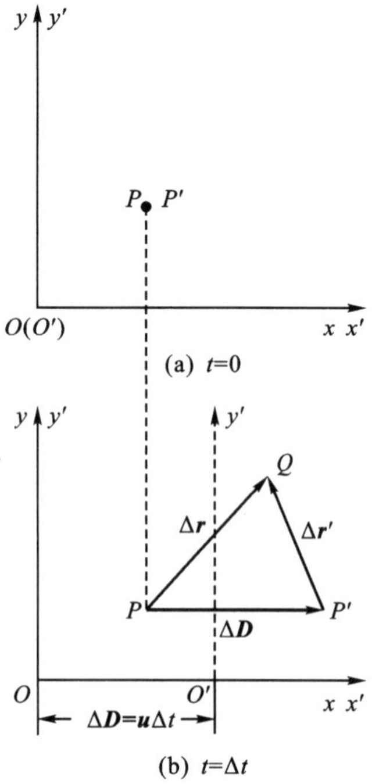

图 1.27 不同参考系的位置关系

也会发现,行驶汽车上的旅客习惯将车厢作为参考系,如图 1.26所示。在观察和描述物体运动状态的时候参考系的选择是非常重要的事。成语"刻舟求剑"所描述的故事,就是参考系(舟)选择不当,所以不能准确地描述物体(剑)的运动归向。如何选择参考系,在不同参考系下质点运动的描述有何不同,不同参考系相互变换关系将是接下来讨论的重点。本节讨论在两个以恒定速度做相对运动的坐标系中,质点的位移、速度与坐标系的关系。

1.4.1 时间与空间

在牛顿力学范围内,时间与空间的测量与参考系的选取无关,这就是时间的绝对性和空间的绝对性。因此经典力学所采用的时空观也称作**绝对时空观**。

1. 时间的绝对性

在两个做相对直线运动的参考系中,时间的测量与参考系无关。

2. 空间的绝对性

在两个做相对直线运动的参考系中,长度的测量与参考系无关。

3. 经典力学的时空观

(1)绝对空间:空间两点之间的距离不管从哪个坐标系测量,结果都是相同的。

(2)绝对时间:同一运动所经历的时间在不同的坐标系中测量都是相同的。

经典力学的时空观是和大量日常生活经验相符合的。

1.4.2 相对运动

在牛顿力学范围内,运动质点的位移、速度和运动轨迹都与参考系的选取有关,即运动的描述具有相对性。

设有两个参考系,如图 1.27 所示,一个为 S 系(即 $O-xyz$ 坐标系),另一个为 S'系(即 $O-x'y'z'$坐标系)。$t=0$ 时,这两个参考系相重合。有一个质点在 S 系中位于 P,而在 S'系中位于 P'点。

在 Δt 时间内,S'系沿 x 轴以恒定的速度 $\boldsymbol{u}$ 相对 S 系运动,同时,质点运动到 Q。在这段时间内,S'系沿 x 轴相对 S 的位移为 $\Delta\boldsymbol{D}=\boldsymbol{u}\Delta t$。

S 系:质点从 $\boldsymbol{P}\to\boldsymbol{Q}$,其位移为 $\Delta\boldsymbol{r}$;

S'系:质点由 $\boldsymbol{P'}\to\boldsymbol{Q}$,其位移为 $\Delta\boldsymbol{r}'$;

$$\Delta \boldsymbol{r}=\Delta \boldsymbol{r}'+\boldsymbol{u}\Delta t \tag{1.32}$$

由位移的相对性及时间的绝对性 $\Delta t=\Delta t'$，可得出速度的相对性。用时间 Δt 除式(1.32)有

$$\frac{\Delta \boldsymbol{r}}{\Delta t}=\frac{\Delta \boldsymbol{r}'}{\Delta t}+\boldsymbol{u}$$

取 $\Delta t \to 0$ 时的极限值，得

$$\frac{\mathrm{d}\boldsymbol{r}}{\mathrm{d}t}=\frac{\mathrm{d}\boldsymbol{r}'}{\mathrm{d}t}+\boldsymbol{u}$$

即

$$\boldsymbol{v}=\boldsymbol{v}'+\boldsymbol{u} \tag{1.33}$$

公式(1.33)给出了两个以恒定的速度做相对运动的参考系中质点的速度与参考系的关系，这个质点的速度变换关系式称作伽利略速度变换式，其关系如图 1.28 所示。

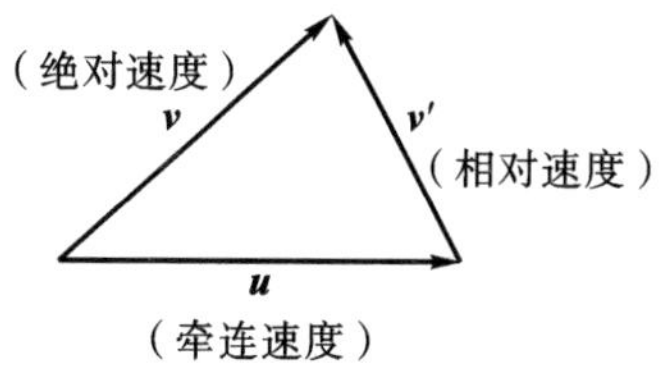

图 1.28　不同参考系速度的关系

其中 $\boldsymbol{v}$：绝对速度，质点相对于 S 系的速度；

$\boldsymbol{v}'$：相对速度，质点相对于 S' 系的速度；

$\boldsymbol{u}$：牵连速度，S' 系相对于 S 系的速度。

经典力学中的这些变换是建立在绝对时空观的基础上，在相对论中(高速运动物体)它们将被建立在相对论时空观基础上的洛伦兹变换取代。

例 1.10　如图 1.29 所示，一男孩乘坐一铁路平板车，在平直铁路上匀加速行驶，其加速度为 a，他沿车前进的斜上方抛出一球，此时车速度为 v_0。设抛球时对车的加速度的影响可以忽略，如果他在车上坐着不移动就能接住球，则球抛出的方向与竖直方向的夹角 θ 应为多大？

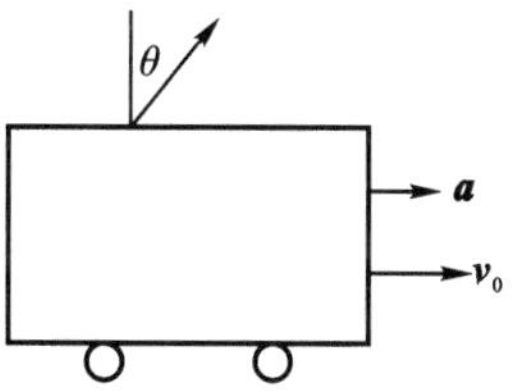

图 1.29　相对运动

解　抛出后车的位移：

$$\Delta x_1=v_0 t+\frac{1}{2}at^2$$

球的位移：

$$\Delta x_2=(v_0+v_0'\sin\theta)t$$

$$\Delta y_2=(v_0'\cos\theta)t-\frac{1}{2}gt^2$$

小孩接住球的条件为

$$\Delta x_1=\Delta x_2,\Delta y=0$$

代入球的位移式，得

$$\frac{1}{2}at^2=v_0'(\sin\theta)t$$

$$\frac{1}{2}gt^2=v_0'(\cos\theta)t$$

两式相比得：$\dfrac{a}{g}=\tan\theta$，则，

$$\theta=\arctan\left(\frac{a}{g}\right)$$

内容提要

1. 质点

研究物体的某种运动时,当物体的大小和形状可以忽略不计时,把物体当作一个只有质量的几何点,称为质点。质点是一个理想模型,本章的研究对象是质点。

2. 质点的位置和运动方程

用位矢法表示质点的空间位置时,任意时刻质点的位矢为 $\boldsymbol{r}$。

质点的位矢与直角坐标之间的关系:

$$\text{位矢的大小}\ r=\sqrt{x^2+y^2+z^2}$$

位矢的方向用三个方向角表示,三个方向角的方向余弦分别为

$$\cos\alpha=\frac{x}{r},\ \cos\beta=\frac{y}{r},\ \cos\gamma=\frac{z}{r}$$

运动方程:质点位置随时间变化的函数,即

$$\boldsymbol{r}(t)=x(t)\boldsymbol{i}+y(t)\boldsymbol{j}+z(t)\boldsymbol{k}$$

3. 质点的位移和路程

从 t 时刻开始的 Δt 时间内,质点的位移:

$$\Delta\boldsymbol{r}=\boldsymbol{r}(t+\Delta t)-\boldsymbol{r}(t)$$

位移的大小等于质点 t 时刻的位置与 $t+\Delta t$ 时刻的位置之间的直线距离,方向由始位置指向末位置。

质点 t 时刻的位置与 $t+\Delta t$ 时刻的位置之间运动轨迹的长度 Δs 称为质点从 t 时刻开始的 Δt 时间内走过的路程。

4. 质点的速度

在直角坐标系中,质点在时刻 t 的速度:

$$\boldsymbol{v}=\frac{\mathrm{d}\boldsymbol{r}}{\mathrm{d}t}=\frac{\mathrm{d}x}{\mathrm{d}t}\boldsymbol{i}+\frac{\mathrm{d}y}{\mathrm{d}t}\boldsymbol{j}+\frac{\mathrm{d}z}{\mathrm{d}t}\boldsymbol{k}=v_x\boldsymbol{i}+v_y\boldsymbol{j}+v_z\boldsymbol{k}$$

速度的大小 $|\boldsymbol{v}|=\sqrt{v_x^2+v_y^2+v_z^2}$,速度的方向沿质点运动轨迹的切线方向且指向运动的前方。$\frac{\mathrm{d}x}{\mathrm{d}t}$、$\frac{\mathrm{d}y}{\mathrm{d}t}$、$\frac{\mathrm{d}z}{\mathrm{d}t}$为速度沿 x,y 和 z 轴的分量。

5. 质点的加速度

在直角坐标系中,质点在时刻 t 的加速度

$$\boldsymbol{a}=\frac{\mathrm{d}^2\boldsymbol{r}}{\mathrm{d}t^2}=\frac{\mathrm{d}^2x}{\mathrm{d}t^2}\boldsymbol{i}+\frac{\mathrm{d}^2y}{\mathrm{d}t^2}\boldsymbol{j}+\frac{\mathrm{d}^2z}{\mathrm{d}t^2}\boldsymbol{k}=a_x\boldsymbol{i}+a_y\boldsymbol{j}+a_z\boldsymbol{k}$$

加速度的大小 $a=\sqrt{\left(\frac{\mathrm{d}^2x}{\mathrm{d}t^2}\right)^2+\left(\frac{\mathrm{d}^2y}{\mathrm{d}t^2}\right)^2+\left(\frac{\mathrm{d}^2z}{\mathrm{d}t^2}\right)^2}=\sqrt{a_x^2+a_y^2+a_z^2}$,方向用加速度与坐标轴正方向所成的三个方向角表示。

6. 质点的匀速率圆周运动

质点的加速度　$\boldsymbol{a}=\boldsymbol{a}_{\mathrm{n}}=\dfrac{v^2}{r}\boldsymbol{e}_{\mathrm{n}}$

加速度的大小 $a=\dfrac{v^2}{r}$，方向沿径向指向圆心。

7. 质点的变速圆周运动

质点的加速度　$\boldsymbol{a}=a_{\mathrm{n}}\boldsymbol{e}_n+a_\tau\boldsymbol{e}_\tau=\dfrac{v^2}{r}\boldsymbol{e}_{\mathrm{n}}+\dfrac{\mathrm{d}v}{\mathrm{d}t}\boldsymbol{e}_\tau$

加速度的大小 $a=\sqrt{a_{\mathrm{n}}^2+a_\tau^2}=\sqrt{\left(\dfrac{v^2}{r}\right)^2+\left(\dfrac{\mathrm{d}v}{\mathrm{d}t}\right)^2}$，加速度的方向可用加速度与法向加速度之间的夹角 α 表示，$\tan\alpha=\left|\dfrac{a_\tau}{a_{\mathrm{n}}}\right|$。

对于一般的曲线运动，用曲线任意点的曲率半径 ρ 代替圆半径 r，加速度也可分解为法向加速度和切向加速度两个分量。

8. 质点圆周运动的角量与线量的关系

线速度或速率　$v=\dfrac{\mathrm{d}s}{\mathrm{d}t}$

路程与角位移的关系　$\Delta s=r\Delta\theta$

速度与角速度的关系　$v=r\omega$

加速度与角速度和角加速度的关系

$$a_\tau=\frac{\mathrm{d}v}{\mathrm{d}t}=r\alpha,a_{\mathrm{n}}=\frac{v^2}{r}=\omega v=\omega^2 r$$

9. 运动学的两类问题

运动学第一类问题(微分问题)：$\boldsymbol{r}\rightarrow\boldsymbol{v}\rightarrow\boldsymbol{a}$　　$\theta\rightarrow\omega\rightarrow\alpha$

运动学第二类问题(积分问题)：$\boldsymbol{a}\rightarrow\boldsymbol{v}\rightarrow\boldsymbol{r}$　　$\alpha\rightarrow\omega\rightarrow\theta$

思考题

1.1　质点做曲线运动，其瞬时速度为 $\boldsymbol{v}$，瞬时速率为 v，平均速度为 $\bar{\boldsymbol{v}}$，平均速率为 $\bar{v}$，则它们之间的关系下列四种中哪一种是正确的？

(1) $|\boldsymbol{v}|=v$，$|\bar{\boldsymbol{v}}|=\bar{v}$；(2) $|\boldsymbol{v}|\neq v$，$|\bar{\boldsymbol{v}}|=\bar{v}$；(3) $|\boldsymbol{v}|=v$，$|\bar{\boldsymbol{v}}|\neq\bar{v}$；(4) $|\boldsymbol{v}|\neq v$，$|\bar{\boldsymbol{v}}|\neq\bar{v}$。

1.2　质点的 $x-t$ 关系如思考题 1.2 图所示，图中 a、b、c 三条线表示三个速度不同的运动。问它们分别属于什么类型的运动，哪一个速度大，哪一个速度小？

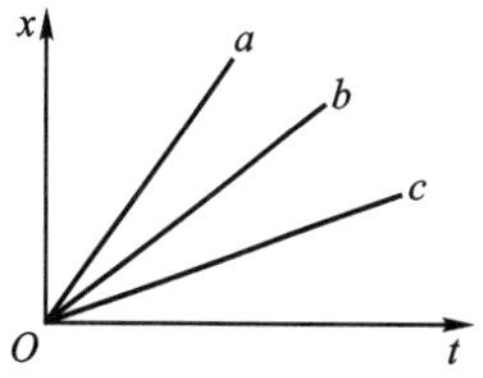

思考题 1.2 图

1.3　结合 $v-t$ 图，说明平均加速度和瞬时加速度的几何意义。

1.4　运动物体的加速度随时间减小，而速度随时间增加，这是可能的吗？

1.5　若质点在平面上运动，试指出符合下列条件的各是什么运动。

(1) $\dfrac{\mathrm{d}r}{\mathrm{d}t}=0$，$\dfrac{\mathrm{d}\boldsymbol{r}}{\mathrm{d}t}\neq0$；(2) $\dfrac{\mathrm{d}v}{\mathrm{d}t}=0$，$\dfrac{\mathrm{d}\boldsymbol{v}}{\mathrm{d}t}\neq0$；(3) $\dfrac{\mathrm{d}a}{\mathrm{d}t}=0$，$\dfrac{\mathrm{d}\boldsymbol{a}}{\mathrm{d}t}=0$。

1.6　一质点做斜抛运动,用 t_1 表示落地时刻,

$$\int_0^{t_1} v_x \mathrm{d}t,\quad \int_0^{t_1} v_y \mathrm{d}t,\quad \int_0^{t_1} v \mathrm{d}t$$

(1)说明以上三个积分的意义;

(2)A 和 B 表示质点的抛出点和落地点位置,说明以上三个积分的意义。

1.7　一艘轮船以恒定速度向前行驶,此轮船上有一个人竖直向上抛出一粒石子,若人在船上不移动,此石子是否能落回到人的手中?

习　题

一、简答题

1.1　什么是质点,为什么要引入质点,试举几个自然界中常见的质点的例子。

1.2　什么是参考系,参考系的选择原则是什么?

1.3　什么是坐标系,试举几个常见的坐标系例子。

1.4　什么是位置矢量,什么是运动学方程,它们有什么不同?

1.5　物理学中什么是状态量,什么是过程量?

1.6　什么是速度,速度具有哪些性质?

1.7　什么是加速度,加速度有哪些性质?

1.8　质点做圆周运动有什么特点,用于表示圆周运动的物理量有哪些?

二、计算题

1.1　一质点在平面上运动,已知质点位置矢量的表达式为 $\boldsymbol{r}=at^2\boldsymbol{i}+bt^2\boldsymbol{j}$(其中 a、b 为常量),则该质点做(　　)。

(A)匀速直线运动;　　(B)变速直线运动;

(C)抛物线运动;　　(D)一般曲线运动。

1.2　一质点沿 x 轴运动的运动方程是 $x=t^2-4t+5$(SI)。则前 3 s 内它的(　　)。

(A)位移和路程都是 3 m;　　(B)位移和路程都是 −3 m;

(C)位移是 −3 m,路程是 3 m;　　(D)位移是 −3 m,路程是 5 m。

1.3　一运动质点在某瞬时位于位矢 $\boldsymbol{r}(x,y)$ 的端点处,对其速度的大小有 4 点描述,即:

(1)$\dfrac{\mathrm{d}r}{\mathrm{d}t}$;(2)$\dfrac{\mathrm{d}\boldsymbol{r}}{\mathrm{d}t}$;(3)$\dfrac{\mathrm{d}s}{\mathrm{d}t}$;(4)$\sqrt{\left(\dfrac{\mathrm{d}x}{\mathrm{d}t}\right)^2+\left(\dfrac{\mathrm{d}y}{\mathrm{d}t}\right)^2}$。下述判断正确的是(　　)。

(A)只有(1)(2)正确;　　(B)只有(2)正确;

(C)只有(2)(3)正确;　　(D)只有(3)(4)正确。

1.4　一物体做如计算题 1.4 图所示的斜抛运动,测得在轨迹 P 点处速度大小为 v,其方向与水平方向成 30°夹角。则物体在 P 点的切向加速度 $a_\tau=$__________,轨迹的曲率半径 $\rho=$__________。

1.5　一质点做直线运动,其坐标与时间的关系如计算题 1.5 图所示,则该质点在第________ s 时瞬时速度为零;在第________ s 至第________ s 间速度与加速度同方向。

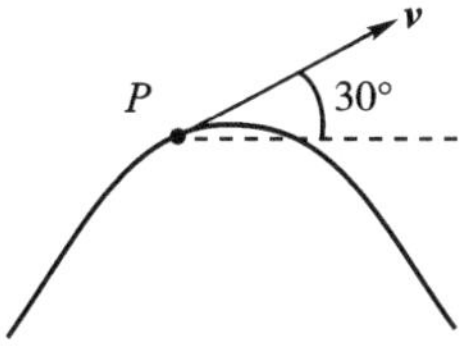

计算题 1.4 图

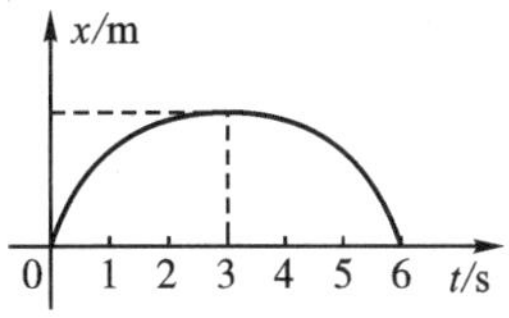

计算题 1.5 图

1.6　一质点沿半径为 0.2 m 的圆周运动，其角位置随时间的变化规律是 $\theta=6+5t^2$(SI制)。在 $t=2$ s 时，它的法向加速度 $a_n=$__________，切向加速度 $a_\tau=$__________。

1.7　某质点做直线运动，其运动方程为 $x=1+4t-t^2$，其中 x 单位为 m，t 单位为 s。求：(1)第 3 s 末质点的位置；(2)前 3 s 内的位移大小；(3)前 3 s 内经过的路程。

1.8　已知一质点的运动方程为 $x=2t$，$y=18-2t^2$，其中 x、y 的单位为 m，t 的单位为 s。求：(1)质点的轨迹方程并画出轨迹曲线；(2)质点的位置矢量；(3)质点的速度；(4)前 2 s 内的平均速度；(5)质点的加速度。

1.9　从楼上窗口以初速度 $\boldsymbol{v}_0$ 水平射出一发子弹，取枪口为原点，沿 $\boldsymbol{v}_0$ 方向为 x 轴正向，竖直方向为 y 轴，并取发射时刻 $t=0$，求：(1)子弹在任意时刻 t 的速度；(2)子弹在任意时刻 t 的位置坐标及轨迹方程。

1.10　一石块从空中由静止下落，由于空气阻力，石块并非做自由落体运动，现已知加速度为 a=A−Bv(式中 A、B 为常量)，求石块的速度和运动方程。

1.11　一质点沿 x 轴正方向运动，加速度 $a=3x^2+\frac{1}{3}$(m/s²)。若质点在 $x=0$ 处时的速度 $v_0=5$ m/s，求：(1)质点在任意位置的速度；(2)质点在 $x=3$ m 处的速度。

1.12　一质点沿半径为 R 的圆周按规律 $s=v_0t-\frac{1}{2}bt^2$ 运动，v_0、b 都是常数。(1)求 t 时刻质点总的加速度；(2)t 为何值时 s 在数值上等于 b；(3)当加速度等于 b 时，质点已沿圆周运行了多少周？

1.13　质点 P 在水平面内沿一半径 $R=1$ m 的圆轨道转动，转动的角速度 ω 与时间 t 的函数关系为 $\omega=kt^2$，已知 $t=2$ s 时，质点 P 的速率为 16 m/s，试求 $t=1$ s 时，质点 P 的速率与加速度的大小。

1.14　一质点在半径为 0.10 m 的圆周上运动，其角位置为 $\theta=2+4t^3$。(1)求 $t=2.0$ s 时质点的法向加速度和切向加速度；(2)当质点切向加速度的大小恰等于总加速度大小的一半时，θ 值为多少；(3)t 为何值时，法向加速度和切向加速度的值相等？

三、应用题

1.1　日常生活中经常需要告诉其他人你所处的位置，请根据所学运动学的知识，描述一下你所处的位置，精确到米；房间顶部需要设计灯的位置，请你准确表达该位置，精确到厘米。

1.2　随着通信技术的发展和交通工具升级，导航软件已经成为出行的必备工具。计算机通过接收卫星导航系统信息实现交通工具的定位、导航，还可以给出使用者行进的速度。请根据所学的运动学知识说明导航软件如何得到使用者的运动速度，请给出思路及计算式。请问能否获得使用者的加速度信息,如果可以,同样给出计算思路。

1.3 如应用题 1.3 图所示,人在路灯下行走时候,人的影子会跟随人运动,假设只有一盏路灯,请问人运动的速度和人头部影子运动的速度有什么关系?假设人的运动是匀速运动,那么头部影子运动是否也为匀速运动?

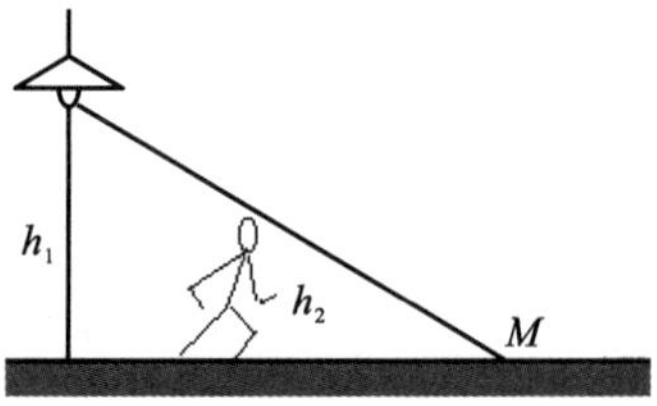

应用习题 1.3 图

1.4 人站在离树一定距离的地面上,如果用枪瞄准悬挂在树上的木偶并射击,当子弹从枪口射出时,木偶正好从树上由静止自由下落。请问子弹可以射中木偶吗?请用运动学的知识分析说明。

1.5 没有风的雨天,我们发现雨滴垂直下落,但坐在快速行驶的汽车(火车)上,却发现雨滴沿着斜线下落,请根据运动学的知识说明其原因。如果能测得雨滴下落倾斜的斜线测出雨滴下落的速度,请描述其中原理。

第2章　动力学基本定律

上一章我们学习了如何描述质点的机械运动，并未涉及引起质点运动状态变化的原因。这个问题属于质点的动力学问题，属于牛顿定律涉及的范围，以牛顿定律为基础建立的宏观物体运动规律的动力学理论称作牛顿力学。牛顿力学的研究对象是质点，牛顿第二定律给出的是质点受力和加速度的瞬时关系。而更普遍的情况是，研究对象除了质点，还包括质点系，且力作用在质点和质点系上往往会持续一段时间，或持续一段距离。这时需要考虑力对时间的积累作用和力对空间的积累作用。在这两种积累作用下，质点或质点系的动量、动能或能量会发生变化或转移，质点系的动量或机械能也将保持守恒。动量守恒和由机械能守恒拓展而来的能量守恒不仅适用于力学，而且是自然界的普遍规律。

动力学研究的就是作用于物体上的力和物体机械运动状态变化之间的关系，本章学习质点动力学基本定律，包括牛顿运动定律、动量守恒定律和机械能守恒定律，以求全面掌握机械运动的规律。

预习提要：

1. 什么是惯性，怎样理解惯性的概念？

2. 如何理解力的概念，力是维持物体运动状态的原因吗？

3. 作用力和反作用力是一对什么样的力，你能举出几组作用力和反作用力吗？

4. 什么是平均冲力，为什么要引入平均冲力？

5. 内力能够改变质点系的动量吗，内力对质点系内各质点的动量有何影响？

6. 动量守恒的条件是什么？在打桩问题中，物体所受重力能不能忽略，为什么？

7. 变力的功怎么计算，为什么能够利用恒力的功来计算变力的功？

8. 什么是保守力，保守力做功有什么特点？

9. 什么是势能，怎么理解保守力做功和势能的概念？

10. 内力能够改变质点系的动能吗，为什么？

11. 机械能守恒的条件是什么? 质点系的初末机械能相等,能说明质点系机械能守恒吗?

12. 机械能守恒时,动能和势能可以相互转换,你能举出生活中应用动能和势能相互转换的例子吗?

13. 除了机械能,你还了解什么能量? 你能说明它们之间的转换过程吗?

2.1 牛顿运动定律

运动是物质的属性，围绕这个问题，形成了形形色色的自然观。当我们看到一个物体在运动时，我们很自然就想知道这个物体是如何保持运动的状态的，是什么原因引起它运动的。古希腊哲学家亚里士多德(Aristotle，公元前 384—公元前 322)曾经提出“凡运动着的物体必然都有推动者在推动它运动”的论断，并且在长达 2000 年的时间内被认为是不可怀疑的经典。直到 300 多年前，伽利略(G. Galileo，1564—1642)在实验与观察的基础上，做出了大胆的假设与推理，向这个论断提出了挑战。伽利略注意到，当一个球沿斜面向下滚动时速度增大，沿斜面向上滚动时速度减小，如图 2.1 所示。他由此推论，当球沿水平面滚动时，其速度应该是既不增大又不减小。在实验中球之所以会越来越慢直到最后停下来，他认为这并非是球的“自然本性”，而是由于摩擦力的缘故。伽利略观察到，表面越光滑，球会滚得越远。于是，他进一步推论，若没有摩擦力，球将永远滚下去。

小贴士：

人们的思想观念来自于生活经验和所受教育。人们对于来自权威的信息往往选择直接接受。伽利略勇于怀疑权威，并利用严密的观察和实验建立了新的思想。一方面说明质疑和批判性精神是科学发展的原动力之一，另一方面表明正确的质疑来自于缜密思考和科学的验证。这也充分说明物理学是实验的科学，也表明实践才是检验真理的唯一标准。

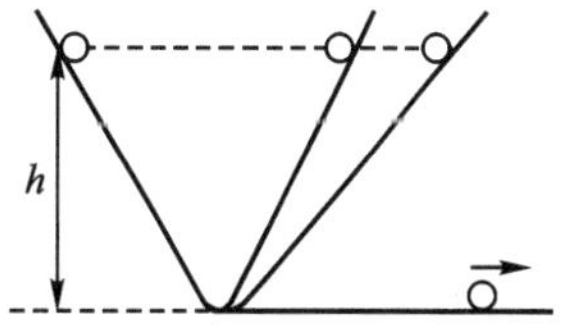

图 2.1 小球在不同斜面滚动

伽利略的实验以可靠的事实为基础，经过抽象思维，抓住主要因素，忽略次要因素，更深刻地反映了自然规律。这一正确的理论，在隔了几十年之后，由牛顿总结成为力学的一条基本定律——惯性定律。

1687 年，牛顿在他的名著《自然哲学的数学原理》(*Philosophiae Naturalis Principia Mathemetica*)一书中，发表了三条运动定律，这三条运动定律构成了质点运动学的基础，也开始了牛顿力学时代，在行星运动以及其他很多方面取得了巨大的成功，预言海王星的存在可以说是牛顿力学的辉煌顶点。但是牛顿力学也存在本质的困难：水星近日点进动的计算值无法与观测值吻合。微积分就是牛顿为了解决动力学问题而引进的一种数学方法。

2.1.1 牛顿运动定律

1. 牛顿第一定律

任何物体都要保持其静止或匀速直线运动状态，直到其他物体的相互作用迫使它改变运动状态为止。

牛顿第一定律表明，任何物体在不受外力的作用的条件下，将保持原有的运动状态不变。若原来静止，就保持静止；若原来运动,就保持原来运动状态不变。

这种保持原有运动状态特性是物体自身的属性,叫作惯性。它反映了物体改变运动状态的难易程度,我们把这种保持物体运动状态的能力,也就是物体惯性的量度称作**质量(惯性质量)**。所以牛顿第一定律也叫作**惯性定律**。

牛顿第一定律还表明,要使物体的运动状态发生变化,一定要有其他物体对它作用,这种作用叫作**力**,即**力是物体与物体之间的相互作用**。牛顿第一定律告诉我们力是改变物体运动状态原因,而不是维持物体运动的原因。

牛顿第一定律的数学表达式可以写为

$$\boldsymbol{F}=0,\boldsymbol{v}=\text{恒量} \tag{2.1}$$

第1章我们讨论过,任何物体运动都是相对于某一个参考系而言的,如果物体在某一参考系中,不受其他物体作用而保持静止或者匀速直线运动状态,那么也就是说这个参考系中惯性定律是成立,这个参考系就称为**惯性参考系**。若有另外一个参考系以恒定速度相对惯性系运动,该参考系也是惯性参考系。某参考系如果相对于惯性系做加速运动,此参考系就是非惯性系。

小贴士:

写出牛顿第一定律后,牛顿开始描述他所观察到的各种物体的自然运动。如飞箭、飞石一类的抛体,若不被空气的阻力抗拒,不被引力吸引坠落,它们会速度不变地持续运动。如陀螺一类的旋转体,若不受到地面的摩擦力损耗,它们会永久不息地旋转。如行星、彗星一类的星体,在阻力较小的太空中移动,会更长久地维持它们的运动状态。

在这里,牛顿并没有提到牛顿第一定律与惯性参考系之间的关系,他所专注的问题是,为什么在一般观察中,运动的物体最终会停止运动?他认为原因是有空气阻力、地面摩擦力等作用于物体。假若这些力不存在,则运动的物体会永远不停地做匀速运动。这想法是很重要的突破,需要极为仔细的洞察力与丰富的想像力才能达成。

牛顿的惯性原理是经典物理学的基础之一,并且对惯性原理的理解也随着现代物理学的发展而出现了改变。牛顿说:“我只是站在巨人的肩膀上!”

2. 牛顿第二定律

牛顿第一定律只说明了物体不受外力作用时的情形,那么当物体受到外力作用时,物体的运动状态将怎样发生变化呢?牛顿第二定律进一步给出了物体所受的作用力和由此产生的加速度以及物体惯性三者之间的定量关系。

如果一个物体质量为 m,速度为 $\boldsymbol{v}$,其质量和速度乘积称作物体的**动量**,用 $\boldsymbol{p}$ 表示,则 $\boldsymbol{p}=m\boldsymbol{v}$。

物体的动量对时间的变化率与物体所受的力成正比,并和力的方向相同。

其数学表达式为

$$\boldsymbol{F}=\frac{\mathrm{d}\boldsymbol{p}}{\mathrm{d}t}=\frac{\mathrm{d}(m\boldsymbol{v})}{\mathrm{d}t} \tag{2.2}$$

式中,$\boldsymbol{F}$ 表示物体所受合力,写作 $\boldsymbol{F}=\sum \boldsymbol{F}_i$。当物体做低速运动时,即物体运动的速率 v 远小于光速 $c\,(v\ll c)$ 时,物体的质量可以视作不依赖于速度的常量,式(2.2)可写为

$$\boldsymbol{F}=m\frac{\mathrm{d}\boldsymbol{v}}{\mathrm{d}t}=m\boldsymbol{a} \tag{2.3}$$

式(2.3)表明物体受到外力作用时,物体所获得的加速度的大小与作用在物体上的合外力的大小成正比,与物体的质量成反比;加速度的方向与合外力的方向相同。

牛顿第二定律在第一定律的基础上,进一步阐明了在力的

作用下物体运动状态变化的具体规律，确立了力、质量和加速度三者之间的关系，是牛顿运动定律的核心。其方程也成为质点动力学的基本方程。

运用牛顿第二定律解决问题时必须注意以下几点：

(1)牛顿第二定律只适用于质点的运动；

(2)牛顿第二定律所表示的合外力和加速度是瞬时对应关系；

(3)当几个外力同时作用于物体时，其合外力 $\boldsymbol{F}$ 所产生的加速度 $\boldsymbol{a}$，与每个外力 $\boldsymbol{F}_i$ 产生的加速度 $\boldsymbol{a}_i$ 的矢量和是一样的，这就是力的叠加原理。

在解决实际问题时，通常需要写出质点动力学方程的分量形式，在直角坐标系中，式(2.3)分量形式为

$$\begin{cases} F_x = ma_x \\ F_y = ma_y \\ F_z = ma_z \end{cases} \tag{2.4}$$

当质点做平面曲线运动时，在轨迹曲线的法向和切向上，质点动力学方程的分量形式为

$$\begin{cases} F_\tau = ma_\tau = m\dfrac{\mathrm{d}v}{\mathrm{d}t} \\ F_\mathrm{n} = ma_\mathrm{n} = m\dfrac{v^2}{\rho} \end{cases} \tag{2.5}$$

3. 牛顿第三定律

牛顿第一定律说明物体只有在外力的作用下才改变其运动状态，牛顿第二定律给出了物体的加速度与作用在物体上合外力之间的关系，牛顿第三定律则说明了力具有物体间相互作用的性质。

两个物体之间的作用力 $\boldsymbol{F}$ 与反作用力 $\boldsymbol{F}'$，总是大小相等、方向相反，沿同一直线分别作用于两个物体上。

牛顿分三定律的数学表达式为

$$\boldsymbol{F} = -\boldsymbol{F}' \tag{2.6}$$

牛顿第三定律更进一步阐明了力的含义，就是物体间的力具有相互作用的性质。物体受到的任何一个力，必然来自另一个物体对它的作用，没有作用物体的力是不存在的，任何一个作用力必有它的反作用力。作用力与反作用力是矛盾的两个方面，它们互相以对方的存在为自身存在的条件，任何一方都不能孤立的存在，它们同时产生、同时消灭，并且是属于同一种性质的力。虽然作用力与反作用力是分别作用在两个物体上的，它们也不能互相抵消。牛顿第三定律不仅对静止的物体成立，它对运动的物体、甚至加速的物体都是成立的，也就是牛顿

小贴士：

牛顿第二定律是牛顿运动定律的核心，它的表达式并不复杂，但在应用牛顿第二定律解决实际问题时，应该注意几点。

(1)对应性：每一个力都将产生自己的加速度。

(2)矢量性：某个方向的力，只能改变该方向上物体的运动状态，只能在该方向上使物体获得加速度。

(3)瞬时性：牛顿第二定律说明合外力是与加速度相伴随的，有合外力作用时，就必定有加速度。力和加速度同时产生、同时变化、同时消失，无先后之分。至于速度的大小和方向，与合外力并没有直接的联系。

(4)适用性：牛顿第二定律只适用于质点的运动，并且只在惯性系中成立。

想一想：

人推车时，人作用于车的力与车作用于人的力是作用力与反作用力吗？为什么车向前进了而人却不后退呢？

小贴士：

牛顿运动定律的建立是人类认识自然和历史的第一次大飞跃和理论的大综合，它对科学发展的进程以及人类生活生产及思维方式都产生了极为深刻的影响。它不仅提供了一个完整的框架来解释物体的运动规律，而且也可以预测天体运动、分子系统的运动，以及其他科学技术问题，它加深了人类对自然规律的理解，并且促进了物理学和其他学科的发展。

第三定律对任何参考系都成立。

通常处理动力学问题时，要把这三个定律结合起来考虑。同时要注意，牛顿三大定律只适用于宏观、低速领域，处理的对象必须是处于惯性系中的质点(能够看作质点的物体)。当物体的运动速度接近光速或研究微观客体的运动时，需要分别应用相对论力学和量子力学规律。

2.1.2　几种常见的力

在应用牛顿运动定律解决问题时，首先必须学会正确分析物体的受力情况，而力是物体与物体之间的相互作用，生活中我们已知的力有很多种。例如：物体间由于接触而产生的压力、拉力、摩擦力；又例如，一切物体间的万有引力；带电物体在电场、磁场中受到的电磁力等。力的形式有很多，分类的方式也有很多，现代物理学按照物体之间相互作用的性质把力分为4类，如表2.1所示。

表2.1　力的分类

力的种类	强相互作用	电磁相互作用	弱相互作用	引力相互作用
相对强度	1	10^{-2}	10^{-12}	10^{-40}
作用范围/m	10^{-15}	长	$<10^{-17}$	长
相互作用举例	质子和中子结合形成原子核	电子和原子核结合形成原子	核β衰变的力	恒星形成银河系

引力相互作用和电磁相互作用的作用距离较大，比两类力被称为长程力，在宏观现象中起着重要的作用。强相互作用和弱相互作用的作用距离极短，此两类力被称为短程力，它们的作用只有在原子核内才能显示出来。由于牛顿力学的规律对于原子核内的运动不再适用，所以在本课程中，我们只学习与万有引力和电磁力相关的物理问题。

小贴士：

关于四大基本力，有一个问题尚未解决：所谓的“四种”基本力，会不会其实是宇宙中一种高级力的不同体现呢？若真是这样的话，各种力应当都能与其他力合并才对。

1979年的诺贝尔物理学奖授予了哈佛大学的谢尔顿·格拉肖(Sheldon Glashow)、史蒂文·温伯格(Steven Weinberg)，以及帝国理工学院的阿卜杜斯·萨拉姆(Abdus Salam)，因为他们实现了电磁力与弱力的统一，提出了“电弱力”的概念。而物理学家还希望找到某种大一统理论，能够将电弱力与强力结合在一起，形成电核力。根据模型预测，这种力的确是存在的，但目前尚未被研究人员观察到。最终，研究人员还需要将电核力与引力统一在一起，形成真正的“万物理论”。

1. 万有引力

自然界任何两物体之间都存在着相互吸引力，称为**万有引力**。例如，太阳与行星间的引力，地球与月球间的引力，地球对地面上所有物体都有的引力等。17世纪德国天文学家开普勒根据前人对行星运动的观察和研究，总结出了关于行星运动的规律。在此基础上，牛顿又研究了月球绕着地球的运动，以及地面上物体的运动规律，提出了万有引力定律。

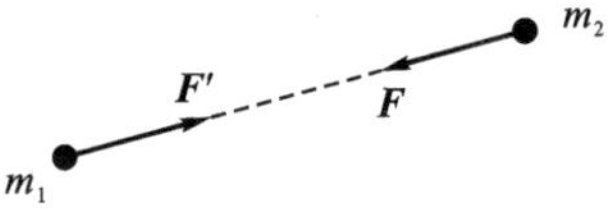

图2.2　两个质点之间的万有引力

如图2.2所示，在两个相距为 $\boldsymbol{r}$，质量分别为 m_1、m_2 的质

点间有万有引力，其方向沿着它们的连线，其大小与它们质量的乘积成正比、与它们之间的距离的平方成反比，即

$$\boldsymbol{F}=-G\frac{m_1m_2}{r^2}\boldsymbol{e}_r \tag{2.7}$$

其中，$G=6.67\times10^{-11}\ \mathrm{N\cdot m\cdot kg^{-2}}$为万有引力常量；负号表示 $\boldsymbol{F}$ 方向始终和 $\boldsymbol{e}_r$ 相反，一个物体受力的方向始终指向另一个物体，这就表明两个物体之间作用力表现为相互吸引。式(2.7)就是万有引力定律的数学表达式。

在一般工程实际中，物体之间的万有引力与其所受的其他力相比十分微小，所以可以忽略不计。

万有引力定律只适用于两个质点之间的相互作用，但是通过理论计算，可以证明，质量按照壳层均匀分布的两个球形物体间的万有引力，等效于质量集中在球心位置的两个质点间的引力。地球可以近似看作是质量按照壳层均匀分布的球体，计算它对地面上任何物体的引力时，可把它的质量集中在地球中心。而地面上的物体，其尺寸总是比它到地球中心的距离小得多，所以在计算地面上物体受到的引力时，不论物体什么形状，都可将其看作是质点。设地球质量为 M、半径为 R，物体的质量为 m，物体到地心的距离为 r，则根据万有引力定律，物体受地球作用的万有引力大小为

$$F-G\frac{Mm}{r^2} \tag{2.8}$$

方向指向地球中心，如图 2.3 所示。

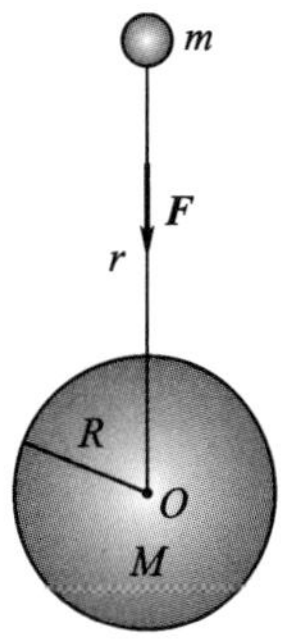

图 2.3　地球对物体的引力

想一想：

重量和质量一样吗？重量是物体所受地球的引力的量度，而质量是物体惯性大小的量度。重量是矢量，质量是标量。对同一物体来说，质量是不变的，而重量会随物体位置的不同而略有改变。

通常地球作用于地球表面附近、体积不大的物体的万有引力就是地球作用于该物体的重力。重力的大小用 P 表示，即

$$P=G\frac{Mm}{R^2} \tag{2.9}$$

其方向竖直向下。另 $g=G\dfrac{M}{R^2}$，称为**重力加速度**。将地球的质量和半径及万有引力常量代入，可得 $g=9.8\ \mathrm{m/s^2}$。则质量为 m 的物体所受的重力可写为

$$P=mg \tag{2.10}$$

物体所受重力的大小也称为物体的重量。

2. 弹性力

弹性力是一种与物体的形变有关的接触力。把一个物体放在桌面上，物体就给了桌面一个向下的压力，桌面也给了物体一个向上的支持力。对于压力和支持力产生的原因，一般认为是由于物体和桌面相互接触，彼此都产生了形变。发生形变的物体要恢复原状，对与它接触的物体会产生力的作用，这种

物体因形变而产生欲使其恢复原来形状的力叫作弹性力。

下面我们分析几种不同形式的弹性力。

(1)弹簧的弹性力。

当弹簧受到外力作用而发生拉伸或压缩形变时,弹簧反抗形变而施于外界的力就是弹簧的弹性力。如图 2.4 所示,弹簧左端固定,右端与一物体相连,弹簧为原长时,物体位于坐标原点,此时弹簧没有形变,弹性力为零。现将物体移动到 x 处,弹簧被拉伸,伸长量为 x,弹簧对物体的作用力为 $\boldsymbol{F}$,方向向上,根据胡克定律,**在弹性限度内,弹性力的大小与弹簧的伸长量成正比,方向指向平衡位置**,即

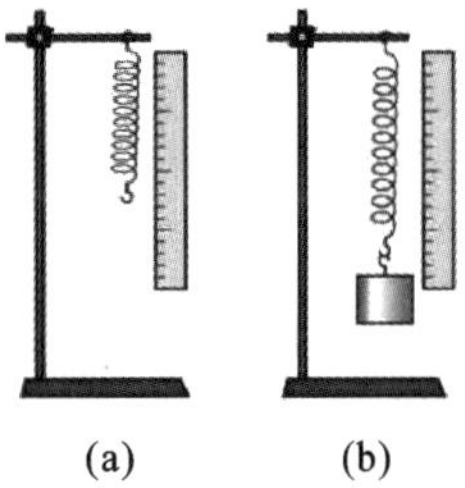

图 2.4　弹簧的弹性力

$$F=-kx \tag{2.11}$$

其中,k 为弹簧的劲度系数,其值决定于弹簧本身的性质。而弹簧弹性力的方向总是指向要恢复它原长的方向。

(2)绳子的张力。

当物体和柔软的绳子相连接,在物体和绳子之间也会有力的作用。这种力一般认为是由于物体和绳子彼此都发生了形变引起的,所以也属于弹性力,称为绳子的张力。

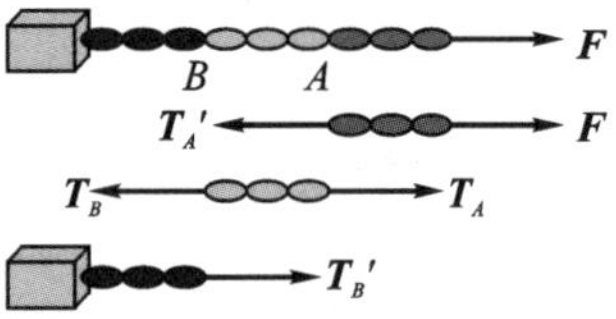

图 2.5　绳子的张力

如果绳子的质量可以忽略不计,则不论绳子是静止还是运动的,一段绳子中各处张力均相等,且等于绳子两端所受外界给予的拉力的大小。应用牛顿第二定律很容易证明这一结论。如图 2.5 所示,绳子的一端固定在一物体上,另一端受到拉力的作用,A 点和 B 点的张力

$$\boldsymbol{T}_A=-\boldsymbol{T}'_A=\boldsymbol{T}_B=-\boldsymbol{T}'_B \tag{2.12}$$

由牛顿第二定律

$$\boldsymbol{T}_A+\boldsymbol{T}_B=m\boldsymbol{a} \tag{2.13}$$

当 $a=0$ 或者 $m\to0$ 时,$\boldsymbol{T}_A=-\boldsymbol{T}'_B=\boldsymbol{F}$,$A$、$B$ 点为任意选取的点,所以上述结论可以表明绳子上各点张力处处相等,且等于绳子两端的拉力。当 $a\neq0$ 而且 $m\neq0$(绳子质量不能忽略时),绳子上各点的张力不同。因此在求解有关张力的问题时,必须注意看清条件,只有绳子的质量可以忽略的情况下,才能使用绳内张力处处相等的结论。

3. 摩擦力

两个物体相互接触,由于有相对运动或者相对运动的趋势,在接触面处产生的一种阻碍物体运动的力,叫作摩擦力。

(1)静摩擦力。

相互接触的两个物体相对静止,但却有相对滑动的趋势时,两个物体接触处出现的摩擦力称为静摩擦力。

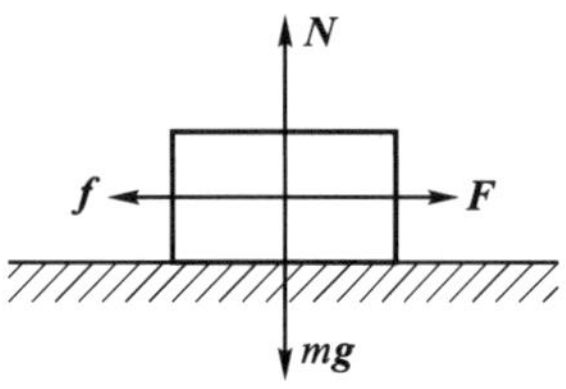

图 2.6　静摩擦力

如图 2.6 所示,物体在外力 $\boldsymbol{F}$ 的作用下,没有移动,存在

一个静摩擦力 $\boldsymbol{f}$，且外力 $\boldsymbol{F}$ 增大时，静摩擦力 $\boldsymbol{f}$ 也增大，存在最大静摩擦力 $f_{\max}$。实验表明，最大静摩擦力 $f_{\max}$ 与正压力成正比，即

$$f_{\max}=\mu_0 N \tag{2.14}$$

其中，μ_0 为静摩擦因数。它与两接触物体的材料性质以及接触面的情况有关，而与接触面的大小无关。

(2)滑动摩擦力。

当两相互接触的物体有相对滑动，在它们的接触处出现的阻碍相对滑动的力称为滑动摩擦力。如图 2.7 所示，滑动摩擦力的作用线也在两物体接触处的公切面上，其方向总是与相对运动的方向相反。实验表明：滑动摩擦力与正压力成正比，即

$$f=\mu N \tag{2.15}$$

其中，μ 为滑动摩擦系数。它与两接触物体的材料性质、接触表面的情况、温度、干湿度等有关，还与两接触物体的相对速度有关。

一般来说，滑动摩擦系数 μ 比静摩擦系数 μ_0 小，通常认为二者相等。

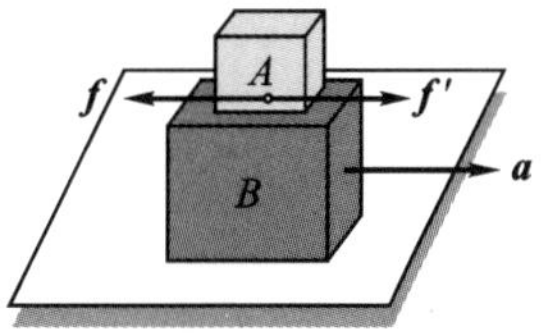

图 2.7　滑动摩擦力

想一想：

下列两种说法正确吗？请举例说明。

(1)摩擦力总是阻碍物体运动。

(2)物体受到的摩擦力的方向总是与物体的运动方向相反。

2.1.3　牛顿定律的应用

直接应用牛顿运动定律可以解决两类问题。一类是已知力求运动，即已知物体所受的外力求其加速度；另一类是已知运动求力，即已知物体的加速度求其所受的外力。或者是两类问题的混合问题，即已知物体所受的若干力和加速度的某些分量，求其余的力和加速度的其余分量。

运用牛顿运动定律解题时，首先要根据题意识别研究对象，正确分析它的受力情况和运动情况，然后按照牛顿第二定律列出方程进行求解。正确地分析物体的“**受力**”情况是解决力学问题的关键。受力分析的依据是“力是物体与物体之间的相互作用”，受力分析过程中只考虑别的物体对研究对象的作用，在受力分析的时候，要注意牛顿定律研究的对象是质点，如果对象是质点系，需要“隔离”成若干个质点进行受力分析。下面我们先给大家示范几个例题，然后再总结解题的方法和步骤。

例 2.1　光滑的水平面上物体 A 和 B 紧靠在一起，A 的质量 $m_A=3$ kg，B 的质量 $m_B=6$ kg，水平向右的推力 F_1 和水平向左的推力 F_2 分别作用于 A 和 B，$F_1=10$ N，$F_2=1$ N，如图 2.8(a)所示。试求两物体运动的加速度和物体 A 对 B 的作用力。

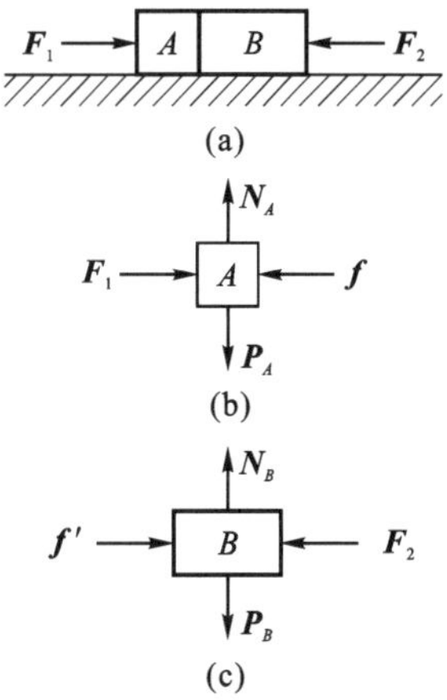

图 2.8　例 2.1 图

解　分别以物体 A 和 B 为研究对象，A 受竖直向下的重

力 $\boldsymbol{P}_A$ 和竖直向上的支撑力 $\boldsymbol{N}_A$,以及水平向右的推力 $\boldsymbol{F}_1$ 和 B 对 A 水平向左的作用力 $\boldsymbol{f}$,如图 2.8(b)所示,B 受竖直向下的重力 $\boldsymbol{P}_B$ 和竖直向上的支撑力 $\boldsymbol{N}_B$,以及水平向左的推力 $\boldsymbol{F}_2$ 和 A 对 B 水平向右的作用力 $\boldsymbol{f}'$,如图 2.8(c)所示。

设 A、B 一起运动的加速度为 $\boldsymbol{a}$,分别对 A、B 运用牛顿第二定律,有:

$$F_1-f=m_Aa \qquad ①$$

$$f'-F_2=m_Ba \qquad ②$$

根据牛顿第三定律,$\boldsymbol{f}$ 和 $\boldsymbol{f}'$ 是一对作用力和反作用力,其大小相等,即:

$$f=f' \qquad ③$$

联立求解,可得两物体运动的加速度大小为

$$a=\frac{F_1-F_2}{m_A+m_B}=\frac{10\ \text{N}-1\ \text{N}}{3\ \text{kg}+6\ \text{kg}}=1\ \text{m}\cdot\text{s}^{-2}$$

方向向右。

物体 A 对 B 作用力的大小为

$$f'=F_2+m_Ba=1\ \text{N}+6\ \text{kg}\times1\ \text{m}\cdot\text{s}^{-2}=7\ \text{N}$$

方向也向右。

在解本题的过程中,若选整体为研究对象,则只能求得两物体整体运动的加速度,而无法计算物体 A 对 B 的作用力。可见,若要求由相互接触(或者相互关联)的几个物体组成的系统中各物体之间的相互作用时,就要把系统中的物体分别作为研究对象,并将各个物体隔离来进行受力分析,才能达到目的。这种方法称为隔离法,是分析和解决动力学问题时常用的一种方法。

例 2.2　如图 2.9 所示,水平桌面上放一质量为 M 的三角形楔块,楔块斜面光滑、倾角为 θ,楔块与桌面间的滑动摩擦系数为 μ。楔块上放一质量为 m 的物体。今以水平力 $\boldsymbol{F}$ 推楔块,使物体在斜面上无相对滑动随楔块一起运动,试求:

(1)施与楔块的水平推力 $\boldsymbol{F}$ 应为多大;

(2)物体对楔块的压力多大。

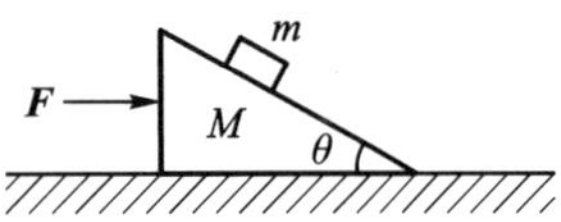

图 2.9　例 2.2 图

解　以整体为研究对象,设整体对水平桌面压力为 N,则

$$x:F-f=(M+m)a \qquad ①$$

$$y:N-(M+m)g=0 \qquad ②$$

$$f=\mu N \qquad ③$$

以上有三个方程、四个未知数。

以楔块上的物体为研究对象,设物体对楔块的压力为 N_1,则

$$x:N_1\sin\theta=ma \qquad ④$$

$$y: N_1\cos\theta - mg = 0 \quad ⑤$$

或以楔块为研究对象，设楔块对其上物体的支撑力为 N_1'，则

$$x: F - f - N_1'\sin\theta = Ma \quad ⑥$$

$$y: N - Mg - N_1'\cos\theta = 0 \quad ⑦$$

$$N_1' = N_1 \quad ⑧$$

①②③④⑤式或①②③⑥⑦⑧式联立求解，得

水平推力　　$F = (M+m)g(\mu + \tan\theta)$

物体对楔块的压力　　$N_1 = \dfrac{mg}{\cos\theta}$

总结以上两个例题的解题过程，我们可以得出应用牛顿定律解题的基本方法和一般步骤如下：

①选取研究对象；

②对研究对象进行受力分析，建立适当坐标系并画出受力图；

③列方程求解并分析讨论。

> 小贴士：
>
> 牛顿力学建立物体受力和运动联系的桥梁。
>
> 结合第 1 章质点运动学的两类问题，物体受力和运动之间也有两类问题。第一类，已知受力利用牛顿第二定律求出加速度，然后积分求运动方程，$\boldsymbol{F}\to\boldsymbol{a}\to\boldsymbol{v}\to\boldsymbol{r}$；第二类，已知运动学方程通过微分计算得到速度，再通过牛顿第二定律求受力，$\boldsymbol{r}\to\boldsymbol{v}\to\boldsymbol{a}\to\boldsymbol{F}$。

2.1.4　牛顿运动定律的适用范围

在运动学中，可以根据研究问题的方便任意选择参考系。在动力学中，可以任意选择参考系吗？我们通过一个简单的例子来说明这个问题。

静止在地面上的房子，受力平衡，所受合外力为零。以地面为参考系，相对地面静止的人看到的房子是静止在地面上的，牛顿定律成立。而如果以相对地面加速运动的汽车为参考系，汽车上的人看到的房子是以与汽车加速度大小相等、方向相反的加速度运动，牛顿定律不成立。

我们将牛顿运动定律适用的参考系称为惯性系，牛顿运动定律不适用的参考系称为非惯性系。一个实际的参考系能不能看作惯性系，是要通过观察和实验确定的。在解决工程实际问题时，可以认为地面或固定在地面上的物体为惯性系。显然，在地面上做变速运动的物体都不能看作惯性系。

另外，牛顿运动定律是在研究物体整体运动时总结的，所以只适用于可以视为质点的物体的运动。随着物理学的不断发展，我们发现牛顿运动定律只适用于解决宏观物体的低速（与光速相比）运动问题。高速运动的物体遵循相对论力学规律，而微观粒子的运动遵循的是量子力学规律。一般实际工程技术中所涉及的都是宏观物体的低速运动，运用牛顿运动定律就可以解决，因此牛顿运动定律在人类改造自然的活动中发挥着重要的作用。

> 小贴士：
>
> 人类的认识能力按其本性来说，是可以正确认识无限发展的物质世界的。人类的认识每前进一步，就对无限发展的物质世界接近一步。牛顿力学是特定历史条件下对物理学思想和物理学方法的重要总结，虽然具有一定的局限性，但是我们要清楚地认识到相对论和量子力学的建立，并不是对牛顿力学的否定，而是物理学在不同时期不同领域的发展。

2.2 动量守恒定律

图 2.10 飞行的火箭

飞机依靠空气获得动力,所以飞机只能在大气层内飞行,而火箭可以在大气层以外飞行,如图 2.10 所示。那么火箭的飞行原理是什么呢?请在以下的学习内容中寻找答案。

牛顿第二定律给出了质点受到的力与获得的加速度之间的瞬时对应关系,而实际上,力对物体的作用总要延续一段时间,在这段时间内,力的作用将积累起来产生一个总效果。下面我们从力对时间的累积效应出发,介绍冲量、动量的概念以及有关的规律,即动量定理和动量守恒定律。

2.2.1 冲量 质点的动量定理

1. 动量

我们已经知道,速度是反映物体运动状态的物理量,但是在长期的生产和生活实践中,我们所遇到的许多现象表明,物体的运动状态不仅取决于速度,而且与物体的质量有关。例如,高速飞行的子弹,质量很小,但是杀伤力很大;又例如,同样在高速路上行驶的大货车和小轿车,车速和制动力都相同的情况下,大货车及时刹车更难;还有,要使质量相同的两辆车停下来,速度大的就要比速度小的难些。类似的例子还有很多。也就是说,从动力学角度来考察物体的机械运动状态时,必须同时考虑速度和质量这两个因素。我们把**物体的质量和速度的乘积称为该物体的动量**,用符号 $\boldsymbol{p}$ 表示:

$$\boldsymbol{p}=m\boldsymbol{v} \tag{2.16}$$

动量 $\boldsymbol{p}$ 是描述质点运动的状态量,它是一个矢量,其方向与速度的方向相同。在国际单位制中,动量的单位是千克米每秒(kg · m/s)。

2. 冲量

由牛顿运动定律,我们已经知道力是改变物体运动状态的原因,但是经验告诉我们,在实际的生活和生产中,物体运动状态的改变不仅与作用力有关,还与作用时间有关。例如,在运动场上,运动员在投掷标枪时总是伸长手臂,尽可能地延长手对标枪的作用时间,以提高标枪出手时的速度。又如要使具有一定动量的物体停下来,所用的时间与所加的外力有关,外力越大,所用的时间越短;反之外力越小,所用的时间越长。因此在力学中,我们将**作用在物体上的外力与作用时间的乘积叫作力对物体的冲量**,用 $\boldsymbol{I}$ 来表示

$$\boldsymbol{I}=\boldsymbol{F}\Delta t \tag{2.17}$$

质点受变力 $\boldsymbol{F}$ 作用时，可以把力的作用时间分成许多微小间隔 $\mathrm{d}t$，在每个微小间隔内，力 $\boldsymbol{F}$ 均可近似看作恒力，力和微小作用时间 $\mathrm{d}t$ 的乘积称为该力的**元冲量**：

$$\mathrm{d}\boldsymbol{I}=\boldsymbol{F}\mathrm{d}t \tag{2.18}$$

如图 2.11 所示，变力 $\boldsymbol{F}$ 在时间 t_1-t_2 内的冲量等于力 $\boldsymbol{F}$ 在 t_1-t_2 内所有元冲量的矢量和，即

$$\boldsymbol{I}=\int_{t_1}^{t_2}\boldsymbol{F}\mathrm{d}t \tag{2.19}$$

冲量是过程量，表征力持续作用一段时间的累积效应，与动量的单位是相同的。

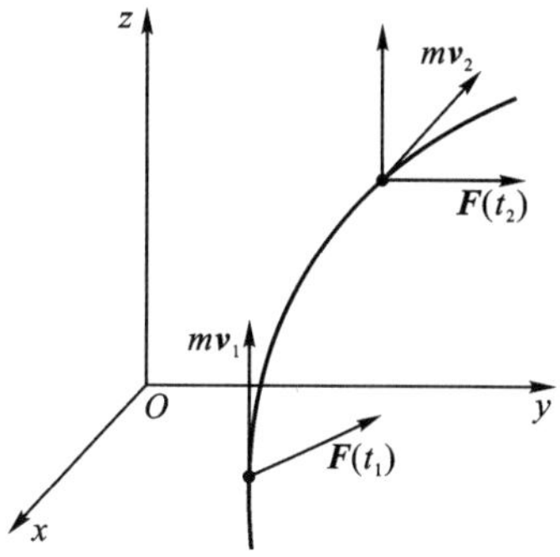

图 2.11　质点的动量

想一想：

冲量的方向是否与作用力的方向相同？

3. 动量定理

在前面介绍动量的概念时我们知道牛顿第二定律可以表示为

$$\boldsymbol{F}=\frac{\mathrm{d}\boldsymbol{p}}{\mathrm{d}t}=\frac{\mathrm{d}(m\boldsymbol{v})}{\mathrm{d}t} \tag{2.20}$$

分离变量可得，

$$\boldsymbol{F}\mathrm{d}t=\mathrm{d}(m\boldsymbol{v}) \tag{2.21}$$

此式称为质点动量定理的微分形式，它可以表述为：**质点动量的微分等于作用在质点上的合力的元冲量。**

若外力作用的时间间隔为 (t_2-t_1)，以 $\boldsymbol{v}_1$、$\boldsymbol{v}_2$ 分别表示物体在 t_1、t_2 时刻的速度，对式(2.21)积分，可得，

$$\int_{t_1}^{t_2}\boldsymbol{F}\mathrm{d}t=\int_{v_1}^{v_2}\mathrm{d}(m\boldsymbol{v})=m\boldsymbol{v}_2-m\boldsymbol{v}_1 \tag{2.22}$$

即

$$\boldsymbol{I}=\boldsymbol{p}_2-\boldsymbol{p}_1 \tag{2.23}$$

这就是动量定理的积分形式，它表明：**在给定时间间隔内，外力作用在质点上的冲量，等于此质点在此时间内动量的增量。**

在实际的应用中，常用到冲量在直角坐标系中的分量形式：

$$I_x=\int_{\Delta t}F_x\mathrm{d}t=mv_{x2}-mv_{x1} \tag{2.24}$$

$$I_y=\int_{\Delta t}F_y\mathrm{d}t=mv_{y2}-mv_{y1} \tag{2.25}$$

$$I_z=\int_{\Delta t}F_z\mathrm{d}t=mv_{z2}-mv_{z1} \tag{2.26}$$

小贴士：

由质点动量定理可知，作用在质点上的合力在某一段时间内的冲量，只与该段时间的末时刻与初始时刻动量之差有关，而与质点在该段时间内动量变化的细节无关。我们只要能够计算出始末两时刻的动量的增量，根据动量定理就能计算出这段时间内合力的冲量。还应该注意的是动量定理和牛顿运动定律一样，只适用于惯性系。

由动量定理可知，力在一段时间内的累积效果，是使物体产生动量的增量。要产生同样的效果，即同样的动量增量，力可以不同，相应作用时间也就不同，力大时所需时间短些，力小

时所需时间长些。只要力的时间累积量即冲量一样，就能产生同样的动量增量。

讨论：动量定理常用于冲击和碰撞等问题的研究。在很多冲击和碰撞问题中，两物体相互作用时间极短，有的短至千分之一秒，有的甚至更短。在这么短的时间里，作用力迅速达到很大值，又很快下降为零，我们将这种量值很大、变化很快、作用时间又极短的力，称为冲力。因为冲力是个变力，它随时间变化关系又比较复杂，所以在计算时可以用一个平均冲力来代替。因为在这些冲击和碰撞问题中，一般情况下我们重点考察的是经历此次冲击和碰撞，物体运动状态的最终变化，或者在这个过程中物体平均受到了多大的冲力，而很少情况需要讨论其中每一瞬时的力和加速度，这类问题运用动量定理解决就特别方便。

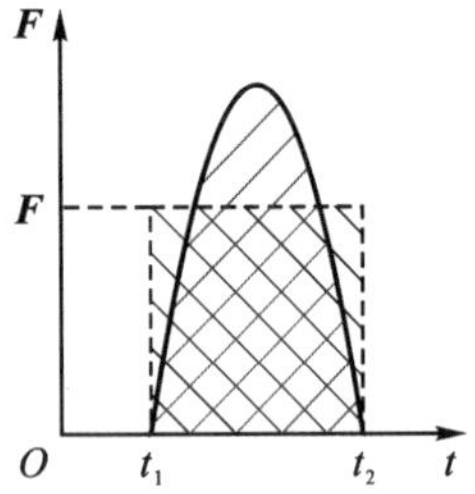

图 2.12　平均冲力的冲量可以代替变力的冲量

平均冲力为恒力，可以用这个恒力的动量代替整个过程变力的冲量，如图 2.12 所示，

$$\boldsymbol{I}=\int_{t_1}^{t_2}\boldsymbol{F}\mathrm{d}t=\bar{\boldsymbol{F}}(t_2-t_1) \tag{2.27}$$

在整个冲击和碰撞过程中，应用动量定理，可得

$$\boldsymbol{I}=\bar{\boldsymbol{F}}(t_2-t_1)=\boldsymbol{p}_2-\boldsymbol{p}_1 \tag{2.28}$$

这样我们就可以由这个过程中的动量变化求出平均冲力：

$$\bar{\boldsymbol{F}}=\frac{\boldsymbol{p}_2-\boldsymbol{p}_1}{t_2-t_1} \tag{2.29}$$

也就是说我们只要测出碰撞前后的动量和碰撞所持续的时间，就可得到平均冲力，而平均冲力的计算对于估计冲击和碰撞的机械效果十分有用。

小贴士：

任何事物都有两面性，平均冲力也是一样。既有有利的一面，又有不利的一面。尺有所短，寸有所长，事物本身没有好坏之分，只是所处的时机和时候不同而已。

由上面的讨论我们可以得到，在动量变化一定的情况下，作用时间越长，物体受到的平均冲力就越小；反之作用时间越短，物体受到的平均冲力就越大。因此在跳高场地上要铺设厚厚的软垫，以延长运动员的落地时间，从而减小运动员落地时地面对运动员的冲力，保护运动员少受伤害。还有当人们用手去接对方抛来的篮球时，手要往后缩一缩，以延长作用时间从而缓冲篮球对手的冲力。

想一想：

关于平均冲力你还能举出生活中其他例子吗？

现实生活中人们常常为利用冲力而增大冲力，例如：钉钉子时，用锤子压钉子很难把钉子压入墙内，但如果用锤子敲击钉子就很容易把钉子钉入墙内，就是因为敲击所用时间短，作用力更大。又如利用冲床冲压钢板，由于冲头受到钢板给它的冲量的作用，冲头的动量很快地减为零，相应的冲力很大，钢板所受的反作用冲力也同样很大，所以钢板就被冲断了。

有时又为避免冲力造成损害而减少冲力。例如：日常生活中我们收到快递时，物品外面总是包裹着一堆泡沫纸，这些泡沫纸的作用就是在发生碰撞时延长作用时间，以减少碰撞对内部物品的损坏。又如渡轮行驶至码头时，在码头和船只接触的地方一般都装有缓冲装置(比如橡皮轮胎)，就是为了延长碰撞的时间，以减少冲力对船只的破坏。还有火车车厢两端的缓冲器和车厢底下的减震器，都是相同的原理。

在应用动量定理进行定量计算时，要注意动量定理是一个矢量方程，它表明合力的冲量方向与受力物体的动量增量方向一致。一般来说，冲量的方向既不沿初动量方向，也不沿末动量方向。

例 2.3　一蒸汽锤，从高度 $h=1.5$ m 处由静止下落，打击被加工的工件，如图 2.13 所示。若打击时间 Δt（汽锤与工件的作用时间）分别为 10^{-1} s、10^{-2} s、10^{-3} s 和 10^{-4} s，试分别求汽锤对工件的平均冲力与汽锤重力的比值。

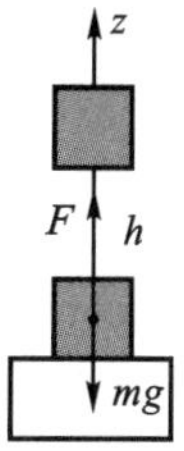

图 2.13　例 2.3 图

解　以汽锤为研究对象，取竖直向上为 z 轴正方向，汽锤打击工件前、后的速度分别为 $v_0=-\sqrt{2gh}$，$v_0=0$。设汽锤的质量为 m，在打击过程中，汽锤受到工件的平均冲力和汽锤重力的作用，根据质点的动量定理，有

$$(F-mg)\Delta t=mv-mv_0=m\sqrt{2gh}$$

汽锤对工件的平均冲力与汽锤的重力之比为

$$\frac{F}{mg}=1+\frac{1}{\Delta t}\sqrt{\frac{2h}{g}}=1+\frac{1}{\Delta t}\sqrt{\frac{2\times1.5\ \text{s}}{9.8\ \text{m}\cdot\text{s}^{-2}}}=1+\frac{0.55\ \text{s}}{\Delta t}$$

将 $\Delta t=10^{-1}$ s、10^{-2} s、10^{-3} s 和 10^{-4} s 分别代入，可得，汽锤对工件的平均冲力与汽锤重力的比值分别为：6.5、56、550 和 5500。可见，打击时间越短，平均冲力与重力的比值越大。因此在处理这类打击或碰撞问题时，只要过程持续时间足够短，一般的外力(如重力)都可以忽略不计。

例 2.4　如图 2.14 所示，一弹性球，质量 $m=0.2$ kg，速度 $\boldsymbol{v}_1=6$ m/s，与墙壁碰撞后跳回，设球跳回时速度的大小不变，碰撞前后弹性球的运动方向与墙壁的法线的夹角都是 $\alpha=60°$，碰撞的时间为 $\Delta t=0.03$ s。求在碰撞时间内，球对墙壁的平均作用力。

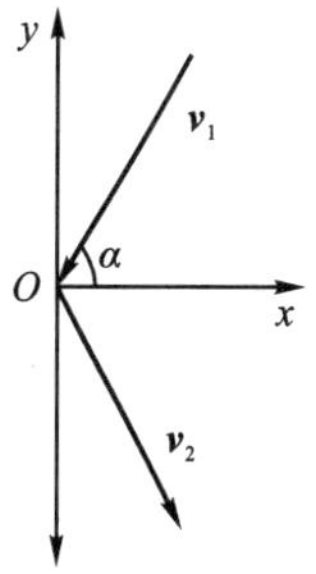

图 2.14　例 2.4 图

解　以球为研究对象，设墙壁对球的作用力为 $\boldsymbol{F}$，球在碰撞过程前后的速度为 $\boldsymbol{v}_1$ 和 $\boldsymbol{v}_2$，由动量定理得

$$\bar{\boldsymbol{F}}\Delta t=m\boldsymbol{v}_2-m\boldsymbol{v}_1$$

建立如图 2.13 所示的坐标系，则上式写成标量形式为

$$\bar{F}_x\Delta t=mv_{x2}-mv_{x1}$$

$$\bar{F}_y\Delta t=mv_{y2}-mv_{y1}$$

即

$$\bar{F}_x\Delta t = mv\cos\alpha - (-mv\cos\alpha) = 2mv\cos\alpha$$

$$\bar{F}_y\Delta t = mv\sin\alpha - mv\sin\alpha = 0$$

因而

$$\bar{F}_x = \frac{2mv\cos\alpha}{\Delta t}$$

$$\bar{F}_y = 0$$

代入数据，得

$$\bar{F}_x = 2\times 0.2\ \text{kg}\times 6\ \text{m}\cdot\text{s}^{-1}\times\frac{\cos 60^\circ}{0.03\ \text{s}} = 40\ \text{N}$$

根据牛顿第三定律，球对墙壁的作用力为 40 N，方向向左。

2.2.2　质点系的动量定理

在分析运动问题时，我们常把有相互作用的若干物体作为一个整体加以考虑，当这些物体都可看作质点时，这一组质点称为**质点系**，简称系统。系统以内各个质点的相互作用力称为系统的**内力**，系统以外的其他物体对系统内的任一质点的作用力称为系统所受的**外力**。

想一想：

快速骑自行车的人为什么要使身体尽量弯曲？空中跳伞的人为什么要打开面积足够大的降落伞？你能讲出其中的道理吗？

我们先以两个质点组成的系统为研究对象进行讨论。如图 2.15 所示：设系统内有两个质点 1 和 2，质量分别为 m_1 和 m_2，作用在质点上的外力分别为 $\boldsymbol{F}_1$ 和 $\boldsymbol{F}_2$，而两质点之间的相互作用力为 $\boldsymbol{F}_{12}$ 和 $\boldsymbol{F}_{21}$，t_1 时刻两质点的速度分别为 $\boldsymbol{v}_{10}$、$\boldsymbol{v}_{20}$，t_2 时刻两质点的速度分别为 $\boldsymbol{v}_1$、$\boldsymbol{v}_2$，根据动量定理，在 $\Delta t = t_2 - t_1$ 时间内，两质点的动量的增量分别为

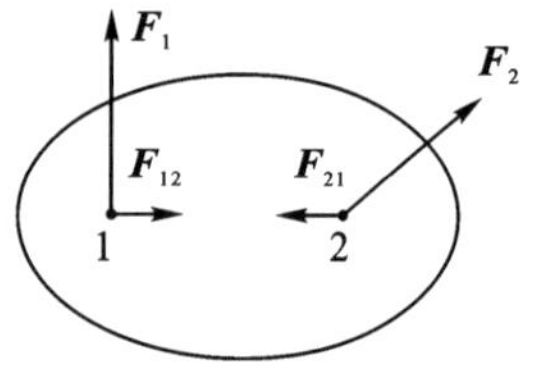

图 2.15　两个质点组成的质点系各个质点的受力分析

$$\int_{t_1}^{t_2}(\boldsymbol{F}_1 + \boldsymbol{F}_{12})\mathrm{d}t = m_1\boldsymbol{v}_1 - m_1\boldsymbol{v}_{10} \tag{2.30}$$

$$\int_{t_1}^{t_2}(\boldsymbol{F}_2 + \boldsymbol{F}_{21})\mathrm{d}t = m_2\boldsymbol{v}_2 - m_2\boldsymbol{v}_{20} \tag{2.31}$$

把上面两式相加，得

$$\begin{aligned}&\int_{t_1}^{t_2}(\boldsymbol{F}_1 + \boldsymbol{F}_2)\mathrm{d}t + \int_{t_1}^{t_2}(\boldsymbol{F}_{12} + \boldsymbol{F}_{21})\mathrm{d}t \\ &= (m_1\boldsymbol{v}_1 + m_2\boldsymbol{v}_2) - (m_1\boldsymbol{v}_{10} + m_2\boldsymbol{v}_{20})\end{aligned} \tag{2.32}$$

考虑牛顿第三定律 $\boldsymbol{F}_{12} = -\boldsymbol{F}_{21}$，可得

$$\int_{t_1}^{t_2}(\boldsymbol{F}_1 + \boldsymbol{F}_2)\mathrm{d}t = (m_1\boldsymbol{v}_1 + m_2\boldsymbol{v}_2) - (m_1\boldsymbol{v}_{10} + m_2\boldsymbol{v}_{20}) \tag{2.33}$$

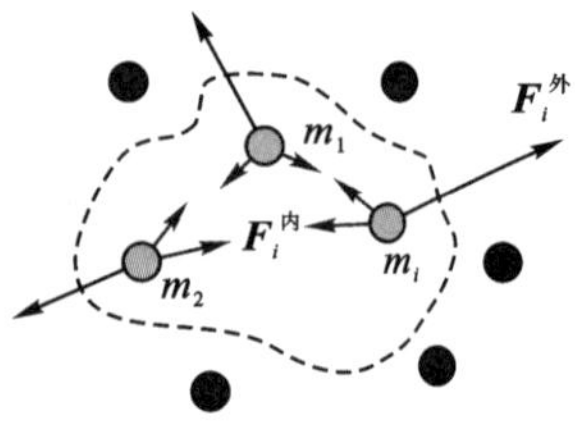

图 2.16　多个质点组成的质点系及受力分析

上式表明，**作用在两质点组成的系统的合外力的冲量等于系统内两质点动量之和的增量，即系统动量的增量。**

这个结果不难推广到由任意多个质点所组成的质点系的情况，如图 2.16 所示，

$$\int_{t_1}^{t_2}\Big(\sum_{i=1}^{n}\boldsymbol{F}_i^{外}\Big)\mathrm{d}t+\int_{t_1}^{t_2}\Big(\sum_{i=1}^{n}\boldsymbol{F}_i^{内}\Big)\mathrm{d}t=\sum_{i=1}^{n}m_iv_i-\sum_{i=1}^{n}m_iv_{i0} \tag{2.34}$$

考虑到内力总是成对出现的，且大小相、方向相反，故其矢量和必为零，即 $\sum\limits_{i=0}^{n}\boldsymbol{F}_i^{内}=0$

设作用在系统上的合外力用 $\boldsymbol{F}^{外}$ 表示，且系统的初动量和末动量分别用 $\boldsymbol{p}_0$ 和 $\boldsymbol{p}$ 表示，则

$$\int_{t_1}^{t_2}\boldsymbol{F}^{外}\,\mathrm{d}t=\sum_{i=1}^{n}m_i\boldsymbol{v}_i-\sum_{i=1}^{n}m_i\boldsymbol{v}_{i0} \tag{2.35}$$

或

$$\boldsymbol{I}=\boldsymbol{p}-\boldsymbol{p}_0 \tag{2.36}$$

即作用在系统的合外力的冲量等于系统动量的增量，这就是质点系的动量定理。

式(2.36)在直角坐标系下的分量形式为

$$I_x=p_x-p_{x0} \tag{2.37}$$

$$I_y=p_y-p_{y0} \tag{2.38}$$

$$I_z=p_z-p_{z0} \tag{2.39}$$

即某一方向作用于系统的所有外力的冲量的代数和等于在同一时间内该方向系统的动量的增量。

从质点系动量定理可以看出，系统的内力是不能改变整个系统的动量的，只有外力才对系统的动量变化有贡献，作用于系统的合外力是作用于系统内每一质点的外力的矢量和。例如，一个坐在车上的人，仅仅依靠自己推车的力是不能让车和人都前进的。

小贴士：

动量定理给了一个根据物体的受力情况求解其运动状态的方法，其基本思路是先求出力对时间的积累（冲量），再根据动量定理求出动量的变化，从而求出速度的变化，或者速度。而牛顿力学是先根据牛顿第二定律求解出加速度，再通过加速度的积累求出速度或速度的增量。在这里需要体会两种方法和思路的异同，以及其适用范围和优缺点。

小贴士：

唯物辩证法认为，事物的内部矛盾（内因）是事物自身运动的源泉和动力。但是在这里，请大家一定要注意系统内的任意两物体之间的内力不能改变整个系统的动量，只有外力才能使整个系统的动量发生变化。

想一想：

内力对系统总动量改变没有贡献，是否可以认为内力没有任何贡献。如果有，如何理解？

表 2.2　动量定理与牛顿定律的关系

项目	牛顿定律	动量定理
力的效果	力的瞬时效果	力对时间的积累效果
关系	牛顿定律是动量定理的微分形式	动量定理是牛顿定律的积分形式
适用对象	质点	质点、质点系
适用范围	惯性系	惯性系
解题分析	必须掌握质点在每时刻的运动情况	只需掌握质点（系）始末两状态的变化

2.2.3　动量守恒定律

由质点系的动量定理可以看出，当系统所受合外力为零

时，即 $\boldsymbol{F}^{外}=0$ 时，系统的动量的增量为零，这时系统的总动量保持不变，即

$$\boldsymbol{p}=\sum m_i\boldsymbol{v}_i=\text{恒矢量} \tag{2.40}$$

因此，对于质点系，**当系统所受合外力为零时，系统的总动量保持不变，称作动量守恒定律。**

在直角坐标系下可写为分量形式：

$$p_x=\sum m_i v_{xi}=C_x(\sum_i F_{xi}=0) \tag{2.41}$$

$$p_y=\sum m_i v_{yi}=C_y(\sum_i F_{yi}=0) \tag{2.42}$$

$$p_z=\sum m_i v_{zi}=C_z(\sum_i F_{zi}=0) \tag{2.43}$$

解题指导：

动量守恒定律是物理学基本规律，它反映了动量具有空间平移对称特性。动量守恒是物理学普遍定律之一，与角动量守恒定律、能量守恒定律并列为三大守恒定律。它不仅在宏观领域有着重要意义，在研究天体运动和微观粒子运动时，也起着重要作用。

必须说明的是在动量守恒定律中，系统的总动量不变，是指系统内各物体动量的矢量和不变，而不是指其中某一个物体的动量不变。由于内力的作用，各质点间可以有动量转移但系统的总动量不变。

系统动量守恒的条件是合外力为零。但在外力比内力小得多的情况下，外力对质点系的总动量变化影响甚小，这时可以认为近似满足守恒条件。如碰撞、打击、爆炸等问题，因为参与碰撞的物体的相互作用时间很短，相互作用内力很大，而一般的外力(如空气阻力、摩擦力或重力)与内力比较可忽略不计，所以可认为物体系统的总动量守恒。

如果系统所受外力的矢量和并不为零，但合外力在某个坐标轴上的分量为零，那么，系统的总动量虽不守恒，但在该坐标轴的分动量则是守恒的。这对处理某些问题是很有用的。

虽然动量守恒定律是由牛顿运动定律导出的，但它并不依靠牛顿运动定律。动量的概念不仅适用于以速度 $\boldsymbol{v}$ 运动的质点或粒子，而且也适用于电磁场，只是对于后者，其动量不再能用 $m\boldsymbol{v}$ 这样的形式表示。而且，大量实验证明，对其内部的相互作用不能用力的概念描述的系统所发生的过程，如光子和电子的碰撞、光子转化为电子、电子转化为光子等过程，只要系统不受外界影响，它们的动量都是守恒的。所以动量守恒定律是物理学中最基本的普适原理之一。

小贴士：

利用动量守恒定律解题的一般步骤：

(1)选取合适的研究对象；

(2)确定始末的运动状态；

(3)查看整个过程的受力情况，判断是否满足动量守恒的条件；

(4)选取适当的惯性系，建立坐标系；

(5)利用分量形式根据动量守恒定律列方程求解。

例 2.5　质量为 M 的大货车以速度 $v_1=15\ \text{m/s}$ 行驶，质量为 m 的小汽车以速度 $v_2=20\ \text{m/s}$ 行驶，设 $M=10m$。若小汽车追尾大货车相撞后合为一体，试求两车作为整体运动的速度。

解　设两车作为整体运动的速度为 v，两车碰撞过程中，运动方向上无外力作用，因此，运动方向上系统动量守恒，有：

$$Mv_1+mv_2=(M+m)v$$

解得两车作为整体运动的速度：

$$v=\frac{Mv_1+mv_2}{M+m}=\frac{10mv_1+mv_2}{11m}$$

$$=\frac{10\times 15\ \mathrm{m/s}+20\ \mathrm{m/s}}{11}=15.5\ \mathrm{m/s}$$

例 2.6　设有一静止的原子核，衰变辐射出一个电子和一个中微子后成为一个新的原子核。已知电子和中微子的运动方向互相垂直，且电子动量为 $1.2\times 10^{-22}\ \mathrm{kg\cdot m\cdot s^{-1}}$，中微子的动量为 $6.4\times 10^{-23}\mathrm{kg\cdot m\cdot s^{-1}}$。问新的原子核的动量的值和方向如何？

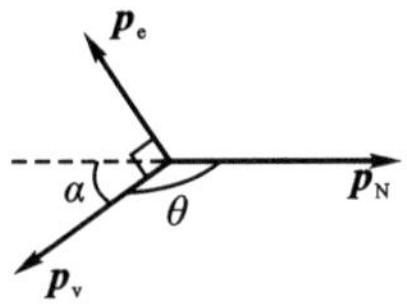

图 2.17　例题 2.7 图

解　因 $\sum \boldsymbol{F}_i^{ex} \ll \sum \boldsymbol{F}_i^{in}$ 满足动量守恒条件，故

$$\boldsymbol{p}=\sum_{i=1}^{n} m_i \boldsymbol{v}_i = 恒矢量$$

即

$$\boldsymbol{p}_e+\boldsymbol{p}_v+\boldsymbol{p}_N=\boldsymbol{0}$$

如图 2.17 所示，又因为 $\boldsymbol{p}_e \perp \boldsymbol{p}_v$，故

$$p_N=(p_e^2+p_v^2)^{\frac{1}{2}}$$

代入数据计算，得

$$p_N=1.36\times 10^{-22}\ \mathrm{kg\cdot m\cdot s^{-1}}$$

$$\alpha=\arctan\frac{p_e}{p_v}=61.9^\circ$$

2.2.4　火箭飞行原理

运用动量守恒定律解决变质量运动问题的一个典型例子就是火箭飞行原理。选择地面为惯性参考系，并沿火箭飞行方向取轴，如图 2.18 所示，以火箭（包括壳体、装备、燃料和人造卫星、弹头等负载）和喷出的气体为一个系统。

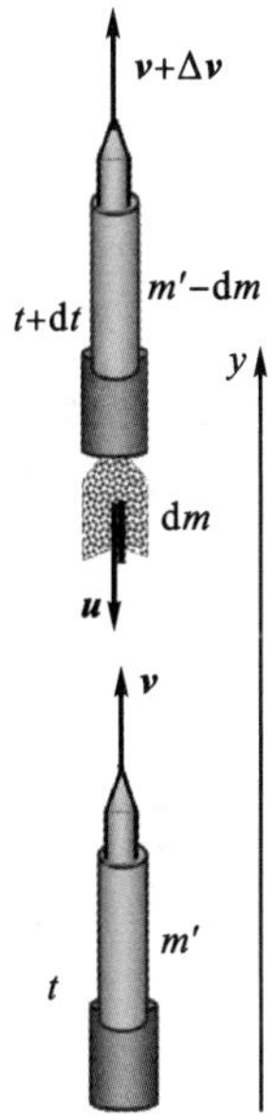

图 2.18　火箭飞行原理图

在火箭飞行的某时刻，它的总质量为 m'，速度为 v，在 $\mathrm{d}t$ 时间内，它喷出质量为 $-\mathrm{d}m$（其中 $\mathrm{d}m$ 为火箭质量的增量，为一负值）的气体，相对于火箭的喷气速度为 $-u$；这时，火箭的速度增至 $v+\mathrm{d}v$，由于不计火箭与喷出气体所受的重力和空气阻力等外力，所以系统沿轴方向的动量守恒，有：

$$(m'+\mathrm{d}m)(v+\mathrm{d}v)+(-\mathrm{d}m)(v+\mathrm{d}v-u)=m'v$$

略去二阶无穷小量 $\mathrm{d}m\mathrm{d}v$，化简得

$$\mathrm{d}v=-u\frac{\mathrm{d}m}{m'}$$

设开始点火时，火箭的质量为 m_0，初速度为 v_0；燃料烧尽时，火箭的质量为 m，末速为 v，于是对上式积分，

$$\int_{v_0}^{v_0}\mathrm{d}v=\int_{m_0}^{m}-u\frac{\mathrm{d}m}{m'}$$

可解得

$$v-v_0=u\ln\frac{m_0}{m}$$

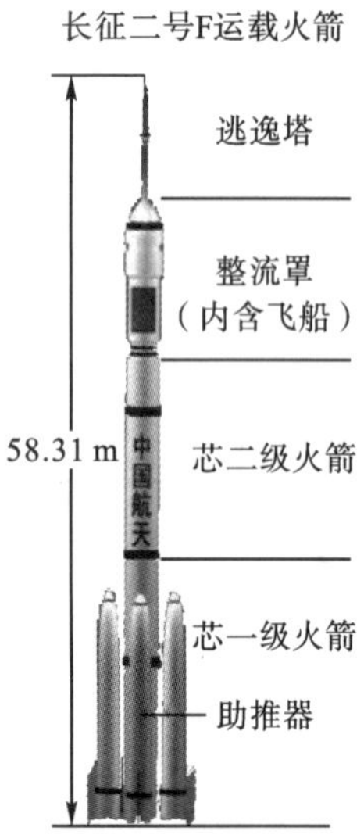

图 2.19 多级火箭图

图 2.20 神州十六号发射时刻图

图 2.21 双人蹦极图

上式表明,火箭在喷气终了时所增加的速度和喷气速度成正比,也和火箭初、末质量比的自然对数成正比,即同样条件下,火箭的喷气速度越大、初末质量比越大,火箭所能达到的速度也就越大。这个结论给出了提高火箭速度的方法。

在目前的技术条件下,一般火箭的喷气速度可达到2500 m/s左右,远低于第一宇宙速度(7900 m/s),不可能将人造卫星送上天空,为了使火箭能够运载人造卫星、宇宙飞船,一般利用几个单级火箭组合而成的多级火箭,如图 2.19 所示,以达到所需速度。

以三级火箭为例,设第一、二、三级火箭初末的质量比分别为 N_1、N_2、N_3,各级火箭的喷气速度均为 u,则第一、二、三级火箭燃料耗尽后达到的速率分别为

$$v_1 = u\ln N_1$$

$$v_2 = v_1 + u\ln N_2$$

$$v_3 = v_2 + u\ln N_3$$

若 $u = 2500\ \text{m/s}$,$N_1 = N_2 = N_3 = 3$,则可算得:

$$v_3 = 2500\ \text{m/s} \times 3 \times \ln 3 = 8200\ \text{m/s}$$

这一速率已经超过了第一宇宙速度,达到了人造卫星的发射要求。

宇宙飞船是一种载人的飞行器,用运载火箭将飞船送入太空的轨道飞行,飞船在太空飞行一段时间后,再进入大气层重返地面。1961 年 4 月 12 日由苏联发射的“东方 1 号”飞船,是人类第一艘发射成功的载人飞船。1971 年 7 月 26 日美国发射的“阿波罗 15 号”飞船,在月球上着陆后,宇航员首次驾驶蓄电池驱动的月球车,考察了月球表面。

从 1999 年神舟一号的一飞冲天,到 2023 年神舟十六号的发射,如图 2.20 所示是神州十六号发射升空的壮丽画面,中国载人航天工程已经走过了 24 年的历程。在这 24 年里,“神舟”系列不断突破技术难题,并成功地开展了多项任务。中国人用智慧和勇气,创造了一个又一个太空奇迹,展现了一个又一个航天梦想。

2.3 机械能守恒定律

喜欢极限运动的同学必定想去体验一下蹦极这种运动项目,如图 2.21 所示,从高处纵身一跃,在近似直线的下落过程中体会刺激的感觉。在体验极限运动的快乐时,你想过这里的物理原理吗?请在以下的学习内容中寻找答案。

在很多实际情况中,一个质点受的力随它的位置而改变,而且力和位置的关系已知。分析这种情况下质点的运动时,常

常考虑在质点的位置发生一定变化的过程中，力对它的作用会产生什么效果，也就是要研究力的空间积累效果。力的空间积累用力的功来表示，本节将介绍功和能的概念。我们将要学习的内容有动能、势能、机械能以及它们与功的关系。

力学（mechanics）与机械学（mechanism）是同源词。在历史上，推动力学产生与发展的，除了天文学外，主要是对机械装置原理的研究。人们制造机械，是为了让它们做功。一个物体具有做功的本领，叫作具有一定的能量。动能是运动的物体具有的能量，而势能是物体的一种潜在的能量。

2.3.1　功

功是表示力的空间累积的物理量。功的概念是人们在长期的生产实践和科学研究中建立起来的。

1. 恒力的功

如图 2.22 所示，一物体在恒力 $\boldsymbol{F}$ 的作用下，在桌面上沿直线运动，位移为 $\boldsymbol{s}$，力 $\boldsymbol{F}$ 与桌面水平方向的夹角为 θ，则定义力 $\boldsymbol{F}$ 对物体所做的功为

$$A=F\cos\theta s=Fs\cos\theta \tag{2.44}$$

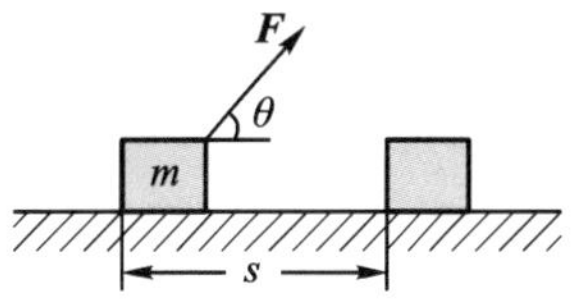

图 2.22　恒力的功

即力对物体所做的功等于该力沿运动方向的分量与物体位移的乘积（标积）。写成矢量形式为

$$A=\boldsymbol{F}\cdot\boldsymbol{s} \tag{2.45}$$

功是标量，没有方向，只有大小，但有正负。

$\theta<\frac{\pi}{2}$时，功为正值，即力对物体做正功；$\theta=\frac{\pi}{2}$时，功为零，此时力与物体的位移垂直，力对物体不做功；$\theta>\frac{\pi}{2}$时，功为负值，即力对物体做负功，或物体克服该力做功。

应当注意，上式仅当作用在沿直线运动质点上的力为恒力时才适用，但是当作用在沿直线运动质点上的力为变力时，采用微积分的思想和方法，就能以上述功的定义为基础，计算出质点沿任意曲线运动过程中变力的功。

2. 变力的功

一般情形下，质点沿曲线运动，而且在质点运动过程中，作用于质点上的力的大小和方向都可能不断变化。如图 2.23 所示，质点在变力 $\boldsymbol{F}$ 的作用下沿曲线由 a 点运动到 b 点，要计算变力 $\boldsymbol{F}$ 在此过程中所做的功时，我们可以把 ab 分割成许多微小路程 Δs_i，与微小路程 Δs_i 对应的微小位移为 $\Delta\boldsymbol{r}_i$。当 Δs_i 足够小时，每一段微小路程均可近似看成直线，并且与相应的微

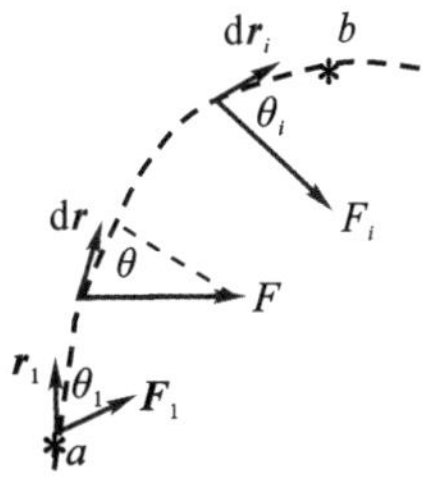

图 2.23　质点受到变力的作用

小位移相等，每一段微小路程上，力的大小和方向也可以近似看作不变，即恒力，那么在每一段微小路程上力所做的功就可以用恒力的做功公式进行计算，即

$$\Delta A = F_i \Delta s_i \cos\theta_i = F_i |\Delta \boldsymbol{r}_i| \cos\theta_i \tag{2.46}$$

式中，θ_i 是 $\boldsymbol{F}_i$ 和 $\Delta \boldsymbol{r}_i$ 之间的夹角。

当 $\Delta s_i \to 0$ 时，上式变为 $\mathrm{d}A = F|\mathrm{d}\boldsymbol{r}|\cos\theta$ 或者 $\mathrm{d}A = \boldsymbol{F} \cdot \mathrm{d}\boldsymbol{r}$，其中 $\mathrm{d}A$ 称为力在位移元 $\mathrm{d}\boldsymbol{r}$ 上的**元功**。

质点沿曲线由 a 点运动到 b 点，如图 2.24 所示，**变力 $\boldsymbol{F}$ 在此过程中所做的总功为所有元功之和**，数学上可表示为

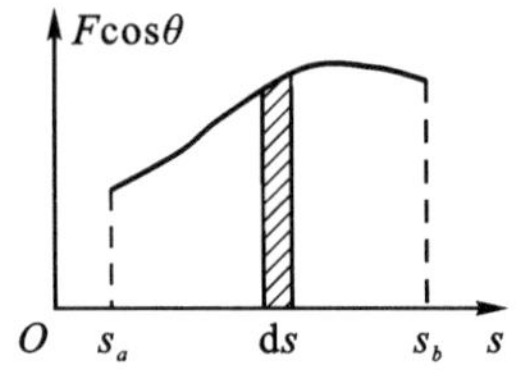

图 2.24　变力的功等于力在空间的积分

$$A = \int_a^b \boldsymbol{F} \cdot \mathrm{d}\boldsymbol{r} = \int_a^b F\cos\theta \mathrm{d}s \tag{2.47}$$

在直角坐标系中，$\boldsymbol{F}$ 和 $\mathrm{d}\boldsymbol{r}$ 可以分别表示为

$$\boldsymbol{F} = F_x \boldsymbol{i} + \boldsymbol{F}_y \boldsymbol{j} + F_z \boldsymbol{k}$$

$$\mathrm{d}\boldsymbol{r} = \mathrm{d}x\boldsymbol{i} + \mathrm{d}y\boldsymbol{j} + \mathrm{d}z\boldsymbol{k}$$

故有

$$\mathrm{d}A = F_x \mathrm{d}x + F_y \mathrm{d}y + F_z \mathrm{d}z \tag{2.48}$$

$$A = \int_a^b (F_x \mathrm{d}x + F_y \mathrm{d}y + F_z \mathrm{d}z) \tag{2.49}$$

积分沿曲线路径 ab 进行，称为线积分，线积分的值与积分路径有关，所以说功是一个**过程量**。

想一想：

功是标量还是矢量，标量和矢量的区别是什么？在直角坐标系下，各个方向的功能不能直接代数相加，为什么？

若质点同时受到几个力 $F_1, F_2, \cdots, F_n$ 的作用，且在这些力的作用下沿曲线由 a 点运动到 b 点，用 $A_1, A_2, \cdots, A_n$ 分别表示各个力在这一过程中对质点所做的功。由于功是代数量，故在整个过程中所做的总功就等于这些力分别对质点所做的功的代数和。

$$\begin{aligned} A &= A_1 + A_2 + \cdots + A_n \\ &= \int_a^b \boldsymbol{F}_1 \cdot \mathrm{d}\boldsymbol{r} + \int_a^b \boldsymbol{F}_2 \cdot \mathrm{d}\boldsymbol{r} + \cdots + \int_a^b \boldsymbol{F}_n \cdot \mathrm{d}\boldsymbol{r} \\ &= \int_a^b (\boldsymbol{F}_1 + \boldsymbol{F}_2 + \cdots + \boldsymbol{F}_n) \cdot \mathrm{d}\boldsymbol{r} \end{aligned} \tag{2.50}$$

这就是说，当几个力同时作用在质点上时，这些力在某一过程中分别对质点所做的功的总和，等于这些力的合力在这一过程中对质点所做的功。

例 2.7　设作用在质量为 2 kg 的物体上的力 $F = 6t$(N)。如果物体由静止出发沿直线运动，问在前 2 s 时间内，这个力对物体所做的功。

解　按功的定义式计算功，首先必须求出力和位移的关系式。根据牛顿第二定律 $F = ma$，可知物体的加速度为

$$a = \frac{F}{m} = 3t$$

又 $a=\frac{\mathrm{d}v}{\mathrm{d}t}$,分离变量可得

$$\mathrm{d}v=3t\mathrm{d}t$$

积分得

$$\int_0^v \mathrm{d}v=\int_0^t 3t\mathrm{d}t=1.5t^2$$

故位移与时间的关系为

$$\mathrm{d}x=1.5t^2\mathrm{d}t$$

因而力所做的功为

$$A=\int F\mathrm{d}x=\int 6t\cdot 1.5t^2\mathrm{d}t=\int_0^2 9t^3\mathrm{d}t=36\ \mathrm{J}$$

在功的概念中,没有考虑时间因素,但是在实际工作中,时间因素非常重要。例如有两部机器,一部能在短时间内完成较多的功,另一部完成同样多的功则需要较长的时间。显然,从做功快慢的角度看,前一部机器更好。因此,为了表征各种机器,如发动机、车床等,或一定过程中做功的快慢,我们引入功率的概念。

单位时间内完成的功,叫作功率。

设在时刻 t 到 $t+\Delta t$ 这段时间内,力所做的功为 ΔA,则力在这段时间内的平均功率为

$$\bar{P}=\frac{\Delta A}{\Delta t} \tag{2.51}$$

平均功率的极限值即为 t 时刻的瞬时功率

$$P=\lim_{\Delta t\to 0}\frac{\Delta A}{\Delta t}=\frac{\mathrm{d}A}{\mathrm{d}t} \tag{2.52}$$

又由于 $\mathrm{d}A=\boldsymbol{F}\cdot\mathrm{d}\boldsymbol{r}$,故上式可写为

$$P=\frac{\mathrm{d}A}{\mathrm{d}t}=\frac{\boldsymbol{F}\cdot\mathrm{d}\boldsymbol{r}}{\mathrm{d}t}=\boldsymbol{F}\cdot\boldsymbol{v}=Fv\cos\theta \tag{2.53}$$

即瞬时功率等于力与速度的标积,或者瞬时功率等于力沿力作用点速度方向的投影和速度大小的乘积。

一般情况下,汽车的发动机所提供的最大功率是一定的,因此,汽车在低速行驶时,牵引力大,高速行驶时,牵引力小。在汽车启动或者爬坡时,需要较大的牵引力,所以总是挂低档行驶。又如在刨床上加工工件时,电动机的功率是一定的,如果刨刀的切削深度较小,需要的切削力也就小,刨刀运动的速度就可以较快;反之,刨刀的切削深度较大,需要的切削力也就越大,则应使刨刀以较低的速度运行。

在国际单位制中,功率的单位为瓦[特](W),1 W=1 J/s,在工程中多用千瓦为功率的单位。

想一想:

变速自行车是一种赛车,车轮细窄,目的是最大限度减轻车身重量,使骑行轻便、高速。自行车变速器的作用就是通过改变链条和前、后不同大小的齿轮盘的配合来改变车速快慢。请大家根据不同的路段、路况,分析变速器的正确使用方法。

2.3.2 动能定理

1. 质点的动能定理

力对物体做了功，则物体的运动状态要发生变化。功与运动状态变化之间的关系就是质点的动能定理。动能的概念也是人们在长期的生产实践和科学研究中总结出来的。运动的物体可以对外做功。例如：铁锤钉钉子，风力推动帆船，流水推动水轮机。

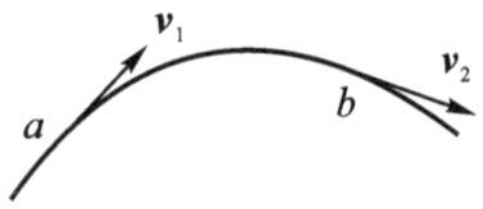

图 2.25　质点在合力的作用下由 a 运动到 b

设一质量为 m 的质点在合力 $\boldsymbol{F}$ 的作用下沿曲线由 a 点运动到 b 点，如图 2.25 所示，质点的初速度为 $\boldsymbol{v}_1$，末速度为 $\boldsymbol{v}_2$，则根据牛顿第二定律，合力 $\boldsymbol{F}$ 对质点所做的功为

$$\begin{aligned} A &= \int_a^b \boldsymbol{F} \cdot \mathrm{d}\boldsymbol{r} = \int_a^b m\,\frac{\mathrm{d}\boldsymbol{v}}{\mathrm{d}t} \cdot \mathrm{d}\boldsymbol{r} \\ &= \int_a^b m\,\mathrm{d}\boldsymbol{v} \cdot \frac{\mathrm{d}\boldsymbol{r}}{\mathrm{d}t} = \int_a^b m\,\mathrm{d}\boldsymbol{v} \cdot \boldsymbol{v} \\ &= \int_{v_1}^{v_2} mv\,\mathrm{d}v \\ &= \frac{1}{2}mv_2^2 - \frac{1}{2}mv_1^2 \end{aligned} \tag{2.54}$$

我们把 $E_\mathrm{k}=\dfrac{1}{2}mv^2$，称为物体的动能。其中 $\dfrac{1}{2}mv_2^2$ 表示物体在 b 点的动能，$\dfrac{1}{2}mv_1^2$ 表示物体在 a 点的动能。所以式(2.54)表明：**合力对质点所做的功等于质点动能的增量。**这一结论称为**质点的动能定理**。

动能定理说明了做功与物体动能变化之间的关系。只有合力对质点做功，质点的动能才发生变化。合力做正功，质点的动能增加；合力做负功，质点的动能减小。说明了正功和负功的作用，若力对物体做正功，即力推动物体运动，可使物体动能增加；若力对物体做负功，即力阻碍物体运动，可使物体动能减小；合力不做功，即没有力对物体做功或者合力做功为零，质点的动能不变。所以我们说功是能量变化的量度，是过程量，与过程有关；动能决定于状态，是状态量，与状态有关。

动能定理是在牛顿第二定律的基础上推导出来的。利用动能定理解题的方便之处在于不必注意质点在运动过程中任一时刻状态变化的细节。在确定了研究对象之后，只要分析其受力情况及其在过程始末状态的动能变化，就可以列出动能方程。这使力学问题的求解大大简化。

(1)动能是标量，仅是速度的单值函数，它是状态量。

(2)功与动能的本质区别:它们的单位和量纲相同,但功是过程量,动能是状态量,功是能量变化的量度。

(3)功和能具有普遍意义。

(4)动能定理由牛顿第二定律导出,只适用于惯性参考系,并且动能也与参考系有关。

(5)由质点的动能定理可知,当合外力做正功时,质点的动能增加;当合外力做负功时,质点的动能减少。亦即质点反抗外力做功是以自身动能的减少为代价,可见动能是质点因运动而具有的做功本领。

(6)动能定理的表达式是一个标量方程,它只涉及质点运动的初态和终态,不涉及运动过程的细节,因此,在求解某些力学问题时比较方便。

小贴士:

动能定理给了一个根据物体的受力情况求解其运动状态的方法,其基本思路是先求出力对空间的积累(功),再根据动能定理求出动能的变化,从而求出速度(速率)的变化,或者速度(速率)。而牛顿力学是先根据牛顿第二定律求解出加速度,再通过加速度的积累求出速度或速度的增量。在这里需要体会两种方法和思路的异同,以及两种思路在解题过程中的优缺点。

例 2.8　一质量为 10 g、速度为 200 $\mathrm{m \cdot s^{-1}}$ 的子弹水平地射入铅直的墙壁内 0.04 m 后停止运动。若墙壁的阻力是一恒量,求墙壁对子弹的作用力。

解　可以用牛顿第二定律求解,但比较复杂。用动能定理比较简单。

子弹初态动能:

$$E_{k0}=\frac{1}{2}mv^2$$

子弹末态动能:

$$E_k=0$$

则墙壁对子弹的作用力做功为

$$A=fs \qquad ①$$

由动能定理,得

$$A=E_k-E_{k0}=0-\frac{1}{2}mv^2 \qquad ②$$

①、②两式联立,得

$$f=-\frac{mv^2}{2s}=-\frac{0.01\ \mathrm{kg}\times(200\ \mathrm{m\cdot s^{-1}})^2}{2\times 0.04\ \mathrm{m}}=-5\times10^3\ \mathrm{N}$$

负号表示力的方向与子弹运动的方向相反。

例 2.9　力 $\boldsymbol{F}$ 作用在质量为 1.0 kg 的质点上,已知在此力作用下质点的运动方程为 $x=3t-4t^2+t^3$(SI),求在 0 到 4 s 内,力 $\boldsymbol{F}$ 对质点所做的功。

解　由运动方程可得质点的速度为

$$v=\frac{\mathrm{d}x}{\mathrm{d}t}=\frac{\mathrm{d}}{\mathrm{d}t}(3t-4t^2+t^3)=3-8t+3t^2$$

$t=0$ 时,

$$v_0=3-8\times0+3\times0^2=3\ \mathrm{m\cdot s^{-1}}$$

$t=4$ s 时,

$$v=3-8\times4+3\times4^2=19\ \text{m}\cdot\text{s}^{-1}$$

因而质点始末状态的动能分别为

$$E_{k0}=\frac{1}{2}mv_0^2=\frac{1}{2}\times1\ \text{kg}\times(3\ \text{m}\cdot\text{s}^{-1})^2=4.5\ \text{J}$$

$$E_k=\frac{1}{2}mv^2=\frac{1}{2}\times1\ \text{kg}\times(19\ \text{m}\cdot\text{s}^{(-1)})^2=180.5\ \text{J}$$

根据质点的动能定理,可知力对质点所做的功为

$$A=E_k-E_{k0}=180.5\ \text{J}-4.5\ \text{J}=176\ \text{J}$$

2. 质点系的动能定理

在许多实际问题中,需要研究由多个质点组成的质点系,这时系统内的质点,既可能受到系统内各质点之间相互作用的内力,又可能受到系统外的质点对它作用的外力,我们针对质点系内任一质点应用动能定理,从而推导出整个质点系的动能定理。

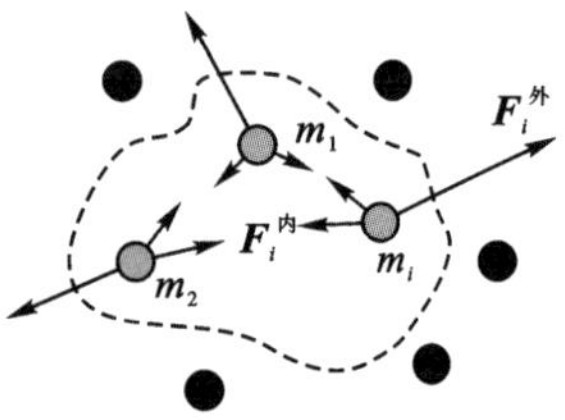

图 2.26　多个质点组成的质点系的受力分析

如图 2.26 所示,质点系由 n 个质点组成,其中第 i 个质点的质量为 m_i,此质点所受合外力与合内力所做的功分别为 $A_i^{外}$、$A_i^{内}$,在某一过程该质点的初速率为 v_{i0},末速率为 v_i,则由质点的动能定理得

$$A_i^{外}+A_i^{内}=\frac{1}{2}m_iv_i^2-\frac{1}{2}m_iv_{i0}^2 \tag{2.55}$$

对系统内每个质点都应用动能定理写出这样的方程,并对这些方程进行求和,可得

$$\sum_i A_i^{外}+\sum_i A_i^{内}=\sum_i\frac{1}{2}m_iv_i^2-\sum_i\frac{1}{2}m_iv_{i0}^2 \tag{2.56}$$

上式中 $\sum\limits_i\frac{1}{2}m_iv_i^2$ 表示系统内所有质点的动能之和,称为质点系的动能。我们用 $E_k=\sum\limits_i\frac{1}{2}m_iv_i^2$ 表示质点系的末动能,$E_{k0}=\sum\limits_i\frac{1}{2}m_iv_{i0}^2$ 表示质点系的初动能,式(2.56) 等号右边整体表示整个质点系动能的增量。式(2.56) 等号左边第一项表示在运动过程中各个质点所受合外力的功的代数和,第二项表示在运动过程中各个质点所受合内力的功的代数和。式(2.56) 也可写为

$$\sum_i A_i=E_k-E_{k0} \tag{2.57}$$

即质点系从一个运动状态变化到另一个运动状态时动能的增量,等于作用于质点系内各质点上所有力所做功的代数和。这就是**质点系的动能定理**。

比较质点系的动能定理与质点系的动量定理,我们发现,系统的总动量的改变仅仅取决于系统所受的外力,而系统的动

小贴士:

根据牛顿第三定律,系统内所有内力的矢量和为零,但是,由于系统内对应两个质点的作用力和反作用力大小相等方向相反,而其对应的位移元一般不相同,所以作用力、反作用力做功的代数和不一定为零。因此内力做功的代数和并不一定为零。这一点与质点系动量定理中内力冲量和为零不同。

能的变化则不仅与外力有关，而且与内力也有关。例如炮弹发射时，爆炸力推动炮弹前进，也会推动炮身后退。把炮弹和炮身看作一个系统，火药产生的爆炸力是内力，该力在此过程中对炮身和炮弹都做正功，内力做功不为零。又比如人在荡秋千时，把人和秋千看作一个系统，人对秋千的力为内力，正是该内力做功，使得整个系统的动能增加，人和秋千越荡越高。

根据以上分析，在应用质点系动能定理分析力学问题时，不仅要考虑外力做功，还要考虑内力做功，外力和内力做功都可以改变质点系的动能。

例 2.10　光滑水平面上放有物体 A、B，如图 2.27 所示，质量分别为 $m_A=1\ \text{kg}$ 和 $m_B=2\ \text{kg}$，在水平恒力 $\boldsymbol{F}=300\ \text{N}$ 的作用下，两物体共同移动了一段距离 $\Delta s=1\ \text{m}$。试求：

(1)两物体移动 Δs 距离时的速度；

(2)两物体移动过程中，物体 A 所受合力对 A 做的功及物体 B 所受合力对 B 做的功。

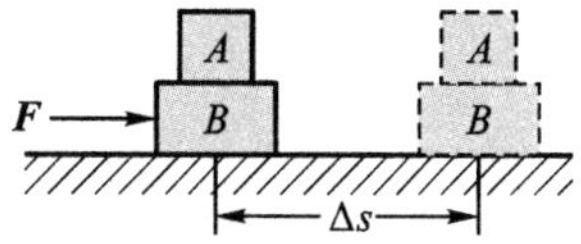

图 2.27　例 2.10 图

解　(1)两物体移动 Δs 距离的过程中，力 $\boldsymbol{F}$ 对两物体做功：

$$A=F\Delta s$$

设两物体移动 Δs 距离时的速度为 v，则两物体动能的增量为

$$\Delta E_{\text{k}}=\frac{1}{2}(m_1+m_2)v^2$$

在共同移动的过程中，A、B 之间作用的内力为一对摩擦力，其做功的代数和为零，根据质点系的动能定理则有：

$$F\Delta s=\frac{1}{2}(m_1+m_2)v^2$$

则两物体移动 Δs 距离时的速度为

$$v=\sqrt{\frac{2F\Delta s}{m_1+m_2}}=\sqrt{\frac{2\times 300\ \text{N}\times 1\ \text{m}}{1\ \text{kg}+2\ \text{kg}}}=14.1\ \text{m/s}$$

(2)根据质点的动能定理，物体 A 所受合力对 A 做的功等于物体 A 动能的增量

$$A_1=\frac{1}{2}m_1v^2-0=\frac{1}{2}m_1\left(\sqrt{\frac{2F\Delta s}{m_1+m_2}}\right)^2=100\ \text{J}$$

同理，物体 B 所受合力对 B 做的功等于物体 B 动能的增量：

$$A_2=\frac{1}{2}m_2v^2-0=\frac{1}{2}m_2\left(\sqrt{\frac{2F\Delta s}{m_1+m_2}}\right)^2=200\ \text{J}$$

2.3.3　几种常见力做功

1. 万有引力做功

月亮绕着地球转，是月亮受到地球的引力；地球绕着太阳转，是因为地球受到太阳的引力。在研究这些引力问题时，我

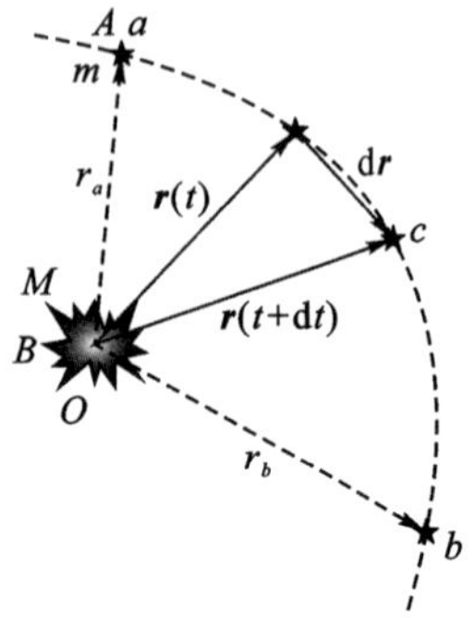

图 2.28　万有引力做功

们发现它们都有一个共同的特征，即都可以归结为一个运动质点受到来自另一个固定质点的万有引力作用。现在我们就来计算在引力作用下，运动质点所受到的万有引力对其做的功。

设有两个质量分别为 m 和 M 的质点 A 和 B，其中质点 B 不动，质点 A 在引力的作用下，从点 a 沿 acb 路径运动到点 b，如图 2.28 所示，取质点 B 的位置为坐标原点，点 a 和点 b 到坐标原点的距离分别为 r_a 和 r_b。

在质点运动过程中，它所受到的万有引力的大小、方向都在改变，因此在质点运动过程中万有引力是变力，万有引力的功应按变力的功来计算。质点运动到任一位置时所受的万有引力为

$$\boldsymbol{F}=-G\frac{Mm}{r^2}\boldsymbol{e}_r \tag{2.58}$$

式中，$\boldsymbol{e}_r$ 为位矢 $\boldsymbol{r}$ 方向的单位矢量，负号表示力的方向与 $\boldsymbol{e}_r$ 方向相反。

质点运动过程中发生任一元位移时，引力所做的元功为

$$\begin{aligned}\mathrm{d}A&=\boldsymbol{F}\cdot\mathrm{d}\boldsymbol{r}=-G\frac{Mm}{r^2}\boldsymbol{e}_r\cdot\mathrm{d}\boldsymbol{r}\\&=-G\frac{Mm}{r^2}|\boldsymbol{e}_r|\cdot|\mathrm{d}\boldsymbol{r}|\cos\theta=-G\frac{Mm}{r^2}\mathrm{d}r\end{aligned} \tag{2.59}$$

从点 a 沿 acb 路径运动到点 b，引力所做的功为

$$A=\int_{r_a}^{r_b}-G\frac{Mm}{r^2}\mathrm{d}r=GMm\left(\frac{1}{r_b}-\frac{1}{r_a}\right)=-GMm\left(\frac{1}{r_a}-\frac{1}{r_b}\right) \tag{2.60}$$

从上式可以看到，如果改变质点的路径，但不改变质点的初始位置和最终位置，万有引力做的功是不变的。所以我们说**万有引力做的功只与运动质点的始末位置有关，而与质点所经过的路径无关。**

2. 重力做功

在前面讨论万有引力时，我们知道当质点在地面附近运动时，地球对质点的引力近似为质点的重力，下面我们来分析重力做功的特征。

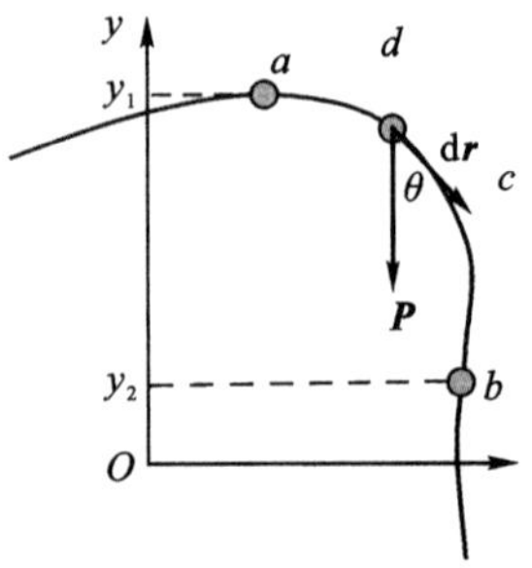

图 2.29　重力做功

设有一质量为 m 的质点，如图 2.29 所示，在重力的作用下，从点 a 沿 acb 路径运动到点 b，点 a 和点 b 到地面的高度分别为 y_1 和 y_2，将质点的运动路径分成许多元位移，并将其分解到直角坐标系的各个方向上得：

$$\mathrm{d}\boldsymbol{r}=\mathrm{d}x\boldsymbol{i}+\mathrm{d}y\boldsymbol{j}$$

则重力所做的元功为

$$\mathrm{d}A=m\boldsymbol{g}\cdot\mathrm{d}\boldsymbol{r}=-mg\boldsymbol{j}\cdot(\mathrm{d}x\boldsymbol{i}+\mathrm{d}y\boldsymbol{j})=-mg\,\mathrm{d}y \tag{2.61}$$

质点从点 a 沿 acb 路径运动到点 b，重力所做的功为

$$A=\int_{y_1}^{y_2}-mg\,\mathrm{d}y=-mg(y_2-y_1)=-(mgy_2-mgy_1) \tag{2.62}$$

如果质点沿另一曲线由 a 点运动到 b 点，可以看出重力做功计算过程不变。这表明，重力做的功只与质点的始末位置有关，具体来说只与质点始末位置的高度差有关，而与质点是经哪条曲线到达末位置无关，也就是说**与质点所经过的具体路径无关**。正是由于重力做功具有这样的特征，所以物体沿任何曲线路径运动时，重力做的功就可直接用重力的大小乘以质点始末位置的高度差来计算。

3. 弹性力做功

弹性力做功与万有引力、重力做功具有相同的特征，下面我们用弹簧的弹性力为例来进行说明。在光滑水平面上放置一个弹簧，弹簧一端固定，另一端与一个质量为 m 的质点相连。取质点运动的直线为 x 轴，弹簧在水平方向不受外力作用时，它将不发生形变，此时质点位于 O 点，这个位置称为**平衡位置**。在质点运动中的任一位置 x，弹簧的伸长量也为 x，在弹性限度内由胡克定律，得弹性力为

$$\boldsymbol{F}=-kx\boldsymbol{i}$$

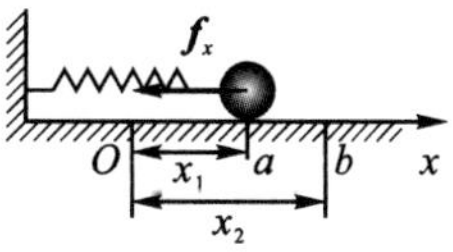

图 2.30　弹性力做功

如图 2.30 所示，质点从点 a 被拉到点 b，点 u 和点 b 到平衡位置的距离分别为 x_1 和 x_2。弹性力所做的功为

$$A=\int_{x_1}^{x_2}\boldsymbol{F}\cdot\mathrm{d}x\boldsymbol{i}=\int_{x_1}^{x_2}-kx\,\mathrm{d}x=-\left(\frac{1}{2}kx_2^2-\frac{1}{2}kx_1^2\right) \tag{2.63}$$

结果表明：弹性力做的功取决于质点位于始末位置时弹簧的伸长量，而与质点运动的具体过程无关，即**弹性力做功只与质点的起始和终了位置有关，而与质点所经过的路径无关**。

4. 摩擦力做功

如图 2.31 所示，一个质点在粗糙的平面上运动（假设摩擦力为常量），则摩擦力做功为

$$A=\int\boldsymbol{F}\cdot\mathrm{d}\boldsymbol{s}=\int-f\mathrm{d}s=-f\Delta s \tag{2.64}$$

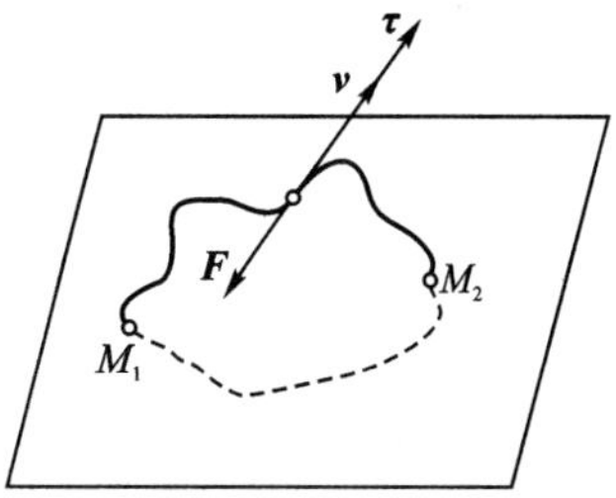

图 2.31　摩擦力做功

上式表明，摩擦力做功不仅与质点运动的始末位置有关，而且还与质点运动的具体路径有关。摩擦力的做功特征和前面三种力的做功特征不相同。

2.3.4　势能

由生活经验知道，从高处落下的重物能够做功，如利用重

锤打桩、高山上的瀑布落下带动发电机发电,这都说明位于高处的重物具有做功本领。本节将从几种常见力的做功特点出发,引出保守力和非保守力概念,然后介绍势能概念。

1. 保守力

在前面的分析中我们知道,重力、万有引力和弹性力做的功都只与运动质点的始末位置有关,而与中间路径的长短和形状无关,我们将这种**做功只与始末位置有关,而与路径无关**的力称为**保守力**。重力、万有引力和弹性力等都是保守力,摩擦力不是保守力,我们称之为非保守力。

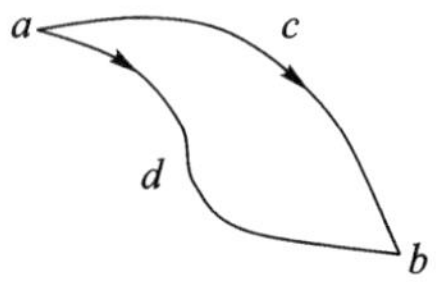

图 2.32　质点在保守力作用下沿闭合路径运动一周

质点在保守力的作用下,如图 2.32 所示从 a 点沿路径 acb 运动到 b 点,再沿路径 bda 运动到 a 点,则保守力在这一过程中所做的功为

$$A=\int_{acb}\boldsymbol{F}\cdot\mathrm{d}\boldsymbol{r}+\int_{bda}\boldsymbol{F}\cdot\mathrm{d}\boldsymbol{r}$$

由于

$$\int_{acb}\boldsymbol{F}\cdot\mathrm{d}\boldsymbol{r}=-\int_{bda}\boldsymbol{F}\cdot\mathrm{d}\boldsymbol{r}$$

所以

$$\oint_{acbda}\boldsymbol{F}\cdot\mathrm{d}\boldsymbol{r}=0$$

写作

$$\oint_{l}\boldsymbol{F}\cdot\mathrm{d}\boldsymbol{r}=0 \tag{2.65}$$

上式表明,质点沿任意闭合路径运行一周时,保守力做功为零。式(2.65)为保守力做功特点的数学表达式。

保守力做功与路径无关和保守力沿任意路径一周所做的功为零是等价的,都可以作为一种力是否是保守力的判据。

小贴士:

通过这部分的学习,我们一定要认识到功不是能量,而是能量变化的量度。动能的变化可以用外力做的总功来量度,重力势能的变化可以用重力做的功来量度,弹性势能的变化可以用弹性力做的功来量度。功总是伴随能量变化的过程。因此我们称能量为状态量,功为过程量。当能量发生变化时,如果我们无法测量能量变化的数值,就可以利用相应的力所做的功进行度量。

2. 势能

从前面关于万有引力、重力和弹性力做功的特点讨论中可知,保守力做功只与质点始末位置有关,而和质点运动的路径无关,功的数值由质点的始末位置决定。因此类功一定可以写成某种状态量的差值,功是能量变化的量度,可见质点处在保守力场中一定位置时具有一定的能量。我们把**这种处在保守力场中与质点位置有关的能量称为质点的势能**,用 E_p 来表示。

由式(2.60)、(2.62)、(2.63)可知,在保守力场中若质点由位置 a 点移动到 b 点,则势能由 $E_{\mathrm{p}a}$ 变为 $E_{\mathrm{p}b}$,在这个过程中保守力 $\boldsymbol{F}$ 所做功为 A_{ab},则保守力做功和势能的关系可表示为

$$A_{ab}=\int_a^b\boldsymbol{F}\cdot\mathrm{d}\boldsymbol{r}=E_{\mathrm{p}a}-E_{\mathrm{p}b}=-(E_{\mathrm{p}b}-E_{\mathrm{p}a}) \tag{2.66}$$

式(2.66)中,$E_{\mathrm{p}a}-E_{\mathrm{p}b}$ 为质点处在 a、b 点势能的差值,

$-(E_{pb}-E_{pa})$为质点处在 a、b 点势能的增量，所以**保守力对质点做的功等于质点势能的差值或者势能增量的负值。**

式(2.66)表明保守力做负功时势能增加，保守力做正功时势能减小。

保守力做功只给出了势能之差。要确定势能还必须选择一个参考位置，规定质点在该位置的势能为零，通常称这一位置为势能零点。对于式(2.66)，确定 b 点为势能零点，即 $E_{pb}=0$，b 点势能

$$E_p=\int_P^0 \boldsymbol{F}\cdot \mathrm{d}\boldsymbol{r} \tag{2.67}$$

上式表明，质点在保守力场某一位置所具有的势能，等于把质点从该位置沿任意路径移到势能为零的点过程中，保守力对质点所做的功。

由于势能的概念反映了保守力做的功与路径无关的特性，只有保守力才能引入势能。保守力种类不同，就有不同种类的势能，例如与重力相关的势能称为重力势能，与万有引力相关的势能称为引力势能，与弹性力相关的势能称为弹性势能。

根据势能概念，如果定义无限远($r\to\infty$)为引力势能零点，地面($y=0$)为重力势能零点，平衡位置($x=0$)为弹性势能零点，由式(2.58)、(2.60)和(2.61)，引力势能、重力势能和弹性势能分别可以写作：

$$E_p=-G\frac{Mm}{r}\ (\text{势能零点 } r\to\infty) \tag{2.68}$$

$$E_p=mgy\ (\text{势能零点 } y=0) \tag{2.69}$$

$$E_p=\frac{1}{2}mx^2\ (\text{势能零点 } x=0) \tag{2.70}$$

关于势能我们还可以做以下理解：

势能 E_p 是状态函数，它是空间位置的函数，或者说是坐标的函数，在直角坐标系中可以写作 $E_p=E_p(x,y,z)$。

势能具有相对性，保守力场中某一质点势能的值与势能零点选取有关。一般选取地面为重力势能零点，无限远处为引力势能零，弹簧平衡位置为势能零点。当然势能零点也可以任意选取，选取不同的势能零点，质点的势能将具有不同的值。应该注意，质点在任意两点间的**势能差具有绝对性**，与势能零点的选取无关。

势能是由系统内各物体间相互作用的保守力和相对位置决定的能量，因而它是**属于系统的**。单独谈单个物体的势能是没有意义的。如重力势能就是属于地球和物体所组成的系统的。同样，弹性势能和引力势能也是属于有弹性力和引力作用的系统的。习惯上称某质点的势能，这只是叙述上的简便而已。

3. 势能曲线

如果给定一个力,则可以直截了当地从势能的定义求出势能。然而在许多情况下,特别是在微观领域中,用势能函数描述力的特性,要比用力的各个分量来描述更为简明。因而势能曲线的一个重要用途就是能够把势能曲线的特定形式,同在自然界中观察到的特定的相互作用联系起来。

当坐标系和势能零点确定后,质点的势能仅是坐标的函数,即 $E_p=E_p(x,y,z)$。按此函数画出的势能随坐标变化的曲线,称为势能曲线。

(1)重力势能曲线。

一般选地面或某一水平面为重力势能的零点,就能给出重力势能的势能曲线,如图 2.33 所示,

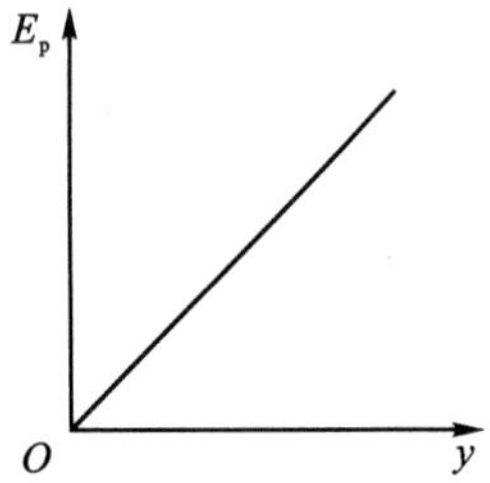

图 2.33　重力势能曲线图

$$E_p=mgy$$

势能零点以上,重力势能为正;势能零点以下,重力势能为负。

(2)引力势能曲线。

选无穷远处为引力势能零点,就能给出引力势能的势能曲线,如图 2.34 所示,

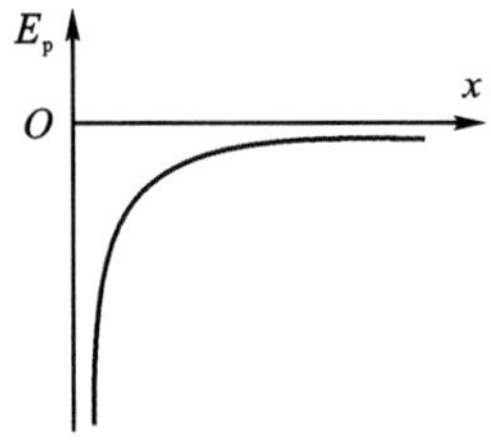

图 2.34　引力势能曲线图

$$E_p=-G\frac{Mm}{r}$$

引力势能为负值。

(3)弹性势能曲线。

选无形变处为弹性势能零点,就能给出弹性势能的势能曲线,如图 2.35 所示,

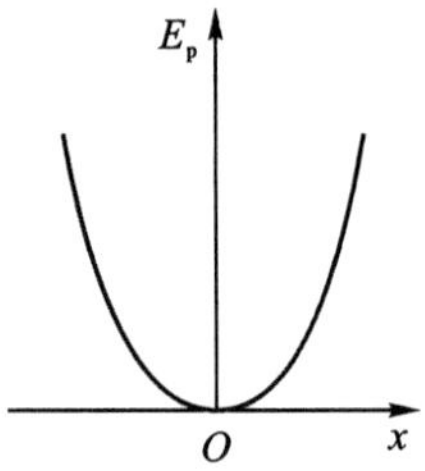

图 2.35　弹性势能曲线图

$$E_p=\frac{1}{2}mx^2$$

无论弹簧被压缩还是被拉伸,弹性势能总是正的。

利用已知的势能曲线可以求出质点在保守力场中各点所受保守力的大小和方向,还可以定性地讨论质点在保守力场中的运动情况及平衡的稳定性等问题。

势能曲线是势能随相对位置变化的曲线,它为研究势场中的物体的运动提供了一种形象化的手段。势能曲线在原子物理、核物理、分子物理、固体物理等领域中都有非常重要的应用。

2.3.5　机械能守恒定律

在许多实际问题中,研究对象是由多个质点构成的系统,这时系统内的质点会受到系统内各个质点相互作用的内力,也受到系统外的质点对系统内质点作用的外力。此时做功和系

统机械运动的能量——动能和势能，有什么样的关系呢？

设质量为 m 的质点，在保守力的作用下，从点 M_1 运动到点 M_2，则保守力在此过程中所做的功为

$$A=-(E_{p2}-E_{p1}) \tag{2.71}$$

如果质点在仅有保守力做功的情况下运动，根据动能定理，可得

$$A=\frac{1}{2}mv_2^2-\frac{1}{2}mv_1^2 \tag{2.72}$$

根据以上两式，可得

$$\frac{1}{2}mv_2^2-\frac{1}{2}mv_1^2=-(E_{p2}-E_{p1})$$

即

$$\frac{1}{2}mv_1^2+E_{p1}=\frac{1}{2}mv_2^2+E_{p2} \tag{2.73}$$

上式表示：在仅有保守力做功时，质点的动能和势能可以相互转换，但动能和势能的总和保持不变。我们将系统的动能与势能之和称为系统的机械能：

$$E=E_k+E_p \tag{2.74}$$

值得注意的是如果质点同时受到几个保守力的作用，上式中的势能应为各种势能的总和。比如质点同时受到重力和弹性力时，势能就应该为重力势能和弹性势能的总和。

可以将以上结论推广到质点系。设质点系由 N 个质点组成，其中第个 i 质点的质量为 m_i，在某一过程该质点的初速率为 v_{i2}，末速率为 v_{i1}，此质点所受的力可以分为内力和外力，内力是质点系内其他质点施与此质点的作用力，外力则来自于质点系外的物体的作用。内力又可分为保守内力和非保守内力，相应的功即保守内力的功和非保守内力的功。我们分别以 $A_i^{外}$、$A_i^{内保}$、$A_i^{内非}$ 表示外力的功、保守内力的功和非保守内力的功。根据质点动能定理可得

$$A_i^{外}+A_i^{内保}+A_i^{内非}=\frac{1}{2}m_iv_{i2}^2-\frac{1}{2}m_iv_{i1}^2 \tag{2.75}$$

对质点系内各个质点都应用动能定理，并把所有方程相加，有：

$$\sum_i A_i^{外}+\sum_i A_i^{内保}+\sum_i A_i^{内非}=\frac{1}{2}m_iv_{i2}^2-\frac{1}{2}m_iv_{i1}^2 \tag{2.76}$$

令 $E_{k2}=\sum_i \frac{1}{2}m_iv_{i2}^2$、$E_{k1}=\sum_i \frac{1}{2}m_iv_{i1}^2$，则上式可改写为

$$\sum_i A_i^{外}+\sum_i A_i^{内保}+\sum_i A_i^{内非}=E_{k2}-E_{k1} \tag{2.77}$$

我们知道，保守内力做功将引起质点系势能的变化，若

E_{p1}、E_{p2}分别表示质点系初状态和末状态的势能，则有

$$\sum_i A_i^{内保} = -(E_{p2} - E_{p1}) \qquad (2.78)$$

代入式(2.77)可得

$$\sum_i A_i^{外} + \sum_i A_i^{内非} = (E_{k2} + E_{p2}) - (E_{k1} + E_{p1}) \qquad (2.79)$$

式中，$E=E_k+E_p$ 称为质点系的**总机械能**。式(2.79)表明，**所有非保守内力做功和所有外力做功的代数和等于质点系末状态与初状态的总机械能增量**。这个结论也称为**功能原理**。

从功能原理可知，保守内力做功不能改变系统的机械能，它只能使动能变为势能，或使势能变为动能。

当外力对质点系不做功 $\sum_i A_i^{外}=0$，质点系内的非保守内力也不做功 $\sum_i A_i^{内非}=0$。

此时 $\sum_i A_i^{外} + \sum_i A_i^{内非} = 0$，则式(2.79)变为

$$E_{k1} + E_{p1} = E_{k2} + E_{p2} \qquad (2.80)$$

这就是说，**如果外力不做功、非保守内力也不做功或者只有保守内力做功时，质点系内各质点的动能和各种势能可以相互转换，但它们的总和，即机械能保持不变。这就是质点系的机械能守恒定律。**

在满足机械能守恒定律的条件下，质点系的动能和势能是相互转换的，且转换的量值是相等的，动能的增加量等于势能的减小量，势能的增加量等于动能的减小量，二者的转换是通过质点系内部保守内力做功来实现的。

需要强调的是我们讨论机械能守恒定律是以牛顿定律为基础的，但是实际上机械能守恒定律是自然界中最为普遍的定律之一。

> **小贴士：**
>
> 应用机械能守恒定律求解力学问题时应注意：
>
> (1)明确系统中的研究对象。
>
> (2)注意机械能守恒条件：只有保守内力做功，其他内力和外力不做功，或可以忽略不计(通常的条件是非保守内力和外力均为零)。
>
> (3)物体机械能是否守恒与惯性参考系的选择有关，这是因为内力成对出现，它们做功的和与参考系的选择无关，而外力做功却与参考系有关，它们做功总和是否为零则决定于参考系的选择。
>
> (4)机械能守恒定律适用于惯性参考系。这是因为在非惯性参考系中，即使满足机械能守恒条件，但由于惯性力可能做功，从而导致机械能不一定守恒。

例 2.11　如图 2.36 所示，质量为 M 的轨道放在光滑的地面上，质量为 m 的物体以速度 $\boldsymbol{v}$ 向光滑的轨道运动，求物体能够到达的最大高度 h_{max}。

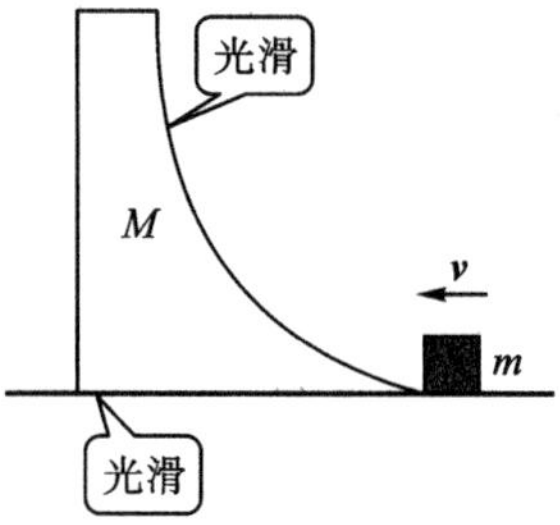

图 2.36　例 2.11 图

解　以轨道、物体和地球整体为研究对象，机械能守恒。

当 $h=h_{max}$的时刻，轨道与物体速度相同，设为 V，沿水平方向，则

$$\frac{1}{2}mv^2+0=\frac{1}{2}(m+M)V^2+mgh_{max} \qquad ①$$

以轨道和物体为研究对象，水平方向 $F_{外}=0$，水平方向动量守恒，则

$$mv=(m+M)V \qquad ②$$

由①、②可得

$$h_{\max}=\frac{v^2}{2g}\cdot\frac{M}{M+m}$$

例 2.12　如图 2.37 所示，沿水平方向放置的弹簧，劲度系数为 k，一端系一质量为 M 的物体。当弹簧为原长时，物体以速率 v 向右运动，此时一质量为 m 的油灰竖直地落在物体上。设物体与水平面间无摩擦，试求：

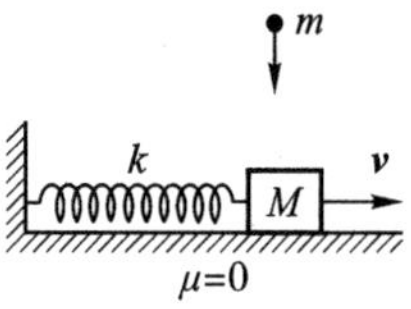

图 2.37　例 2.12 图

(1)油灰落到物体上与物体一起运动的速度；

(2)弹簧的最大伸长量。

解　(1)以物体和油灰为系统，设油灰落到物体上与物体一起运动的速度为 v'，在水平方向动量守恒

$$Mv=(M+m)v'$$

则油灰与物体一起运动的速度

$$v'=\frac{M}{M+m}v$$

(2)弹簧、物体和油灰系统，机械能守恒

$$\frac{1}{2}(M+m)v^2=\frac{1}{2}kx_{\max}^2$$

弹簧的最大伸长量

$$x_{\max}=\frac{Mv}{\sqrt{k(M+m)}}$$

阅读材料

守恒定律

如果系统内除了万有引力、弹性力等保守力做功以外，还有摩擦力或其他非保守内力做功，那么这系统的机械能就会发生变化，但它总是转换为其他形式的能量，这是由大量的实验所证明的。

对于一个孤立系统来说，系统内各种形式的能量是可以相互转换的，但是不论如何转换，能量既不能产生，也不能消灭，能量的总和是不变的。这就是能量守恒定律。

能量守恒定律是自然界的基本定律之一，是物理学中最具普遍性的定律之一，可适用于任何变化过程，不论是机械的、热的、电磁的、原子和原子核内的，还是化学的、生物的变化等，其意义远远超出了机械能守恒定律的范围，后者只不过是前者的一个特例。

自然界中许多物理量，如动量，角动量，机械能，电荷，质量，宇称，粒子反应中的重子数、轻子数等，都具有相应的守恒定律。

物理学特别注意守恒量和守恒定律的研究，这是因为以下几点。

第一，从方法论上看：利用守恒定律可避开过程细节而对系统始、末态下结论(特点、优点)。

第二，从适用性来看：守恒定律适用范围广，宏观、微观、高速、低速情形均适用(牛顿定律只适用于宏观、低速情形，但由它导出的动量守恒定律的适用范围比它广泛。

第三,从认识世界来看:守恒定律是认识世界的有力武器。在研究新现象时,若发现某个守恒定律不成立,往往先作以下考虑:

(1)寻找被忽略的因素,从而恢复守恒定律的应用。

(2)引入新概念,使守恒定律更普遍化。

(3)无法“补救”时,宣布该守恒定律失效。

我们以中微子的发现为例来说明这个问题。

大家知道,有些原子核是不稳定的,有的放射α粒子,进行α衰变;有的放射β粒子,进行β衰变,例如 ${}^{14}_{6}\mathrm{C}\xrightarrow{\beta\text{衰变}}{}^{14}_{7}\mathrm{N}+e$。

根据能量守恒定律和质能关系计算可知,这一β衰变中发射的电子的动能应为156 keV。但实验测定,除极少数电子能量等于156 keV之外,其余电子的能量都小于它,而且能量具有连续分布的特征,这似乎表明在β衰变中,能量不守恒。不仅如此,实验表明,由静止 ${}^{14}_{6}\mathrm{C}$ 核衰变而放射的电子和反冲核 ${}^{14}_{7}\mathrm{N}$ 的动量并不等值反向,这似乎表明在β衰变中,动量也不守恒。但是能量和动量守恒的正确性是长期实践所证明的,物理学家们预言,在β衰变中,除了放射电子外,必定还同时放射出一个电荷为零、静止质量为零的粒子——后来称为中微子,中微子带走了一部分能量和动量。这样上述衰变反应应写成:

$${}^{14}_{6}\mathrm{C}\xrightarrow{\beta\text{衰变}}{}^{14}_{7}\mathrm{N}+e+\tilde{\nu}$$

这一假设是泡利于1930年首次提出的。在泡利提出概念的基础上,费米于1934年建立了β衰变理论,成功解释了β衰变现象的许多特点。但是由于中微子质量为零,电荷也为零,它与其他物质间的相互作用极弱,直到1954年通过在反应堆上做的一个很复杂的实验,才真正地探测到了中微子,从而有力证明了能量、动量守恒定律。

熟悉这样的历史,有助于我们认识学习基础理论的必要性和重要性。

内容提要

1. 牛顿运动定律

牛顿第一定律:任何物体都保持静止或匀速直线运动状态,直到其他物体对它的作用迫使它改变这种状态为止。

牛顿第二定律:物体动量对时间的变化率与物体所受的合力成正比,方向相同,即

$$\boldsymbol{F}=\frac{\mathrm{d}\boldsymbol{p}}{\mathrm{d}t}=\frac{\mathrm{d}(m\boldsymbol{v})}{\mathrm{d}t}$$

当 $v\ll c$ 时,牛顿第二定律的数学形式为

$$\boldsymbol{F}=m\frac{\mathrm{d}\boldsymbol{v}}{\mathrm{d}t}=m\boldsymbol{a}$$

在直角坐标系中,牛顿第二定律的分量形式

$$F_x=m\frac{\mathrm{d}v_x}{\mathrm{d}t}=ma_x,F_y=m\frac{\mathrm{d}v_y}{\mathrm{d}t}=ma_y,F_z=m\frac{\mathrm{d}v_z}{\mathrm{d}t}=ma_z$$

当质点做平面曲线运动时,在轨迹曲线的切向和法向上,牛顿第二定律的分量形式

$$F_\tau=m\frac{\mathrm{d}v}{\mathrm{d}t}=ma_\tau,F_\mathrm{n}=m\frac{v^2}{\rho}=ma_\mathrm{n}$$

牛顿第三定律：当物体 A 以力 $\boldsymbol{F}_1$ 作用于物体 B 时，物体 B 同时以力 $\boldsymbol{F}_2$ 作用于物体 A，力 $\boldsymbol{F}_1$ 和力 $\boldsymbol{F}_2$ 总是大小相等、方向相反，且作用在同一条直线上，即

$$\boldsymbol{F}_1=-\boldsymbol{F}_2$$

2. 力学中常见的几种力

万有引力　自然界任何物体之间都存在着相互吸引的力，称为万有引力。相距为 r、质量分别为 m_1 和 m_2 的两质点间的万有引力

$$\boldsymbol{F}=-G\frac{m_1m_2}{r^2}\boldsymbol{e}_r$$

弹性力　物体受力作用发生形变，形变物体对与它连接的物体施以弹性力的作用。在弹性限度内，劲度系数为 k 的弹簧形变为 x 时的弹性力

$$F=-kx$$

摩擦力　物体与物体相互接触，且彼此有相对滑动或相对滑动趋势时，接触面出现阻碍相对滑动的摩擦力。摩擦力有静摩擦力和滑动摩擦力两种。相互接触的两个物体相对静止，但却有相对滑动的趋势时的摩擦力称为静摩擦力。当物体处在由相对静止变为相对滑动的临界状态时，静摩擦力最大，其值与正压力的大小成正比，即 $f_{\max}=\mu_0 N$，通常，静摩擦力大小的变化范围为 $0\leqslant f\leqslant f_{\max}$。

两个相互接触的物体有相对滑动时，接触处出现的阻碍相对滑动的滑动摩擦力的值与正压力的大小成正比，即 $f=\mu N$，式中 μ 称为滑动摩擦系数。

3. 牛顿运动定律的适用范围

利用牛顿运动定律，可以求解能视为质点的宏观物体相对于惯性参考系低速运动的力学问题。

4. 质点的动量定理和动量守恒定律

力与其作用时间的乘积称为力的冲量。

质点的动量定理：

微分形式　$\boldsymbol{F}\mathrm{d}t=\mathrm{d}(m\boldsymbol{v})$

积分形式　$\boldsymbol{I}=\int_{t_1}^{t_2}F\mathrm{d}t=m\boldsymbol{v}_2-m\boldsymbol{v}_1$

质点的动量守恒定律　当作用于质点的合力为零时，质点的动量保持不变，即 $\boldsymbol{F}=\boldsymbol{0}$，$\mathrm{d}(m\boldsymbol{v})=0$，或 $m\boldsymbol{v}_2-m\boldsymbol{v}_1=\boldsymbol{0}$，则 $\mathrm{m}\boldsymbol{v}=$常矢量。

5. 质点系的动量定理和动量守恒定律

质点系动量定理的积分形式　$\sum_i \boldsymbol{I}_i=\boldsymbol{p}-\boldsymbol{p}_0$

质点系的动量守恒定律　当作用在质点系上所有外力的矢量和为零时，质点系的动量保持不变，即 $\sum_i \boldsymbol{F}_i=\boldsymbol{0}$，$d\sum_{\mathrm{i}}(\mathrm{m_i}\boldsymbol{v}_i)=\boldsymbol{0}$ 或 $\sum_{\mathrm{i}}\mathrm{m_i}\boldsymbol{v}_i-\sum_i m_i\boldsymbol{v}_{0i}=\boldsymbol{0}$，则

$$\sum_i(m_i\boldsymbol{v}_i)=\text{常矢量}$$

在直角坐标系中，质点系的动量守恒定律的分量形式

$$\sum_i F_{xi}=0,\ \sum_i m_i\boldsymbol{v}_{xi}=\text{常量}$$

$$\sum_i F_{yi}=0,\ \sum_i m_i v_{yi}=\text{常量}$$

$$\sum_i F_{zi}=0,\ \sum_i m_i v_{zi}=\text{常量}$$

6. 功

在变力 $\boldsymbol{F}$ 的作用下,质点沿任意曲线由 a 点运动到 b 点的过程中,变力 $\boldsymbol{F}$ 对质点所做的功为

$$A=\int_a^b \boldsymbol{F}\cdot \mathrm{d}\boldsymbol{r}$$

在直角坐标系中,变力做的功

$$A=\int_a^b F_x\mathrm{d}x+\int_a^b F_y\mathrm{d}y+\int_a^b F_z\mathrm{d}z$$

当质点同时受几个力的作用时,合力做的功等于各分力做的功的代数和,即

$$A=A_1+A_2+\cdots+A_i\cdots+A_n$$

单位时间内,力对质点做的功为功率,

$$P=\frac{\mathrm{d}A}{\mathrm{d}t}=\frac{\boldsymbol{F}\cdot\mathrm{d}\boldsymbol{r}}{\mathrm{d}t}=\boldsymbol{F}\cdot\frac{\mathrm{d}\boldsymbol{r}}{\mathrm{d}t}=\boldsymbol{F}\cdot\boldsymbol{v}$$

7. 质点和质点系的动能定理

质点的动能定理的积分形式 $A=\frac{1}{2}mv_2^2-\frac{1}{2}mv_1^2=\Delta E_\mathrm{k}$

质点系的动能定理 $A_{外}+A_{内}=\Delta E_\mathrm{k}$

8. 势能

重力做的功 $A=-\int_{z_1}^{z_2}mg\,\mathrm{d}z=-(mgz_2-mgz_1)$

万有引力做的功 $A=-\left((-G\frac{Mm}{r_2})-(-G\frac{Mm}{r_1})\right)$

弹性力做的功 $A=\int\mathrm{d}A=-k\int_{x_1}^{x_2}x\mathrm{d}x=-\left(\frac{1}{2}kx_2^2-\frac{1}{2}kx_1^2\right)$

做功仅由质点的始末位置决定,而与质点运动的具体路径无关的力称为保守力。重力、万有引力和弹性力都是保守力。做功不仅与质点的始末位置有关,还与质点运动的路径有关的力称为非保守力。摩擦力是非保守力。

保守力场中的质点由 a 点运动到 b 点的过程中,保守力做的功等于质点的势能增量的负值,即

$$A=\int_a^b\boldsymbol{F}(r)\cdot\mathrm{d}\boldsymbol{r}=E_{\mathrm{p}a}-E_{\mathrm{p}b}=-\Delta E_\mathrm{p}$$

当 $E_{\mathrm{p}b}=0$ 时,即质点在 b 点的势能为零时,质点在 a 点的势能 $E_{\mathrm{p}a}=\int_a^0\boldsymbol{F}(r)\cdot\mathrm{d}\boldsymbol{r}$。

9. 机械能守恒定律

动能为 E_k、势能为 E_p 的质点系的机械能为 $E=E_\mathrm{k}+E_\mathrm{p}$。

如果外界对系统不做功,同时非保守内力也不做功,或者说只有保守内力做功时,系统的动能和势能可以相互转换,但机械能保持不变,这称为机械能守恒定律。

思考题

2.1 怎样使物体匀速运动?匀速上升或下降的物体所受的合外力一定为零吗?自由下落的物体所受的合外力也为零吗?

2.2 人推车时，人作用于车的力和车作用于人的力为一对大小相等、方向相反的作用力和反作用力，为什么车向前进而人却不后退呢？

2.3 某同学用力推教室里的桌子，推了一段时间但没推动，请问这位同学的推力对桌子有没有冲量？如果有，桌子的动量为什么没有改变？

2.4 内力能改变系统的动量吗，为什么？

2.5 内力能改变系统的动能吗，为什么？请举例说明内力做功之和不一定为零。

2.6 什么是势能？“一只挂在树上的苹果的势能是 30 J”这种说法对不对，为什么？

2.7 在公共汽车上，遇到紧急刹车时，为什么乘客都会往前倾？

2.8 人坐在椅子上推椅子时怎么也推不动，但是坐在轮椅上，却能让轮椅前进，为什么？请说明原理。

2.9 人从大船上能很容易跳上岸，而从小舟上则不容易跳上岸，这是为什么？

2.10 有人说喷气式飞机和火箭都不能在真空飞行，因为那里没有空气为它们提供反冲力，这种说法对不对，为什么？

2.11 河流转弯处的堤坝要比平直部分修得更坚固，为什么？

2.12 用锤子压钉子，很难把钉子压入墙内。但如果用锤子敲击钉子，则很容易把钉子钉入墙内，为什么？

习　题

一、简答题

2.1 简述牛顿第一定律，说明惯性的概念。

2.2 简述牛顿第三定律，并例举三组作用力和反作用力。

2.3 牛顿运动定律的适用范围是什么？

2.4 什么是内力，什么是外力？如何理解内力对质点系总动量的贡献，内力对质点系的各质点和整个质点系的运动是否有影响，如何理解？

2.5 动量守恒的条件是什么？为什么在冲击、碰撞等过程中可以近似应用动量守恒定律？

2.6 什么是平均冲力，平均冲力怎么计算？

2.7 什么是保守力？请举例说明。

2.8 保守力做功具有什么特征？我们常见的力如万有引力、重力、弹性力和摩擦力，哪些是保守力，哪些不是保守力？

2.9 机械能守恒的条件是什么？请你举出两个机械能守恒的例子。

二、计算题

2.1 如计算题 2.1 图所示，水平桌面上放一质量为 M 的三角形楔块，楔块斜面光滑、倾角为 α，楔块与桌面间的滑动摩擦系数为 μ。楔块上放一质量为 m 的物体。今以水平力 $\boldsymbol{F}$ 推楔块，使物体在斜面上无相对滑动随楔块一起运动，试求：施与楔块的水平推力 $\boldsymbol{F}$ 应为多大？物体对楔块的压力有多大？

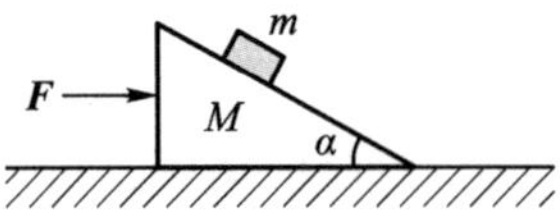

计算题 2.1 图

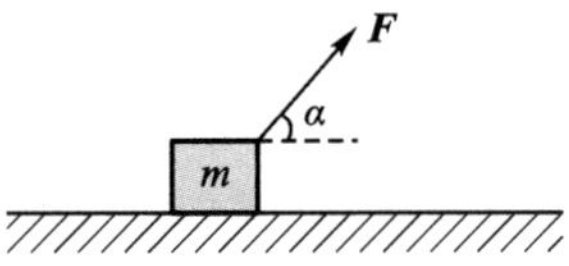

计算题 2.2 图

2.2 如计算题 2.2 图所示,用力 $\boldsymbol{F}$ 拉一质量为 $m=5$ kg 的物体,使其在水平面上运动,已知物体与水平面间的滑动摩擦系数为 $\mu=0.4$,则为使物体匀速直线运动,试求:

(1)所需要的拉力 F;

(2)当 α 为何值时,所需要的力最小,并计算最小值 $F_{\min}$。

2.3 一机枪手以 180 N 的平均力顶住机枪,每粒机枪子弹的质量为 50 g,发射速率为 1000 m/s,则该机枪手每分钟发射子弹的粒数为多少?

2.4 质量为 1 kg 的质点在力 F 的作用下,沿 x 方向做直线运动,其运动学方程为 $x=2t^2+3$(SI),试求:

(1)在 1 s 到 2 s 时间内,力 F 对质点的冲量;

(2)在 1 s 到 2 s 时间内,力 F 对质点所做的功。

2.5 一劲度系数为 k 的轻质弹簧,右端固定,左端系一质量为 M 的木块,静置在光滑水平面上,如计算题 2.5 图所示。当质量为 m 的子弹射入木块后,将弹簧压缩了 L 距离。

(1)求子弹在入射前的速度;

(2)若子弹射入木块的深度为 s,求子弹所受的平均阻力。

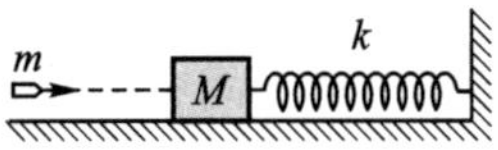

计算题 2.5 图

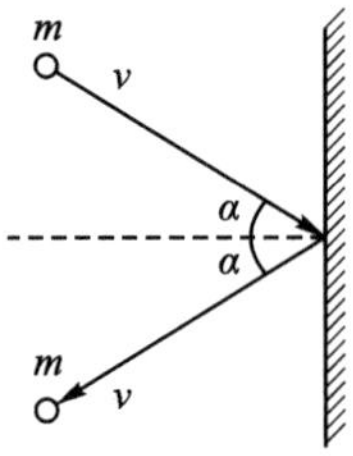

计算题 2.6 图

2.6 质量为 m、速率为 v 的小球,以入射角 α 斜向与墙壁相碰,又以原速率沿反射角 α 方向从墙壁弹回,如计算题 2.6 图所示。设碰撞时间为 Δt,求墙壁受到的平均冲力。

2.7 一电动车的功率为 1.5×10^5 W,在此功率下,3 min 内电动车的速率由 10 m/s 加速到 20 m/s,若忽略摩擦力,试求电动车在 3 min 内所做的功及电动车的质量。

2.8 质量 $m=1$ kg 的质点,以速度 $\boldsymbol{v}=-3\cos\omega t\boldsymbol{i}+3\sin\omega t\boldsymbol{j}$ (SI)运动,式中 $\omega=\frac{\pi}{2}$ rad/s ,试求:

(1)在 0~4 s 时间内,质点动量的增量;

(2)在 1 s~2 s 时间内,质点所受合力的冲量。

2.9 质量为 m 的物体做初速为 v_0、仰角为 θ 的斜抛运动。忽略空气阻力,试求从抛出点到最高点的过程中,物体所受合外力的冲量。

2.10 质量 $M=180$ kg 的小车上,站着一质量 $m=60$ kg 的人,开始时人与车一起以速率 $v_0=1$ m/s 向东行驶,试求当人相对车以速率 $u=5$ m/s 向西走动时,小车相对地的速率。

2.11 某质点在变力 $\boldsymbol{F}=(4+5x)\boldsymbol{i}$ (N)的作用下沿 x 轴做直线运动,试求在质点从 $x=0$

移动到 $x=10$ m 的过程中力 $\boldsymbol{F}$ 所做的功。

2.12　质量为 $m=1$ kg 的物体，在变力 $F=2t+1$(SI)的作用下从静止开始做直线运动。试求：

(1)从 $t=1$ s 到 $t=2$ s 这段时间内力 F 对物体做的功；

(2)从 $t=1$ s 到 $t=2$ s 这段时间内力 F 对物体的冲量。

2.13　如计算题 2.13 图所示，劲度系数为 k 的轻弹簧水平放置，一端固定，另一端接一质量为 m 的物体，物体与水平面间的摩擦系数为 μ，现以恒力 $\boldsymbol{F}$ 将物体自平衡位置开始向右拉动，试求系统的最大势能。

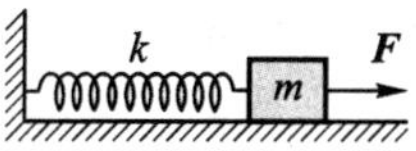

计算题 2.13 图

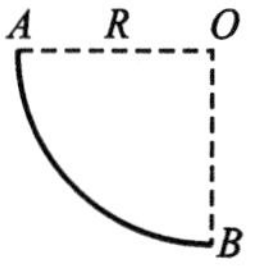

计算题 2.14 图

计算题 2.15 图

2.14　如计算题 2.14 图所示，AB 为在竖直平面内的四分之一圆弧形轨道，其半径为 $R=1$ m。质量 $m=2$ kg 的小球，自静止开始从 A 点沿轨道下滑，到达 B 点时，速率 $v=4$ m/s，试求小球克服轨道摩擦阻力做的功。

2.15　如计算题 2.15 图所示，质量 $m=0.1$ kg 的木块，在一个水平面上和一个劲度系数 $k=20$ N/m 的轻弹簧碰撞，木块将弹簧由原长压缩了 $x=0.4$ m。假设木块与水平面间的滑动摩擦系数 μ_k 为 0.25，问在将要发生碰撞时木块的速率 v 为多少？

2.16　一炮弹发射后在其运行轨道上的最高点 $h=19.6$ m 处炸裂成质量相等的两块。其中一块在爆炸后 1 s 落到爆炸点正下方的地面上。设此处与发射点的距离 $S_1=1000$ m，问另一块落地点与发射地点间的距离是多少？(空气阻力不计，$g=9.8\ \text{m/s}^2$)

2.17　在离地面高 12 m 处，一人以 12 m/s 的速率抛出一质量为 2 kg 的物体。物体落地时的速率为 19 m/s，试求：

(1)人在抛出物体的过程中，对物体所做的功；

(2)物体在飞行过程中克服阻力所做的功。

三、应用题

2.1　气垫鞋的原理是什么，为什么打篮球的同学喜欢气垫鞋？

2.2　某同学在网上购买了一部手机，收到快递时，手机盒包裹在一堆泡沫纸里，请用所学知识说明这些泡沫纸的作用，并说明原理。日常生活中，为了防止手机摔坏，可以采取哪些措施？试设计一个简易防摔装置，画出示意图并简要说明原理。

2.3　2022 年 4 月 16 日 9 时 56 分，神舟十三号载人飞船在东风着陆场成功着陆，“出差三人组”带着 6 个月里的“太空记忆”顺利回家，凯旋归来！我们注意到在距地面 10 km 左右的高度，返回舱将依次打开引导伞、减速伞和主伞，并抛掉防热大底。在距地面 1 m 左右时，启动反推发动机，下降速度降到 2 m/s 左右，最终使返回舱安全着陆。请运用所学物理学知识和原理分析这一过程。另外你觉得还可采取什么措施确保航天员的安全。

2.4　你挑战过蹦极这种刺激的极限运动吗？请应用所学物理学知识来分析蹦极的过程中涉及的能量及各种能量的转换，并说明原理。

第3章 刚 体

前面两章，我们研究了质点的运动规律。通常一个物体可以看作由很多个质点构成质点系，一般来说，在外力的作用下，物体的形状和大小会发生变化。本章我们引入另外一个力学模型——**刚体**。

刚体的运动相比质点运动复杂得多，刚体的任何复杂运动都可以看成是平动和转动两种基本运动的合成。研究平动和转动是研究刚体运动的基础。本章主要讨论刚体的定轴转动，内容包括刚体运动学和刚体动力学。

本章的每一个定义、定理和定律，都与质点力学的内容是相对应的，在学习时，应该注意使用类比的方法，联想记忆。

预习提要：

1. 理解什么是刚体?
2. 回顾描述质点运动的物理量及其相互关系。
3. 什么是转动惯量? 请简述几种特殊形状刚体转动惯量计算方法。
4. 复习力矩概念，理解定轴转动定律。
5. 理解角动量，能计算质点运动动量，理解刚体角动量。
6. 理解冲量矩、角动量定理。
7. 理解角动量守恒定律及其应用。
8. 掌握刚体转动动能的表达方式和刚体绕定轴转动动能定理。

3.1　刚体的定轴转动

3.1.1　刚体

质点模型突出了物体具有质量和占有空间位置，忽略了物体的形状和大小，因而无需考虑其形变以及是否发生转动等问题。实际物体都有一定的形状和大小，并且在外力的作用下，物体的形状和大小会发生变化；或者物体上各点的运动情况不一样，其形状和大小不能忽略。当不考虑物体在外力的作用下引起的形变，而只考虑物体的形状和大小时，就可以引入刚体模型。

想一想：

(1)什么样的物体可以看作刚体？

(2)你身边有可以看作刚体的物体吗？

在外力作用下形状和大小保持不变的物体称为刚体。

刚体是一个理想化的模型，它是指各部分的相对位置在运动中(无论有无外力作用)均保持不变的物体，即运动过程中没有形变的物体。

刚体可以看成是无数质点组成的质点系，在这个质点系中，质点之间的相对位置保持不变，即刚体可以看成一个包含大量质点，而各个质点间距离保持不变的质点系。

从质点和质点系的运动规律出发来研究刚体的运动规律。把刚体看成是无数质点组成的质点系，先讨论每个质点的运动规律，然后把构成刚体的全部质点的运动加以综合，就可以得到刚体的运动规律。

3.1.2　刚体的平动和转动

刚体的运动可分为平动和转动(转动又可分为定轴转动和非定轴转动)，其他较复杂的运动可以看成是这两种基本运动的叠加，或一种转动与另外一种转动的叠加。

1. 平动

当刚体中所有点的运动轨迹都保持完全相同时，或者说刚体内任意两点间的连线总是平行于它们的初始位置间的连线时，刚体的运动叫作平动。

刚体上任一给定直线(或任意二质点间的连线)在运动中空间方向始终不变且保持平行，如图 3.1(a)所示。

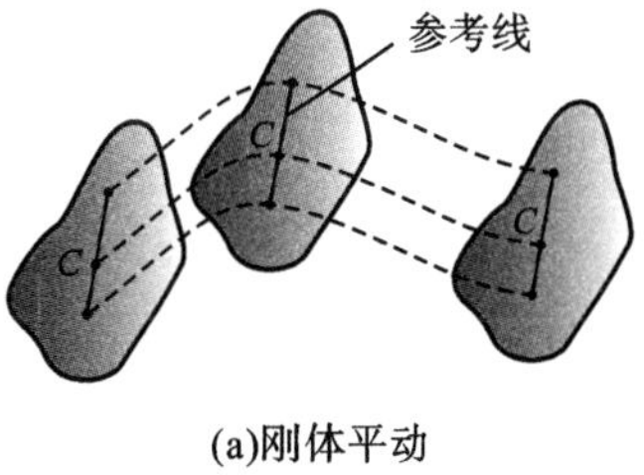

(a)刚体平动

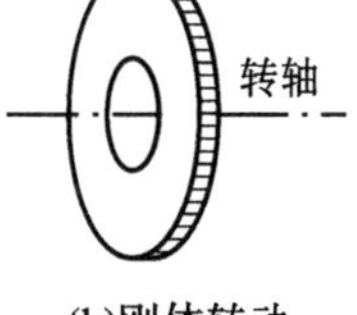

(b)刚体转动

图 3.1　刚体平动和转动

对于刚体的平动，由于各个质点在同一时间内的位移都相同，同一时刻的速度和加速度也是相等的，因而刚体的平动情况可以用一个点(通常用质心)的运动来代表，即刚体可以视为质点，这个质点的质量等于刚体的质量。

2. 转动

刚体中所有的点都绕同一条直线做圆周运动，这种运动称为**转动**，这条直线叫作**转轴**，如图 3.1(b)所示。转轴一般可以分为如下两种：

瞬时转轴：转轴的位置或方向随时间变化——一般转动。

固定转轴：转轴的位置或方向不随时间变化——刚体的定轴转动。

3. 刚体的一般运动

刚体的一般运动可以看作是平动和转动的叠加。

如图 3.2 所示，汽车轮子的运动的过程是相对复杂的，可以看作是转轴在平动，轮胎上各质点绕转轴转动。

本章主要讨论刚体的定轴转动，定轴转动转轴是固定的，转轴相对参考系静止。刚体上各质点都做**圆周运动**；各质点圆周运动的平面垂直于轴线，圆心在轴线上；**各质点的矢径在相同的时间内转过的角度相同。**

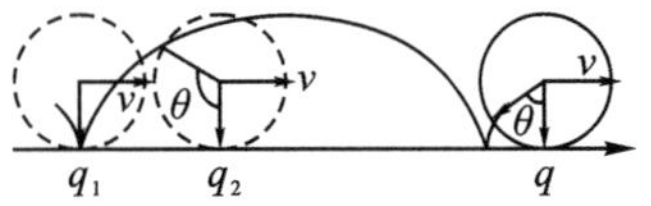

(a) 刚体运动的一般形式

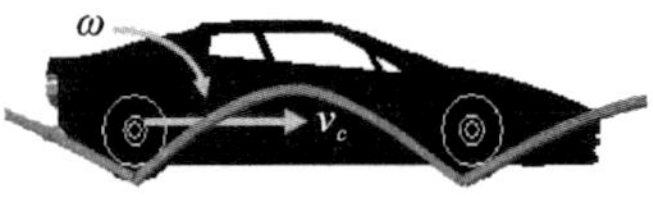

(b)汽车轮胎运动

图 3.2　刚体平动和转动的合成运动

3.1.3　描述刚体转动的物理量

在刚体内选取一个垂直于转轴的平面作为参考平面，如图 3.3 所示，在此平面内取一个坐标系，如图 3.4 所示，并把平面与转轴的交点作为坐标系的原点。这样刚体的任一质点就可用坐标系中的一个位置矢量 $\boldsymbol{r}$ 来表示。

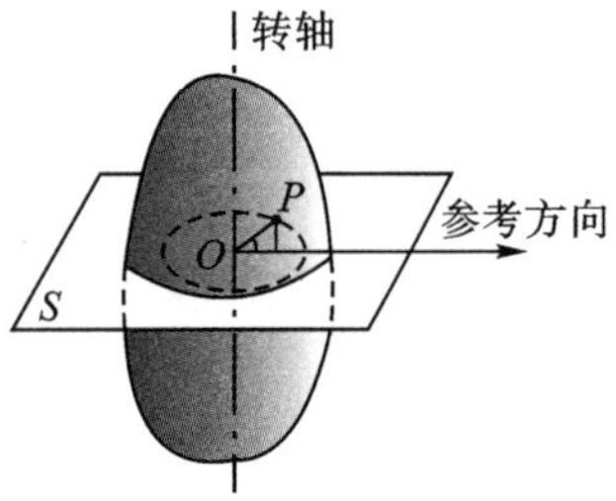

图 3.3　刚体定轴转动参考平面选择

刚体做定轴转动时，刚体上的各点都绕定轴做圆周运动。刚体上各点的速度和加速度都是不同的，用线量描述不太方便。但是由于刚体上各个质点之间的相对位置不变，因而绕定轴转动的刚体上所有点在同一时间内都具有相同的角位移，在同一时刻都具有相同的角速度和角加速度，故采用角量描述比较方便。

1. 角位置、角坐标、角位移

(1)角位置 θ：位矢与 Ox 轴的夹角。

(2)角位移 $\mathrm{d}\theta$：$\mathrm{d}t$ 时间内角位置的增量。定轴转动只有两个转动方向，对 $\mathrm{d}\theta$ 规定：位矢从 Ox 轴逆时针方向转动时角位移为正，反之为负。

国际单位制中角位置和角位移单位为弧度(rad)。

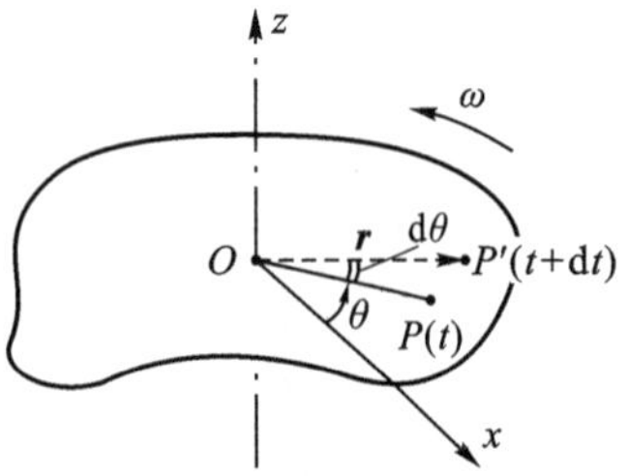

图 3.4　刚体定轴转动坐标系建立

2. 角速度和角加速度

(1)角速度。

一般情况下，角速度用矢量 $\boldsymbol{\omega}$ 表示，

$$\boldsymbol{\omega}=\frac{\mathrm{d}\boldsymbol{\theta}}{\mathrm{d}t} \tag{3.1}$$

大小：
$$\omega=\frac{\mathrm{d}\theta}{\mathrm{d}t} \tag{3.2}$$
其方向与刚体的转动方向满足右手螺旋关系。

刚体中质元的速度：
$$\boldsymbol{v}=\boldsymbol{\omega}\times\boldsymbol{r}$$
(2)角加速度矢量。
$$\boldsymbol{\alpha}=\frac{\mathrm{d}\boldsymbol{\omega}}{\mathrm{d}t}=\frac{\mathrm{d}^2\boldsymbol{\theta}}{\mathrm{d}t^2} \tag{3.3}$$
大小：
$$\alpha=\frac{\mathrm{d}\omega}{\mathrm{d}t}=\frac{\mathrm{d}^2\theta}{\mathrm{d}t^2} \tag{3.4}$$
方向：$\mathrm{d}\omega>0$ 为加速转动，$\boldsymbol{\alpha}$ 与 $\boldsymbol{\omega}$ 同向；

$\mathrm{d}\omega<0$ 为减速转动，$\boldsymbol{\alpha}$ 与 $\boldsymbol{\omega}$ 反向。

例 3.1　半径 $r=1$ m 的飞轮，绕定轴转动的运动学方程 $\theta=2t^3+4t+5$(SI)，试求：

(1)任意时刻飞轮的角速度和角加速度的大小；

(1)飞轮边缘上任意一点在 $t=2$ s 时加速度的大小。

解　(1)根据式(3.1)任意时刻飞轮转动的角速度为
$$\omega=\frac{\mathrm{d}\theta}{\mathrm{d}t}=\frac{\mathrm{d}(2t^3+4t+5\ )}{\mathrm{d}t}=6\mathrm{t}^2+4\ \text{(SI)}$$
根据式(3.3)，任意时刻飞轮转动的角加速度为
$$\alpha=\frac{\mathrm{d}\omega}{\mathrm{d}t}=\frac{\mathrm{d}(6t^2+4)}{\mathrm{d}t}=12t\ \text{(SI)}$$
飞轮边缘上任意一点在 $t=2$ s 时的法线加速度和切向加速度大小分别为
$$a_{\mathrm{n}}=r\omega=(6t^2+4)=(6\times2^2+4)=784\ \mathrm{m\cdot s^{-2}}$$
$$a_{\tau}=r\alpha=12t=12\times2=24\ \mathrm{m\cdot s^{-2}}$$
角加速度大小为
$$a=\sqrt{a_{\mathrm{n}}^2+a_{\tau}^2}=\sqrt{(784\ \mathrm{m\cdot s^{-2}})^2+(24\ \mathrm{m\cdot s^{-2}})^2}=784.4\ \mathrm{m\cdot s^{-2}}$$

3.2　力矩　转动定律　转动惯量

在上一节中，讨论了刚体定轴转动的运动学问题，本节讨论刚体定轴转动的动力学问题，即研究刚体获得角加速度的原因和刚体定轴转动所遵循的规律。为此首先引入力矩概念。

想一想：

刚体为什么会转动？是因为受到了力矩作用。刚体转动状态改变的规律是什么？

3.2.1　力矩

绕定轴转动的刚体，如果不受外力作用，它将静止不动或以恒定的角速度做匀速转动。外力对刚体转动的影响，不仅与力的大小有关，而且与力的作用点的位置有关，也和力的方向有关。

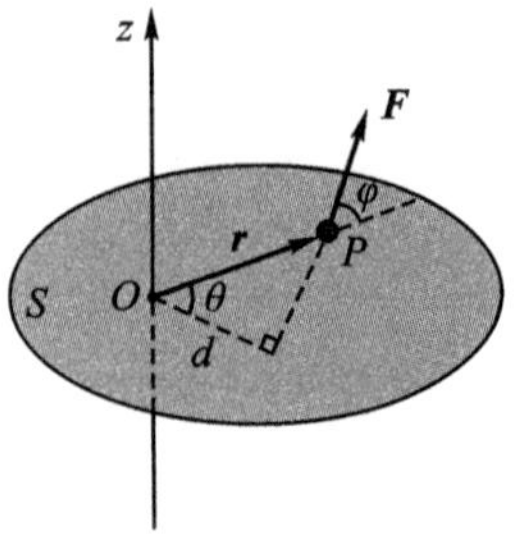

图 3.5　力矩

力通过转轴:转动状态不改变;
力离转轴远:转动状态容易改变;
力离转轴近:转动状态不易改变。
引入力矩这个物理量来描述力对刚体转动的影响。

1. 力对点的力矩

如图 3.5 所示,定义力 $\boldsymbol{F}$ 对 O 点的力矩为

$$\boldsymbol{M}=\boldsymbol{r}\times\boldsymbol{F} \tag{3.5}$$

大小为

$$M=Fr\sin\theta \tag{3.6}$$

力矩的方向:如图 3.6(a)所示,力矩是矢量,其方向可用右手螺旋法则来判断:把右手拇指伸直,其余四指弯曲,弯曲的方向由矢径通过小于180°的角度转向力的方向时,拇指指向的方向就是力矩的方向。

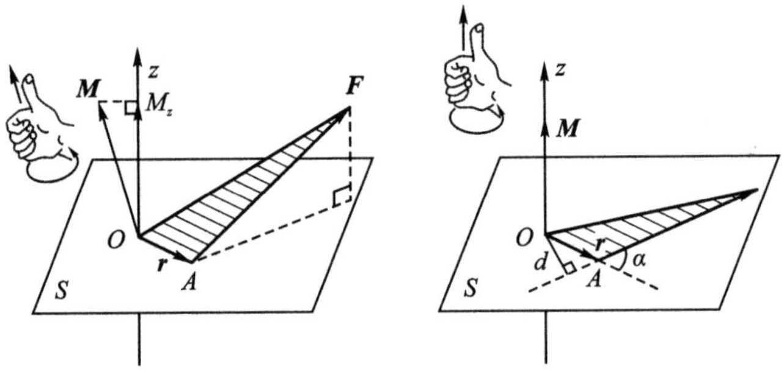

(a)　　(b)

图 3.6　力矩定轴转动和力矩的方向

小贴士:

(1)与转动垂直但通过转轴的力对转动不产生力矩;

(2)与转轴平行的力对转轴不产生力矩;

(3)刚体内各质点间内力对转轴不产生力矩;

(4)对于刚体的定轴转动,不同的力作用于刚体上的不同位置(或不同作用方向)可以产生相同的效果。

2. 力对转轴的力矩

力对 O 点的力矩在通过 O 点的轴上的投影称为力对转轴的力矩,如图 3.6(b)所示。

(1)力与轴平行,则 $\boldsymbol{M}=0$;

(2)刚体所受的外力 $\boldsymbol{M}$ 在垂直于转轴的平面内,转轴和力的作用线之间的距离 d 称为力对转轴的力臂。力的大小与力臂的乘积,称为力 $\boldsymbol{F}$ 对转轴的力矩,用 $\boldsymbol{M}$ 表示。力矩的大小为

$$M=Fd \tag{3.7}$$

或

$$M=Fr\sin\theta \tag{3.8}$$

其中,θ 是 $\boldsymbol{F}$ 与 $\boldsymbol{r}$ 的夹角。

(3)力矩一般是矢量,用 $\boldsymbol{M}$ 表示,即

$$\boldsymbol{M}=\boldsymbol{r}\times\boldsymbol{F} \tag{3.9}$$

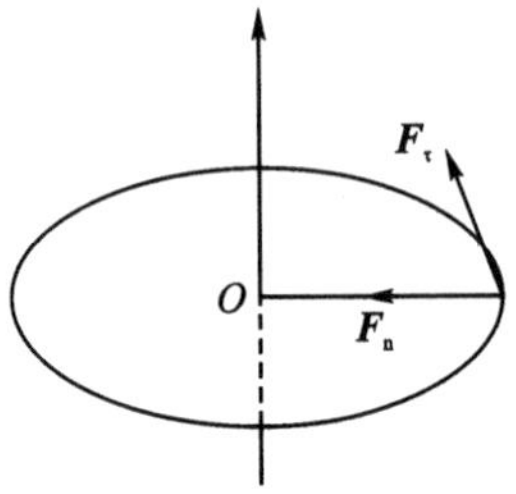

图 3.7　一般情况力矩

如图 3.7 所示,若力 $\boldsymbol{F}$ 不在垂直于转轴的平面内,则可把该力分解为两个力,一个与转轴平行的分力 $\boldsymbol{F}_1$,一个在垂直与

转轴平面内的分力 $\boldsymbol{F}_2$，只有分力 $\boldsymbol{F}_2$ 才对刚体的转动状态有影响。

对于定轴转动，力矩 $\boldsymbol{M}$ 的方向只有两个，沿转轴方向或沿转轴方向反方向，可以化为标量形式，用正负表示其方向。

3. 合力矩

如果多个力作用在物体上，合力为

$$\boldsymbol{F} = \sum \boldsymbol{F}_i$$

合力矩为

$$\boldsymbol{M} = \boldsymbol{r} \times \boldsymbol{F} = \boldsymbol{r} \times \sum \boldsymbol{F}_i = \sum \boldsymbol{r} \times \boldsymbol{F}_i = \sum \boldsymbol{M}_i$$

即

$$\boldsymbol{M} = \sum \boldsymbol{M}_i \qquad (3.10)$$

上式表明，作用在物体上的合力的力矩等于各个分力的力矩的和。

国际单位制中力矩单位为牛顿米(N · m)。

想一想：

力矩的单位和功的单位是一样的吗，可不可以把力矩的单位写成焦耳？

3.2.2 转动定律

在质点运动学中，力的作用致使质点产生加速度，牛顿第二定律给出了质点加速度和所受合力之间的关系。对于一个绕定轴转动的物体，在力矩的作用下物体运动将如何改变，力矩和转动速度、加速度又有什么关系呢？

1. 质点绕定轴转动

一质点绕过 O 点转轴做半径为 r 的圆周运动，选用自然坐标，质点受力分解为法向力和切向力，其受力如图 3.8 所示，根据牛顿第二定律定律有

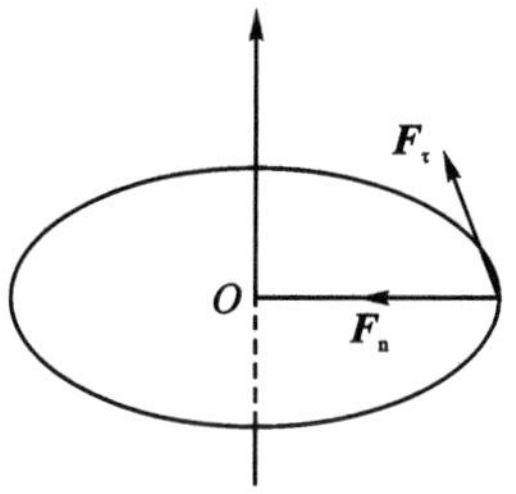

图 3.8 质点所受力矩与角加速度关系

法向力

$$F_n = ma_n$$

通过转轴，力矩为零。

切向力

$$F_\tau = ma_\tau = mr\alpha$$

对转轴的力矩为

$$M = F_\tau r = mr^2\alpha$$

合力矩为

$$M = mr^2\alpha \qquad (3.11)$$

即质点转定轴转动的角加速度与质点所受的合力矩成正比。

2. 内力生存的合力矩

为了讨论刚体定轴转动情况，先讨论内力矩的效果。

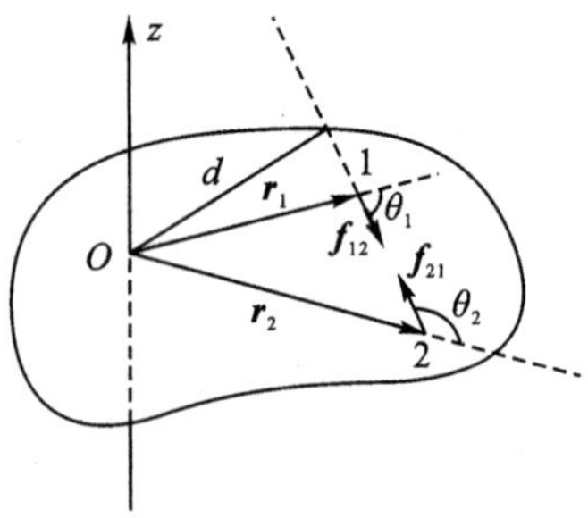

图 3.9 内力矩与角加速度关系

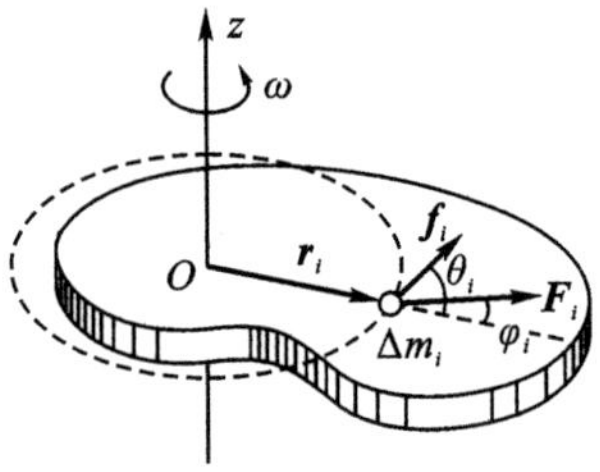

图 3.10 刚体力矩与角加速度关系

刚体内任意两点之间的相互作用力如图 3.9 所示,内力大小相等、方向相反,在同一条直线上。两力的力臂相等,因而两力的力矩相等、方向相反。故两个内力的和力矩为零。

刚体内每个质点都会有相应的作用力和反作用力,因此可以推广刚体的内力矩之和为零。

3. 刚体的情况

把刚体看成是由许多质点所组成的,如图 3.10 所示,对于质点 i,假设它的质量为 Δm_i,所受的外力为 $\boldsymbol{F}_i$,内力为 $\boldsymbol{F}_i$,则由质点情况的讨论可知

$$M_i = \Delta m_i r_i^2 \alpha$$

其中,M_i 为质点 i 外力矩和内力矩之和,α 为角加速度。

对刚体的所有质点来说,都有同样的结论。把这些式子相加,得

$$\sum M_i = \sum \Delta m_i r_i^2 \alpha$$

上式左边的合力矩等于外力矩之和与内力矩之和相加。

根据式(3.10)的讨论可知合力矩就等于外力矩之和。

把合外力矩记作 M,则

$$M = \sum \Delta m_i r_i^2 \alpha = \left(\sum \Delta m_i r_i^2\right)\alpha$$

定义 $J = \sum \Delta m_i r_i^2$ 为转动惯量,则得

$$M = J\alpha \tag{3.12}$$

写成矢量形式

$$\boldsymbol{M} = J\boldsymbol{\alpha} \tag{3.13}$$

在合外力矩的作用下,刚体所获得的角加速度与它所受的合外力矩成正比,与刚体的转动惯量成反比。这个规律称作刚体转定轴转动时的转动定律,简称转动定律。

说明:

(1)合外力矩和转动惯量都是相对于同一转轴而言的。

(2)转动定律是刚体定轴转动遵循的基本定律,它的地位与质点动力学中牛顿第二定律相当。

(3)转动定律中力矩和角加速度之间是瞬时性关系。

(4)对于刚体做定轴转动的情况,可以使用双向标量来处理。

3.2.3 转动惯量

对比牛顿第二定律和转动定律,可得如下讨论。

质点运动:质量 m,力 $\boldsymbol{F}$,加速度 $\boldsymbol{a}$,牛顿第二定律

$$\boldsymbol{F} = m\boldsymbol{a}$$

刚体转动：转动惯量 J，力矩 $\boldsymbol{M}$，角加速度 $\boldsymbol{\alpha}$，转动定律

$$\boldsymbol{M}=J\boldsymbol{\alpha}$$

可以看到它们形式极为相似，外力矩 $\boldsymbol{M}$ 和合外力 $\boldsymbol{F}$ 相对应，角加速度 $\boldsymbol{\alpha}$ 和加速度 $\boldsymbol{a}$ 相对应，转动惯量 J 和与质量 m 相对应。对于质点，质量是表示其惯性大小的物理量。对于刚体，当合外力矩相同时，转动惯量大，角加速度小；转动惯量小，角加速度大。故转动惯量是反映刚体转动惯性大小的物理量。

由以上分析可知刚体的转动惯量等于刚体上各质点的质量与各质点到转轴距离平方的乘积之和。

转动惯量与刚体的形状、质量分布以及转轴的位置有关，也就是说，它只与绕定轴转动的刚体本身的性质和转轴的位置有关。

说明：

（1）转动惯量是标量。

（2）转动惯量有可加性，当一个刚体由几部分组成时，可以分别计算各个部分对转轴的转动惯量，然后把结果相加就可以得到整个刚体的转动惯量。

（3）国际单位制中转动惯量的单位是千克二次方米（$\mathrm{kg\cdot m^2}$）。

对于转动惯量的计算，可以按照由点到线，然后到面，最后到体的思路分析。

多个不连续质点组成的离散分布质点系，对于其中某质点 i，假设它的质量为 Δm_i，相对转轴距离为 r_i，转动惯量就等于各个质点质量与各质点到转轴距离二次方的乘积之和，即

$$J=\sum\Delta m_i r_i^2 \tag{3.14}$$

刚体上的质点一般都是连续分布的，则其转动惯量可以用积分的形式计算，即

$$J=\int r^2\,\mathrm{d}m \tag{3.15}$$

必须指出只有几何形状简单、质量连续分布的刚体才能用积分的方法计算它们的转动惯量。式(3.15)中 $\mathrm{d}m$ 称作质量元，在实际计算中，不同形状的质量元选取也有差别，即

线分布刚体　　$\mathrm{d}m=\lambda\mathrm{d}l$

其中，λ 为线密度，即单位长度的质量；$\mathrm{d}l$ 为长度(线)元。

面分布刚体　　$\mathrm{d}m=\sigma\mathrm{d}s$

其中，σ 为面密度，即单位面积的质量；$\mathrm{d}s$ 为面积元。

体分布刚体　　$\mathrm{d}m=\rho\mathrm{d}V$

其中，ρ 为体密度，即单位体积的质量；$\mathrm{d}V$ 为体积元。

> **小贴士：**
>
> （1）如果刚体上的质点是连续规则分布的，则其转动惯量可以用积分进行计算，即 $J=\int r^2\,\mathrm{d}m$；
>
> （2）几何形状不规则刚体的转动惯量，由实验测定；
>
> （3）回转半径 $r_G=\sqrt{\frac{J}{m}}$，m 为刚体的总质量。

例 3.2　一个质量为 m、长为 l 的均匀细棒，如图 3.11 所示。求通过棒中心或端点并与棒垂直的轴的转动惯量。

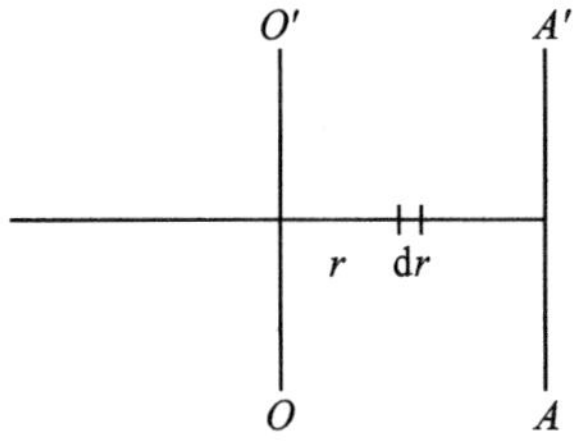

图 3.11　例 3.2 图

解　设细棒的线密度为 λ，OO' 为过细棒中心且垂直于细棒的转轴，AA' 为过细棒一端且垂直于细棒的转轴，如图 3.11 所示，取一距离转轴为 r 处的质量元

$$\mathrm{d}m=\lambda\mathrm{d}r$$

则此质量元的转动惯量为

$$\mathrm{d}J=r^2\mathrm{d}m=\lambda r^2\mathrm{d}r$$

对于 OO' 轴，积分得

$$J=\int_{-\frac{l}{2}}^{\frac{l}{2}}\lambda r^2\mathrm{d}r=\frac{1}{12}\lambda l^3=\frac{1}{12}ml^2$$

对于 AA' 轴，积分得

$$J=\int_0^l\lambda r^2\mathrm{d}r=\frac{1}{3}\lambda l^3=\frac{1}{3}ml^2$$

两者之差为

$$\frac{1}{3}ml^2-\frac{1}{12}ml^2=\frac{1}{4}ml^2$$

可以看出对于同一个刚体，相对不同转轴其转动惯量不同。

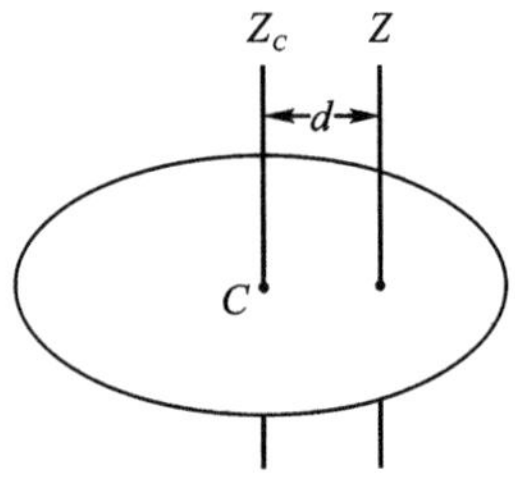

图 3.12　平行轴定理

根据刚体转动惯量定义，还可以得到关于转动惯量的其他定理，在实际工作中为转动惯量的计算或应用带来一些方便，这里只给出定理，不作详细讨论。

平行轴定理(parallel axis theorem)　如图 3.12 所示，设通过刚体质心的轴线为 Z_C，刚体相对于这个轴线的转动惯量为 J_C；如果有另一轴线 Z 与通过质心的轴线 Z_C 平行，则刚体对 Z 轴线的转动惯量为

$$J=J_C+md^2 \tag{3.16}$$

式中，m 为刚体的质量，d 为两平行轴之间的距离。

说明：

(1)通过质心的轴线的转动惯量最小；

(2)平行轴定理可以用来计算转动惯量。

垂直(正交)轴定理　对于薄板刚体，若建立坐标系 $O-xyz$，其中 z 轴与薄板垂直，$O-xy$ 平面在薄板内，则薄板刚体对 z 轴的转动惯量等于其对 x 轴的转动惯量和对 y 轴的转动惯量之和，即

$$J_z=J_x+J_y \tag{3.17}$$

称作垂直(正交)轴定理。

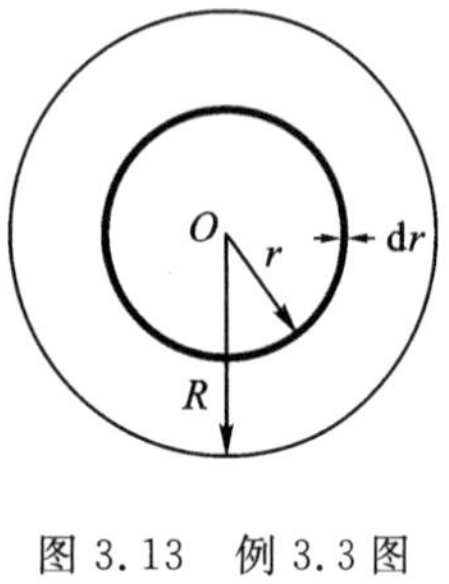

图 3.13　例 3.3 图

例 3.3　一个质量为 m、半径为 R 的均匀圆盘，如图 3.13 所示，求通过圆盘中心并与圆盘垂直的轴的转动惯量。

解　设圆盘的线密度为 σ，如图 3.13 所示，在圆盘上取一

半径为 r 宽为 dr 的圆环，此圆环的质量为

$$dm = 2\pi\, r dr \cdot \sigma$$

此圆环的转动惯量为

$$dJ = r^2 dm = r^2 \cdot 2\pi r\sigma dr = 2\pi r^3 \sigma dr$$

积分得

$$J = \int_0^R 2\pi r^3 \sigma dr = \frac{1}{4} 2\pi R^4 \sigma = \frac{1}{2} mR^2$$

对于几何形状简单对称且密度分布均匀的物体，可以通过式(3.15)，结合平行轴定理式(3.16)和垂直轴定理式(3.17)计算其转动惯量。图 3.14 给出了几种刚体的转动惯量计算公式。

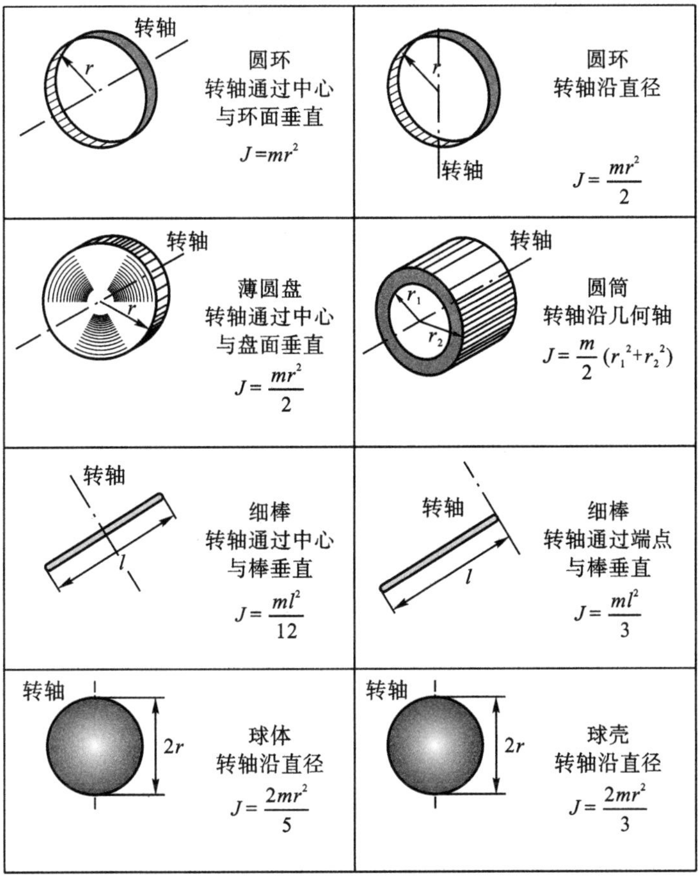

图 3.14　几种常见物体的转动惯量

小贴士：

影响刚体转动惯量的因素：

(1) 刚体的总质量：形状、大小和转轴都相同的匀质刚体，总质量越大，则转动惯量越大；

(2)刚体的质量分布：形状、大小和转轴都相同的刚体，质量分布在离轴越远的地方，转动惯量越大；

(3) 转轴位置：同一刚体，对不同位置的转轴，其转动惯量是不同的。

3.2.4　转动定律的应用

使用转动定律求解的题目类型有：已知转动惯量和力矩，求角加速度；已知转动惯量和角加速度，求力矩；已知力矩和角加速度，求转动惯量。

解题指导：

转动定律应用解题步骤：

(1)确定研究对象；

(2)隔离体受力分析；

(3)选择参考系与坐标系；

(4)根据转动定律列运动方程；

(5)解方程；

(6)必要时进行讨论。

应用转动定律解题时,应该注意:

(1)转动定律中的力矩和转动惯量必须是对同一转轴而言的;

(2)首先要确定转轴的正方向,以便确定已知力矩或角加速度、角速度的正负;

(3)系统中既有转动物体又有平动物体时,对转动物体按转动定律建立方程,对平动物体按牛顿运动定律建立方程。

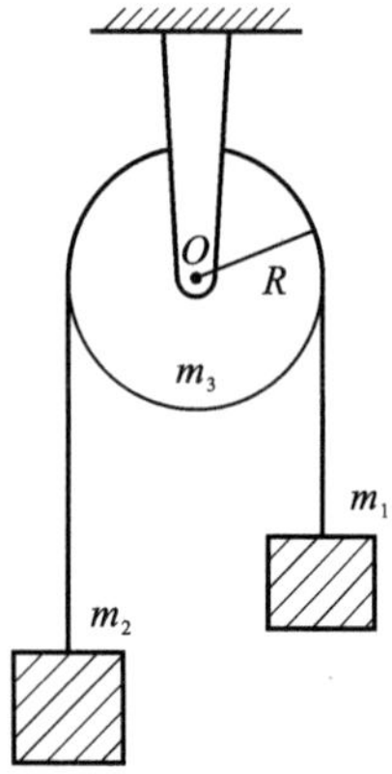

图 3.15　例 3.4 图 1

例 3.4　如图 3.15 所示,一根轻绳跨过定滑轮,其两端分别悬挂着质量为 m_1 和 m_2 的物体,且 $m_2>m_1$。滑轮半径为 R,质量为 m_3(可视为匀质圆盘),绳不能伸长,绳与滑轮间也无相对滑动。忽略轴处摩擦,试求物体的加速度和绳子的张力。

解　由题意可知,m_1 和 m_2 做平动,m_3 做转动。将 m_1、m_2 和 m_3 隔离,做受力分析如图 3.16 所示。由于滑轮的质量不能忽略,所以绳子两边的张力不等,但是有

$$T_1=T_1',T_2=T_2'$$

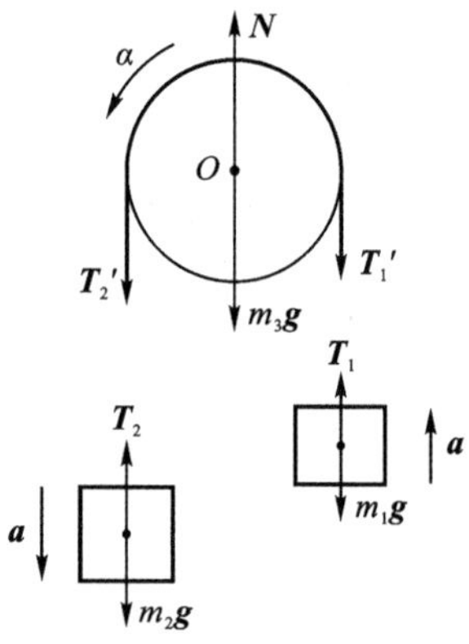

图 3.16　例 3.4 图 2

因为绳子不能伸长,所以 m_1 和 m_2 的加速度大小相同。根据牛顿第二定律,并以各自的正方向为正方向,有

$$T_1-m_1g=m_1a,m_2g-T_2=m_2a$$

对于 m_3 来说,取逆时针为转动正方向。由于重力和轴承支持力对轴无力矩作用,根据转动定律有

$$T_2'R-T_1'R=J\alpha$$

其中转动惯量为 $J=\frac{1}{2}m_3R^2$。

因为绳与滑轮之间无相对滑动,故有

$$a=R\alpha$$

求解上述方程,可得

$$a=\frac{(m_2-m_1)g}{m_1+m_2+\frac{1}{2}m_3}$$

$$T_1=\frac{m_1\left(2m_2+\frac{1}{2}m_3\right)g}{m_1+m_2+\frac{1}{2}m_3}$$

$$T_2=\frac{m_2\left(2m_1+\frac{1}{2}m_3\right)g}{m_1+m_2+\frac{1}{2}m_3}$$

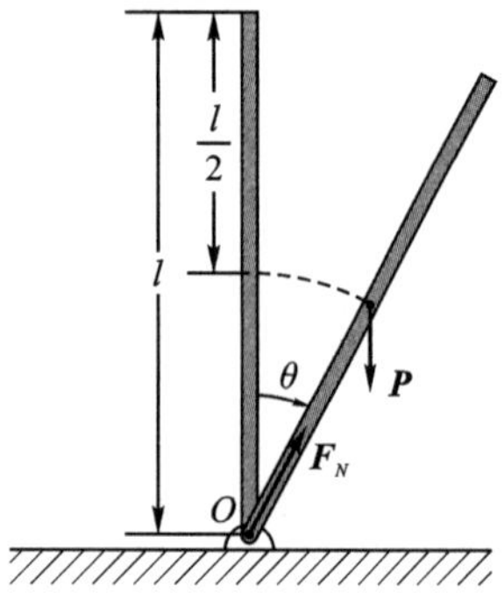

图 3.17　例 3.5 图

例 3.5　如图 3.17 所示,一长为 l、质量为 m 的匀质细杆竖直放置,其下端与一固定铰链相连,细杆可以绕其转动。由于此竖直放置的细杆处于非稳定状态,细杆受到微小扰动时,它在重力的作用下由静止开始绕铰链转动。试计算细杆转到

与竖直线成 θ 角时的角速度与角加速度。

解 细杆受到重力 mg 和铰链对细杆的约束力 N，由于细杆是匀质的，所以重力作用在细杆的重心处。以铰链为转轴，当细杆转到与竖直线成 θ 角时，重力的力矩为 $\frac{mgl\sin\theta}{2}$，而约束力通过转轴，力矩为零。根据转动定律，得

$$\frac{1}{2}mgl\sin\theta=J\alpha$$

其中细杆对通过一端转轴的转动惯量为

$$J=\frac{1}{3}ml^2$$

因而细杆转到与竖直线成 θ 角时的角加速度为

$$\alpha=\frac{3g}{2l}\sin\theta$$

由角加速度的定义式

$$\frac{\mathrm{d}\omega}{\mathrm{d}t}=\frac{3g}{2l}\sin\theta$$

作变换

$$\frac{\mathrm{d}\omega}{\mathrm{d}t}=\frac{\mathrm{d}\omega}{\mathrm{d}\theta}\frac{\mathrm{d}\theta}{\mathrm{d}t}=\omega\frac{\mathrm{d}\omega}{\mathrm{d}\theta}$$

所以

$$\omega\mathrm{d}\omega=\frac{3g}{2l}\sin\theta\mathrm{d}\theta$$

积分

$$\int_0^\omega\omega\mathrm{d}\omega=\int_0^\theta\frac{3g}{2l}\sin\theta\mathrm{d}\theta$$

化简得，细杆转到与竖直线成 θ 角时的加速度为

$$\omega=\sqrt{\frac{3g}{l}(1-\cos\theta)}$$

例 3.6 如图 3.18 所示，匀质圆盘的质量为 m，半径为 R，在水平桌面上绕其中心旋转。设圆盘与桌面之间的摩擦系数为 μ，求圆盘从以角速度 ω_0 旋转到静止需要多少时间？

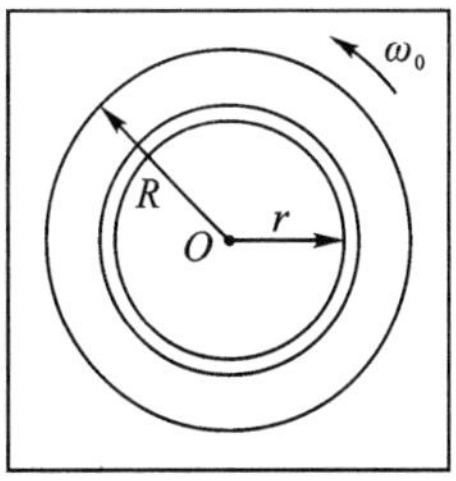

图 3.18 例 3.6 图

解 以圆盘为研究对象，它受重力、桌面的支持力和摩擦力，前两个力对中心轴的力矩为零。

在圆盘上任取一个细圆环，半径为 r，宽度为 $\mathrm{d}r$，整个圆环所受摩擦力矩等于圆环上各质点所受摩擦力矩之和。由于圆环上各个质点所受摩擦力矩的力臂都相等，力矩的方向都相同，若取 ω_0 的方向为正方向，则整个圆环所受的力矩为

$$\mathrm{d}M=-\mu gr\mathrm{d}m$$

其中 $\mathrm{d}m=\sigma\mathrm{d}S=\frac{m}{\pi R^2}2\pi r\mathrm{d}r=\frac{2mr\mathrm{d}r}{R^2}$ 为圆环的质量，因而有

$$dM=-2\mu mg\frac{r^2}{R^2}dr$$

整个圆盘所受的力矩为

$$M=\int_0^R -2\mu mg\frac{r^2}{R^2}dr=-\frac{2}{3}\mu mgR$$

负号表示力矩与 ω_0 的方向相反,是阻力矩。

根据转动定律,得

$$\alpha=\frac{M}{J}=\frac{-\frac{2}{3}\mu mgR}{\frac{1}{2}mR^2}=-\frac{4\mu g}{3R}$$

角加速度为常量,且与 ω_0 的方向相反,表明圆盘做匀减速转动,因此有

$$\omega=\omega_0+\alpha t$$

当圆盘停止转动时,$\omega=0$,则得

$$t=-\frac{\omega}{\alpha}=\frac{3R\omega_0}{4\mu g}$$

这就是圆盘由 ω_0 到停止转动所需要的时间。

3.3 角动量 角动量守恒定律

在讨论质点运动时,我们用动量来描述机械运动的状态,并讨论了在机械运动过程中所遵循的动量守恒定律。同样,在讨论质点相对于空间某一定点的运动时,我们也可以用角动量来描述质点的运动状态。角动量是一个很重要的概念,在转动问题中,它所起的作用和(线)动量所起的作用相类似。

想一想:

角动量是什么,为什么要引入角动量的概念?

在研究力对质点作用时,考虑力对时间的累积作用引出动量定理,从而得到动量守恒定律;考虑力对空间的累积作用时,引出动能定理,从而得到机械能守恒定律和能量守恒定律。至于力矩对时间的累积作用,可得出角动量定理和角动量守恒定律;而力矩对空间的累积作用,则可得出刚体的转动动能定理,这是下一节的内容。本节主要讨论的是绕定轴转动的刚体的角动量定理和角动量守恒定律,在这之前先讨论质点对给定点的角动量定理和角动量守恒定律。

本节将从力矩对时间的累积作用,引入的角动量的概念,讨论质点和刚体的角动量和角动量守恒定律。

3.3.1 质点的角动量定理和角动量守恒定律

1. 质点的角动量

角动量是描述转动特征的物理量。

如图 3.19 所示，**一质量为 m 的质点，以速度 $\boldsymbol{v}$ 运动，相对于坐标原点 O 的位置矢量为 $\boldsymbol{r}$，定义质点对坐标原点 O 的角动量为该质点的位置矢量与动量的矢量积**，即

$$\boldsymbol{L}=\boldsymbol{r}\times\boldsymbol{p}=\boldsymbol{r}\times m\boldsymbol{v} \tag{3.18}$$

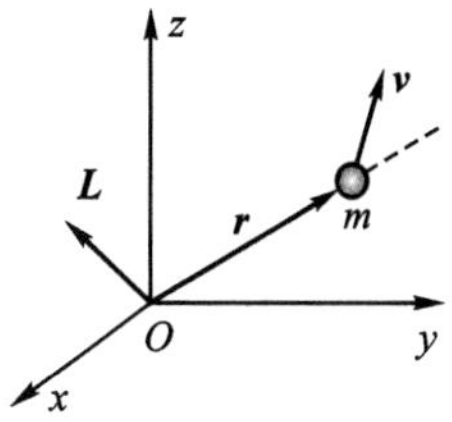

图 3.19　质点的角动量

国际单位制中角动量的单位是千克二次方米每秒（$kg \cdot m^2 \cdot s^{-1}$）。质点的角动量方向如图 3.20 所示。

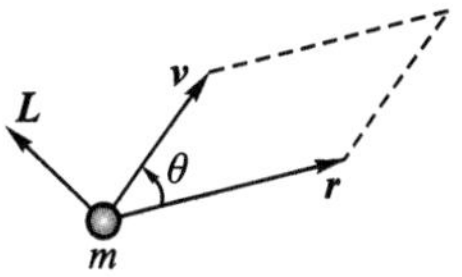

图 3.20　质点的角动量方向

大到天体、小到基本粒子，都具有转动的特征。但从 18 世纪定义角动量，直到 20 世纪人们才开始认识到角动量是自然界最基本最重要的概念之一，它不仅在经典力学中很重要，而且在近代物理中的运用更为广泛。

例如，电子绕核运动，具有轨道角动量，电子本身还有自旋运动，具有自旋角动量等。原子、分子和原子核系统的基本性质之一，是它们的角动量仅具有一定的不连续的量值，这叫作角动量的量子化。因此，在这种系统的性质的描述中，角动量起着主要的作用。

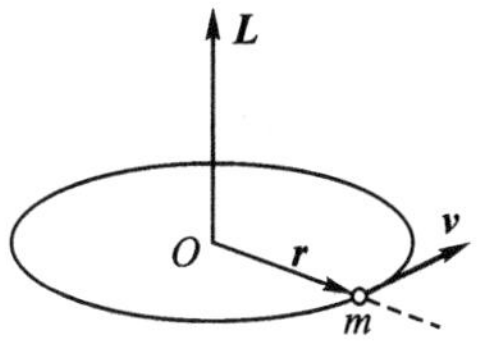

图 3.21　质点的角动量和转轴

如图 3.21 所示，角动量不仅与质点的运动有关，还与参考点有关。对于不同的参考点，同一质点有不同的位置矢量，于是角动量也不相同。因此在说明一个质点的角动量时，必须指明是相对于哪一个参考点而言的。

角动量的定义式

$$\boldsymbol{L}-\boldsymbol{r}\times\boldsymbol{p}-\boldsymbol{r}\times m\boldsymbol{v}$$

力矩的定义式

$$\boldsymbol{M}=\boldsymbol{r}\times\boldsymbol{F} \tag{3.19}$$

两者形式相同，故角动量有时也称为动量矩，即动量对转轴的矩。

若质点做圆周运动，$\boldsymbol{v}\perp\boldsymbol{r}$，且在同一平面内，则角动量的大小为 $L=mrv=mr^2\omega$，写成矢量形式为

$$\boldsymbol{L}=mr^2\boldsymbol{\omega}$$

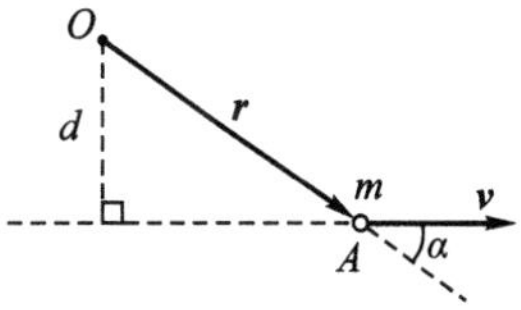

图 3.22　质点做直线运动角动量

如图 3.22 所示，质点做匀速直线运动时，尽管位置矢量 $\boldsymbol{r}$ 变化，但是质点的角动量 $\boldsymbol{L}$ 保持不变。

$$L=rmv\sin\alpha=mvd \tag{3.20}$$

2. 质点的角动量定理

(1)质点的转动定律。

研究质点在力矩的作用下，其角动量如何变化。

设质点的质量为 m，在合力 $\boldsymbol{F}$ 的作用下，运动方程为

$$\boldsymbol{F}=m\boldsymbol{a}=m\frac{d\boldsymbol{v}}{dt}=\frac{d(m\boldsymbol{v})}{dt}$$

用位置矢量 $\boldsymbol{r}$ 叉乘上式，得

> **小贴士：**
>
> 质点转动定律与牛顿第二定律 $\boldsymbol{F}=\frac{d\boldsymbol{p}}{dt}$ 在形式上是相似的，其中 $\boldsymbol{M}$ 对应 $\boldsymbol{F}$，$\boldsymbol{L}$ 对应 $\boldsymbol{p}$，学习的时候注意类比。

$$\boldsymbol{r}\times\boldsymbol{F}=\boldsymbol{r}\times\frac{\mathrm{d}(m\boldsymbol{v})}{\mathrm{d}t}$$

考虑到

$$\frac{\mathrm{d}}{\mathrm{d}t}(\boldsymbol{r}\times m\boldsymbol{v})=\boldsymbol{r}\times\frac{\mathrm{d}}{\mathrm{d}t}(m\boldsymbol{v})+\frac{\mathrm{d}\boldsymbol{r}}{\mathrm{d}t}\times m\boldsymbol{v}$$

和

$$\frac{\mathrm{d}\boldsymbol{r}}{\mathrm{d}t}\times\boldsymbol{v}=\boldsymbol{v}\times\boldsymbol{v}=0$$

得

$$\boldsymbol{r}\times\boldsymbol{F}=\frac{\mathrm{d}}{\mathrm{d}t}(\boldsymbol{r}\times m\boldsymbol{v})$$

由力矩

$$\boldsymbol{M}=\boldsymbol{r}\times\boldsymbol{F}$$

和角动量的定义式

$$\boldsymbol{L}=\frac{\mathrm{d}}{\mathrm{d}t}(\boldsymbol{r}\times m\boldsymbol{v})$$

得

$$\boldsymbol{M}=\frac{\mathrm{d}\boldsymbol{L}}{\mathrm{d}t}\tag{3.21}$$

作用于质点的合力对参考点 O 的力矩，等于质点对该点 O 的角动量随时间的变化率，有些资料将其称为质点的转动定律(或角动量定理的微分形式)。

(2)冲量矩和质点的角动量定理。

> 小贴士：
>
> 关于质点的角动量定理需要注意：
>
> (1)冲量矩和角动量一定相对同一参考点；
>
> (2)该定理在惯性系成立。

把式(3.21)改写为

$$\boldsymbol{M}\mathrm{d}t=\mathrm{d}\boldsymbol{L}\tag{3.22}$$

式中，$\boldsymbol{M}\mathrm{d}t$ 为力矩和作用时间的乘积，叫作冲量矩也叫角冲量，在国际单位制中，冲量矩的单位是牛顿米秒(N·m·s)。

对上式积分得

$$\int_{t_1}^{t_2}\boldsymbol{M}\mathrm{d}t=\boldsymbol{L}_2-\boldsymbol{L}_1\tag{3.23}$$

式中，$\boldsymbol{L}_1$ 和 $\boldsymbol{L}_2$ 分别为质点在时刻 t_1 和 t_2 的角动量，$\int_{t_1}^{t_2}\boldsymbol{M}\mathrm{d}t$ 为质点在时间间隔 t_2-t_1 内所受的冲量矩。

式(3.23)表明，当转轴给定时，作用在质点上的冲量距等于质点角动量的增量，这一结论叫作质点的角动量定理。

> 小贴士：
>
> 角动量守恒定律是物理学基本规律，与动量守恒定律、能量守恒定律并列为三大守恒定律。在研究天体运动和微观粒子运动时，角动量守恒定律起着重要作用。

3. 质点的角动量守恒定律

若质点所受的合外力矩为零，即 $M=0$，则

$$\boldsymbol{L}=\boldsymbol{r}\times m\boldsymbol{v}=\text{恒矢量}\tag{3.24}$$

当质点所受的对参考点的合外力矩为零，或者不受外力矩时，质点对该参考点的角动量保持不变，这一关系称质点的角动量守恒定律。

质点的角动量守恒定律的条件是 $M=0$，这可能有两种情形：一是合力为零的情形，例如做匀速直线运动的物体，其所受合力为零，物体角动量保持不变。第二是合力不为零的情形，例如在向心力的作用下运动的物体，所受合力不为零，但合力方向和矢径方向相同，此时合外力矩为零，物体运动的角动量守恒。

物体在向心力作用下运动是一种很重要的运动类型。例如，质点做匀速圆周运动就是这种情况。质点做匀速圆周运动时，作用于质点的合力是指向圆心的有心力，故其力矩为零，所以质点做匀速圆周运动时，它对圆心的角动量是守恒的。不仅如此，只要作用于质点的力是有心力，有心力对力心的力矩总是零，所以，在有心力作用下质点对力心的角动量都是守恒的。太阳系中行星的轨道为椭圆，太阳位于椭圆轨道的两焦点之一，太阳作用于行星的引力是指向太阳的有心力，因此如以太阳为参考点 O，则行星的角动量是守恒的。

小贴士：

行星是在太阳的引力作用下沿椭圆轨道运行，其相对太阳的角动量始终保持不变。对于此类问题，德国天文学家兼数学家开普勒（1572—1630 年）在大量观测数据基础上，经过数学变换及分析，在 1609—1618 年提出了开普勒三定律，其中第二定律：行星对太阳的矢径在相等的时间扫过相等的面积。请大家参考有关资料用质点角动量守恒定律证明该定律。

3.3.2　刚体定轴转动的角动量定理和角动量守恒定律

1. 刚体定轴转动的角动量

如图 3.23 所示，当刚体以角速度 ω 绕定轴转动时，刚体上每个质点都以相同的角速度绕定轴转动，质点 m_i 对定轴的角动量为 $L_i = m_i r_i^2\omega$，于是刚体上所有质点对定轴的角动量，即刚体的角动量为

$$L = \sum m_i r_i^2\omega = \left(\sum m_i r_i^2\right)\omega$$

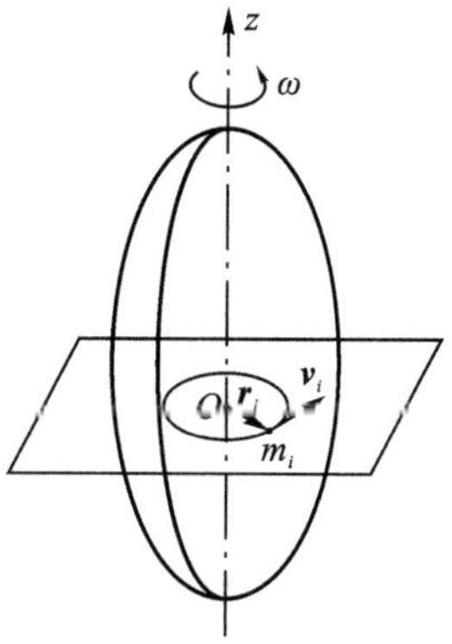

图 3.23　刚体角动量

引入转动惯量，刚体的角动量可写成

$$L = J\omega$$

写成矢量形式

$$\boldsymbol{L} = J\boldsymbol{\omega} \tag{3.25}$$

角动量的方向与角速度的方向一致，与定轴平行。

2. 刚体定轴转动的角动量定理

力的时间累积作用是使质点的动量发生变化，那么力矩的累积作用对定轴转动的刚体会产生什么效果呢？

(1) 刚体定轴转动定理的另一种表述。

因为作用在第 i 个质点 m_i 上的合力矩 M_i 应等于质点的角动量随时间的变化率，即

$$M_i = \frac{\mathrm{d}L_i}{\mathrm{d}t} = \frac{\mathrm{d}}{\mathrm{d}t}(m_i r_i^2\omega)$$

M_i 包含外力矩 M_i^{ex} 和内力矩 M_i^{in}，但对绕定轴 Oz 转动的刚体来说，刚体内各质点的内力矩之和应为零，即 $\sum M_i^{\mathrm{in}} = 0$。故由

上式可得作用于绕定轴 Oz 转动刚体的合外力矩 M 为

$$\begin{aligned} M &= \sum_i M_i^{ex} = \frac{d}{dt}\left(\sum L_i\right) \\ &= \frac{d}{dt}\left(\sum m_i r_i^2 \omega\right) = \frac{d}{dt}(J\omega) = \frac{dL}{dt} \end{aligned} \tag{3.26}$$

即刚体绕某定轴转动时,作用于刚体的合外力矩等于刚体绕此定轴的角动量随时间的变化率。

> **小贴士:**
>
> 式(3.26) $M=\frac{dL}{dt}$ 相对于 $M=J\alpha$ 更具普遍意义。即使转动惯量 J 因内力作用而发生变化时,前述的转动定律已不适用,但 $M=\frac{dL}{dt}$ 仍然成立,就如 $\boldsymbol{F}=\frac{d\boldsymbol{p}}{dt}$ 较之 $\boldsymbol{F}=m\boldsymbol{a}$ 更普适的情况一样。
>
> 在这里没有采用矢量描述,要注意实际上是使用了分量式,表达式中的有关物理量可正可负,为双向标量。

(2)力矩对给定轴的冲量矩和角动量定理。

由转动定律

$$\boldsymbol{M}=\frac{d\boldsymbol{L}}{dt}$$

得

$$\boldsymbol{M}dt=d\boldsymbol{L}$$

积分得

$$\int_{t_0}^{t}\boldsymbol{M}dt=\int_{L_0}d\boldsymbol{L}=\boldsymbol{L}-\boldsymbol{L}_0$$

式中,$\boldsymbol{L}_0$ 和 $\boldsymbol{L}$ 分别为刚体在时刻 t_0 和 t 的角动量,$\int_{t_0}^{t}\boldsymbol{M}dt$ 为刚体在时间间隔 $t-t_0$ 内所受的冲量矩。

当转动惯量一定时

$$\int_{t_0}^{t}\boldsymbol{M}dt=J\boldsymbol{\omega}-J\boldsymbol{\omega}_0 \tag{3.27}$$

当转动惯量变化时

$$\int_{t_0}^{t}\boldsymbol{M}dt=J\boldsymbol{\omega}-J_0\boldsymbol{\omega}_0 \tag{3.28}$$

当转轴给定时,作用在刚体上的冲量矩等于刚体角动量的增量,称作**刚体的角动量定理**。

> **小贴士:**
>
> 角动量守恒定律、能量守恒定律和动量守恒定律,都是在不同的理想条件下,用经典牛顿力学原理推导出来的,但它们的使用范围,却远远超出原有条件的限制。它们不仅适用于牛顿力学有效的所有经典物理范围,也适用于牛顿力学失效的近代物理理论——量子力学和相对论。上述三条守恒定律不但比牛顿力学更基本、更普遍,而且也是近代物理理论的基础,是更普适的物理定律。

3. 刚体定轴转动的角动量守恒定律

若刚体所受的合外力矩为零,即 $\boldsymbol{M}=0$,则

$$J\boldsymbol{\omega}=\text{恒矢量}$$

当刚体所受的的合外力矩为零,或者角动量守恒定律不受合外力的作用,则刚体的角动量保持不变,这一结论叫作**刚体的角动量守恒定律**。

分两种情况讨论:

(1)刚体绕定轴转动时,如果转动惯量不变,由于角动量为恒量,则角速度为恒量,即刚体做匀速转动;

(2)刚体绕定轴转动时,如果转动惯量可以改变,由于角动量为恒量

$$J\omega=J_0\omega_0$$

得

$$\omega=\frac{J_0\omega_0}{J} \tag{3.29}$$

此时，刚体的角速度随转动惯量的变化而变化，但二者的乘积不变。当转动惯量变大时，角速度变小；当转动惯量变小时，角速度变大。

有许多现象可以用角动量守恒来说明，举例如下。

(1)舞蹈演员与滑冰运动员做旋转动作时，先将两臂与一条腿伸开，绕通过足尖的竖直轴以一定的角速度旋转，然后将两臂与腿迅速收拢，由于转动惯量减小而使旋转明显加快；又如跳水运动员在空中翻筋斗时(如图3.24所示)，跳水员将两臂伸直，并以某一角速度离开跳板，跳在空中时，将臂和腿尽量蜷缩起来，以减小他对横贯腰部的转轴的转动惯量，因而角速度增大，在空中迅速翻转，当快接近水面时，再伸直臂和腿以增大转动惯量，减小角速度，以便竖直地进入水中。

图3.24 跳水运动员空中姿态

(2)鱼雷的双螺旋桨：鱼雷最初是不转动的，在不受外力矩作用时，根据角动量守恒定律，其总的角动量应始终为零。如果只装一部螺旋桨，当其顺时针转动时，鱼雷将反向滚动，这时鱼雷不能正常运行了。为此在鱼雷的尾部再装一部相同的螺旋桨，工作时让两部螺旋桨向相反的方向旋转，这样就可以使鱼雷的总角动量保持为零，以免鱼雷发生滚动。而水对转动方向相反的两台螺旋桨的反作用力便是鱼雷前进的推力。

(3)直升飞机的尾浆：当安装在直升飞机上方的旋翼转动时，根据角动量守恒定律，它必然引起机身反向打转，以维持总的角动量为零。为了防止机身打转，通常在直升飞机的尾部侧向安装一个小的辅助旋浆，叫作尾浆，它提供一个附加的水平力，其力矩可抵消旋翼给机身的反作用力矩。

小贴士：

2022年11月1日，中国天宫空间站成功对接，组建成为百余吨重的空间站组合体。为了控制空间站在真空的轨道中的姿态，天宫空间站配备了控制力矩陀螺，空间站外壳安装了六个高速旋转的飞轮，每个飞轮具有一定的角动量，通过改变这些飞轮的方向来改变角动量的方向，根据角动量守恒定律，空间站姿态也就会相应改变，从而实现姿态控制和微调。

例3.7 如图3.25所示，一长为l、质量为M的杆可绕支点O自由转动。一质量为m、速度为v的子弹射入距支点为a的杆内。若杆的偏转角为30°，问子弹的初速为多少。

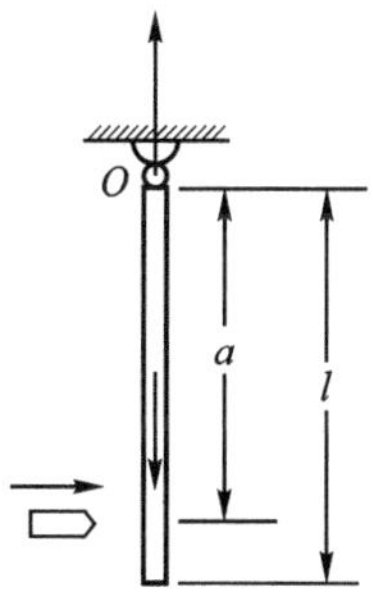

图3.25 例3.7图

解 把子弹和杆看作一个系统，系统所受的力有重力和轴对杆的约束力。在子弹射入杆的极短时间内，重力和约束力均通过轴，因而它们对轴的力矩均为零，系统的角动量守恒，于是有

$$mva=\left(\frac{1}{3}Ml^2+ma^2\right)\omega$$

子弹射入杆内，在摆动过程中只有重力做功，故以子弹、杆和地球为系统，系统的机械能守恒。于是有

$$\frac{1}{2}\left(\frac{1}{3}Ml^2+ma^2\right)\omega^2=mga(1-\cos 30°)+Mg\,\frac{1}{2}l(1-\cos 30°)$$

解上述方程,得

$$v=\frac{1}{ma}\sqrt{\frac{g}{6}(2-\sqrt{3})(Ml+2ma)(Ml^2+3ma^2)}$$

3.4　力矩做功　刚体绕定轴转动的动能定理

力对空间的积累叫作功,本节从力矩对空间的累积作用出发,引入力矩的功的概念,并得到刚体的转动动能和转动动能定理。

3.4.1　力矩做功

1. 力矩对刚体做功

质点在外力的作用下发生位移,即力对质点做功。如图3.26所示,刚体在力矩的作用下发生转动,即力矩对刚体做功。

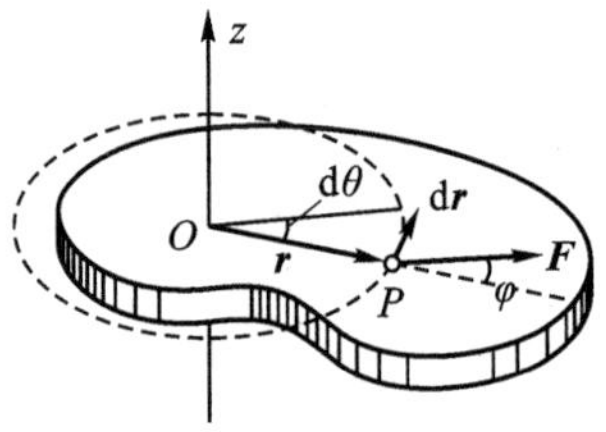

图 3.26　力矩做的功

2. 力矩所做的元功

刚体在外力 F 的作用下,绕转轴转过的角位移为 $\mathrm{d}\theta$,力 F 的作用点位移的大小为 $\mathrm{d}s=r\mathrm{d}\theta$。根据功的定义式,可知力 F 在这段位移内所做的功为

$$\mathrm{d}A=F\mathrm{d}s=Fr\mathrm{d}\theta\cos\left(\frac{\pi}{2}-\varphi\right)=Fr\mathrm{d}\theta\sin\varphi$$

由于力 $\boldsymbol{F}$ 对转轴的力矩为 $M=Fr\sin\varphi$,所以

$$\mathrm{d}W=M\mathrm{d}\theta \tag{3.30}$$

即**力矩所做的元功等于力矩与角位移的乘积**。

3. 力矩所做的功

当刚体转动 θ 时,力矩所做的功为

$$A=\int_0^\theta M\mathrm{d}\theta \tag{3.31}$$

如果力矩的大小和方向不变,则当刚体转动 θ 时,力矩所做的功为

$$A=\int_0^\theta M\mathrm{d}\theta=M\int_0^\theta\mathrm{d}\theta=M\theta \tag{3.32}$$

即力矩对绕定轴转动的刚体所做的功,等于力矩的大小与转过的角度 θ 的乘积。

需要说明的是力矩做功的实质仍然是力做功。只是对于刚体转动的情况,这个功不是用力的位移来表示,而是用力矩的角位移来表示。

3.4.2　力矩的功率

力对质点做功的快慢可以用功率来表示，同样，力矩对刚体做功的快慢可以用力矩的功率来表示。

单位时间内力矩对刚体所做的功称作力矩对刚体做功的功率，用 P 表示，即

$$P=\frac{\mathrm{dA}}{\mathrm{d}t}$$

刚体在恒力矩的作用下，力矩的功率为

$$P=\frac{\mathrm{d}A}{\mathrm{d}t}=M\frac{\mathrm{d}\theta}{\mathrm{d}t}=M\omega \tag{3.33}$$

即力矩的功率等于力矩与角速度的乘积。由上式可以看到，当功率一定时，转速越大，力矩越小；转速越小，力矩越大。

3.4.3　刚体的转动动能

质量为 m、速度为 v 的质点的动能为$\frac{mv^2}{2}$，那么绕定轴转动的刚体的动能为多少呢？

设刚体以角速度 ω 做定轴转动，取一质元 Δm_i，距转轴 r_i，则此质元的速度为 $v_i=m_i\omega$，动能为

$$E_{\mathrm{ki}}=\frac{1}{2}\Delta m_i v_i^2=\frac{1}{2}\Delta m_i r_i^2\omega^2$$

整个刚体的动能就是各个质元的动能之和

$$E_{\mathrm{k}}=\sum E_{\mathrm{k}i}=\sum\frac{1}{2}\Delta m_i r_i^2\omega^2=\frac{1}{2}\left(\sum\Delta m_i r_i^2\right)\omega^2$$

用转动惯量表示，则有

$$E_{\mathrm{k}}=\frac{1}{2}J\omega^2 \tag{3.34}$$

即**刚体绕定轴转动的转动动能等于刚体的转动惯量与角速度的平方的乘积的一半。**这与质点的动能 $E_{\mathrm{k}}=\frac{1}{2}mv^2$ 在形式上是相似的。

3.4.4　刚体绕定轴转动的动能定理

力对质点做功使质点的动能发生变化，那么力矩对绕定轴转动的刚体做功会产生什么效果？

设在合外力矩 M 的作用下，刚体绕定轴转过的角位移为 $\mathrm{d}\theta$，合外力矩对刚体所做的元功为

$$\mathrm{d}A=M\mathrm{d}\theta$$

由转动定律

$$M=J\beta=J\frac{\mathrm{d}\omega}{\mathrm{d}t}$$

得

$$dA=J\frac{d\omega}{dt}d\theta=J\frac{d\theta}{dt}d\omega=J\omega d\omega$$

若在 t 时间内,由于合外力矩对刚体做功,使得刚体的角速度从 ω_0 变成 ω,那么合外力矩对刚体所做的功为

$$A=\int dA=J\int_{\omega_0}^{\omega}\omega d\omega$$

即

$$A=\frac{1}{2}J\omega^2-\frac{1}{2}J\omega_0^2 \tag{3.35}$$

> 小贴士:
> 为了便于理解刚体绕定轴转动的规律性,必须注意,在学习此知识的过程中要和质点运动相关规律形式和研究思路进行类比。

合外力矩对绕定轴转动的刚体所做的功等于刚体的转动动能的增量,这一规律称为刚体绕定轴转动的动能定理。

例 3.8　如图 3.27 所示,一质量为 M、半径为 R 的圆盘,可绕一无摩擦的水平轴转动。圆盘上绕有轻绳,一端悬挂质量为 m 的物体。问物体由静止下落高度 h 时,其速度的大小为多少?设绳的质量忽略不计。

解　圆盘和物体的受力如图 3.27 所示,对于圆盘,根据转动动能定律

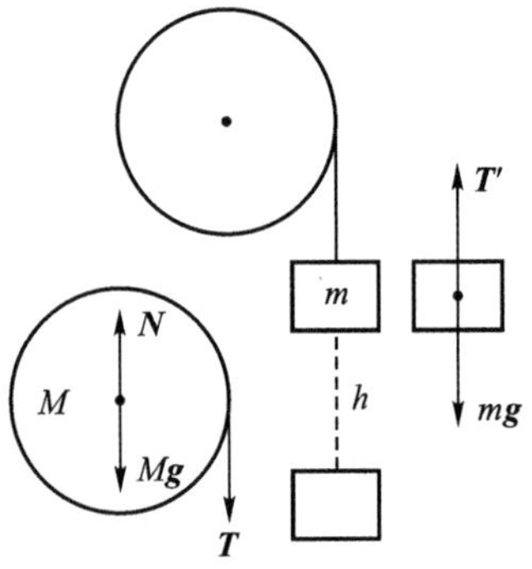

图 3.27　例 3.8 图

$$TR\Delta\theta=\frac{1}{2}J\omega^2-\frac{1}{2}J\omega_0^2$$

式中,$\Delta\theta$ 为圆盘在力矩的作用下转过的角度,ω_0 与 ω 为圆盘在开始和终了时的角速度,J 为圆盘的转动惯量

$$J=\frac{1}{2}mR^2$$

对于物体来说,由质点动量定理,得

$$mgh-T'h=\frac{1}{2}mv^2-\frac{1}{2}mv_0^2$$

式中,v_0 与 v 为物体在开始和终了时的速度。

由牛顿第三定律

$$T=T'v$$

由于绳与圆盘之间无相对滑动,故有

$$h=R\Delta\theta$$

和

$$v=R\omega$$

解上述方程,可得

$$v=\sqrt{\frac{m}{(M/2)+m}2gh}$$

内容提要

1. 刚体

刚体是指各部分的相对位置在运动中(无论有无外力作用)均保持不变的物体，它是一个理想化的模型。

2. 刚体定轴转动

刚体定轴转动是指相对于参考系，刚体上各质点都做圆周运动，各质点圆周运动的平面垂直于轴线，圆心在轴线上。各质点的矢径在相同的时间内转过的角度相同。

描述刚体定轴转动的物理量有：

角位置 $\boldsymbol{\theta}$；

角速度 $\boldsymbol{\omega}:\boldsymbol{\omega}=\frac{\mathrm{d}\boldsymbol{\theta}}{\mathrm{d}t}$；

角加速度 $\boldsymbol{\alpha}:\boldsymbol{\alpha}=\frac{\mathrm{d}\boldsymbol{\omega}}{\mathrm{d}t}=\frac{\mathrm{d}^2\boldsymbol{\theta}}{\mathrm{d}t^2}$

3. 物体所受力矩

物体所受外力为 $\boldsymbol{F}$，在垂直于转轴的平面内，转轴和力的作用线之间的距离 r 称为力对转轴的力臂。力的大小与力臂的乘积，称为力 $\boldsymbol{F}$ 对转轴的力矩，用 $\boldsymbol{M}$ 表示。

$$\boldsymbol{M}=r\times\boldsymbol{F}$$

其大小为

$$M = Fr\sin\theta$$

4. 刚体定轴转动时的转动定律

刚体在合外力矩的作用下，所获得的角加速度与它所受的合外力矩成正比，与刚体的转动惯量成反比，这个规律称作刚体绕定轴转动时的转动定律，简称定轴转动定律。即

$$\boldsymbol{M}=J\boldsymbol{\alpha}$$

5. 刚体转动惯量

刚体的转动惯量 $\boldsymbol{J}$ 等于刚体上各质点的质量与各质点到转轴距离二次方的乘积之和。刚体的转动惯量与刚体的形状、质量分布以及转轴的位置有关，转动惯量是反映刚体转动惯性大小的物理量。即

$$J = \int r^2\,\mathrm{d}m$$

6. 质点的角动量定理和角动量守恒定律

质点对坐标原点的角动量 $\boldsymbol{L}$ 为该质点的位置矢量与动量的矢量积，称为质点对转轴的角动量，即

$$\boldsymbol{L} = \boldsymbol{r}\times\boldsymbol{P} = \boldsymbol{r}\times m\boldsymbol{v}$$

力矩和作用时间的乘积 $\boldsymbol{M}\mathrm{d}t$，叫作**冲量矩**，也叫**角冲量**。

当转轴给定时，作用在质点上的冲量距等于质点角动量的增量，这一结论叫作**质点的角动量定理**。即

$$\int_{t_1}^{t_2}\boldsymbol{M}\mathrm{d}t = \boldsymbol{L}_2 - \boldsymbol{L}_1$$

当质点所受的对参考点的合外力矩为零，或者不受外力矩时，质点对该参考点的角动量保持不变，这一关系称**质点的角动量守恒定律**。即 $\boldsymbol{M}=0$，则

$$\boldsymbol{L}=\boldsymbol{r}\times m\boldsymbol{v}=\text{恒矢量}$$

7. 刚体角动量定理和角动量守恒定律

当转轴给定时，作用在刚体上的冲量矩等于刚体角动量的增量，称作刚体绕**定轴转动角动量定理**。即

$$\int_{t_0}^{t}\boldsymbol{M}\mathrm{d}t = J\boldsymbol{\omega} - J_0\boldsymbol{\omega}_0$$

当刚体所受的的合外力矩为零，或者不受合外力矩的作用，则刚体的角动量保持不变，称作**角动量守恒定律**。即 $\boldsymbol{M}=0$，则

$$J\boldsymbol{\omega}=\text{恒矢量}$$

8. 刚体转动动能和转动动能定理

刚体绕定轴转动的转动动能等于刚体的转动惯量与角速度的二次方的乘积的一半。写作

$$E_{\mathrm{k}} = \frac{1}{2}J\omega^2$$

合外力矩对绕定轴转动的刚体所做的功等于刚体的转动动能的增量，这一关系称为刚体绕定轴转动的转动定理。即

$$A = \frac{1}{2}J\omega^2 - \frac{1}{2}J\omega_0^2$$

思考题

3.1 绕定轴匀变速转动的刚体上，任意质点的法向加速度怎样变化，切向加速度怎样变化？

3.2 当两个力同时作用于一个可绕定轴转动的刚体上时，下列叙述中，哪些正确，为什么？

(1)若两力都平行于转轴，则它们对轴的合力矩一定为零；

(2)若两力都垂直于转轴，则它们对轴的合力矩可能为零；

(3)若两力的合力为零，则它们对轴的合力矩也一定为零；

(4)若两力对轴的合力矩为零，则它们的合力也一定为零。

3.3 对高速转动的刚体来说，是否作用于刚体的力和力矩一定都很大？

3.4 刚体的转动惯量由哪些因素决定？

3.5 一圆盘绕通过盘心且与盘面垂直的水平定轴 z，以角速度 ω 逆时针方向转动，如思考题 3.5 图所示。当两大小相等、方向相反但不在同一条直线的力 F 沿盘面同时作用于圆盘时，圆盘的角速度将怎样变化？

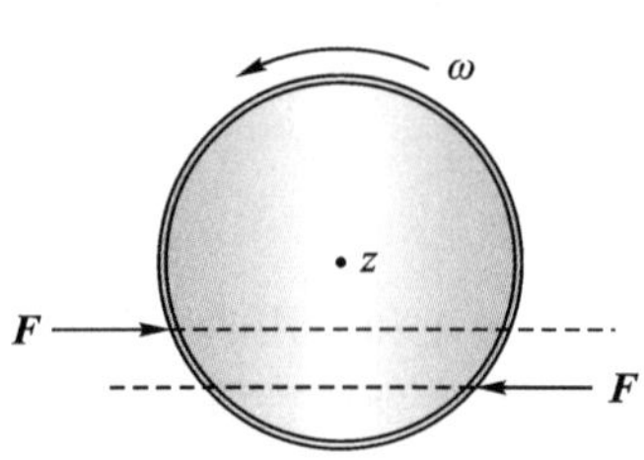

思考题 3.5 图

3.6 质点的动量守恒，其对某一轴的角动量是否也一定守恒？试举例说明。

3.7 刚体对轴的角动量是怎样定义的，大小如何，方向呢？

3.8　一个运动的小球碰在门上使门转动，如果忽略门轴的摩擦力，小球和门作为一个系统。在碰撞过程中，系统的动量是否守恒，角动量是否守恒，为什么？

3.9　一人双手各握一个哑铃伸开手臂，站在无摩擦的转台上与转台一起转动。当此人收回手臂时，人和转台系统的转速、转动动能以及角动量是否变化？若变化，怎样变化？

3.10　系统的角动量守恒时，动量也一定守恒吗？试举例说明。

3.11　绕水平定轴 z 转动的车轮上，同时对称地飞来两块质量相同、速度大小相同、方向相反且沿同一条直线运动的泥块，如思考题 3.11 图所示。若泥块打在车轮上后粘在上面，忽略摩擦，泥块和车轮系统转动的角速度怎样变化？

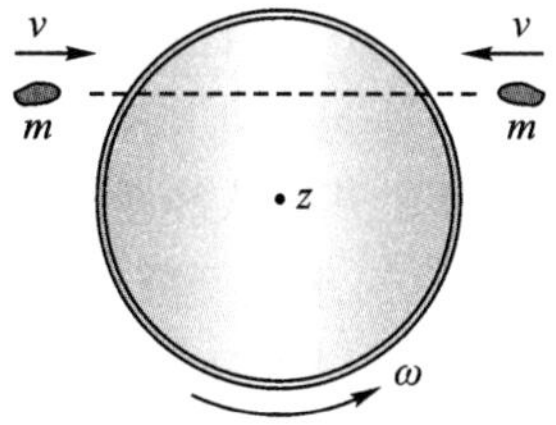

思考题 3.11 图

习　题

一、简答题

3.1　什么是刚体？试举几个能够视为刚体的例子。

3.2　描述刚体转动的物理量有哪些？请写出它们之间的关系。

3.3　什么是刚体转动定律，它和牛顿第二定律有什么区别和联系？

3.4　如何理解刚体的转动惯量，刚体转动惯量和哪些因素有关？

3.5　什么是质点角动量，什么是刚体绕定轴转动的角动量？

3.6　什么是冲量矩？请写出质点的角动量定理。

3.7　请写出角动量守恒定律，如何理解角动量守恒定律？

3.8　请举出一些角动量守恒定律的例子，并说明其角动量守恒物理原理。

3.9　请写出刚体转动动能表达式和刚体转动的动能定理，思考刚体转动动能定理和质点动能定理有什么区别和联系。

二、计算题

3.1　一离心分离机工作时，其上距转轴 1 cm 处质点的法向加速度 $a_n=3\times10^5g$（g 为重力加速度），试求离心分离机转动的角速度。

3.2　半径 $R=50$ cm 的飞轮，以角速度 $\omega=3t^2-2$ (SI)绕通过中心且与轮面垂直的定轴转动，试求 $t=2$ s 时：

(1)飞轮转动的角加速度；

(2)飞轮边缘上任意质点的加速度。

3.3　刚体以角速度 $\omega=4t+3$ (SI)绕定轴转动，若以刚体角位置 $\theta_0=2$ rad 时为计时零点，试求刚体的运动方程。

3.4　一缆绳绕过半径 $R=40$ cm 的定滑轮起吊一货箱，如计算题 3.4图所示。若货箱自静止开始以加速度 $a=0.6\ \text{m/s}^2$ 匀加速上升，试求：

(1)滑轮转动的角加速度；

(2)$t=2$ s 时，滑轮转动的角速度；

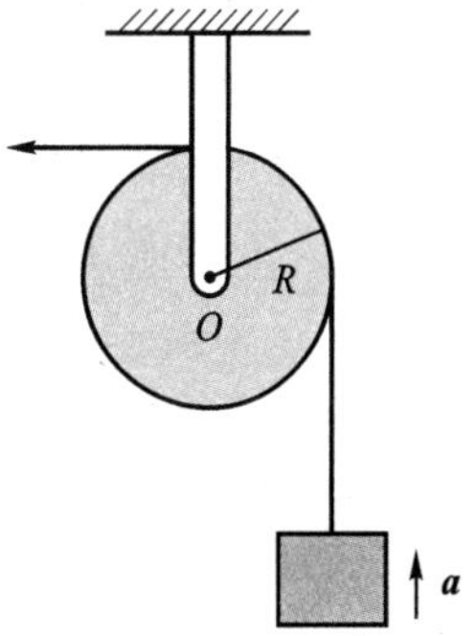

计算题 3.4 图

(3)滑轮在 2 s 到 5 s 时间内转过的角度。

3.5　试求半径为 R、质量为 m 的均质圆盘,相对于通过其中心并垂直于盘面的定轴的转动惯量。

3.6　圆柱体辘轳的质量 $m_1=10$ kg、半径 $R=15$ cm,可绕水平定轴 z 转动;盛满水的水桶质量 $m_2=8$ kg,井里的水面距井口的距离 $h=10$ m,如计算题 3.6 图所示。忽略绳的质量,水桶由井口从静止开始释放,试求:

(1)水桶下落过程绳中的张力;

(2)水桶下落到水面时的速度;

(3)水桶下落到水面所需要的时间。

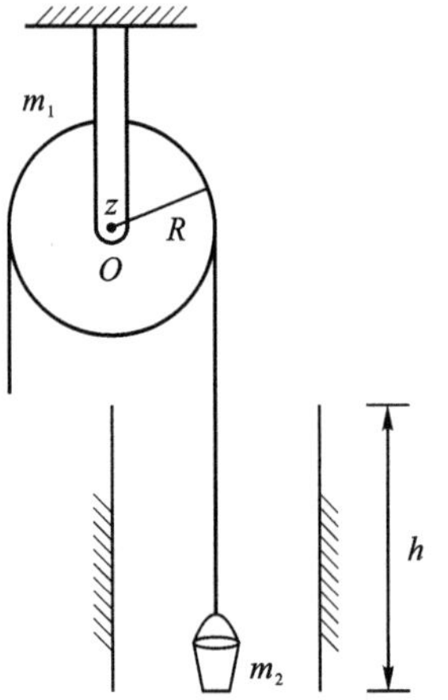

计算题 3.6 图

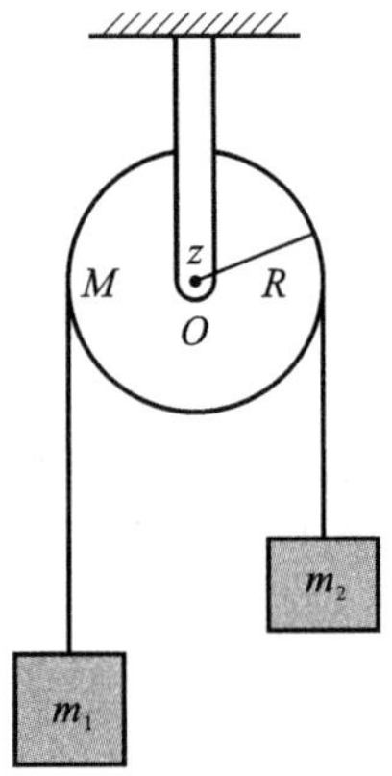

计算题 3.7 图

3.7　质量为 M、半径为 R 的定滑轮,可绕通过中心垂直轮面的水平定轴 z 转动,如计算题 3.7 图所示。质量分别为 m_1 和 $m_2(m_2>m_1)$的两个物体挂在绕过滑轮的轻绳的两端。设轴间摩擦不计,绳与滑轮间无相对滑动,绳长不变,试求两物体的加速度和滑轮的角加速度。

3.8　一半径 $R=10$ cm 的滑轮,相对于通过轮中心垂直轮面的转轴的转动惯量 $J_z=0.3\ \text{kg}\cdot\text{m}^2$。当力 $F=t^2-6t$ (SI)沿切线方向作用于滑轮边缘时,滑轮由静止开始转动,试求滑轮在 $t=3$ s 末时的角速度。

3.9　半径 $R=50$ cm 的飞轮可绕通过中心垂直轮面的水平定轴 z 转动,如计算题 3.9 图所示。一轻绳一端固定在飞轮的边缘,另一端加一 $T=50$ N 向下的拉力。若在 4 s 时间内,绳子展开了 $h=10$ m,试求:

(1)飞轮转动的角加速度;

(2)拉力 F 在 4 s 时间内做的功;

(3)飞轮 4 s 末时的转动动能;

(4)飞轮相对于 z 轴的转动惯量。

3.10　质量为 m、长为 l 的均质细棒,可绕通过其一端的水平定轴 z,在铅垂面内无摩擦地转动,如计算题 3.10 图所示。试求使静止在铅垂位置的棒恰好能转到水平位置,棒的最小初角速度 ω_0。

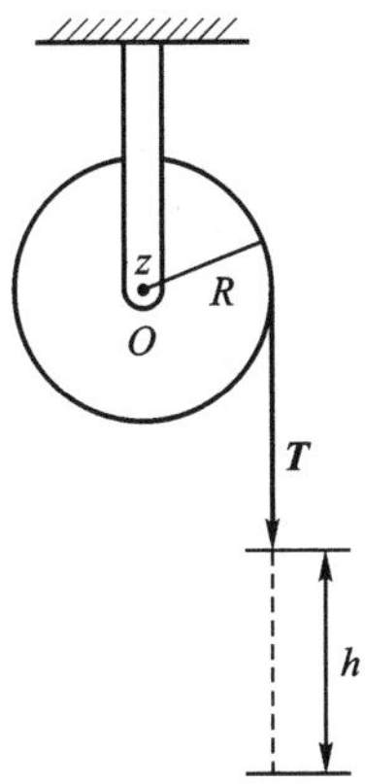

计算题 3.9 图

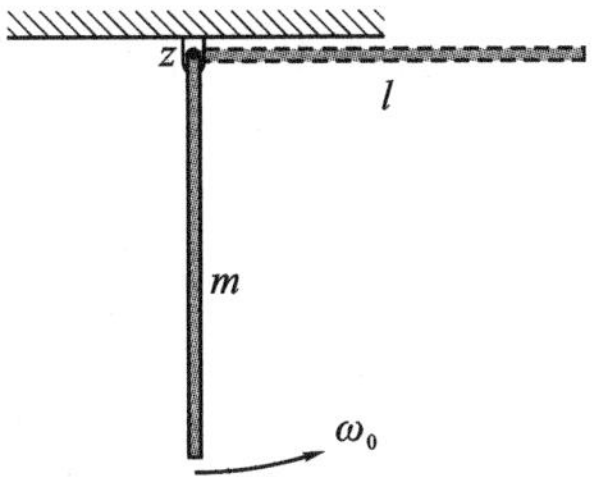

计算题 3.10 图

3.11　设太阳的质量为 M、地球的质量为 m，地心与日心的距离为 R，引力常数为 G。试求地球绕太阳做圆周运动的轨道角动量的大小。

3.12　人造地球卫星在地球引力作用下，沿平面椭圆轨道运动。地球中心可看作固定点，是椭圆的焦点之一。卫星的近地点离地面的距离为 439 km、远地点离地面的距离为 2384 km，卫星在近地点的速率为 6.34 km/s。试求卫星在远地点的速率。

3.13　质量均为 0.5 kg 的钢球 A 和 B，以 4 rad/s 的角速度绕铅直轴转动，两球距转轴的距离均为 15 cm，如计算题 3.13 图所示。若将轴环 C 下移，使得两球离轴的距离减为 5 cm，试求向下移动 C 环的过程中须做功多少？

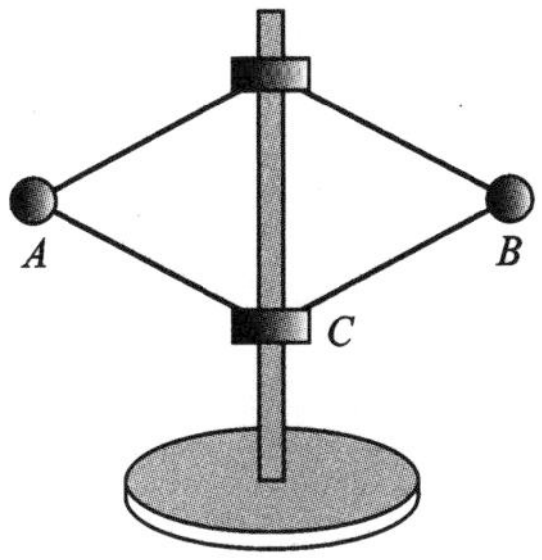

计算题 3.13 图

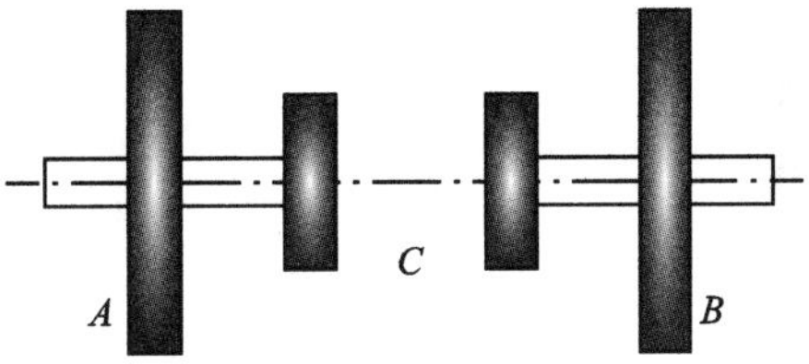

计算题 3.14 图

3.14　用两轴杆支承的两飞轮 A 和 B，飞轮 A 的转动惯量 $J_1=4\ \mathrm{kg\cdot m^2}$，轴杆可由摩擦离合器 C 衔接或分开，如计算题 3.14 图所示。开始时，离合器分开，A 轮以 10 rad/s 的角速度绕水平定轴转动，B 轮静止不动。现使离合器衔接，B 轮加速而 A 轮减速，直至两轮角速度相同。设两轮角速度相同时 $\omega=400$ r/min，忽略摩擦，试求：

(1)飞轮 B 相对于转轴的转动惯量；

(2)衔接过程损失的动能。

三、应用题

3.1　一个物体的转动惯量和哪些因素有关呢？规则物体的转动惯量可以通过计算获得，如果是一个不规则的物体，如何获得其转动惯量，请设计一个实验，写出原理并画出装置图。

3.2　为了减少门与墙壁的碰撞，一般会在门和墙之间安装一个制动器。在门与制动器碰撞的时候,门受到的冲击力会传到铰链上,时间久了也会影响门的寿命。如果将制动器安装在一个适当的位置,门受到的冲击力可以减少到最小,应用学过的知识,讨论制动器安装在距离门的转轴多少的位置,门受到的冲击力最小。假定门的质量分布是均匀的。

3.3　跳水运动员能在空中展现出优美的姿态,其姿态变换和身体的旋转方向以及旋转的速度改变有关,请利用所学原理说明运动员通过什么方法改变旋转方向和速度,运动员保持什么样的姿态入水水花小。

第二部分

电磁学

电磁学研究电磁场的基本性质、运动规律，及其与带电粒子间相互作用的规律。电磁现象普遍存在于自然界中，电磁作用是自然界中四大相互作用之一。

对电磁现象及其规律研究所取得的重大成果，使人们认识到场与实物一样是物质，扩大了物质的概念，从而使人类对自然界的认识产生了飞跃。人们在总结了电场和磁场相互转化规律后，加以应用，使科学技术转化为生产力，从而使人类进入了电气化时代，推动了社会的前进。事实表明，随着人类现代化程度的提高，电磁学应用越来越广泛。电磁学的知识也是理工类专业大学生必须具备的基础理论。

电磁学部分的内容分为三章。首先从静止电荷在真空中产生的电场入手，研究电场的性质及其规律；然后研究恒定电流产生磁场的性质和规律；最后研究电场与磁场的相互联系及转化，从整体上揭示电磁场的本质及规律。

第4章　静电场

本章讨论描述电场性质的两个物理量——电场强度和电势，阐明反映静电场性质的两个基本定理——静电场的高斯定理和环路定理，介绍静电场中的导体和电介质，最后研究静电场的能量问题。本章所涉及的内容，就思想方法来讲对整个电磁学(甚至整个物理学)都具有重要的意义，希望读者认真学习体会。

预习提要：

1.什么是静电场，为什么称之为静电场？

2.何为带电，何为不带电，如何使物体带电？

3.什么是点电荷，什么情况下带电体可以被视为点电荷，试举例说明。

4.库仑定律的内容是什么，库仑定律建立的意义是什么，适用条件呢？

5.场的概念是如何引入的，场物质和实物物质有哪些区别？

6.电场强度是如何定义的，它描述了电场的什么属性？

7.什么是场强叠加原理，用场强叠加原理求场强分布的一般步骤是什么？

8.为什么要引入电场线，电场线的性质有哪些？

9.什么是电通量，电通量如何计算？

10.真空静电场的高斯定理是什么，它表示了静电场的什么性质？

11.理解利用高斯定理求场强分布的一般步骤。

12.静电场的环路定理内容是什么，它表示静电场的什么性质？

13.电势是如何定义的，它描述了静电场的什么属性？

14.两种电势计算方法各适用于什么情况？

15.场强的计算有几种方法，各有什么特点，各适用于什么情况？

16.静电平衡的场强和电势条件分别是什么，静电平衡时电荷是如何分布的？

17.什么是电容器，电容器的电容反映了电容器的什么性质，电容器的电容和哪些因素有关？

18.电场能量的分布和什么因素有关？

4.1 电荷和库仑定律

4.1.1 电荷

人们对电荷的认识最早是从摩擦起电现象和自然界的雷电现象开始的。实验指出,橡胶棒与毛皮摩擦后或玻璃棒与丝绸摩擦后对轻小物体都有吸引作用,这种现象称为**带电现象**。人们认为玻璃棒和橡胶棒分别带有电荷。进一步研究发现,橡胶棒和玻璃棒所带的电荷属于不同种类。人们把毛皮摩擦过的橡胶棒所带的电荷称为**负电荷**,把丝绸摩擦过的玻璃棒带的电荷称为**正电荷**。自然界中只有这两种电荷,同种电荷相互排斥,异种电荷相互吸引。物体所带的电荷的多少称为**带电量**,用 Q 或 q 表示。在国际单位制中,电荷量的单位是库仑,记为 C。

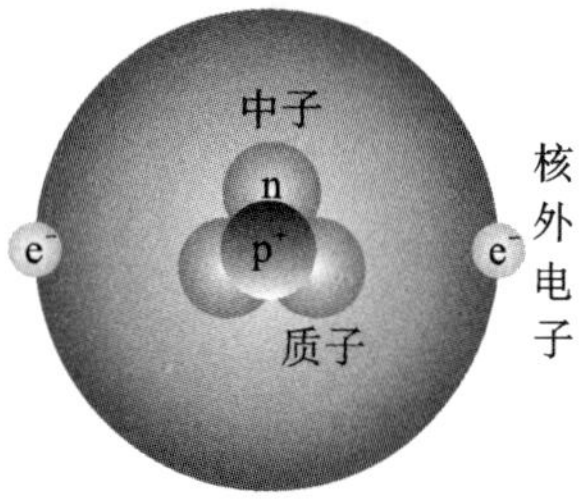

图 4.1　氦(He)原子结构示意图

摩擦起电的根本原因与物质的电结构有关,近代物理学指出,任何物体都是由分子、原子构成,原子又由原子核和核外电子构成,原子核带正电,核外电子带负电,如图 4.1 所示。在通常状态下,原子核所带的正电荷与核外电子所带的负电荷在电荷量上大小相等,因此对外不显电性。但是在不同物体之间发生相互摩擦时,会使一个物体的电子转移到另一个物体上,从而失去电子的物体就带正电,得到电子的物体就带负电,由此可见,物体带电的本质是电荷的迁移和重新分配。除了摩擦起电外,还可以有“接触”和“感应”等起电方法,起电本质都相同。在日常生活中,穿脱化纤、羊毛等衣物很容易产生静电就是一种接触起电。相反当两个带等量异种电荷的物体相互接触时,如果它们所带的正负电荷的代数和为零,表现为对外的电效应相互抵消,宛如不带电一样,这种现象就是**电中和现象。**

大量实验表明,**在一个孤立系统中,无论发生了怎样的物理过程,电荷都不会创生,也不会消失,只能从一个物体转移到另一个物体,或者从物体的一部分转移到另一部分,即在任何过程中,电荷的代数和是守恒的**,这就是**电荷守恒定律。**

> **小贴士:**
> 现代物理学认为,质子、中子等粒子是由具有 $e/3$ 或 $2e/3$ 的分数电荷的夸克组成的。但是,夸克被束缚在质子、中子的粒子内部不能被分离出来而成为自由夸克。这正符合了自然科学的发展规律,人类对自然界的认识是永无止境的,科学是不断向前发展的。

1909 年美国物理学家密立根通过油滴实验发现电荷量总是以一个基本单元的整数倍出现,这个电荷量的基本单元就是电子所带电荷量的绝对值,用 e 来表示,

$$e = 1.602176565(35)\times10^{-19}\,\mathrm{C}$$

物体由于失掉电子而带正电,或者得到额外电子而带负电,但物体带的电荷量必然是电子电荷量的整数倍,即

$$q = ne\quad(n = 1, 2, \cdots)$$

物体所带电荷量的这种不连续性即为**电荷的量子化**。

> 小贴士：
>
> **理想化法**
>
> **点电荷是只有电量，没有大小、形状的带电体**，像力学中的“质点”和“刚体”等概念一样，是理想化模型。

4.1.2　库仑定律

在发现电现象后的 2000 多年里，人们对电的认识一直停留在定性阶段，从 18 世纪中叶开始，许多科学家有目的地进行一些实验性的研究，以便找出静止电荷之间相互作用的规律，但是直接研究带电体的作用十分复杂，因为作用力不仅与物体所带的电荷量有关，而且还与带电体的形状、大小以及周围介质有关。法国科学家库仑于 1785 年，首先提出了点电荷的理想化模型，认为带电体的大小和带电体之间的距离相比很小时，可以忽略其形状和大小，把它看作一个带电的几何点。库仑设计了一台精密的扭秤，如图 4.2 所示，在真空中对两个静止点电荷之间相互作用力进行了实验，通过定量分析，库仑得到了两个点电荷在真空中的相互作用规律，称为库仑定律，表述如下：**真空中两个静止点电荷之间的相互作用力 $\boldsymbol{F}$ 的大小与这两个点电荷所带的电荷量 q_1 和 q_2 的乘积成正比，与它们之间的距离 r 的平方成反比，作用力的方向沿它们的连线，同种电荷相斥，异种电荷相吸**，即

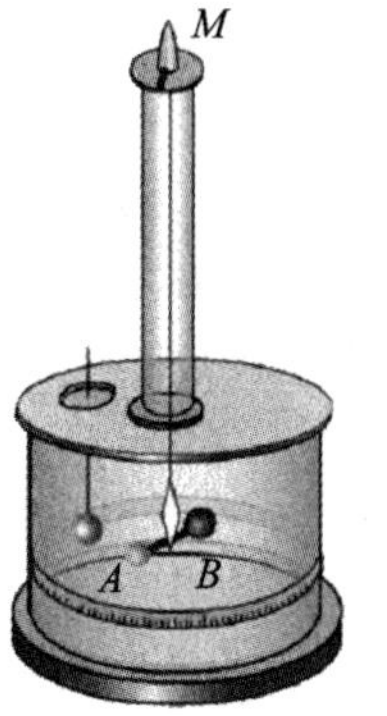

图 4.2　测量点电荷之间相互作用规律的库仑扭秤装置示意图

$$\boldsymbol{F} = \frac{1}{4\pi\varepsilon_0}\frac{q_1 q_2}{r^2}\boldsymbol{e}_r \tag{4.1}$$

式中，ε_0 称为**真空介电常数**，又称**真空电容率**，其值为

$$\varepsilon_0 = 8.854187817\times10^{-12}\,\mathrm{C^2\cdot N^{-1}\cdot m^{-2}}$$

式中，$\boldsymbol{e}_r$ 表示一单位矢量，方向由施力物指向受力物，如图 4.3 所示，电荷量 q_1 和 q_2 可正可负，当 q_1 和 q_2 同号时，$\boldsymbol{F}$ 和 $\boldsymbol{e}_r$ 同向，表现为斥力；当 q_1 和 q_2 异号时，$\boldsymbol{F}$ 和 $\boldsymbol{e}_r$ 反向，表现为引力。

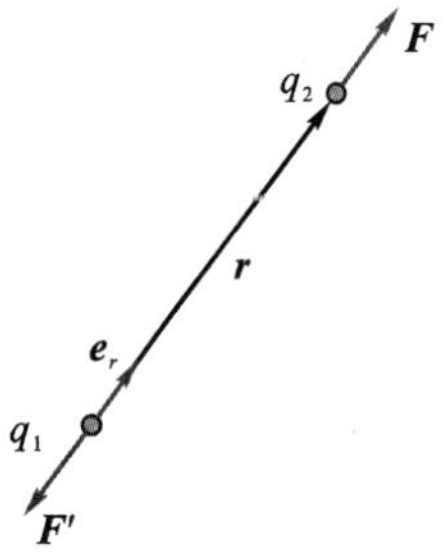

图 4.3　两点电荷所受到的作用力与反作用力

例 4.1　试比较经典氢原子模型中质子与电子之间的静电力和万有引力。

解　质子和电子所带电量的大小均为 e，由库仑定律可得它们之间的静电力大小为

$$F_e = \frac{1}{4\pi\varepsilon_0}\frac{e^2}{r^2}$$

由万有引力定律知它们之间的万有引力为

$$F_g = G\frac{m_e m_p}{r^2}$$

式中，$G = 6.67\times10^{-11}\,\mathrm{N\cdot m^2\cdot kg^{-2}}$ 为引力常量，m_e 为电子的质量，m_p 为质子的质量。两力之比为

$$\frac{F_e}{F_g} = \frac{1}{4\pi\varepsilon_0 G}\frac{e^2}{m_p m_e}$$

$$= \frac{9\times10^9\,\mathrm{C^{-2}\cdot N\cdot m^2}}{6.7\times10^{-11}\,\mathrm{N\cdot m^2\cdot kg^{-2}}}\times\frac{(1.6\times10^{-19}\,\mathrm{C})^2}{(1.7\times10^{-27}\,\mathrm{kg})\times(9.1\times10^{-31}\,\mathrm{kg})}$$

$$\approx 2\times10^{39}$$

由计算结果可以看出,质子和电子之间的静电力远大于它们之间的万有引力。这表明在微观粒子的相互作用中,和静电力相比,万有引力完全可以忽略。但在宏观领域内,尤其是大质量天体之间,万有引力则起主导作用。

小贴士:

法拉第的力线思想

法拉第从广泛的实验研究中构想出描绘电磁作用的力线图像,他认为电荷(或磁极)周围的空间充满了力线,靠力线(包括电力线和磁力线)将周围电荷(或磁极)联系在一起。法拉第的力线思想实际上就是场的观点,这是近距理论的核心内容。法拉第也预见了电场和磁场传播速度的有限性和电磁波的可能性。

法拉第出生贫苦,他靠着自己坚韧不拔的毅力和坚持不懈的努力,自学成才,最终成为了英国皇家学院的实验室主任。法拉第坚韧不拔和坚持不懈的精神值得我们每个人学习。

4.2 电场和电场强度

4.2.1 电场

库仑定律只给出了两个点电荷之间相互作用的定量关系,并未指明这种作用是通过怎样的方式进行的。我们常说,力是物体与物体之间的相互作用,这种作用被习惯理解为一种直接接触作用。例如,推车时,通过手和车的直接接触把力作用在车子上,但是电力、磁力和重力却可以发生在两个相隔一定距离的物体之间,那么这些力究竟是如何传递的呢?围绕这个问题历史上曾有过争论,一种观点认为这些力的作用不需要中间媒介,也不需要时间,就能实现远距离的相互作用,这种作用称为**超距作用**,另一种观点认为这些力是通过空间一种尚未被认识的弹性介质来传递的。

到19世纪初,英国物理学家法拉第提出了新的观点,认为在电荷周围存在着一种特殊形态的物质,称为电场。电荷与电荷之间的相互作用,是通过电场来传递的,其相互作用可以表示为

$$\text{电荷} \Leftrightarrow \text{电场} \Leftrightarrow \text{电荷}$$

电场对电荷的作用力称为电场力,近代物理学证明“超距作用”的观点是错误的,电力和磁力的传递需要时间,传递速度约 $3\times10^8\ \mathrm{m\cdot s^{-1}}$。

法拉第以他惊人的想象力提出了“场”的概念,受到了爱因斯坦的高度评价,认为:“场的概念价值要比电磁感应的发现高得多……”,并且又说:“想象力比知识更重要,因为知识是有限的,而想象力概括了世界上的一切,推动着进步,是知识化的源泉。”

近代物理学已经证实了“场”的观点,并证实了电磁场的存在。电磁场与实物粒子一样具有质量、能量、动量等物质的基本属性。相对于观察者静止的电荷在周围空间激发的电场称为**静电场**,它是电磁场的一种特殊状态。以下讨论静电场的基本性质。

4.2.2 电场强度

为了定量研究电场对电荷的作用,需要在电场中引入一个试验电荷 q_0,分析电场对试验电荷的作用,便可引入描述电场

的物理量。q_0 应该满足两个条件：它的线度必须小到可以看作点电荷，以便确定电场中各点的电场性质；它所带的电荷量必须充分小，以免影响原来的电场分布。

如图 4.4 所示，Q 为场源电荷，在其周围空间相应激发了一个电场，将一个试验电荷 q_0 放在电场中不同位置（简称场点）。实验表明，在不同的场点上，试验电荷 q_0 所受的电场力 $\boldsymbol{F}$ 大小方向不尽相同，若在任取的同一场点上改变所放置的试验电荷 q_0 的电荷量大小，则试验电荷 q_0 所受的电场力 $\boldsymbol{F}$ 大小亦随之变化，然而，两者之间的比值 $\dfrac{\boldsymbol{F}}{q_0}$ 却与试验电荷量值无关，仅仅取决于场源电荷的分布和场点的位置。从电场对电荷施力的角度，把这个比值作为描述电场的一个物理量，称为电场强度，记作 $\boldsymbol{E}$，即

$$\boldsymbol{E}=\frac{\boldsymbol{F}}{q} \tag{4.2}$$

在国际单位制中 $\boldsymbol{E}$ 的单位为牛顿每库仑（$\mathrm{N}\cdot\mathrm{C}^{-1}$），也可以表示为伏特每米（$\mathrm{V}\cdot\mathrm{m}^{-1}$）。

式(4.2)表明，静电场中某一点的电场强度 $\boldsymbol{E}$ 是一个矢量，其大小等于单位正电荷在该点所受电场力的大小，方向与正电荷在该点受力方向一致。客观上，每个场点有一个确定的电场强度矢量，而不同场点的电场强度矢量大小方向不尽相同。

由以上讨论不难推断，如果已知空间某点处的电场强度 $\boldsymbol{E}$，则电荷 q 在该点所受到的电场力为

$$\boldsymbol{F}=q\boldsymbol{E} \tag{4.3}$$

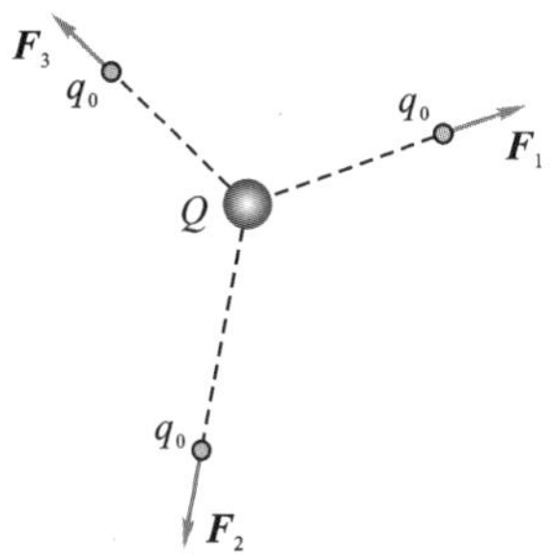

图 4.4　电场力示意图

> **小贴士：**
> 试验电荷在不同场点所受电场力的大小方向都不同，这表明电场中不同场点的电场性质不同。

想一想：

根据电场强度的定义式(4.2)能否说 $\boldsymbol{E}$ 与 $\boldsymbol{F}$ 成正比，与 q_0 成反比？

4.2.3　电场强度的叠加原理

1. 点电荷的电场

场源电荷 q 为点电荷，设想把一个试验电荷 q_0 放在距离 q 为 r 的 P 点处，根据库仑定律，q_0 受到的电场力为

$$\boldsymbol{F}=\frac{1}{4\pi\varepsilon_0}\frac{qq_0}{r^2}\boldsymbol{e}_r$$

式中，$\boldsymbol{e}_r$ 是从场源电荷 q 指向 P 点的单位矢量，由式(4.2)可得 P 点电场强度

$$\boldsymbol{E}=\frac{1}{4\pi\varepsilon_0}\frac{q}{r^2}\boldsymbol{e}_r \tag{4.4}$$

上式表明，在点电荷的电场空间，任意一点 P 的电场强度大小与场源电荷到该点的距离的二次方成反比，与场源电荷的电荷量 q 成正比，电场强度的方向取决于场源电荷的符号。若 $q>0$，则 $\boldsymbol{E}$ 与 $\boldsymbol{e}_r$ 同向；若 $q<0$，则 $\boldsymbol{E}$ 与 $\boldsymbol{e}_r$ 反向，如图4.5所示。还

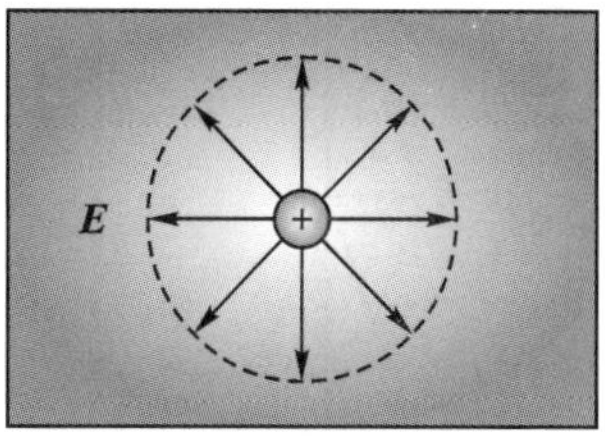

(a)

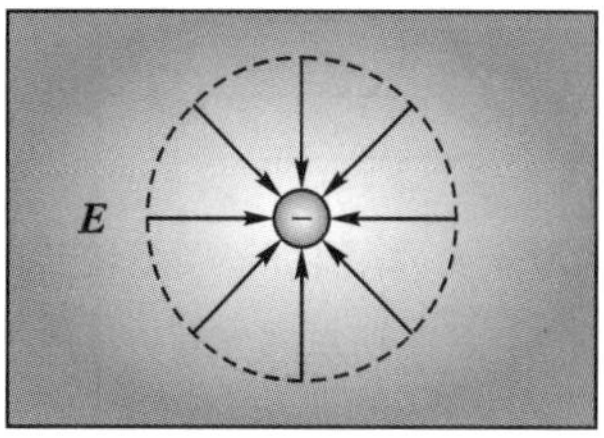

(b)

图 4.5　电场强度方向示意图（场源电荷为正电荷时，$\boldsymbol{E}$ 与 $\boldsymbol{e}_r$ 同向；场源电荷为负电荷时，$\boldsymbol{E}$ 与 $\boldsymbol{e}_r$ 反向）

可以看出,点电荷的电场具有球对称分布,以场源电荷为球心的同一球面上电场强度的大小处处相同。

2. 点电荷系的电场

设场源电荷是由若干个点电荷 $q_1, q_2, \cdots, q_n$ 组成的一个系统,把试验电荷 q_0 放在场点 P 处,根据力的独立作用原理,作用在 q_0 上的电场力的合力 $\boldsymbol{F}$,等于各个点电荷分别作用于 q_0 上的电场力 $\boldsymbol{F}_1, \boldsymbol{F}_2, \cdots, \boldsymbol{F}_n$ 的矢量和,即

$$\boldsymbol{F}=\boldsymbol{F}_1+\boldsymbol{F}_2+\cdots+\boldsymbol{F}_n \tag{4.5}$$

上式两边分别除以 q_0,由电场强度定义式(4.2)可以得到 P 点的合电场强度

$$\boldsymbol{E}=\boldsymbol{E}_1+\boldsymbol{E}_2+\cdots+\boldsymbol{E}_n=\sum_i \boldsymbol{E}_i \tag{4.6}$$

即**点电荷系在空间某点激发的电场强度,等于各个点电荷单独存在时在该点激发的电场强度的矢量和**,这一结论被称为**电场强度的叠加原理,这是静电场的一个基本原理**,将点电荷的电场强度公式(4.4)代入式(4.6),可以得到 P 点的电场强度为

$$\boldsymbol{E}=\sum_i \boldsymbol{E}_i=\sum_i \frac{1}{4\pi\varepsilon_0}\frac{q_i}{r^2}\boldsymbol{e}_{ri} \tag{4.7}$$

式中,$\boldsymbol{e}_{r1}, \boldsymbol{e}_{r2}, \cdots, \boldsymbol{e}_{rn}$ 分别是各场源电荷 $q_1, q_2, \cdots, q_n$ 指向场点 P 方向的单位矢量。

想一想:

请读者思考式 $\boldsymbol{E}=\dfrac{\boldsymbol{F}}{q_0}$ 和 $\boldsymbol{E}=\dfrac{q}{4\pi\varepsilon_0 r^2}\boldsymbol{e}_r$ 的物理意义有何区别?

例 4.2　如图 4.6 所示,两个等量异号点电荷 $+q$ 和 $-q$,相距 l。当所讨论的场点到它们连线中点的距离 $r \gg l$ 时,这一带电系统称为**电偶极子**。试求电偶极子中垂线上某点 P 的电场强度。

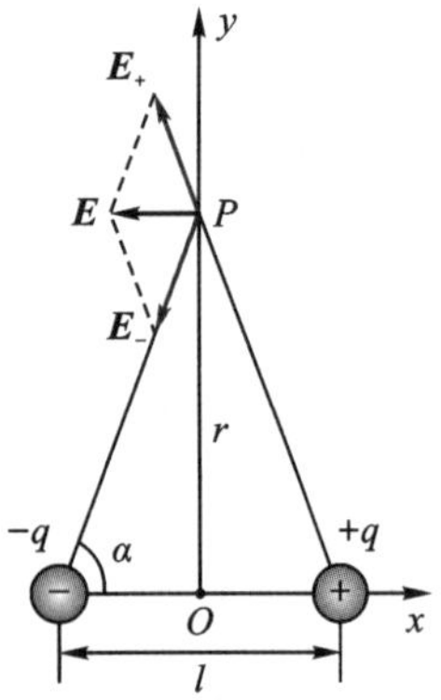

图 4.6　电偶极子中垂线的电场强度分布

解　如图 4.6 所示,以两个点电荷连线的中心为坐标原点 O 建立直角坐标系 $O-xy$,设 P 点到电偶极子轴线的距离为 r,正、负电荷在 P 点激发的电场强度大小为

$$E_+=E_-=\frac{1}{4\pi\varepsilon_0}\frac{q}{(r^2+l^2/4)}$$

则总电场强度的大小为

$$E=2E_+\cos\alpha$$

$$\cos\alpha=\frac{l/2}{\sqrt{r^2+l^2/4}}$$

则

$$E=\frac{ql}{4\pi\varepsilon_0 r^3(1+l^2/4r^2)^{3/2}}$$

由于 $r \gg l$,因此

$$\left(1+\frac{l^2}{4r^2}\right)^{\frac{3}{2}}\approx 1$$

从而

$$E=\frac{ql}{4\pi\varepsilon_0 r^3}$$

$\boldsymbol{E}$ 的方向沿 x 轴负方向。令 $\boldsymbol{l}$ 为从 $-q$ 指向 $+q$ 的矢量，其大小为 l，则

$$\boldsymbol{E}=\frac{-q\boldsymbol{l}}{4\pi\varepsilon_0 r^3}$$

式中，$q\boldsymbol{l}$ 反映电偶极子本身的特性，定义 $\boldsymbol{p}=q\boldsymbol{l}$ 为电偶极子的电偶极矩（简称电矩），$\boldsymbol{l}$ 的方向规定为负电荷指向正电荷的方向。因此，上述结果又可写成

$$\boldsymbol{E}=\frac{-\boldsymbol{p}}{4\pi\varepsilon_0 r^3}$$

可见，电偶极子在中垂线上的电场强度与电偶极子的电矩 $\boldsymbol{p}$ 成正比，与该点到电偶极子中心的距离的三次方成反比，方向与电矩相反。并且随着距离 r 的增大，其电场强度值迅速衰减。$\boldsymbol{p}$ 是表征电偶极子属性的一个重要物理量，在研究电介质极化时会用到。

3. 电荷连续分布的电场

对于电荷连续分布的任意带电体，可以将它看成为无数电荷元 $\mathrm{d}q$ 的集合，而每个电荷元 $\mathrm{d}q$ 则可以视为点电荷，因此电荷元的电场强度为

$$\mathrm{d}\boldsymbol{E}=\frac{1}{4\pi\varepsilon_0}\frac{\mathrm{d}q}{r^2}\boldsymbol{e}_r \tag{4.8}$$

式中，r 为场点 P 相对于电荷元 $\mathrm{d}q$ 的位矢 $\boldsymbol{r}$ 的大小，$\boldsymbol{e}_r$ 为沿 $\boldsymbol{r}$ 方向的单位矢量。根据电场强度叠加原理，整个带电体在该点的合电场强度可以用积分表示为

$$\boldsymbol{E}=\int\mathrm{d}\boldsymbol{E}=\int\frac{1}{4\pi\varepsilon_0}\frac{\mathrm{d}q}{r^2}\boldsymbol{e}_r \tag{4.9}$$

> **小贴士：**
> 式(4.9)是一个矢量积分，在运算时首先需要将电荷元的电场强度矢量沿各坐标轴进行分解，然后对电荷元沿各坐标轴方向的电场强度分量分别求标量积分，最后求出合电场强度 $\boldsymbol{E}$。

如果带电体的电荷体密度为 ρ，电荷元的体积为 $\mathrm{d}V$，则 $\mathrm{d}q=\rho\mathrm{d}V$；如果是一个带电面，电荷面密度为 $\mathrm{d}\sigma$，电荷元的面积为 $\mathrm{d}S$，则 $\mathrm{d}q=\sigma\mathrm{d}S$；如果是一条带电线，电荷的线密度为 λ，线元为 $\mathrm{d}l$，则 $\mathrm{d}q=\lambda\mathrm{d}l$。下面举几个典型的例子。

例 4.3　一长为 l 的均匀带电细棒，电荷线密度为 λ，棒外一点 P 到细棒的距离为 a，P 点与棒两端连线分别和棒呈夹角 θ_1 和 θ_2，如图 4.7 所示，求 P 点的电场强度。

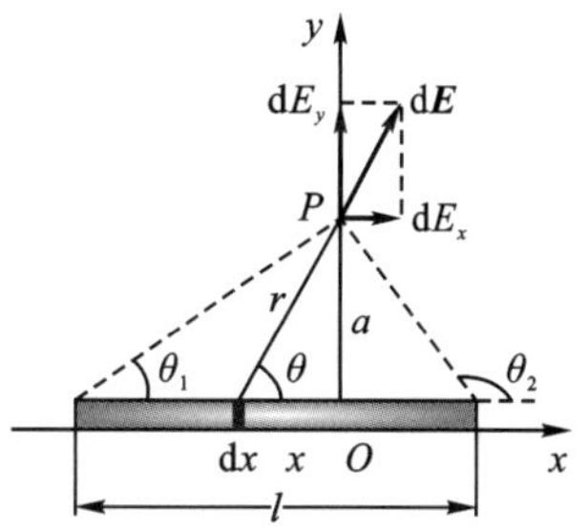

图 4.7　均匀带电细棒外任意一点处的电场强度

解　以 P 点到带电细棒的垂足 O 为原点建立直角坐标系 $O-xy$，如图 4.7 所示。在细棒上 x 处取一长为 $\mathrm{d}x$ 的电荷元 $\mathrm{d}q=\lambda\mathrm{d}x$，则 $\mathrm{d}q$ 在 P 点产生的电场强度大小为

$$\mathrm{d}E=\frac{1}{4\pi\varepsilon_0}\frac{\mathrm{d}q}{r^2}=\frac{\lambda}{4\pi\varepsilon_0}\frac{\mathrm{d}x}{r^2}$$

细棒上不同位置的电荷元 $\mathrm{d}q$ 在 P 点产生的 $\mathrm{d}\boldsymbol{E}$ 方向都不

相同,因此在积分前需将矢量 d$\boldsymbol{E}$ 沿 Ox、Oy 轴的方向分解为

$$dE_x = dE\cos\theta = \frac{\lambda}{4\pi\varepsilon_0}\frac{dx}{r^2}\cos\theta$$

$$dE_y = dE\sin\theta = \frac{\lambda}{4\pi\varepsilon_0}\frac{dx}{r^2}\sin\theta$$

从图 4.7 中可知,上式中 x、r、θ 并非都是独立变量,它们之间有如下关系:

$$r = \frac{a}{\sin\theta}$$

$$x = -a\cot\theta$$

对上式微分

$$dx = a\csc^2\theta$$

则各电荷元在 P 点产生的合电场强度在 Ox、Oy 轴向的分量为

$$E_x = \int dE_x = \int \frac{\lambda}{4\pi\varepsilon_0}\frac{dx}{r^2}\cos\theta$$

$$= \frac{\lambda}{4\pi\varepsilon_0 a}\int_{\theta_1}^{\theta_2}\cos\theta d\theta$$

$$= \frac{\lambda}{4\pi\varepsilon_0 a}(\sin\theta_2 - \sin\theta_1)$$

$$E_y = \int dE_y = \int \frac{\lambda}{4\pi\varepsilon_0}\frac{dx}{r^2}\sin\theta$$

$$= \frac{\lambda}{4\pi\varepsilon_0 a}\int_{\theta_1}^{\theta_2}\sin\theta d\theta = \frac{\lambda}{4\pi\varepsilon_0 a}(\cos\theta_1 - \cos\theta_2)$$

解题指导:

利用叠加原理求场强的一般步骤:

(1)取适当的电荷 dq;

(2)根据点电荷的场强写出 dq 在场点产生的 d$\boldsymbol{E}$;

(3)选取适当的坐标系,把矢量积分变成标量积分;

(4)选择积分变量,求出场点的场强;

(5)对结果进行适当的讨论。

讨论:

(1)若 $a \ll l$,则细棒可以看成无限长,即 $\theta_1 = 0$,$\theta_2 = \pi$,代入以上推导出的 E_x 和 E_y 表达式可得

$$E_x = 0$$

$$E_y = \frac{\lambda}{2\pi\varepsilon_0 a}$$

上式指出,在无限长带电细棒周围任意点的电场强度与该点到带电细棒的距离成反比,在离细棒距离相同处的电场强度相等,方向垂直于细棒,即电场分布具有轴对称性。

(2)当 $a \gg l$ 时,带电细棒可以视为一个点电荷,所以必然有:

$$E_x = 0$$

$$E_y = \frac{\lambda L}{4\pi\varepsilon_0 a^2} = \frac{q}{4\pi\varepsilon_0 a^2}$$

例 4.4　如图 4.8 所示,电荷 q 均匀分布在半径为 R 的细圆环上,计算在垂直于环面环心的轴线上任意一点 P 的电场强度。

解　在圆环轴线上任取一点 P，P 点距环心 O 的距离为 x。取如图 4.8 所示的坐标系 $O-xyz$，将圆环分割成许多的电荷元 $\mathrm{d}q=\lambda\mathrm{d}l=\frac{q}{2\pi R}\mathrm{d}l$，任一电荷元在 P 点的场强为

$$\mathrm{d}\boldsymbol{E}=\frac{1}{4\pi\varepsilon_0}\frac{\mathrm{d}q}{r^2}\boldsymbol{e}_r$$

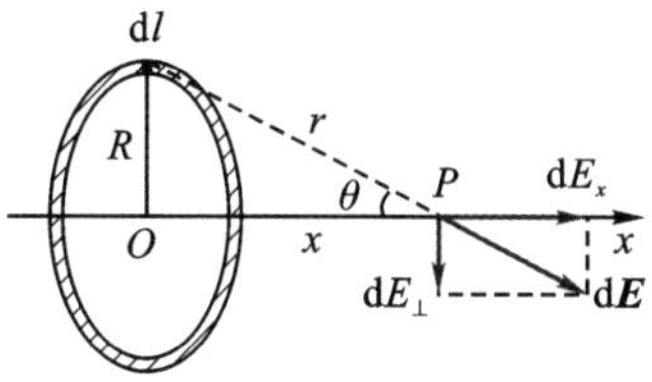

图 4.8　均匀带电细棒圆环轴线上的电场强度分布

根据对称性分布可知，各电荷元在 P 点的电场强度沿垂直轴线方向的分量 $\mathrm{d}E_\perp$ 相互抵消，而平行于轴线方向的分量 $\mathrm{d}E_x$ 则相互加强，因而合电场强度大小为

$$E=\int_l \mathrm{d}E_x=\int_l \mathrm{d}E\cos\theta$$

$$=\int_l \frac{\cos\theta}{4\pi\varepsilon_0}\frac{\mathrm{d}q}{r^2}=\frac{\cos\theta}{4\pi\varepsilon_0}\int_l \mathrm{d}q=\frac{q\cos\theta}{4\pi\varepsilon_0 r^2}$$

上式中，积分号下的 l 是对整个带电圆环积分。考虑到 $\cos\theta=\frac{x}{r}$，而 $r=\sqrt{x^2+R^2}$，则上式可以改写成

$$E=\frac{qx}{4\pi\varepsilon_0(x^2+R^2)^{3/2}}$$

$\boldsymbol{E}$ 的方向沿 x 轴正方向。

讨论：

(1)当 $x\gg R$ 时，$(x^2+R^2)^{3/2}\approx x^3$，则 $\boldsymbol{E}$ 的大小为

$$E\approx\frac{1}{4\pi\varepsilon_0}\frac{q}{x^2}$$

上式表明，远离环心处的电场相当于一个电荷全部集中于环心的点电荷产生的电场。

(2)当 $x=0$ 时，环心的电场强度 $E=0$。

例 4.5　有一均匀带电的薄圆盘，半径为 R，电荷面密度为 σ，如图 4.9 所示，试计算圆盘轴线上任一点 P 的电场强度。

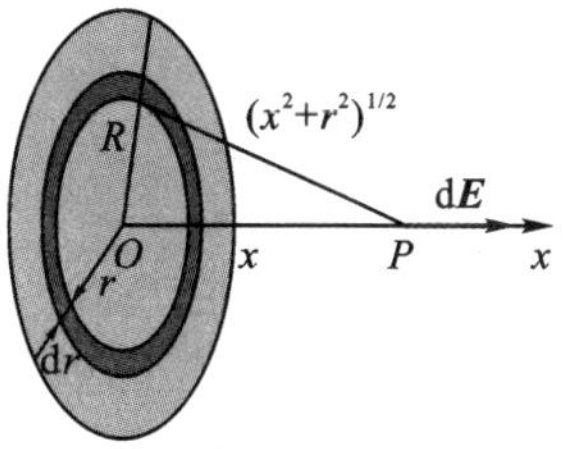

图 4.9　均匀带电圆盘轴线上的电场强度分布

解　取如图 4.9 所示的坐标轴 Ox，将圆盘面看作是由许多同心带电的细圆环所组成，取任一带电细圆环，其电荷量 $\mathrm{d}q=\sigma 2\pi r\mathrm{d}r$。由例 4.4 可知此带电细圆环在 P 点激发的电场强度大小为

$$\mathrm{d}E=\frac{x\sigma 2\pi r\mathrm{d}r}{4\pi\varepsilon_0(x^2+R^2)^{3/2}}$$

$\mathrm{d}\boldsymbol{E}$ 方向沿 Ox 轴正向。因此带电圆盘在 P 点激发的电场强度大小为

$$E=\frac{x\sigma}{2\varepsilon_0}\int_0^R\frac{r\mathrm{d}r}{(x^2+R^2)^{3/2}}$$

$$=\frac{\sigma}{2\varepsilon_0}\left(1-\frac{x}{\sqrt{(x^2+R^2)}}\right)$$

方向沿 Ox 轴正方向。

讨论：

(1)当 $x \ll R$ 时，便可将表面均匀带电的薄圆盘看作无限大均匀带电平面，则其附近的电场强度大小为

$$E=\frac{\sigma}{2\varepsilon_0}$$

上式表明，无限大带电平面附近是均匀电场，其方向垂直于带电平面，若 $\sigma>0$，则 $\boldsymbol{E}$ 从带电平面指向两侧；若 $\sigma<0$，则 $\boldsymbol{E}$ 从两侧指向带电平面。

(2)当 $x \gg R$ 时，带电圆盘产生的电场近似等于点电荷产生的电场，所以

$$E \approx \frac{\sigma\pi R^2}{4\pi\varepsilon_0 x^2}=\frac{q}{4\pi\varepsilon_0 x^2}$$

式中，$q=\sigma\pi R^2$ 为圆盘面所带的总电荷量。

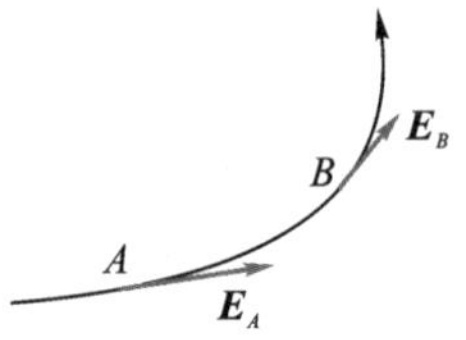

图 4.10　电场线示意图

4.3　高斯定理

4.3.1　电场线

由于场的概念比较抽象，所以法拉第在提出场的概念的同时引入**力线**的概念，对场的物理图像做了非常直观的形象化描述，描述电场的力线称为**电场线**，为了使电场线既能显示空间各处的电场强度的大小，又能显示各点电场强度的方向，在绘制电场线时作如下规定：

(1)**电场线上每一点的切线方向都与该点处的电场强度方向一致**，如图 4.10 所示。

(2)**在任一场点处，通过垂直于电场强度 $\boldsymbol{E}$ 的单位面积上的电场线条数，等于该点电场强度 $\boldsymbol{E}$ 的大小。**

按此规定绘制的电场线便可以很好地描述电场强度的分布。

图 4.11 是几种常见电场的电场线的分布，从中可以看出电场线的一些基本性质：

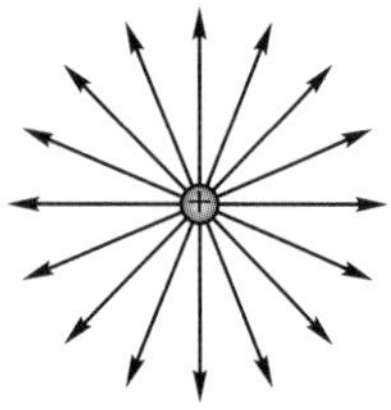

(a) 正点电荷

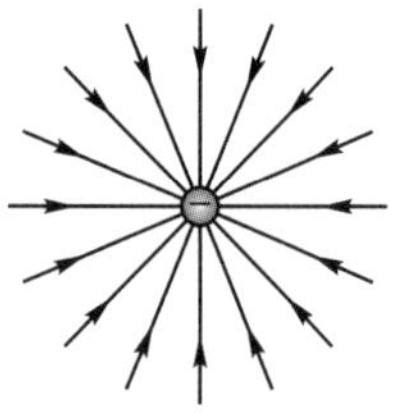

(b) 负点电荷

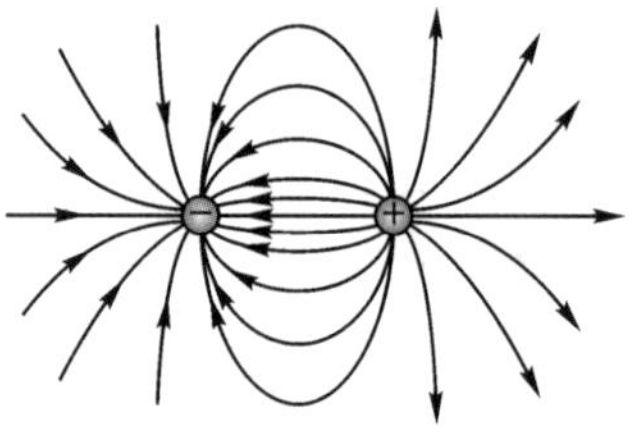

(c) 两等值异种电荷

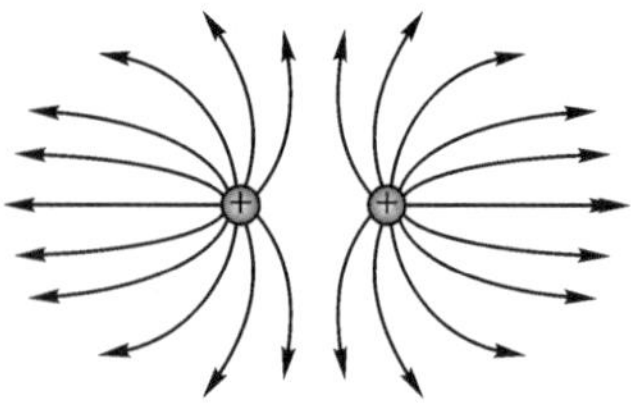

(d) 两等值同种电荷

图 4.11　几种典型电场的电场线分布

(1)电场线起始于正电荷(或无限远)，终止于负电荷(或无限远)，在无电荷处不中断；

(2)电场线不会构成闭合线；

(3)没有电荷处，任意两条电场线不会相交；

(4)电场线密集处电场强度较大，电场线稀疏处电场强度较小。

应该指出，电场线是为描述电场的分布而引入的一簇曲线，并非客观存在的。

4.3.2　电通量

通量是描述电场在内的一切矢量场的一个重要概念，理论上有助于说明场和源的关系。用**通过电场中某一面的电场线条数表示通过这个面的电场强度通量**，简称为**电通量**，用符号 Φ_e 表示。

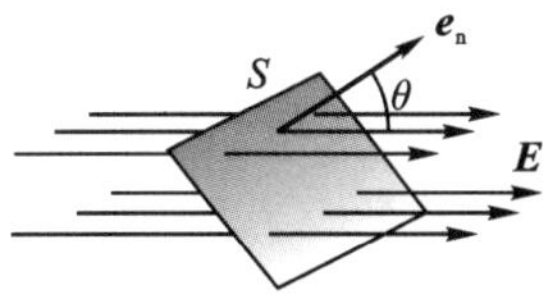

图 4.12　匀强电场，通过平面的电通量

在匀强电场中取任意平面 S，如图 4.12 所示，由于 S 在空间可取不同方位，为了反映 S 的大小及其在电场中的方位，引入面积矢量 $\boldsymbol{S}$。$\boldsymbol{S}$ 的大小为 S，方向规定为该面的法线方向，其单位矢量用 $\boldsymbol{e}_n$ 表示，于是面积矢量可以表示为 $\boldsymbol{S}=S\boldsymbol{e}_n$。设 $\boldsymbol{S}$ 与 $\boldsymbol{E}$ 之间的夹角为 θ，则通过 S 面的电通量为

$$\Phi_e = ES\cos\theta = \boldsymbol{E}\cdot\boldsymbol{S} \tag{4.10}$$

可见，电通量是可正可负的标量。当 $\theta>\frac{\pi}{2}$ 时，$\Phi_e<0$；当 $\theta<\frac{\pi}{2}$ 时，$\Phi_e>0$；当 $\theta=\frac{\pi}{2}$ 时，$\Phi_e=0$。

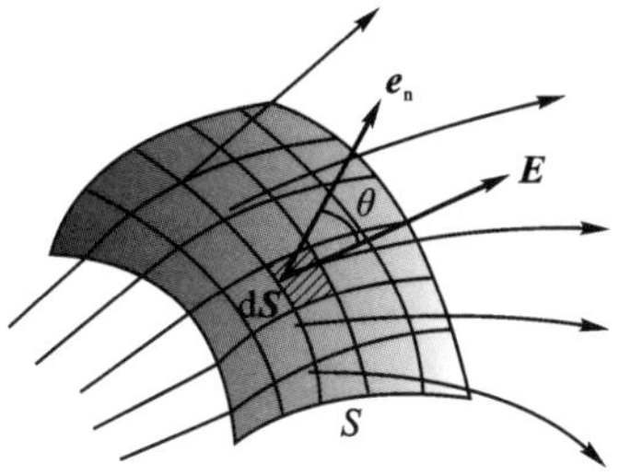

图 4.13　通过任意曲面的电通量

对于非均匀电场中的任意曲面 S，如图 4.13 所示。在曲面上任取面积元 $\mathrm{d}S$，其法线 $\boldsymbol{e}_n$ 方向与该点处电场强度 $\boldsymbol{E}$ 方向的夹角为 θ，则通过该面元的电通量为

$$\mathrm{d}\Phi_e = E\mathrm{d}S\cos\theta = \boldsymbol{E}\cdot\mathrm{d}\boldsymbol{S} \tag{4.11}$$

式中，$\mathrm{d}\boldsymbol{S}=\mathrm{d}S\,\boldsymbol{e}_n$。我们可以把曲面看成由无数多个面积元 $\mathrm{d}\boldsymbol{S}$ 组成，穿过整个曲面的电通量为穿过所有面积元电通量的代数和，即

$$\Phi_e = \int\mathrm{d}\Phi_e = \int_S \boldsymbol{E}\cdot\mathrm{d}\boldsymbol{S} = \int_S E\mathrm{d}S\cos\theta \tag{4.12}$$

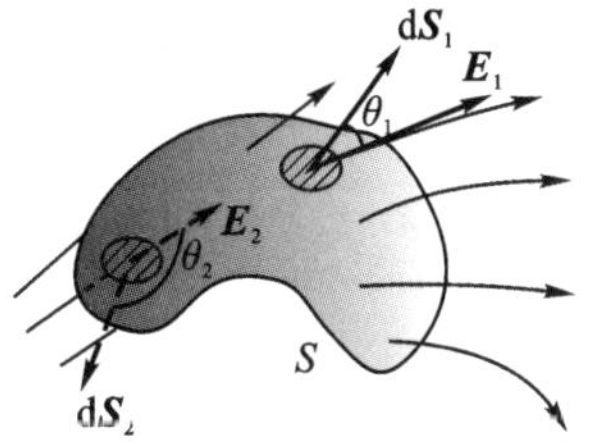

图 4.14　通过闭合曲面的电通量

如果曲面是闭合的，上式中的曲面积分应变成对闭合曲面的积分，则通过闭合曲面的通量为

$$\Phi_e = \oint_S \boldsymbol{E}\cdot\mathrm{d}\boldsymbol{S} = \oint_S E\mathrm{d}S\cos\theta \tag{4.13}$$

通常规定：**闭合曲面上任意一点的法线总是垂直于曲面指向外侧（即外法线）**。这样一来，当电场线从闭合曲面穿出时，$\theta<\frac{\pi}{2}$，$\mathrm{d}\Phi_e>0$，通量为正；当电场线穿入闭合曲面时，$\theta>\frac{\pi}{2}$，$\mathrm{d}\Phi_e<0$，通量为负，如图 4.14 所示。对于整个闭合曲面，既有穿入的电场线，又有穿出的电场线，通过整个闭合曲面的电通量是两部分电通量的代数和。

> **小贴士：**
>
> **面积元 d*S* 规定**
>
> 曲面一般有两个面，计算电场通量时，曲面上任一面积元 $\mathrm{d}\boldsymbol{S}$ 的法线方向有两个，我们可以根据实际情况选择任意一个方向做面积元 $\mathrm{d}\boldsymbol{S}$ 的正方向。
>
> 闭合曲面把空间分为两部分，即闭合曲面内和闭合曲面外，闭合曲面的上任意面积元的法线方向就有内外之分，计算电场通量时，我们规定闭合曲面上面积元 $\mathrm{d}\boldsymbol{S}$ 的外法线方向为正方向。

4.3.3　高斯定理

前面讨论知道静电场是由电荷所激发的，那么通过空间某一给定闭合曲面的电场强度通量与激发电场的场源电荷存在某种确定的关系，这一关系由著名的物理学家高斯经过缜密论

小贴士：

高斯（C. F. Gauss，1777—1855），德国数学家、天文学家和物理学家，高斯在数学上建树颇丰有“数学王子”美称，他与韦伯制成了第一台有线电报机并建立了地磁观测台。

证得出，称为**高斯定理**。在这里我们首先从简单的情况出发，由特殊到一般逐步导出这个定理。

首先考虑以点电荷 q（设 $q>0$）为球心，半径为 r 的闭合曲面的电通量，如图 4.15(a)所示，球面 S 上任意一点的电场强度 $\boldsymbol{E}$ 的大小均为 $\dfrac{q}{4\pi\varepsilon_0 r^2}$，方向都沿位矢 $\boldsymbol{r}$ 的方向，且处处与球面垂直。通过整个球面的电通量为

$$\begin{aligned}\Phi_e &= \oint_S \boldsymbol{E}\cdot \mathrm{d}\boldsymbol{S} = \oint_S \frac{q}{4\pi\varepsilon_0 r^2}\cos 0\mathrm{d}S \\ &= \frac{q}{4\pi\varepsilon_0 r^2}\oint_S \mathrm{d}S = \frac{q}{4\pi\varepsilon_0 r^2}\cdot 4\pi r^2 \\ &= \frac{q}{\varepsilon_0}\end{aligned}$$

此结果与球面半径 r 无关，只与它所包围的电荷量有关，这意味着对以点电荷 q 为中心的任意球面来说，通过它们的电通量等于 $\dfrac{q}{\varepsilon_0}$，与电荷的位置无关。

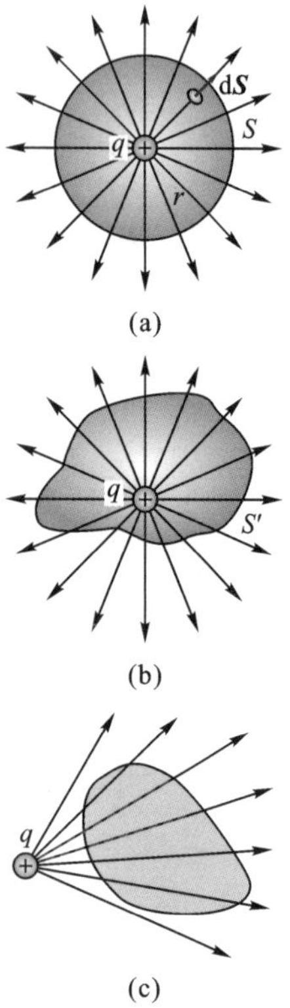

图 4.15　证明高斯定理用图

接着考虑包围点电荷 q 的任意闭合曲面 S' 的电通量情况，如图 4.15(b)所示，S 和 S' 包围同一点电荷 q，且在 S 和 S' 之间并无其他电荷，电场线不会中断，因此穿过球面 S 的电场线都将穿过闭合曲面 S'，这就是说通过任意闭合曲面 S' 的电通量与通过球面 S 的电通量相同，在数值上都等于 $\dfrac{q}{\varepsilon_0}$。

如果电荷 q 在任意闭合曲面 S 之外，如图 4.15(c)所示，可见只有在与闭合曲面相切的椎体范围内的电场线才能通过此曲面，而且每一条电场线从某处穿入曲面，必然从曲面上另一处穿出，因此通过这一闭合曲面的电通量代数和为零，即

$$\Phi_e = \oint_S \boldsymbol{E}\cdot \mathrm{d}\boldsymbol{S} = 0$$

对于一个由 $q_1, q_2, \cdots, q_n$ 组成的点电荷系来说，根据场强叠加原理，电场中任一点的电场强度为

$$\boldsymbol{E} = \boldsymbol{E}_1 + \boldsymbol{E}_2 + \cdots + \boldsymbol{E}_n$$

其中，$\boldsymbol{E}_1, \boldsymbol{E}_2, \cdots, \boldsymbol{E}_n$ 为各点电荷单独存在的电场强度，$\boldsymbol{E}$ 为总电场强度。这时通过任意闭合曲面 S 的电通量为

$$\begin{aligned}\Phi_e &= \oint_S \boldsymbol{E}\cdot \mathrm{d}\boldsymbol{S} = \oint_S \boldsymbol{E}_1\cdot \mathrm{d}\boldsymbol{S} + \oint_S \boldsymbol{E}_2\cdot \mathrm{d}\boldsymbol{S} + \cdots + \oint_S \boldsymbol{E}_n\cdot \mathrm{d}\boldsymbol{S} \\ &= \Phi_{e1} + \Phi_{e2} + \cdots + \Phi_{en}\end{aligned}$$

其中，$\Phi_{e1}, \Phi_{e2}, \cdots, \Phi_{en}$ 为各点电荷单独存在时通过闭合曲面的电通量，由上述关于点电荷情况的结论可知，当 q_i 在闭合曲面内，$\Phi_{ei} = \dfrac{q_i}{\varepsilon_0}$，当 q_i 在闭合曲面外时，$\Phi_{ei} = 0$，所以上式可以写成

$$\Phi_e = \oint_S \boldsymbol{E} \cdot d\boldsymbol{S} = \frac{1}{\varepsilon_0}\sum_{i=1}^{n} q_i^{(内)} \tag{4.14}$$

其中，$\sum_{i=1}^{n} q_i^{内}$表示在闭合曲面内的电荷量的代数和。这一结论可以推广到电荷连续分布的带电体的情况。

式(4.14)表明：**在真空静电场中，通过任一闭合曲面的电通量，等于包围在该闭合曲面内的所有电荷的代数和的 $\frac{1}{\varepsilon_0}$ 倍**，这就是**真空中静电场的高斯定理**。

高斯定理中我们常把所选取闭合曲面称为**高斯面**，由高斯定理可知，穿过任意高斯面的电场强度通量只于高斯面内部电荷有关，与高斯面的形状无关，也与电荷系的形状及电荷的分布无关。

从高斯定理可知，若闭合曲面内有正电荷，则它对闭合曲面的电通量是正值，电场线自内向外穿出，说明电场线始于正电荷；若闭合面内有负电荷，则它所贡献的电通量是负的，意味着必有电场线自外穿入闭合面，说明电场线终止于负电荷。如果通过闭合面的电场线不中断，电通量为零，说明此处无电荷。高斯定理将电场与场源电荷联系了起来，揭示出静电场是有源场这一普遍性质。

应当指出，虽然高斯定理是在库伦定律的基础上得到的，但库伦定律是从点电荷间的作用反映静电场的性质，而高斯定理是从电场和场源电荷之间关系反映静电场的性质。从场的角度上来看，高斯定理相比库仑定律更能反映电场的性质，应用范围更广泛。库仑定律只适用于静电场，而高斯定理不仅能适用于静电场，也适用于变化的电场，高斯定理是电磁场理论的基本方程之一。

小贴士：

(1)高斯定理反映了闭合曲面的电通量 Φ_e 与面内电荷的代数和的关系，并非是指电场强度与面内电荷的关系。

(2)虽然面外电荷对通过闭合曲面的电通量 Φ_e 没有贡献，但是对闭合面上各点的电场强度 $\boldsymbol{E}$ 是有贡献的，也就是说闭合曲面上各点的电场强度由闭合曲面内、外所有电荷共同激发。

(3)高斯定理说明了静电场是有源场，源头处必有电荷。

4.3.4　高斯定理的应用

高斯定理不仅从一个侧面反映了静电场的性质，而且有时也可以用来计算一些呈高度对称分布的电场的电场强度，这往往比采用叠加原理计算更加简便。从高斯定理的数学表达式(4.14)来看，电场强度位于积分号内，一般情况下不易求解，但是如果高斯面上的电场强度大小处处相等，且方向与各点处面积元 $d\boldsymbol{S}$ 的法线方向一致或者具有相同的夹角，这时 $\boldsymbol{E} \cdot d\boldsymbol{S} = E\cos\theta dS$，则 $E\cos\theta$ 作为常量从积分号中提出，这样就可以解出电场强度 $\boldsymbol{E}$ 值。由此看来利用高斯定理计算电场强度，不仅要求电场强度分布具有对称性，而且还要根据电场强度的对称分布作出相应的高斯面，需满足：

(1)高斯面上的电场强度大小处处相等；

解题指导：

利用高斯定理求场强的步骤：

(1)对称性分析。电荷分布具有某种对称性，电场分布也具有相同的对称性。

(2)根据对称性选择合适的高斯面。使高斯面上场强大小处处相等，场强方向处处垂直于高斯面；或者部分面满足上述条件，其他部分面与场强方向平行。

(3)计算通过高斯面的电通量，应用高斯定理计算场强。

(2)面积元 d**S** 的法线方向与该处的电场强度 **E** 的方向一致或具有相同的夹角;

(3)高斯面最好是简单的几何面以方便计算。

下面我们通过几个例题来理解上述应高斯定理求电场强度 **E** 的方法。

例 4.6　已知半径为 R,带电量为 q(设 $q>0$)的均匀带电球面,求其空间的电场强度分布。如果是均匀带电球体,它在空间的电场强度分布情况又如何?

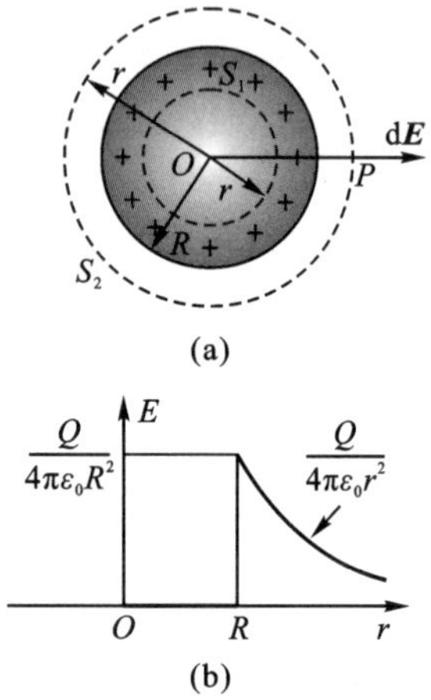

图 4.16　用高斯定理计算均匀带电球面的电场强度分布

解　先分析电场分布的对称性。如图 4.16(a)所示,由于电荷分布关于直线 OP 对称,因此,对于任何一对对称的电荷元,它们在 P 点产生的合电场强度 d**E** 的方向一定沿着 OP 方向,所以整个带电球面上的电荷在 P 点产生的合电场强度 **E** 的方向也必然沿着 OP 的方向。又由于电荷分布具有球对称性,在与带电球面同心的球面上各点 **E** 的大小也一定相等,所以电场 **E** 的分布具有球对称性。

为了计算空间某点 P 的电场强度,可根据电场的球对称性的特点,以 O 点为球心,过 P 点作半径为 r 的闭合球面作为高斯面,由于高斯面上各点电场强度大小处处相等,方向与相应点处面积元 d**S** 的法线方向一致,则通过此高斯面的电通量为

$$\Phi_e=\oint_S \boldsymbol{E}\cdot d\boldsymbol{S}=\oint_S E\cos\theta dS=E\oint_S dS=E\cdot 4\pi r^2$$

如果 P 点在球面外($r>R$),此时高斯面 S 包围的电荷为 q,根据高斯定理有

$$E\cdot 4\pi r^2=\frac{q}{\varepsilon_0}$$

由此可得到 P 点的电场强度为

$$E=\frac{q}{4\pi\varepsilon_0 r^2}$$

E 的方向沿径向向外。

如果 P 点在球面内($r<R$),由于高斯面 S 内没有电荷,根据高斯定理有

$$E\cdot 4\pi r^2=0$$

则

$$E=0$$

由上式可知,均匀带电球面内部空间的电场强度处处为零,均匀带电球面内、外的电场强度分布如图 4.16(b)所示。

如果电荷 q 均匀分布在球体内,可以用同样的方法计算电场强度,球体外的电场强度与于球面外的电场强度完全相同。计算球体内电场强度时,根据高斯定理有

$$E \cdot 4\pi r^2 = \frac{q}{4\pi R^3/3} \cdot \frac{4}{3}\pi r^3 \cdot \frac{1}{\varepsilon_0}(r < R)$$

得

$$E=\frac{1}{4\pi\varepsilon_0}\frac{qr}{R^3}$$

$\boldsymbol{E}$ 的方向沿径向向外。均匀带电球体的电场强度分布如图 4.17所示。从图中可以看出,在球体表面电场强度大小是连续的。

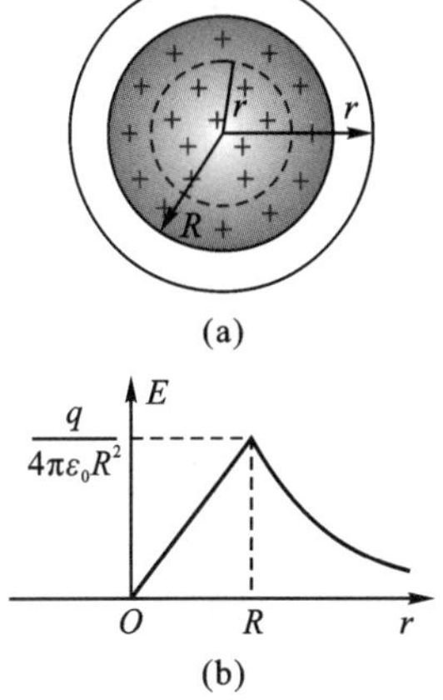

图 4.17　均匀带电球体的电场强度分布

例 4.7　有一无限长均匀带电细棒,已知电荷线密度为 λ,求细棒在空间的电场强度分布。

解　因为无限长带电细棒上电荷均匀分布,所以其电场分布具有轴对称性。$\boldsymbol{E}$ 的方向垂直于该细棒沿径向。以带电细棒为轴,做半径为 r、高为 h 的圆柱形高斯面 S,如图 4.18 所示。则通过高斯面的电通量为

$$\Phi_e = \oint_S \boldsymbol{E} \cdot \mathrm{d}\boldsymbol{S} = \int_{\text{侧面}} \boldsymbol{E} \cdot \mathrm{d}\boldsymbol{S} + \int_{\text{上底面}} \boldsymbol{E} \cdot \mathrm{d}\boldsymbol{S} + \int_{\text{下底面}} \boldsymbol{E} \cdot \mathrm{d}\boldsymbol{S}$$

因为 $\boldsymbol{E}$ 与圆柱两底面法线方向垂直,所以后两项的积分为零,而侧面上各点 $\boldsymbol{E}$ 的方向与各点的法线方向相同,且 E 为常量,所以有

$$\oint_S \boldsymbol{E} \cdot \mathrm{d}\boldsymbol{S} = \int_{\text{侧面}} \boldsymbol{E} \cdot \mathrm{d}\boldsymbol{S} = \int_{\text{侧面}} E\mathrm{d}S = E\int_{\text{侧面}} \mathrm{d}S = E \cdot 2\pi rh$$

式中,$2\pi rh$ 为圆柱面侧面的面积。圆柱形高斯面内包围的电荷为

$$\sum_i q_i = \lambda h$$

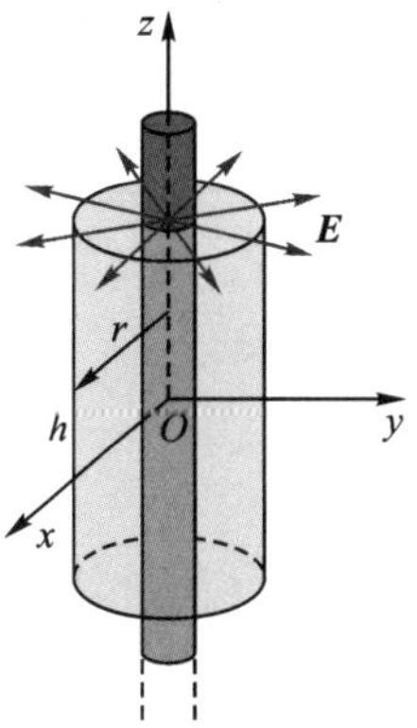

图 4.18　无限长均匀带电细棒的电场强度分布

根据高斯定理,有

$$E \cdot 2\pi rh=\frac{\lambda h}{\varepsilon_0}$$

因此高斯定高斯面上任意点的电场强度大小为

$$E=\frac{\lambda}{2\pi\varepsilon_0 r}$$

想一想:

如果是半径为 R 的无限长均匀带电圆柱面或圆柱体,能不能求其电场强度分布?

当 $\lambda>0$ 时,$\boldsymbol{E}$ 的方向沿径向指向外;当 $\lambda<0$ 时,$\boldsymbol{E}$ 的方向沿径向指向内;这一结果与例 4.3 的结果相同。

例 4.8　设有一个无限大的均匀带电平面,电荷面密度为 σ,求此平面在空间电场的分布。

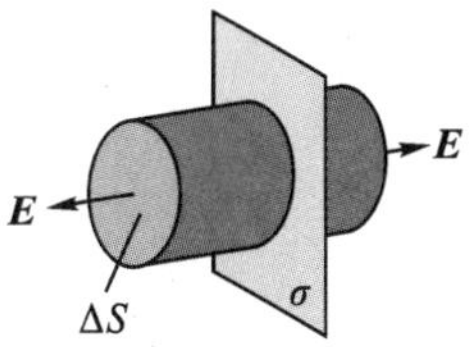

图 4.19　无限大均匀带电平面的电场强度分布

解　根据对称性分析,平面两侧的电场强度分布具有对称性。两侧离平面等距离处的电场强度大小相等,方向处处与平面垂直。我们做圆柱形高斯面 $\boldsymbol{S}$,垂直于平面且被平面左右等分,如图 4.19 所示。由于圆柱侧面上各点 $\boldsymbol{E}$ 的方向与侧面上各面积元 $\mathrm{d}\boldsymbol{S}$ 法向垂直,所以通过侧面的电通量为零。设底

想一想:

如果空间存在两个带等量异号电荷的无限大带电面,则空间场强的分布如何?如果是等量同号电荷的两个带电面呢?

小贴士:

如果电荷分布不具有特定的对称性,其电场不能直接用高斯定理求出,但是由于高斯定理是反映静电场性质的一个普遍规律,因此不论电荷分布对称与否,高斯定理对各种情况下的静电场总是成立的。

面的面积为 ΔS,则通过整个圆柱形高斯面的电通量为

$$\Phi_e = \oint_S \boldsymbol{E} \cdot \mathrm{d}\boldsymbol{S} = \int_{\text{侧面}} \boldsymbol{E} \cdot \mathrm{d}\boldsymbol{S} + \int_{\text{左底面}} E\mathrm{d}S = \int_{\text{右底面}} E\mathrm{d}S = 2E\Delta S$$

该高斯面中包围的电荷为

$$\sum_i q_i = \sigma \Delta S$$

根据高斯定理有

$$2E\Delta S = \frac{\sigma \Delta S}{\varepsilon_0}$$

因此无限大均匀带电平面外的电场强度为

$$E = \frac{\sigma}{2\varepsilon_0}$$

可见,无限大均匀带电平面两侧的电场是均匀的,它与例 4.5 讨论的第一种情况的结果相同。

综合以上几个例题可以看出利用高斯定理求电场强度的关键在于对称性的分析,只有当带电系统的电荷分布具有一定的对称性时,才有可能利用高斯定理求电场强度,具体步骤如下:

(1)从电荷分布的对称性来分析电场分布的对称性,判定电场强度的方向。

(2)根据电场的对称性特点,作相应的高斯面(通常为球面、圆柱面等),使高斯面上各点的电场强度大小相等。

(3)确定高斯面内所包围的电荷的代数和。

(4)根据高斯定理计算出电场强度的大小。

4.4　静电场的环路定理　电势

前面我们从静电场中电荷的受力特点出发,研究了静电场,揭示了静电场的有源性,并引入了描述电场力的性质的物理量——电场强度 $\boldsymbol{E}$,现在我们将研究电场力对电荷所做的功,进而从功能的观点来阐述静电场的能量性质,并引入新的物理量——电势。

4.4.1　静电场的环路定理

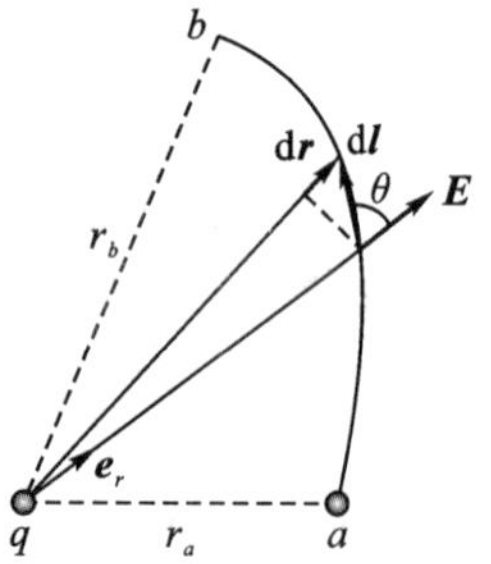

图 4.20　试验电荷 q_0 在点电荷的电场中运动

如图 4.20 所示,在场源点电荷 q(设 $q>0$)的电场中,试验电荷 q_0 从 a 点沿任意路径到达 b 点。取点电荷 q 所在处为坐标原点,在试验电荷 q_0 移动过程中的某一位置(其位矢为 $\boldsymbol{r}$)取位移元 $\mathrm{d}\boldsymbol{l}$,该处电场强度为 $\boldsymbol{E}$,则电场力对试验电荷 q_0 所做的元功为

$$\mathrm{d}A = \boldsymbol{F} \cdot \mathrm{d}\boldsymbol{l} = q_0 \boldsymbol{E} \cdot \mathrm{d}\boldsymbol{l} = q_0 E \mathrm{d}l \cos\theta$$

式中,θ 为 $\boldsymbol{E}$ 和 $\mathrm{d}\boldsymbol{l}$ 之间的夹角,由图 4.20 可知,$\mathrm{d}l\cos\theta = \mathrm{d}r$,将

它代入上式，可得

$$dA = q_0 E dr$$

当试验电荷 q_0 从 a 点移到 b 点时，电场力对它所做的功为

$$\begin{aligned} A &= \int dA = \int_{r_a}^{r_b} q_0 E dr = \int_{r_a}^{r_b} \frac{q}{4\pi\varepsilon_0 r^2} q_0 dr \\ &= \frac{qq_0}{4\pi\varepsilon_0}\left(\frac{1}{r_a} - \frac{1}{r_b}\right) \end{aligned} \tag{4.15}$$

式中，r_a、r_b 分别为试验电荷在起点 a 和终点 b 的位矢大小。

式上表明，在点电荷的电场中，电场力对试验电荷所做的功与路径无关，只和试验电荷 q_0 的始、末两个位置有关。

如果试验电荷在点电荷系的电场中移动，根据电场强度叠加原理，电场力对试验电荷 q_0 所做的功等于各点电荷单独存时在对 q_0 所做功的代数和。即

$$A = A_1 + A_2 + \cdots + A_n = \frac{q_0}{4\pi\varepsilon_0}\sum_i q_i\left(\frac{1}{r_{ia}} - \frac{1}{r_{ib}}\right) \tag{4.16}$$

式中，r_{ia}、r_{ib} 分别表示试验电荷 q_0 相对于各个点电荷的起点和终点的位矢大小，由于上式中的每一项都与路径无关，因此它们的代数和也必然与路径无关。任何静电场都可以看作是由某种分布的点电荷系产生的，由此可以得出结论：**在任何静电场中，试验电荷 q_0 从一个位置移动到另一位置时，电场力对它所做的功只与试验电荷 q_0 及其始、末两个位置有关，而与路径无关。**这是静电场力的一个重要特性，与万有引力、重力、弹性力等保守力做功的特性相同，所以静电场力是保守力，静电场是**保守场**。

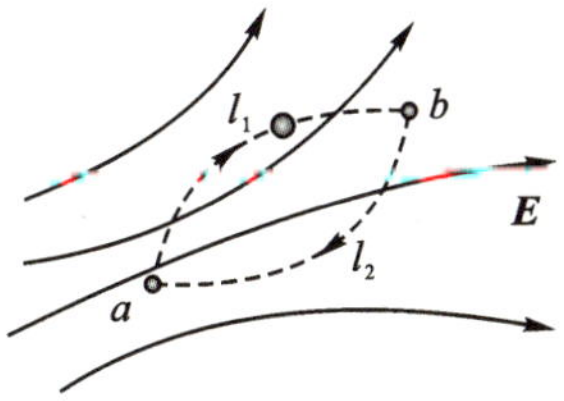

图 4.21　静电场的环流

静电场力做功与路径无关，这一结论还有另一种等价的表示，如图 4.21 所示，试验电荷 q_0 在静电场中从某点 a 出发，沿任意闭合路径 l 运动一周又回到 a 点，设想在 l 上再任取一点 b 将 l 分成 l_1 和 l_2 两段，沿闭合路径 l 电场力对试验电荷所做的功为

$$\begin{aligned} q_0\oint_l \boldsymbol{E}\cdot d\boldsymbol{l} &= q_0\int_{a(l_1)}^{b} \boldsymbol{E}\cdot d\boldsymbol{l} + q_0\int_{b(l_2)}^{a} \boldsymbol{E}\cdot d\boldsymbol{l} \\ &= q_0\int_{a(l_1)}^{b} \boldsymbol{E}\cdot d\boldsymbol{l} - q_0\int_{a(l_2)}^{b} \boldsymbol{E}\cdot d\boldsymbol{l} \end{aligned}$$

因为电场力做功与路径无关，对相同的起点和终点，有

$$q_0\int_{a(l_1)}^{b} \boldsymbol{E}\cdot d\boldsymbol{l} = q_0\int_{a(l_2)}^{b} \boldsymbol{E}\cdot d\boldsymbol{l}$$

将此式代入上式得

$$q_0\oint_l \boldsymbol{E}\cdot d\boldsymbol{l} = 0 \tag{4.17}$$

因 $q_0 \neq 0$，故

$$\oint_l \boldsymbol{E}\cdot d\boldsymbol{l} = 0 \tag{4.18}$$

式中，$\oint_l \boldsymbol{E} \cdot \mathrm{d}\boldsymbol{l}$ 是电场强度 $\boldsymbol{E}$ 沿任意闭合路径 l 的线积分，称为**电场强度的环流**。上式表示，**静电场中电场强度的环流恒等于0**。这一结论与电场力做功与路径无关等价，称为**静电场的环路定理**。静电场的高斯定理和环路定理是描述静电场性质的两个基本定理，高斯定理表明静电场是有源场，环路定理表明静电场是有势场(或无旋场)，即为保守力场。

4.4.2 电势能

在力学中，重力是保守力，因此可以引入重力势能的概念，弹性力是保守力，同样可以引入弹性势能，现在知道了静电场力也是保守力，因此也可以引入相应的**电势能**，记作 $\boldsymbol{E}_\mathrm{p}$。

势能是反映做功本领的物理量。在保守力场中，保守力做功等于相应势能的减少(例如，重力做功等于重力势能的减少)，静电场力既然是一种保守力，那么静电场力做功应该等于电势能的减少。设试验电荷 q_0 在电场力作用下，从 a 点移动到 b 点，在此期间，电势能从 $\boldsymbol{E}_{\mathrm{p}a}$ 改变为 $\boldsymbol{E}_{\mathrm{p}b}$，电场力做功与电势能的关系可表示为

$$A_{ab} = q_0 \int_a^b \boldsymbol{E} \cdot \mathrm{d}\boldsymbol{l} = E_{\mathrm{p}a} - E_{\mathrm{p}b} = -(E_{\mathrm{p}b} - E_{\mathrm{p}a}) \tag{4.19}$$

> 小贴士：
>
> (1)电势能与电荷 q_0 及其在静电场中的位置有关，可见电势能是属于电场和位于电场中的电荷 q_0 所组成的系统的，而不是属于某个电荷的。其实质是电荷 q_0 与电场之间的相互作用能。
>
> (2)电势能是标量，可正可负。

在国际单位制中，电势能的单位是焦耳，记作J。电势能与重力势能、弹性势能等其他形式的势能相似，是相对量，其数值取决于势能零点的选取。而势能零点的选取是任意的。当场源电荷为有限大小的带电体时，习惯上取无限远处为电势能零点。设式(4.19)中 b 点在无穷远处，即 $E_{\mathrm{p}b} = E_{\mathrm{p}\infty} = 0$，则试验电荷 q_0 在 a 点的电势能为

$$E_{\mathrm{p}a} = A_{a\infty} = q_0 \int_a^\infty \boldsymbol{E} \cdot \mathrm{d}\boldsymbol{l} \tag{4.20}$$

上式表明，**试验电荷 q_0 在电场中某点 a 点的电势能，在数值上等于将 q_0 从 a 点移动到电势能零点处电场力所做的功。**

> 小贴士：
>
> 在理论计算中，对于一个有限大小的带电体，往往选取无限远处的电势为零，如果是一个分布于无限空间的带电体，那么就只能在电场中选择一个合适位置作为电势零点。在实际问题中，通常选取大地作为电势零点，导体接地后就认为它的电势为零了。在电子仪器中，常将电器的金属外壳和公共地线作为电势的零点。

4.4.3 电势和电势差

试验电荷 q_0 在电场中 a 点的电势能不仅与电场有关，而且与试验电荷的电荷量有关，所以电势能不能直接用来描述电场的性质。实验表明，试验电荷在场点的电势能与其电荷量之比是一个与试验电荷无关的量，仅取决于场源电荷的分布和场点的位置，因此我们可以从电场与电荷之间相互作用能的角度，把这个比值作为描述电场能量性质的物理量，称之为**电势**，记作 u_a，即

$$u_a = \frac{E_{\mathrm{p}a}}{q_0} = \int_a^\infty \boldsymbol{E} \cdot \mathrm{d}\boldsymbol{l} \tag{4.21}$$

上式表明，**电场中某一点 a 的电势在数值上等于单位正电荷在**

该处的电势能，即等于将单位正电荷从 a 点移动到无限远处（电势能零点），静电场力所做的功。

电势是标量，国际单位制中其单位是伏[特]（V），电势也是一个相对量，要确定某点的电势必须先确定参考点（电势零点），实际上真正有意义的是两点之间的电势差（亦称电压）。式(4.19)两边除以 q_0，可以得到静电场中任意两点 a 和 b 之间的电势差

$$u_{ab} = u_a - u_b = \int_a^b \boldsymbol{E} \cdot \mathrm{d}\boldsymbol{l} \tag{4.22}$$

这表明，**静电场中 a、b 两点之间的电势差等于将单位正电荷从 a 点移动到 b 点，静电场力所做的功。**显然，只要知道 a、b 两点之间的电势差，就可以方便地算出电荷 q_0 从 a 点移到 b 点时电场力做功：

$$A_{ab} = q_0 u_{ab} = q_0(u_a - u_b) \tag{4.23}$$

上式在计算电场力做功或者计算电势能变化时经常被用到。

4.4.4　电势叠加原理

1. 点电荷电场的电势

在点电荷 q 激发的电场中，若选取无限远处电势为零，即 $u_\infty = 0$，则由式(4.21)可得电场中任意一点 P 点的电势。由于积分与路径无关，因此可沿径向积分，即

$$u_a = \int_a^\infty \boldsymbol{E} \cdot \mathrm{d}\boldsymbol{l} = \int_a^\infty E\mathrm{d}r = \int_a^\infty \frac{q}{4\pi\varepsilon_0 r^2}\mathrm{d}r = \frac{q}{4\pi\varepsilon_0 r} \tag{4.24}$$

显然，在正电荷（$q>0$）激发的电场中，各点的电势为正，且离场源越远，电势越小；在负电荷（$q<0$）激发的电场中，各点的电势为负，离场源越远，电势越高（绝对值越小）。

2. 点电荷系电场中的电势

在点电荷系所激发的电场中，电场强度是各点电荷激发的电场强度的矢量和，即

$$\boldsymbol{E} = \boldsymbol{E}_1 + \boldsymbol{E}_2 + \cdots + \boldsymbol{E}_n$$

所以电场中 P 点的电势为

$$\begin{aligned} u_P &= \int_P^\infty \boldsymbol{E} \cdot \mathrm{d}\boldsymbol{l} = \int_P^\infty (\boldsymbol{E}_1 + \boldsymbol{E}_2 + \cdots + \boldsymbol{E}_n) \cdot \mathrm{d}\boldsymbol{l} \\ &= \int_P^\infty \boldsymbol{E}_1 \cdot \mathrm{d}\boldsymbol{l} + \int_P^\infty \boldsymbol{E}_2 \cdot \mathrm{d}\boldsymbol{l} + \cdots + \int_P^\infty \boldsymbol{E}_n \cdot \mathrm{d}\boldsymbol{l} \end{aligned}$$

亦即

$$u_P = u_1 + u_2 + \cdots + u_n = \sum_i \frac{q_i}{4\pi\varepsilon_0 r} \tag{4.25}$$

小贴士：

计算电势的两种方法：

(1)利用电势叠加原理计算；

(2)利用电势的定义计算。

想一想：

什么情形下用电势定义式计算电势，什么情形下用电势叠加原理计算电势？

上式是**电势叠加原理**的表达式，它表示**点电荷电场中任一点的电势，等于各点电荷单独存在时在该点处的电势的代数和。**电势叠加是一种标量叠加。

3. 连续分布电荷电场中的电势

对于连续分布的带电体，可将其看作无限多个电荷 $\mathrm{d}q$ 的集合，每个电荷元可以被看作点电荷，它在电场中某点 P 处产生的电势为

$$\mathrm{d}u=\frac{\mathrm{d}q}{4\pi\varepsilon_0 r} \tag{4.26}$$

根据电势叠加原理，可得 P 点的总电势为

$$u_P=\int \mathrm{d}u=\int_V \frac{\mathrm{d}q}{4\pi\varepsilon_0 r} \tag{4.27}$$

注意，上式的积分空间是带电体(场源)的体积，电势零点在无限远处。

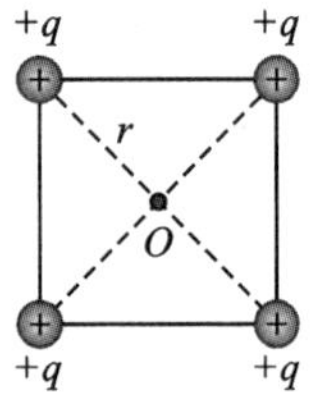

图 4.22　例 4.9 离散电荷电势叠加

例 4.9　在正方形 4 个顶点上各放置带电量为 $+q$ 的 4 个点电荷，如图 4.22 所示，各顶点到正方形中心 O 的距离为 r。求 O 点的电势。

解　由图 4.22 可知各个点电荷在 O 点产生的电势分别为 $\frac{q}{4\pi\varepsilon_0 r}$。

根据电势叠加原理，O 点电势为

$$U_O=\sum_{i=1}^{4}\frac{q_i}{4\pi\varepsilon_0 r_i}=\frac{4q}{4\pi\varepsilon_0 r}=\frac{q}{\pi\varepsilon_0 r}$$

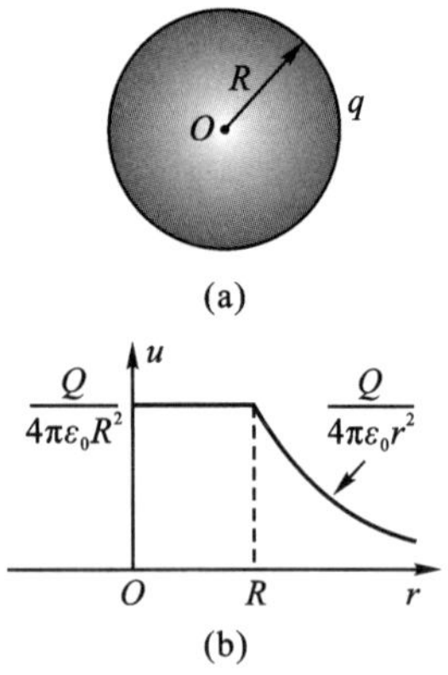

图 4.23　均匀带电球面的电场中电势的分布

例 4.10　半径为 R 的均匀带电球面所带电荷量为 q，如图 4.23(a)所示。试求该带电球面的电场中电势的分布。

解　利用例 4.6 的结论，均匀带电球面的电场强度分布为

$$E=\begin{cases}0 & (r<R)\\ \dfrac{q}{4\pi\varepsilon_0 r^2} & (r\geqslant R)\end{cases}$$

电场强度沿径向方向。

选取无限远处的电势为零。设球面外任意一点 P 与球心 O 相距为 r，从 P 点出发沿径向积分，则得到球面外任意一点 P 的电势为

$$u_P=\int_P^{\infty}\boldsymbol{E}\cdot \mathrm{d}\boldsymbol{l}=\int_r^{\infty}\frac{q}{4\pi\varepsilon_0 r^2}\mathrm{d}r=\frac{q}{4\pi\varepsilon_0 r}$$

把上式与点电荷的电势公式相比较，可知均匀带电球面在球面外一点的电势，等于将球面上的电荷全部集中在球心形成的点电荷的电势。同理还可以求得球面内任意一点的电势为

$$\begin{aligned}u_P&=\int_P^{\infty}\boldsymbol{E}\cdot \mathrm{d}\boldsymbol{l}=\int_r^{R}\boldsymbol{E}\cdot \mathrm{d}\boldsymbol{l}+\int_R^{\infty}\boldsymbol{E}\cdot \mathrm{d}\boldsymbol{l}\\&=\int_R^{\infty}\frac{q}{4\pi\varepsilon_0 r^2}\mathrm{d}r=\frac{q}{4\pi\varepsilon_0 R}\end{aligned}$$

这说明均匀带电球面内各点的电势相等，并且等于球面上各点的电势，电势分布如图 4.23(b)所示。

例 4.11　半径为 r 的均匀带电圆环所带电荷量为 q。求圆环轴上任意一点 P 的电势。

解　如图 4.24(a)所示，设轴线上任意一点 P 到圆心距离为 x，电荷线密度为 $\lambda=\dfrac{q}{2\pi R}$，在环上任取一个线元 $\mathrm{d}l$，所带电荷量为 $\mathrm{d}q=\lambda\mathrm{d}l$，则 $\mathrm{d}q$ 在 P 点产生的电势为

$$\mathrm{d}u=\frac{\lambda\mathrm{d}l}{4\pi\varepsilon_0 r}$$

式中，$r=\sqrt{R^2+x^2}$，根据电势叠加原理，带电圆环在 P 点产生的电势为

$$u=\frac{\lambda}{4\pi\varepsilon_0 r}\int_0^{2\pi R}\mathrm{d}l=\frac{\lambda\cdot 2\pi R}{4\pi\varepsilon_0 r}=\frac{q}{4\pi\varepsilon_0 r}$$
$$=\frac{q}{4\pi\varepsilon_0\sqrt{R^2+x^2}}$$

电势沿 Ox 轴的分布如图 4.24(b)所示。

从上式可知，当 $x\gg R$ 时，$u=\dfrac{q}{4\pi\varepsilon_0 x}$，这相当于将全部电荷集中于环心的点电荷在 P 点产生的电势。大家考虑本例用电势的定义式应该怎么计算。

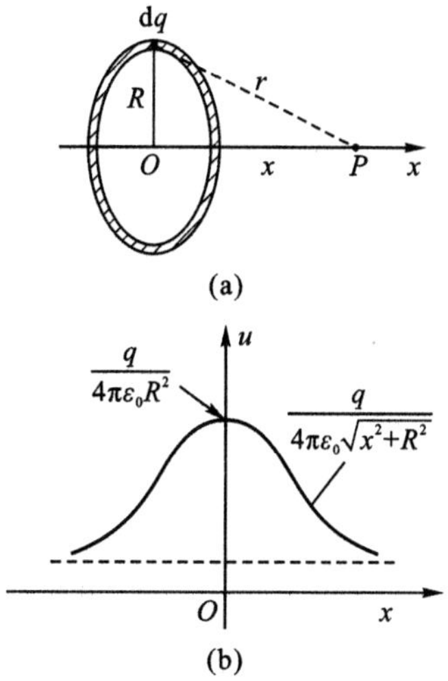

图 4.24　均匀带电细圆环轴线上电势的分布

4.5　等势面　电势和电场强度的微分关系

4.5.1　等势面

在描述电场时，我们曾借助电场线来描述电场强度的分布，同样也可以用绘制等势面的方法来描述电场中电势的分布。

在静电场中，将电势相等的点连起来所形成的曲面，称为**等势面**。在画等势面时，通常规定两相邻等势面间的电势差相同，如图 4.25 所示是按此规定画出的一个点电荷和一个电偶极子的等势面与电场线的分布，其中，虚线表示等势面，实线表示电场线。

等势面具有以下两个特点：

(1)等势面密集的地方电场强度较大，稀疏的地方电场强度较小；

(2)等势面与电场线正交，电荷 q_0 沿等势面移动时电场力不做功。

在实际问题中，很多带电体的等势面分布，可以通过实验

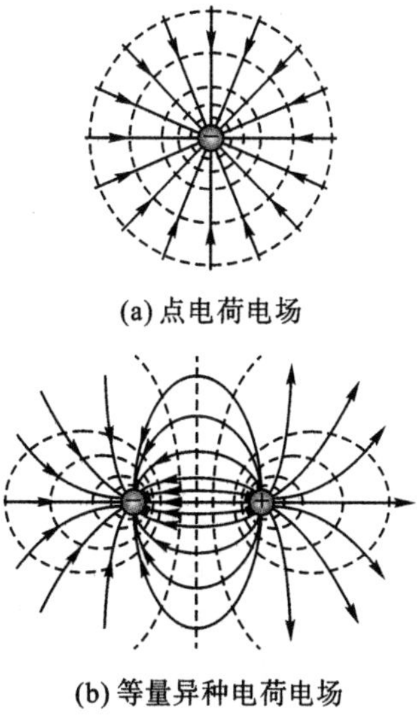

(a) 点电荷电场

(b) 等量异种电荷电场

图 4.25　等势面和电场线

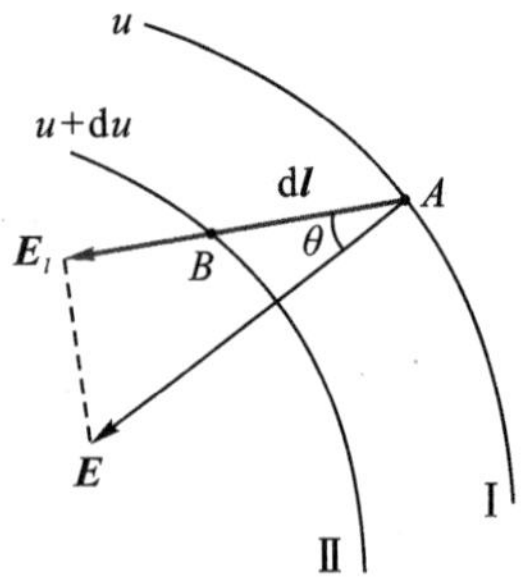

图 4.26　电场强度和电势的关系

描绘出来,于是便可从等势面分布的特点来分析电场的分布。

4.5.2　电势和电场强度的关系

电场强度与电势都是描述电场性质的物理量,两者之间必然存在某种联系。式(4.21)给出了电场强度与电势的积分关系,下面讨论它们之间的微分关系。

如图 4.26 所示,设某静电场 a 点的电场强度为 $\boldsymbol{E}$,试探电荷 q_0 在的电场中,从 A 点移动到 B 点,位移为 $\mathrm{d}\boldsymbol{l}$,电势增加了 $\mathrm{d}u$,并设 $\mathrm{d}\boldsymbol{l}$ 和 $\boldsymbol{E}$ 间的夹角是 θ,由式(4.23),可得在这一过程中电场力所做的功为

$$\mathrm{d}A=-q_0\mathrm{d}u=q_0E\cos\theta\mathrm{d}l$$

因此可得

$$E\cos\theta=-\frac{\mathrm{d}u}{\mathrm{d}l}$$

式中,$E\cos\theta$ 是电场强度 $\boldsymbol{E}$ 在位移 $\mathrm{d}\boldsymbol{l}$ 方向的分量,用 E_l 表示,$\frac{\mathrm{d}u}{\mathrm{d}l}$为电势沿位移 $\mathrm{d}\boldsymbol{l}$ 方向上的变化率。于是上式可写成

$$E_l=-\frac{\mathrm{d}u}{\mathrm{d}l}\tag{4.28}$$

上式表示,**电场中给定点的电场强度沿某一方向的分量,等于该点电势沿该方向变化率的负值,负号表示电场强度指向电势降低的方向。**

一般来说,在直角坐标系 $O-xyz$ 中,电势是坐标 x、y 和 z 的函数,由式(4.28)可知,如果把电势 u 对坐标 x、y 和 z 分别求一阶偏导数,就可以得到电场强度在这三个方向上的分量分别为

$$E_x=-\frac{\partial u}{\partial x},E_y=-\frac{\partial u}{\partial y},E_z=-\frac{\partial u}{\partial z}\tag{4.29}$$

将上式合并在一起用矢量表示为

$$\boldsymbol{E}=-\left(\frac{\partial u}{\partial x}\boldsymbol{i}+\frac{\partial u}{\partial y}\boldsymbol{j}+\frac{\partial u}{\partial z}\boldsymbol{k}\right)\tag{4.30}$$

这就是电场强度与电势的微分关系,据此可以方便由电势分布求出电场强度的分布,在国际单位制中,电势的单位是伏特(V),所以电场强度的单位也可以用伏特每米($\mathrm{V\cdot m^{-1}}$)表示,$1\ \mathrm{V\cdot m^{-1}}=1\ \mathrm{N\cdot C^{-1}}$。

例 4.12　在例 4.4 中,我们曾用电场叠加原理计算过均匀带电圆环轴线上一点的电场强度,在此利用电场强度与电势梯度的关系求解同样的问题。

解　在例 4.11 已用电势叠加原理求得均匀带电圆环的轴线上一点 P 的电势为

$$u=\frac{q}{4\pi\varepsilon_0\sqrt{R^2+x^2}}$$

解题指导:

电势的求解方法

(1)运用点电荷电势分布及电势叠加原理求解;

离散带电体

$$u=\sum\frac{1}{4\pi\varepsilon_0}\frac{q_i}{r_i}$$

连续带电体

$$u=\int\frac{1}{4\pi\varepsilon_0}\frac{q}{r}\mathrm{d}q$$

(2)运用电势的定义式(电场和电势的积分关系)求解:

$$u=\int_l^{\infty}\boldsymbol{E}\cdot\mathrm{d}\boldsymbol{l}$$

解题指导:

电场强度的求解方法

(1)利用点电荷电场分布和电场叠加原理求解;

离散带电体

$$\boldsymbol{E}=\sum\frac{1}{4\pi\varepsilon_0}\frac{q}{r_i^2}\boldsymbol{e}_{ir}$$

连续带电体

$$\boldsymbol{E}=\int\frac{1}{4\pi\varepsilon_0}\frac{\boldsymbol{e}_r}{r^2}\mathrm{d}q$$

(2)利用高斯定理求解(针对高对称性带电体);

(3)利用电场和电势的微分关系求解:

$$\boldsymbol{E}=-\left(\frac{\partial u}{\partial x}\boldsymbol{i}+\frac{\partial u}{\partial y}\boldsymbol{j}+\frac{\partial u}{\partial z}\boldsymbol{k}\right)$$

由式(4.29)可求得 P 点的电场强度为

$$E=E_x=-\frac{\partial u}{\partial x}=-\frac{\partial}{\partial x}\left(\frac{q}{4\pi\varepsilon_0\sqrt{R^2+x^2}}\right)$$

$$=\frac{qx}{4\pi\varepsilon_0(R^2+x^2)^{\frac{3}{2}}}$$

这与例 4.4 的计算结果相同。

由以上例子可以看出,先按电势叠加原理积分求电势,然后,利用电场强度和电势之间的微分关系,对电势求导计算出相应的电场强度。显然,由于电势是标量,这要比直接用电场强度叠加原理,求电场强度分布容易,因为电场强度叠加原理往往归结为求矢量积分,其运算较复杂。

4.6 静电场中的导体

前面我们讨论了真空中的静电场,阐述了静电场的一些基本性质和规律,然而实际的电场中往往存在各种导体,这些宏观物体的存在会与电场产生相互作用和相互影响,从而出现一些新的现象。本节我们将讨论导体在静电场中的性质和行为,然后,作为这些基本性质的应用,介绍电子设备中的基本元件——电容器,电容器的带电过程就是静电场建立的过程,最后阐述静电场的能量。

4.6.1 导体的静电平衡

金属是一种常见的导体,金属导体由大量带负电的自由电子和带正电的晶格所构成的,在无外电场的情况下,导体中的自由电子,像气体分子一样做无规则的运动,因此在导体内部的任意一个体积元内,自由电子所带负电荷与晶格所带正电荷量值相等,整个导体或其中任意一部分都呈现电中性。

金属导体的特征是其内部存在着大量的可以自由移动的电子,例如铜的自由电子密度约为 $8\times10^{28}\,\mathrm{m}^{-3}$,将金属导体放在外电场中,它内部的电子将在电场力的作用下做定向运动,从而使导体中的电荷重新分布,导体一侧将由于自由电子堆积而带负电,另一侧由于失掉自由电子而带正电,导体两侧正负电荷的积累将影响外电场的分布,同时在导体内部建立电场,这一电场称为**内电场**。导体内部的电场强度 $\boldsymbol{E}$ 是外电场 $\boldsymbol{E}_0$ 与内电场 $\boldsymbol{E}'$ 的矢量叠加,随着导体两侧的电荷积累,内电场逐渐增强,直至导体内部 $\boldsymbol{E}_0$ 和 $\boldsymbol{E}'$ 的矢量和处处为零,这时自由电子的定向迁移停止,我们说导体达到**静电平衡**。如图 4.27 所示,在外电场作用下,引起导体中电荷重新分布而呈现带电

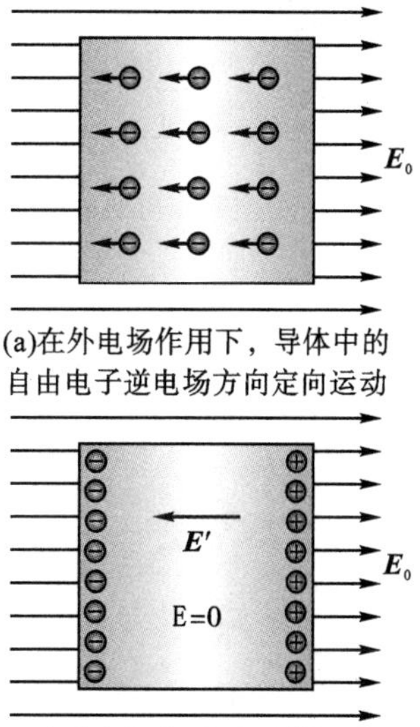

(a)在外电场作用下,导体中的自由电子逆电场方向定向运动

(b)在外电场作用下,导体两侧出现感应电荷

图 4.27 静电场中的导体

的现象称为**静电感应**。因静电感应而在导体两侧表面出现的电荷称为**感应电荷**。导体达到静电平衡的时间极短,通常约为$10\times10^{-14}\sim10\times10^{-13}$ s,几乎在瞬间完成。处在静电平衡状态的导体,必须满足以下两个条件:

(1)**在导体内部电场强度处处为零;**

(2)**导体表面附近电场强度的方向都与导体表面垂直。**

可以设想,如果导体内部电场强度不等于零,则导体内的自由电子将在电场力的作用下继续做定向运动,如果电场强度与导体表面不垂直,则电场强度在沿导体表面的分量使自由电子沿导体表面做定向运动。因此在静电平衡时,以上两个假设皆不可能出现。

导体的静电平衡条件,也可以用电势来表述,由于在静电平衡时导体内部的电场强度为零,导体表面的电场强度与表面处垂直,因此导体内部以及导体表面上任意两点之间的电势差为零,这就是说,**当导体处于静电平衡时,导体上的电势处处相等,导体为等势体,其表面为等势面。**

4.6.2　静电平衡时导体上电荷的分布

1. 当导体达到静电平衡时,电荷都分布在导体表面上,内部各处净电荷为零

现在我们用高斯定理来证明这一结论,如图 4.28 所示,设想在导体内部任意作一高斯面 S。因为在静电平衡时,导体内部电场强度处处为零,所以对这个高斯面电通量必然为零。根据高斯定理可得到高斯面内必然没有净电荷,又因为在导体内部高斯面的大小和位置可以任意选取,所以导体内任一点均没有净电荷,电荷只能分布在导体外表面上。

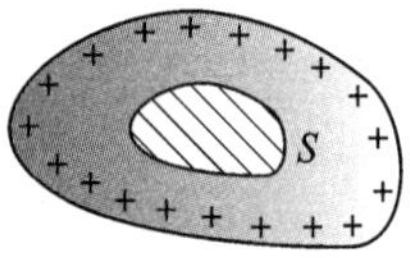

图 4.28　静电平衡时的电荷分布

2. 当导体达到静电平衡时,其表面各点的电荷面密度与表面附近的电场强度成正比

如图 4.29 所示,在导体外侧紧贴表面附近取一点 P,该处的电场强度为 $\boldsymbol{E}$,在 P 点处的表面取一面积元 ΔS,该面积元要取得充分小,使得其上面的电荷面密度 σ 可以认为是均匀的。作底面积为 ΔS 的扁平圆柱形高斯面,其轴线与导体表面相垂直,上底面在导体外侧通过 P 点,下底面在导体内侧紧靠表面。因导体内部电场强度为零,导体外表面电场强度均垂直于导体表面,所以通过下底面和侧面的通量为零,根据高斯定理有

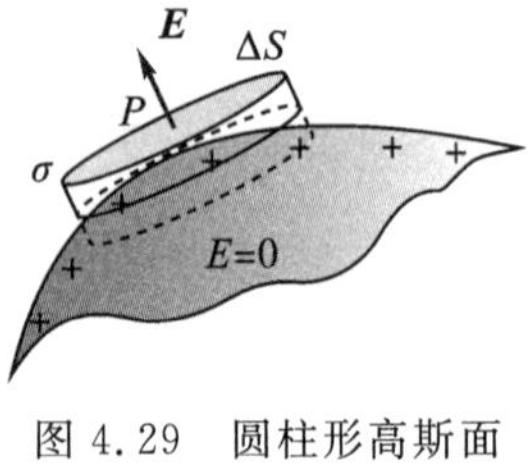

图 4.29　圆柱形高斯面

$$\oint_S \boldsymbol{E}\cdot d\boldsymbol{S} = E\Delta S = \frac{\sigma\Delta S}{\varepsilon_0}$$

由此可得

$$E=\frac{\sigma}{\varepsilon_0} \tag{4.31}$$

这表明在静电平衡时，导体表面某处的电场强度 E 与该处的电荷面密度 σ 成正比。

一般来说导体表面各部分的电荷分布是不均匀的。实验表明，如果带电导体不受外电场的影响或其影响可以忽略，那么，在导体表面曲率越大处(表面尖而凸处)，电荷面密度越大；曲率越小处(表面比较平坦)，电荷面密度也越小；若导体表面某处曲率为负(表面向内凹)，则该处的电荷面密度最小，如图 4.30 所示。

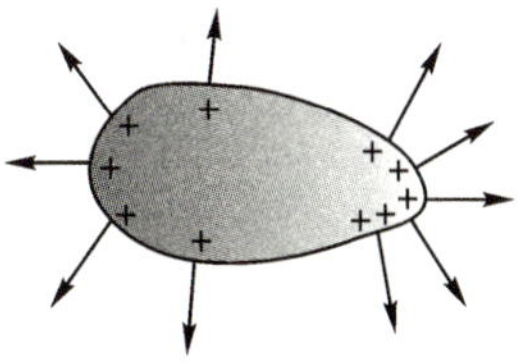

图 4.30　孤立导体表面的电荷分布

对于有尖端的带电导体，尖端处的电荷面密度会很大，尖端附近的电场非常强，当电场强度足够大就会使空气分子发生电离而放电，这一现象称为**尖端放电**。尖端放电时，在它周围的空气就变得更加容易导电，急速运动的离子与空气中的分子碰撞时，会使分子受激而发光，形成电晕。夜晚在高压输电线附近往往会看到这种现象。电晕现象的出现，一般伴随着电能损耗，尤其在远距离输电过程中，尖端放电将损耗掉许多电能。放电时产生的电波，还会干扰电视和射频信号。所以高压电气设备的电极通常做成直径较大的光滑球面，传输电线表面也必须做得很平滑。

尖端放电有很多危害。例如，静电放电会使火箭弹产生意外爆炸；在石化工业中，由于静电放电多次发生汽油着火事故；在电子工业中，尖端放电会损坏电子元器件，仅美国每年因静电对电子工业所造成的损失就达几百亿美元。

尖端放电也有可利用之处，避雷针就是一个例子，如图 4.31所示。雷雨季节，当带电的大块雷雨云接近地面时，由于静电感应，使地面上的物体带上异种电荷，这些电荷较集中地分布在地面上凸起的物体(如高层建筑、烟囱、大树等)上，电荷密度很大，因而电场强度很大。当电场强度达到一定程度时，足以使空气电离，从而引发雷雨云与这些物体之间的放电，这就是雷击现象。为了防止雷击对建筑物的破坏，可以安装避雷针，因为避雷针尖端处电荷面密度最大，所以电场强度也最大，避雷针和云层之间的空气就很容易被击穿，这样带电云层与避雷针之间形成通路，同时避雷针又是接地的，于是就可以把雷雨云上的电荷导入大地，使其不对高层建筑构成威胁，从而保证了高层建筑的安全。

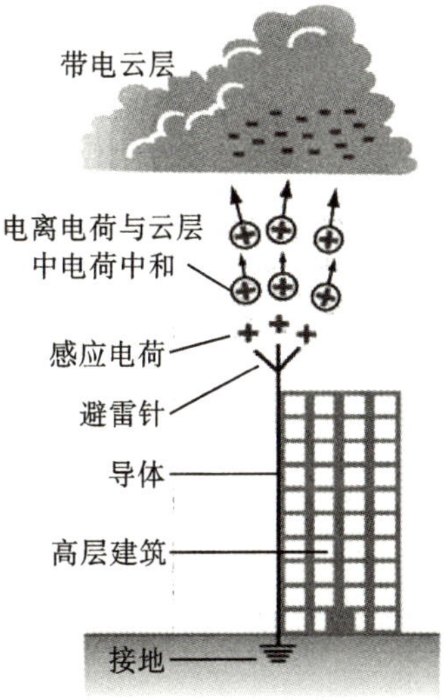

图 4.31　避雷针原理

4.6.3　空腔导体

前面在讨论导体在静电平衡时的电荷分布，实际上是以实心导体为例来进行讨论的，其电荷只能分布在导体的表面上。现在我们讨论在静电平衡时空腔导体的电荷分布问题，以下分两种情况来讨论。

1. 腔内无带电体

当空腔导体内没有其他带电体时，在静电平衡下，空腔导体具有如下的性质：**电荷只能分布在导体的外表面，内表面无电荷。** 上述结论不难借助高斯定理来证明，如图 4.32 所示，可以在空腔内取包围内表面的高斯面 S，由于高斯面上电场强度处处为零，则根据高斯定理，有

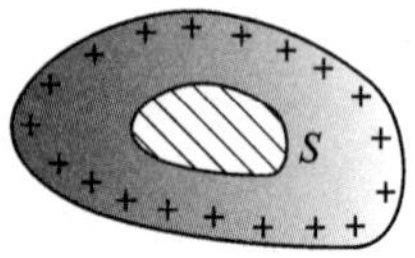

图 4.32　空腔内没有带电体的电荷分布

$$\oint_S \boldsymbol{E} \cdot \mathrm{d}\boldsymbol{S} = \frac{1}{\varepsilon_0}\sum_i q_i = 0$$

可知 S 面内电荷的代数和为零，说明在内表面净电荷为零。那么在空腔内表面上的不同位置是否会有等量异种电荷的分布呢？现在假设空腔内表面的一部分带有正电荷时，另一部分带有负电荷，在空腔内就会有从正电荷指向负电荷的电场线。电场强度沿电场线的积分将不等于零，空腔内表面间存在电势差。显然这与导体在静电平衡时是一个等势体的结论相违背。因此，静电平衡时空腔导体内表面处处没有电荷，电荷只分布在空腔导体的外表面上。

2. 腔内有带电体

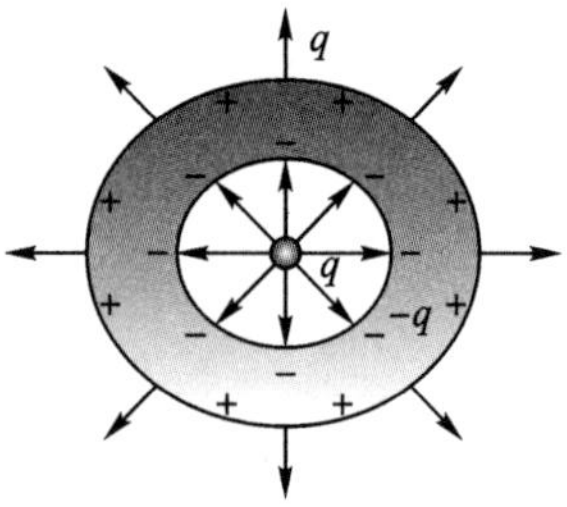

图 4.33　空腔内有带电体的电荷分布

当空腔导体内有带电体时，在静电平衡下，空腔导体具有如下的性质：**电荷分布在导体内、外两个表面，其中内表面的电荷是空腔内带电体的感应电荷，与腔内带电体的电荷等量异种。** 如图 4.33 所示，设空腔内带电体电荷为 $+q$，空腔导体本身不带电，当处于静电平衡时，在导体内取一包围内表面的高斯面 S，由于高斯面上的电场强度处处为零，所以，根据高斯定理，空腔内表面所带的电荷与空腔内电荷代数和为零，则空腔内表面所带的电荷必为 $-q$。根据电荷守恒定律，由于整个空腔导体不带电，那么在空腔外表面上也会出现感应电荷，电量为 $+q$。

4.6.4　静电屏蔽

1. 屏蔽外电场

根据空腔导体在静电平衡时的带电特性，只要空腔导体内没有带电体，则即使在外电场中，导体和空腔内必定不存在电场。这样空腔导体就屏蔽了外电场或空腔导体外表面的电荷，使它们无法影响空腔内部。

2. 屏蔽内电场

如果空腔导体内部存在带电体，空腔外表面则会出现感应电荷，感应电荷激发的电场会对外界产生影响，如图 4.33 所示，但如果我们将空腔外壳接地，如图 4.34 所示，由于此时空腔导体的电势与大地的电势相同，则导体外表面的感应电荷就被大地中的电荷所中和，因此腔内带电体不会对导体外产生影响。

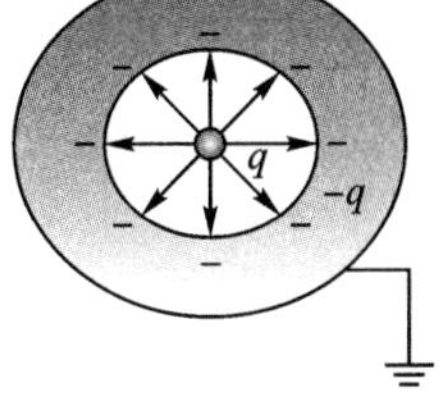

图 4.34　接地的空腔导体

综上所述，**空腔导体(不论是否接地)的内部空间，不受腔外电荷和电场的影响，接地的空腔导体，腔外空间不受腔内电荷和电场的影响**，这种现象统称为**静电屏蔽**。

静电屏蔽有着广泛的应用。在工程上，为了避免外电场对电器设备(如一些精密测量仪器等)的干扰，或防止电器设备(如高电压装置等)的电场对外界产生影响，常在这些设备外面用接地的金属壳(网)屏蔽电场。在弱电工程中，有些传送弱电信号的导线，为了增强抗干扰性能，往往在其绝缘层外再加一层金属编织网，这种线缆称为屏蔽线缆。从事高压带电作业的工作人员带电作业时所穿的屏蔽服，是用金属丝编织的均压服，它相当于一个空腔导体，对人体起到了静电屏蔽作用。

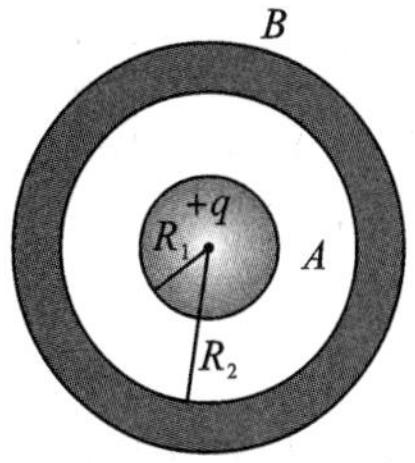

图 4.35　例 4.13 图

例 4.13　如图 4.35 所示，半径为 R_1 的导体球 A 所带电荷量为正 $+q$，在它外面套一个同心导体薄球壳 B，半径为 R_2，外球壳不带电。

(1)求外球壳所带的电荷和外球壳的电势；

(2)把外球壳接地后再重新绝缘，求外球壳所带的电荷及外球壳的电势；

(3)把内球接地，求内球上所带的电荷及外球壳电势。

解题思路：

1. 根据对称性写出电荷分布；
2. 求出电场分布；
3. 求出电势分布。

解　(1)由静电平衡条件，导体 A 上的电荷 $+q$ 只能分布在表面；且由于静电感应，导体球壳 B 的内外两个表面分别感应出电荷 $-q$ 和 $+q$。此时空间电场强度的分布为

$$E=\begin{cases}0 & (r<R_1)\\ \dfrac{q}{4\pi\varepsilon_0 r^2} & (R_1\leqslant r\leqslant R_2)\\ \dfrac{q}{4\pi\varepsilon_0 r^2} & (r>R_2)\end{cases}$$

则导体球壳 B 的电势为

$$u_B=\int_{R_2}^{\infty}\boldsymbol{E}\cdot \mathrm{d}\boldsymbol{l}=\int_{R_2}^{\infty}\frac{q}{4\pi\varepsilon_0 r^2}\mathrm{d}r=\frac{q}{4\pi\varepsilon_0 R_2}$$

(2)由于静电感应，在导体球壳 B 的内表面有感应电荷 $-q$，导体球壳 B 接地后再绝缘，则导体球壳 B 电势为零，其外表面的电荷也为零。

(3)设内球 A 接地后带电量为 Q，导体球壳 B 内表面带电

小贴士：

关于导体接地和表面电荷分布关系的理解

金属导体接地后电势和无穷远电势相等，一般规定无穷远为电势零点，则接地后导体电势即为零。静电平衡时电荷分布在导体的表面。接地表面电荷是否为零是不确定的。对于例 4.12 可知第(2)问中球壳外壳接地，外壳带电为零；第(3)问中球壳内壳接地，然而球壳内表面电荷却不为零。

量为$-Q$,外表面带电量为$Q-q$,则内球A的电势为

$$u_A=\frac{Q}{4\pi\varepsilon_0 R_1}+\frac{-q}{4\pi\varepsilon_0 R_2}=0$$

可得,内球的电荷量为

$$Q=\frac{R_1}{R_2}q$$

此时导体球壳B的电势为

$$u_B=\frac{Q-q}{4\pi\varepsilon_0 R_2}=-\frac{(R_2-R_1)q}{4\pi\varepsilon_0 R_2^2}$$

从本例可以看出,导体接地后导体上的电势为零,但导体上的电荷不一定为零。

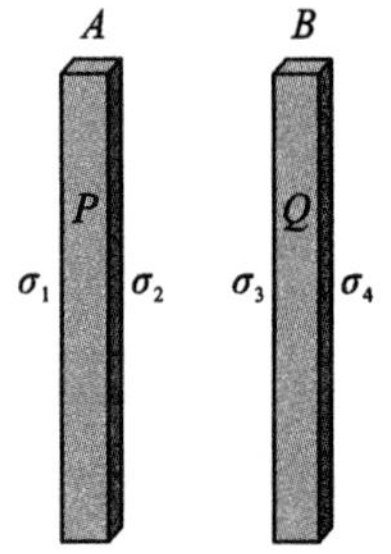

图 4.36　例 4.14 图

想一想:

如果B极板接地,电荷如何分布?

例 4.14　如图 4.36 所示,两块大导体平板A和B相向平行放置,平板面积均为S,所带电荷量为q_1和q_2,如果两极板间距远小于平板的线度,求平板各表面上的电荷面密度。

解　由于在静电平衡时,导体内部无净电荷,电荷只能分布在两个导体平板的表面上,不考虑边缘效应,可以认为这些电荷分布是均匀的。设四个面的电荷密度为σ_1、σ_2、σ_3和σ_4,如图 4.36 所示。显然空间任一点电场强度都是由这四个面上的电荷共同激发。若取向右为正,则导体板内P点和Q点的电场强度分别为

$$E_P=\frac{\sigma_1}{2\varepsilon_0}-\frac{\sigma_2}{2\varepsilon_0}-\frac{\sigma_3}{2\varepsilon_0}-\frac{\sigma_4}{2\varepsilon_0}=0$$

$$E_Q=\frac{\sigma_1}{2\varepsilon_0}+\frac{\sigma_2}{2\varepsilon_0}+\frac{\sigma_3}{2\varepsilon_0}-\frac{\sigma_4}{2\varepsilon_0}=0$$

由电荷守恒定律可得

$$\sigma_1+\sigma_2=\frac{q_1}{S}$$

$$\sigma_3+\sigma_4=\frac{q_2}{S}$$

由以上四个方程可解得

$$\sigma_1=\sigma_4=\frac{q_1+q_2}{2S}$$

$$\sigma_2=-\sigma_3=\frac{q_1-q_2}{2S}$$

由此我们可以知道对于两块无限大的导体平板,两个相对的内侧表面上的电荷面密度大小相等、符号相反,两个外侧表面上的电荷面密度大小相等、符号相同。如果$q_1=q$,$q_2=-q$,则

$$\sigma_1=\sigma_4=0$$

$$\sigma_2=-\sigma_3=\frac{q}{S}$$

这时电荷只能分布在两个相对的内侧表面上,两个外侧表面上没有电荷。

4.7　静电场中的电介质

静电场与物质的相互作用，既表现在静电场对物质的影响，也表现在物质对静电场的影响。本节首先讨论电介质对静电场的影响，然后讨论电介质的极化机理、电极化强度的概念以及极化电荷与自由电荷的关系。

4.7.1　电介质的极化

从物质的微观结构来看，金属中存在自由电子，它们在电场的作用下可以在金属中做定向运动；构成电介质的分子中，电子和原子核结合得比较紧密，电子处于束缚状态，把电介质放在外电场中时，电介质中的电子等带电粒子，也只能在电场力的作用下做微观的相对位移。只有在击穿的情形下，电介质中的一些电子才被解除束缚而做宏观定向运动。

电介质由分子组成，分子中的电子和原子核由库仑力作用，结合成中性分子，但其中的正、负电荷并不集中于一点，而分散于分子所占的体积中。电介质分子一般可以分为两大类，一类电介质如 He、N_2、CH_4 等气体，在无外电场作用时，每个分子的正负电荷中心重合，因此分子的电矩为零，这类分子称为**无极分子**，如图 4.37(a)所示的甲烷分子。另一类电介质如 H_2O、SO_2、H_2S 等，在无外电场作用时，每个分子的正负电荷中心不重合，形成一个电偶极子，本身具有固定的电矩 $\boldsymbol{p}$，称为**有极分子**，如图 4.37(b)所示的水分子。

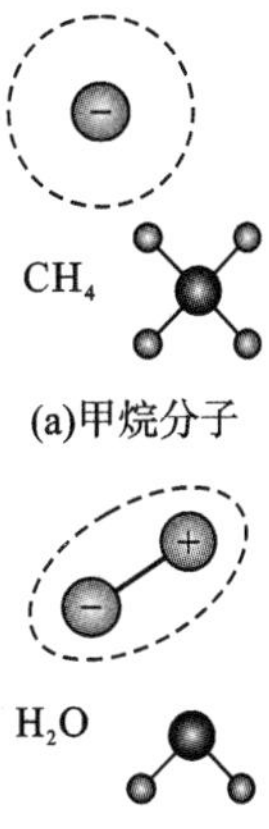

(a)甲烷分子

(b)水分子

图 4.37　无极分子和有极分子

对于无极分子而言，单个分子的固有电矩 $\boldsymbol{p}=\boldsymbol{0}$，因此在无外电场时，整个电介质中分子电矩的矢量和为零。但是当有外电场作用时，无极分子的正负电荷的中心将在电场力的作用下发生相对位移，如图 4.38(a)所示，这样每个分子电矩不再为零，而且都将沿电场方向有序排列，对于整块电介质而言，这时电介质内部正、负电荷的代数和为零，但在垂直于外场方向的介质两个端面上分别出现正、负电荷，如图 4.38(b)所示，这种电荷称为**极化电荷**。极化电荷一般不能脱离介质，也不能在介质中自由移动，因此又称为**束缚电荷**。在外电场作用下电介质表面出现极化电荷的现象，称为电介质的**极化**。无极分子电介质的极化是一种**位移极化**。

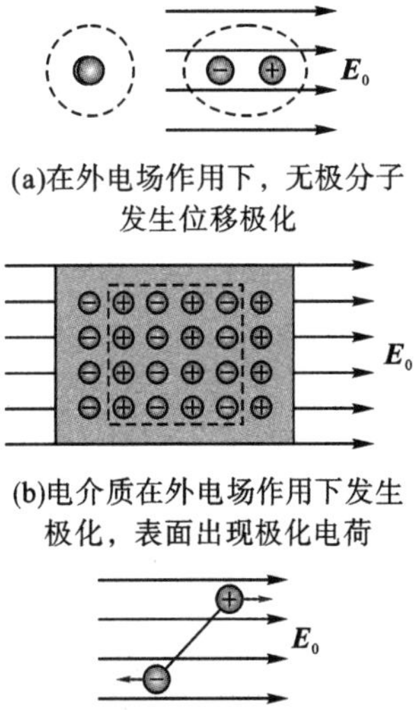

(a)在外电场作用下，无极分子发生位移极化

(b)电介质在外电场作用下发生极化，表面出现极化电荷

(c)有极分子在外电场作用下发生取向极化

图 4.38　静电场中的电介质

对于有极分子而言，其极化过程与无极分子电介质不同，尽管单个分子具有固有电矩，但由于大量分子的热运动，分子电矩的排列混乱，因而在无外电场时，介质中任意体积元中所有分子电矩的矢量和为零，介质对外不显电性。当有外电场作

用时，每一个有极分子都将受到电场的作用而发生偏转，使分子电矩转向外电场方向排列，如图 4.38(c)所示。由于分子热运动，大量分子沿外电场方向的有序排列并不整齐，但从整体趋势看，在电介质的表面上仍有极化电荷出现，这种现象称为有极分子电介质的**取向极化**，但外电场撤去时，由于分子热运动，分子电矩排列又变得杂乱无章了，电介质又恢复了电中性。

由以上分析可见，虽然这两类电介质的极化机制在微观上有所不同，但产生的宏观效果却是相同的——电介质表面出现极化电荷。因此，以后在宏观上描述电介质的极化现象时，就不必对这种两种电介质加以区分了。考虑到表面的极化电荷会产生附加电场 $\boldsymbol{E}'$，因此，在电介质内部各处的电场强度 $\boldsymbol{E}$，是外电场 $\boldsymbol{E}_0$ 和附加电场 $\boldsymbol{E}'$ 的矢量和，即

$$\boldsymbol{E}=\boldsymbol{E}_0+\boldsymbol{E}' \tag{4.32}$$

小贴士：

压电性是指某些单晶体介质，当受到定向压力或张力的作用时，晶体垂直于应力的两侧表面上分别带有等量的相反电荷的性质。若应力方向反转时，则两侧表面上的电荷易号。

如果外电场足够强，则电介质分子中的正、负电荷可能被拉开而变成自由电荷，致使电介质的绝缘性能被破坏，变成导体。在强电场的作用下，电介质变成导体的现象称为电介质的**击穿**。空气的击穿电场强度约为 3 kV·mm^{-1}，矿物油为 25～57 kV·mm^{-1}，云母为 80～160 kV·mm^{-1}。

有的电介质具有压电性，即在机械力作用下能产生极化。有的电介质具有铁电性，即电介质被外电场极化后，撤掉外电场电介质还能保持极化状态，这些特殊的电介质在新技术领域有广泛的应用前景。

4.7.2　极化强度

根据上述电介质的极化机制可知，如果在外电场中分子电矩的有序排列越整齐，则电介质表面出现的极化电荷密度越大，这表明极化程度越强。而分子电矩有序排列整齐与否，可以用单位体积内分子电矩的矢量和 $\sum\limits_i \boldsymbol{p}$ 来反映。

在电介质中任取体积元 ΔV(其中仍包含大量分子)，在没有外电场时，ΔV 内的分子电矩矢量和 $\sum\limits_i \boldsymbol{p}=\boldsymbol{0}$；当存在外电场时，电介质要发生极化，$\sum\limits_i \boldsymbol{p}\neq\boldsymbol{0}$。我们把单位体积内分子电矩的矢量和作为表述电介质的极化程度的物理量，称为**电极化强度**，用 $\boldsymbol{P}$ 来表示。即

$$\boldsymbol{P}=\frac{\sum\limits_i \boldsymbol{p}_i}{\Delta V} \tag{4.33}$$

在国际单位制中，电极化强度的单位是库仑每二次方米(C·m^{-2})，与电荷面密度单位相同。

实验表明，在外电场 $\boldsymbol{E}$ 不太强时，对于各向同性的电介质，其中每一点的电极化强度 $\boldsymbol{P}$ 与该点的电场强度 $\boldsymbol{E}$ 成正比，即

$$\boldsymbol{P}=\chi_e \varepsilon_0 \boldsymbol{E} \tag{4.34}$$

式中，χ_e 称为电介质的**电极化率**，它与电场强度 $\boldsymbol{E}$ 无关，只与电介质的种类有关，它用来表征介质材料的一种属性。若 χ_e 是常量，表明电介质各点的性质相同，称为均匀电介质。电介质的极化从宏观上表现为电介质表面出现极化电荷，因此电极化强度必定与极化电荷存在定量关系。

如图 4.39 所示，在均匀电介质中截取与长为 L，底面积为 $\mathrm{d}S$ 斜柱体，其轴线与电极化强度 $\boldsymbol{P}$ 平行，设 $\boldsymbol{P}$ 的方向与面积元矢量 $\mathrm{d}\boldsymbol{S}$ 方向的夹角为 θ，底面 $\mathrm{d}S$ 上的极化电荷面密度为 σ'，此时斜柱体内所有分子电矩的矢量和在宏观上相当于一个电偶极子。

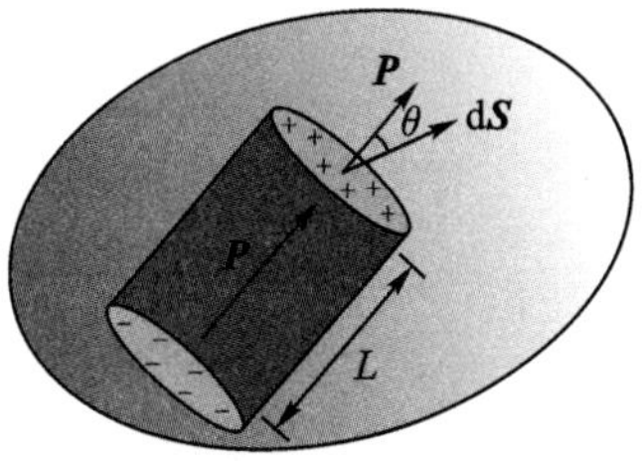

图 4.39　极化电荷密度与电极化强度间的关系

$$\sum_i \boldsymbol{p}_i = \sigma' \mathrm{d}\boldsymbol{S} \cdot L$$

由于斜柱体的体积为 $\mathrm{d}V=\mathrm{d}S \cdot L\cos\theta$，因而电极化强度的大小为

$$P=\frac{\left|\sum_i \boldsymbol{p}_i\right|}{\mathrm{d}V}=\frac{\sigma' \mathrm{d}S \cdot L}{\mathrm{d}S \cdot L\cos\theta}=\frac{\sigma'}{\cos\theta}$$

由此可得到极化电荷面密度与电极化强度的关系为

$$\sigma'=P\cos\theta=P_n$$

上式表明均匀电介质表面产生的极化电荷面密度，在数值上等于该处电极化强度在表面法线上的分量。当 $0\leqslant\theta<90°$，在该处表面出现正极化电荷，当 $90°<\theta<180°$，在该处出现负极化电荷，当 $\theta=90°$，在该处表面没有极化电荷。

在均匀电介质中，取任意闭合曲面 S，则由于介质极化使 $\boldsymbol{P}$ 通过封闭曲面 S 的通量为

$$\oint_S \boldsymbol{P} \cdot \mathrm{d}\boldsymbol{S}=\oint_S P\cos\theta \mathrm{d}S=\oint_S \sigma' \mathrm{d}S$$

由此可知，电极化强度通过封闭曲面 S 的通量等于因极化而移出 S 面的极化电荷总量。根据电荷守恒定律，也等于留在 S 面所包围的体积内极化电荷总量的负值，即

$$\oint_S \boldsymbol{P} \cdot \mathrm{d}\boldsymbol{S}=-\sum_i q_i' \tag{4.35}$$

4.7.3　电介质中的高斯定理

当外电场存在电介质时，由于极化将引起周围电场重新分布，这时空间任意一点的电场将由自由电荷和极化电荷共同产生，因此高斯定理中封闭曲面所包围的电荷不仅仅是自由电

荷,还应该包括极化电荷,即

$$\oint_S \boldsymbol{E} \cdot \mathrm{d}\boldsymbol{S} = \frac{1}{\varepsilon_0}\left(\sum_i q_i + \sum_i q'_i\right) \tag{4.36a}$$

式中,$\sum_i q_i$ 和 $\sum_i q'_i$ 分别为封闭曲面 S 所包围的自由电荷和极化电荷的代数和,S 面上的电场强度则是空间所有电荷共同产生的。

由于电介质的极化电荷难以测定,因此即使满足对称性要求,仍很难由式(4.36a)求解出电场强度 $\boldsymbol{E}$。为此我们可以以式(4.35)来取代 $\sum_i q'$,则式(4.36a) 可以改成

$$\oint_S \boldsymbol{E} \cdot \mathrm{d}\boldsymbol{S} = \frac{1}{\varepsilon_0}\left(\sum_i q_i - \oint_S \boldsymbol{P} \cdot \mathrm{d}\boldsymbol{S}\right)$$

整理后可得

$$\oint_S (\varepsilon_0 \boldsymbol{E} + \boldsymbol{P}) \cdot \mathrm{d}\boldsymbol{S} = \sum_i q_i \tag{4.36b}$$

引入一个涉及电介质极化状态的辅助物理量 $\boldsymbol{D}$,定义为

$$\boldsymbol{D} = \varepsilon_0 \boldsymbol{E} + \boldsymbol{P} \tag{4.37}$$

称为**电位移**。则式(4.36b)可表示为

$$\oint_S \boldsymbol{D} \cdot \mathrm{d}\boldsymbol{S} = \sum_i q_i \tag{4.38}$$

上式表明:**通过任意闭合曲面的电位移通量等于该封闭曲面所包围的自由电荷的代数和。**这个关系称为电介质时的高斯定理。

为了形象化地描述电位移在空间的分布,我们引入**电位移线**,又称为 $\boldsymbol{D}$ 线。$\boldsymbol{D}$ 线和 $\boldsymbol{E}$ 线的区别在于:$\boldsymbol{E}$ 线是始于正电荷,终止于负电荷,这里说的电荷包含自由电荷和极化电荷;而 $\boldsymbol{D}$ 线仅始于自由正电荷,终止于自由负电荷。

对于各向同性的均匀电介质,因为 $\boldsymbol{P} = \chi_e \varepsilon_0 \boldsymbol{E}$,所以有

$$\boldsymbol{D} = \varepsilon_0 \boldsymbol{E} + \boldsymbol{P} = (1 + \chi_e)\varepsilon_0 \boldsymbol{E} \tag{4.39}$$

令 $\varepsilon_r = 1 + \chi_e$,称为电介质的**相对介电常数(或相对电容率)**;又令 $\varepsilon = \varepsilon_0 \varepsilon_r$,$\varepsilon$ 称为电介质的**介电常数(或电容率)**,ε 与 ε_0 有相同的单位。在国际单位制中,电位移的单位为库仑每二次方米($\mathrm{C \cdot m^{-2}}$)。于是式(4.39)可表示为

$$\boldsymbol{D} = \varepsilon_0 \varepsilon_r \boldsymbol{E} = \varepsilon \boldsymbol{E} \tag{4.40}$$

引入电位移 $\boldsymbol{D}$ 以后,可以利用电介质中的高斯定理式(4.38)计算电介质中的电场强度。在电场强度满足对称性条件的前提下,可以先用式(4.38)求出电位移 $\boldsymbol{D}$,然后根据实验测定的 ε_r,求出 ε。从而由式(4.40)便可以计算出相应的电场强度,即 $\boldsymbol{E} = \dfrac{\boldsymbol{D}}{\varepsilon}$。

例 4.15　半径为 R 的导体球带有自由电荷 q，周围充满无限大的均匀电介质，其相对介电常数为 ε_r，求电介质内任一点电场强度和电势。

解　在没有电介质时，均匀分布在导体上的自由电荷所激发的电场是球对称的，在充满电介质后，由于电介质产生的极化电荷均匀分布在与导体表面相邻的介质边界面上，它所激发的电场也是球对称的，因此介质内总电场强度是球对称的，方向沿径向。如图 4.40 所示，以 r 为半径作封闭球面，根据有电介质时的高斯定理

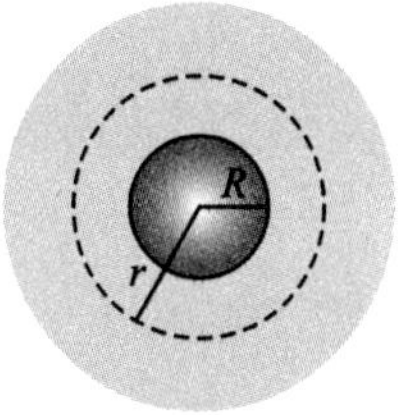

图 4.40　例 4.15 图

$$\oint_S \boldsymbol{D} \cdot \mathrm{d}\boldsymbol{S} = \sum_i q_i$$

有

$$D \cdot 4\pi r^2 = q$$

即

$$D = \frac{q}{4\pi r^2}$$

由 $\boldsymbol{D} = \varepsilon_0 \varepsilon_r \boldsymbol{E} = \varepsilon \boldsymbol{E}$，可得

$$E = \frac{q}{4\pi\varepsilon_0\varepsilon_r r^2}$$

$\boldsymbol{E}$ 的方向沿径向。

按电势的定义，电介质中任意一点的电势为

$$u_P = \int_P^\infty \boldsymbol{E} \cdot \mathrm{d}\boldsymbol{l} = \int_r^\infty \frac{q}{4\pi\varepsilon_0\varepsilon_r r^2}\mathrm{d}r = \frac{q}{4\pi\varepsilon_0\varepsilon_r r}$$

不难看出，电介质中的电场强度是真空中电场强度的 $\frac{1}{\varepsilon_r}$，电场强度减少的原因在于导体球临近的界面上产生了异种极化电荷，它激发的电场削弱了自由电荷激发的电场。

4.8　电容　电容器

4.8.1　孤立导体的电容

当我们给一个导体带上电荷时，导体的电势会升高，这就像在杯子中注入水时，水位会升高一样。升高同样的水位所需水量越多，就表明杯子的储水本领越大。同样，导体具有储存电荷的本领，在储存电荷的同时，也储存了电能。导体储电本领可以由其所带电荷量 q 与电势 u 的比值反映，该比值称为电容，记为 C，即

$$C = \frac{q}{u} \tag{4.41}$$

在国际单位制中，电容的单位为库仑每伏特，称为法拉(F)。

想一想：

电容器的电容是如何定义的？由式(4.41)能否说明电容器的电容与其所带电量成正比，与两极板间的电势差成反比？

一个半径为 R、电荷量为 q 的孤立导体球,若取无穷远处为电势零点,则比球的电势为

$$u=\frac{q}{4\pi\varepsilon_0 R}$$

因而孤立导体球的电容为

$$C=\frac{q}{u}=\frac{q}{\frac{q}{4\pi\varepsilon_0 R}}=4\pi\varepsilon_0 R \tag{4.42}$$

从式(4.42)可以看出,真空中孤立导体球的电容正比于导体球的半径。类似的结论适用于任意孤立导体,即其电容仅取决于导体的几何形状、大小及周围的环境,与导体是否带电无关。地球是一个大导体,它的平均半径 R 约为 6370 km,其电容为

$$\begin{aligned}C&=4\pi\varepsilon_0 R=4\pi\times 8.85\times 10^{-12}\times 6.37\times 10^{6}\ \mathrm{F}\\&=7.08\times 10^{-4}\ \mathrm{F}\end{aligned}$$

由此可知,在实际应用中,单位法拉太大,因此常采用微法(μF)、皮法(pF)等作为电容的单位,它们之间的换算关系为 $1\ \mathrm{F}=10^{6}\ \mu\mathrm{F}=10^{9}\ \mathrm{pF}$。

4.8.2　电容器

电容器是专门用于储存电荷和电能的元件。理想的孤立导体是不存在的,当导体周围有其他的导体和电介质时,该导体的电势就会受到影响,从而引起电容发生变化。要想消除周围环境的影响,可以采取静电屏蔽的方法,电容器就是这样一个装置。两个靠得很近的导体 A、B 构成**电容器**,两个导体分别称为电容器的两个**极板**。电容器带电时,两极板分别带有等量异种电荷。电容器的电容定义为,电容器一个极板所带的电荷量 q(指它的绝对值)与两极板之间电势差 u_{AB} 之比:

$$C=\frac{q}{u_{AB}} \tag{4.43}$$

由于电容器两个极板靠得很近,虽然它们各自的电势与外界的导体有关,但是它们间电势差不受外界影响,且正比于极板所带的电荷量 q,因此,电容器的电容也不受外界影响。电容器的电容和孤立导体的电容的定义实际上是一致的,因为当把其中的一个导体极板移到无穷远处时,电容器就是一个孤立导体,电容器的电容就成为孤立导体的电容。电容器电容的大小取决于两极板的形状、大小、相对位置以及极板间电介质的相对介电常数。实际电容器(见图 4.41)是储存电能和电荷的元件,在无线电、电子计算机和电器乃至大型输电系统等电子线路方面都起着很重要的作用。激光脉冲的能量存储和电子闪光灯都用到了电容器。闪光灯在工作时,电容器的能量被迅速

图 4.41　部分电容器的外观图

释放。下面根据定义来计算几种常见电容器的电容。

1. 平行板电容器

最简单的电容器是由两个靠得很近，且大小相同、互相平行的金属板组成的，称为**平行板电容器**，如图 4.42 所示。两极板面积均为 S，电荷面密度分别为 $+\sigma$ 和 $-\sigma$，极板间距离为 d，充满了相对介电常数为 ε_r 的电介质。由于两极板靠得很近，极板的线度远大于极间距离，因此可忽略边缘效应，两极板间的电场可以认为是均匀的。根据高斯定理可得两极板间的电场强度大小为

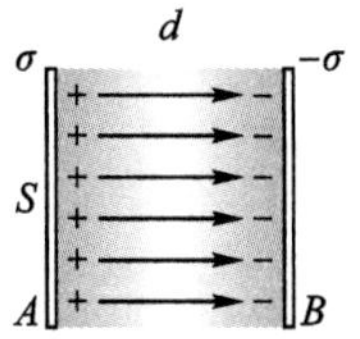

图 4.42　平行板电容器

$$E=\frac{\sigma}{\varepsilon_0\varepsilon_r}$$

两极板间的电势差为

$$u_{AB}=Ed=\frac{\sigma}{\varepsilon_0\varepsilon_r}d=\frac{qd}{\varepsilon_0\varepsilon_r S}$$

所以平行板电容器的电容为

$$C=\frac{q}{u_{AB}}=\frac{\varepsilon_0\varepsilon_r S}{d} \tag{4.44}$$

由上式可知，减小两极板的间距，加大两极板的面积，可以提高电容器的电容。而且，板间充满均匀电介质时，电容是板间为真空时的 ε_r 倍，因此 ε_r 也称为**相对电容率**，介电常数 ε 则相应地称为**电容率**。

2. 球形电容器

球形电容器是由半径分别为 R_A 和 R_B 的同心金属球壳组成，两球壳间充满相对介电常数为 ε_r 的电介质，如图 4.43 所示，两球壳即为电容器的两极板，设极板所带电荷量为 q，则根据高斯定理，两球壳间的电场强度为

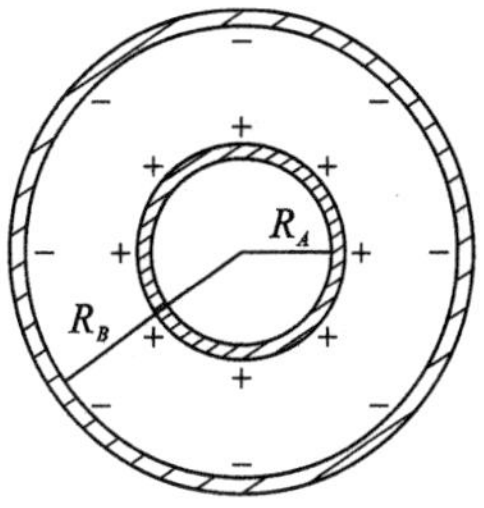

图 4.43　球形电容器

$$E=\frac{q}{4\pi\varepsilon_0\varepsilon_r r^2}$$

板间的电势差

$$u_{AB}=\int_{R_A}^{R_B}\frac{q}{4\pi\varepsilon_0\varepsilon_r r^2}\mathrm{d}r=\frac{q}{4\pi\varepsilon_0\varepsilon_r}\left(\frac{1}{R_A}-\frac{1}{R_B}\right)$$

由电容器的定义可得

$$C=\frac{q}{u_{AB}}=\frac{4\pi\varepsilon_0\varepsilon_r R_A R_B}{R_B-R_A} \tag{4.45}$$

当 $R_B \gg R_A$ 时，$C\approx 4\pi\varepsilon_0 R$，即为孤立导体球的电容；当 $R_B-R_A=d\ll R_A$ 时，则有 $C=\frac{4\pi\varepsilon_0\varepsilon_r R_A^2}{d}=\frac{\varepsilon_0\varepsilon_r S}{d}$，这与平行板电容器的电容相同。

3. 圆柱形电容器

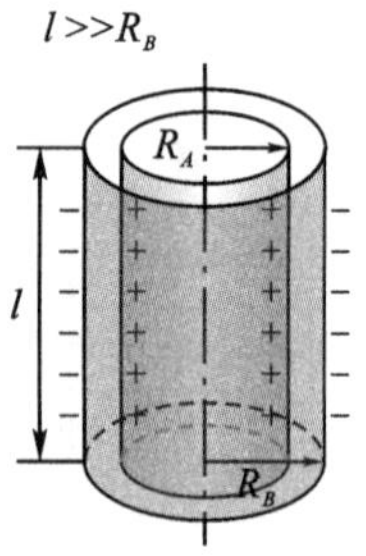

图 4.44　圆柱形电容器

圆柱形电容器由半径分别为 R_A 和 R_B 的两同轴金属圆筒 A、B 组成，圆筒的长度 l 比半径 R_B 大得多。两筒之间充满相对介电常数为 ε_r 的电介质，如图 4.44 所示，设内、外圆柱面各带 $+q$ 和 $-q$ 的电荷，则单位长度上的电荷 $\lambda=\frac{q}{l}$。由高斯定理可知，两圆柱面之间的电场强度为

$$E=\frac{\lambda}{2\pi\varepsilon_0\varepsilon_r r}=\frac{q}{2\pi\varepsilon_0\varepsilon_r lr}$$

电场强度方向垂直于圆柱轴线，于是，圆柱面间的电势差为

$$u_{AB}=\int_l \boldsymbol{E}\cdot \mathrm{d}\boldsymbol{r}=\int_{R_A}^{R_B}\frac{q}{2\pi\varepsilon_0\varepsilon_r l}\frac{\mathrm{d}r}{r}=\frac{q}{2\pi\varepsilon_0\varepsilon_r l}\ln\frac{R_B}{R_A}$$

根据电容器电容的定义，有

$$C=\frac{q}{u_{AB}}=\frac{2\pi\varepsilon_0\varepsilon_r l}{\ln\dfrac{R_B}{R_A}} \tag{4.46}$$

当 $R_B-R_A=d\ll R_A$ 时，有

$$\ln\left(\frac{R_B}{R_A}\right)=\ln\left(\frac{R_A+d}{R_A}\right)\approx\frac{d}{R_A}$$

于是式(4.46)可写成

$$C=\frac{2\pi\varepsilon_0\varepsilon_r lR_A}{d}$$

因为 $2\pi lR_A$ 为圆柱体的侧面积 S，所以上式又可以写成 $C=\frac{\varepsilon_0\varepsilon_r S}{d}$，即平行板电容器的电容。可见，两圆柱面之间的间隙远小于圆柱体半径，即 $d\ll R_A$ 时，圆柱形电容器可当作平行板电容器。

解题指导：

电容器电容的计算步骤：

(1)设两极板分别带电 q 和 $-q$；

(2)求两极板间的电场强度 $\boldsymbol{E}$；

(3)求两极板间的电势差 U；

(4)由 $C=\frac{q}{U}$ 求 C。

小贴士：

电容器的种类很多，按照极板间所充的电介质分类，有空气电容器、云母电容器、纸质电容器和陶瓷电容器等。按照电容的变化分类，有固定电容器、可变电容器和半可变(微调)电容器。虽然它们的用途各不相同，但其基本结构都是相同的，实际上在导线之间、电子元器件之间、印刷电路板上铜箔之间等均有电容，统称为分布电容。在设计安装电子设备，尤其是高频电路(如计算机主板)时必须考虑分布电容的影响。

4.9　静电场的能量

我们已经知道，任何带电过程实质上都是正、负电荷的分离和迁移过程。当分离正、负电荷时，外力必须克服电荷之间相互作用的静电力做功。因此带电系统通过外力做功便可以获得一定的能量。根据能量守恒定律，外界所供给的能量将转化为带电系统的静电能，它在数值上等于外力克服静电力所做的功，所以任何带电体都具有一定的能量。

4.9.1　点电荷系的电能

首先我们讨论两个点电荷 q_1 和 q_2 所组成的系统的能量。设它们之间的距离为 r，若开始时 q_1 在 a 点，q_2 在无限远处，此

时它们相互作用力为零，并规定在该状态时系统的电势能为零。现将 q_2 从无限远移到 b 点，在这个过程中外力要克服 q_1 的电场对 q_2 的电场力做功 A，即

$$A=\frac{q_1q_2}{4\pi\varepsilon_0 r}$$

根据能量守恒定律，外力所做的功等于该带电系统静电能的增量，即两个点电荷系统的相互作用能

$$W_e=A=q_2\ \frac{q_1}{4\pi\varepsilon_0 r}=q_2u_2$$

式中，u_2 表示 q_1 电场在 q_2 处产生的电势，上式又可以写成

$$W_e=q_1\ \frac{q_2}{4\pi\varepsilon_0 r}=q_1u_1$$

式中，u_1 表示 q_2 电场在 q_1 处所产生的电势。通常可将两个点电荷系统的相互作用能写成下列对称的形式：

$$W_e=\frac{1}{2}(q_1u_1+q_2u_2)$$

上述结果很容易推广到 n 个点电荷组成的系统，该系统的相互作用能为

$$W_e=\frac{1}{2}\sum_{i=1}^{n}q_iu_i \tag{4.47}$$

式中，u_i 表示除第 i 个点电荷以外的所有其他点电荷的电场在 q_i 所在处的总电势。此式不管在真空中还是在介质中都是正确的。当有介质时，q_i 仍是自由点电荷，u_i 为介质中的电势。

如果是连续分布的带电体，可以设想将带电体分割成无限多个电荷元，这时将式(4.47)的求和号改为积分号就可以了，即

$$W_e=\frac{1}{2}\int_q u\,\mathrm{d}q \tag{4.48}$$

如果只考虑一个带电体，上式给出的是该带电体的固有能量或者称为自能。因此，一个带电体的静电自能就是组成它的各个电荷元之间的静电互能。

4.9.2 电容器的能量

电容器储存电荷的同时还储存了能量，很多重要的应用就是利用电容器储存能量的本领。例如照相机上的闪光灯装置，就是将储存在电容器内的电能释放出来变成光能。

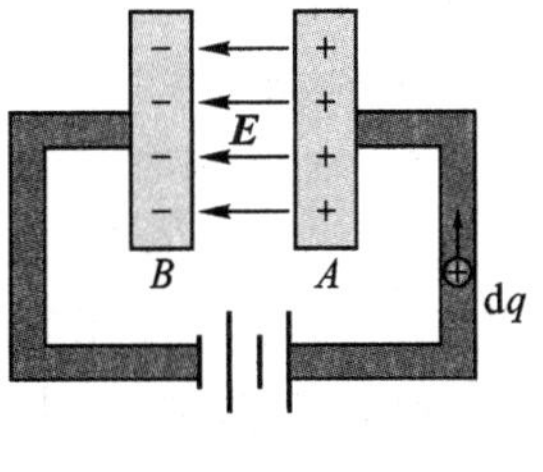

图 4.45　电源克服电场力做功示意图

下面我们以平行板电容器为例，来讨论电容器储存的能量。如图 4.45 所示，设平行板电容器的电容为 C，它的两极板原为电中性，而今不断地从原来中性的 B 极板取正电荷移到 A 极板上，若在此过程中某一时刻 t，两极板上的电荷分别为 $+q$ 和 $-q$；相应地，在该时刻两极板之间的电势差 $u=\frac{q}{C}$。这

时，如果再将电荷$+\mathrm{d}q$从B极板移到A极板，则外力克服电场力所做的功为

$$\mathrm{d}A=u\mathrm{d}q=\frac{1}{C}q\,\mathrm{d}q$$

所以，当电容器从不带电到充电为Q的过程中，外力克服电场力所做总功为

$$A=\int_0^Q\frac{1}{C}q\,\mathrm{d}q=\frac{1}{2}\frac{Q^2}{C}$$

外力做功，电容能量增加，于是上式即为电容器带电荷量为Q时所具有的能量，用W_e表示。将关系式$Q=Cu_{AB}$代入上式，带电电容器的能量可以写为

$$W_e=A=\frac{1}{2}\frac{Q^2}{C}=\frac{1}{2}Cu_{AB}^2=\frac{1}{2}Qu_{AB}^2 \tag{4.49}$$

式中，Q为电容器极板上所带的电荷，u_{AB}为两极板之间的电势差。不管电容器的结构如何，这一结果对任何电容器都是成立的。

4.9.3　电场的能量

上小节说明了带电系统在带电过程中如何从外界获得能量。现在我们进一步说明这些能量是如何分布的。当你用手机接电话时，由电磁波带来的能量就会从天线输入，经过电子线路放大，再转化为话筒发出的声能，这说明能量是分布在电磁场中的，也就是说，电磁场是能量携带者。

现仍以平行板电容器为例，设平行板电容器的极板面积为S，两极板之间的距离为d，当极板间充满介电常数为ε的电介质时，若不考虑边缘效应，则电场所占据的空间体积为Sd，于是电容器内的电场能量可以表示成

$$W_e=\frac{1}{2}Cu_{AB}^2=\frac{1}{2}\frac{\varepsilon S}{d}(Ed)^2=\frac{1}{2}\varepsilon E^2Sd=\frac{1}{2}\varepsilon E^2V$$

这样我们就得到了静电能与电场的关系，由于平行板电容器的电场是均匀的，因此静电能均匀分布在电场中。单位体积内的电场能量称为**电场能量密度**，以w_e表示。由上式可得，电场能量密度为

$$w_e=\frac{1}{2}\varepsilon E^2 \tag{4.50}$$

上式表明，电场能量密度与电场强度的二次方成正比。电场强度越大，电场能量密度也越大。这也就进一步说明了电场能量确实是储存在电场中的。上述结果虽然是从平行板电容器这个特例给出的，但可以证明，对任意的电场，它是普遍适用的。

对于非均匀电场，电场能量密度是随着场强变化的，电场

想一想：

两电场单独存在时，能量密度均为W_e。若两电场同方向叠加，合电场的能量密度是多少？若两电场反方向叠加，合电场的能量密度又是多少？

总能量是电场能量密度的体积分，即

$$W_e = \int_V w_e \mathrm{d}V = \int_V \frac{1}{2}\varepsilon E^2 \mathrm{d}V \tag{4.51}$$

式中，V 是电场分布空间的体积。

例 4.16　如图 4.46 所示，一个内外半径分别为 R_1 和 R_2 的球形电容器，两球壳间充满介电常数为 ε 的电介质，当球形电容器的电荷量为 q 时，这个电容器储存的电场能量为多少？

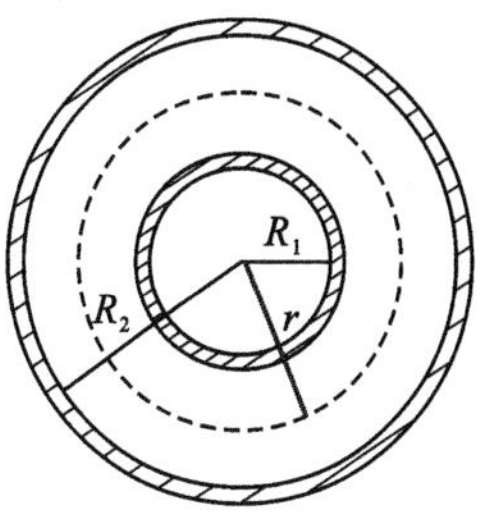

图 4.46　例 4.16 图

解　由对称性分析可知，电场分布具有球对称性，由高斯定理可得内球壳内部和外球外部电场强度均为零，球壳间的电场为

$$E=\frac{q}{4\pi\varepsilon r^2} \qquad (R_1<r<R_2)$$

故球壳间的电场能量密度为

$$w_e=\frac{1}{2}\varepsilon E^2=\frac{q^2}{32\pi^2\varepsilon r^4}$$

取半径为 r、厚度为 $\mathrm{d}r$ 的球壳，其体积元 $\mathrm{d}V=4\pi r^2\mathrm{d}r$，此体积元内的电场能量为

$$\mathrm{d}W_e=w_e\mathrm{d}V=\frac{q^2}{8\pi\varepsilon r^2}\mathrm{d}r$$

则电场总能量为

$$W_e = \int_V \mathrm{d}W_e = \frac{q^2}{8\pi\varepsilon}\int_{R_1}^{R_2}\frac{\mathrm{d}r}{r^2} = \frac{q^2}{8\pi\varepsilon}\left(\frac{1}{R_1}-\frac{1}{R_2}\right)$$

$$= \frac{1}{2}\,\frac{q^2}{4\pi\varepsilon\,\dfrac{R_1R_2}{R_2-R_1}}$$

由电容器能量公式 $W_e=\frac{1}{2}\frac{q^2}{C}$ 可得，球形电容器的电容为

$$C=4\pi\varepsilon\,\frac{R_1R_2}{R_2-R_1}$$

这与式(4.45)的结果一致。

> **小贴士：**
>
> 电容器电容求解方法
>
> (1)利用定义式计算(这点在 4.8.2 节中已总结)；
>
> (2)利用电容器中电容和能量的相互关系式求解。

如果 $R_2\to\infty$，此带电系统即为半径为 R_1、电荷量为 q 的孤立球形导体。所以，孤立球形导体激发的电场中所储存的能量为

$$W_e=\frac{q^2}{8\pi\varepsilon R_1}$$

随着科学研究和生产实践的发展，静电技术已经被广泛应用到各个行业中，对提高产品质量、发展花色品种、提高生产效率等方面都起到重要作用，如静电纺纱、静电复印和静电分选等。静电技术还被用来减少环境污染和改善劳动条件，比如静电喷漆和静电除尘等。读者可自行了解相关的应用。

阅读材料

压电体

1880 年,居里兄弟发现石英晶体被外力压缩或拉伸时,在石英的某些相对表面会产生等量异号电荷。例如,当石英晶体受到 0.1 MPa 的压强时,其两表面因极化能产生 0.5 V 的电势差,这一现象后来称为**压电效应**,产生压电效应的物体称为**压电体**。

产生压电效应的电介质,除了石英、电气石外,还有酒石酸钾钠、锗酸铋等单晶以及钛酸钡、锆钛酸铅(代号 PZT)等另一类压电晶体,称为**压电陶瓷**。如酒石酸钾钠和钛酸钡这些电介质,对于一个给定的电场强度值,其极化强度值的大小,还与原来极化的"历史"有关,具有和铁磁体的磁滞效应类似的电滞效应,因此又称为铁电体。压电体包括**铁电体**,但石英不是铁电体。此外还有某些有机薄膜具有良好的压电性。

以铁电体为例,对压电效应做一个简单的解释。铁电体在一定温度范围内具有自发极化的性质,即在没有外电场时也可能存在极化,因而相对的两个表面本来就存在异号的极化电荷。但是,这些极化电荷由于吸附了空气中通常存在的微量正负粒子和电子而被中和,使铁电体不显电性。当铁电体被外力压缩或拉伸而发生形变时,其极化强度(或说极化电荷)随之变化,导致表面吸附的自由电荷随之改变,如果这时在表面安上电极并用导线接通,变化的自由电荷便从一个极板移到另一个极板形成电流,如图 4.47 所示。

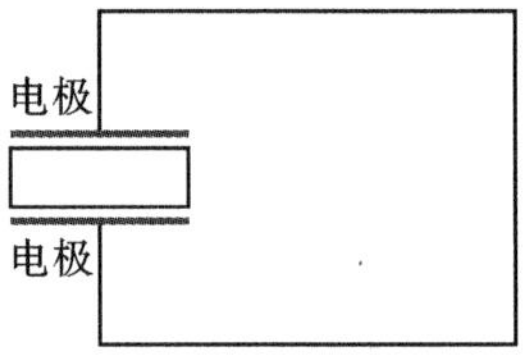

图 4.47　压电效应

反之,石英晶体在外电场中被极化时,其体内出现应力,并产生压缩或拉伸的形变,称为**逆压电效应**(电致伸缩)。如果图 4.47 的导线中串入一个电源使两极间出现电压,压电体就发生机械形变。如果用的是交变电源,则压电体交替出现压缩和拉伸,即发生机械振动。

压电体具有广泛的应用,例如:

(1)利用正压电效应,可以实现机械能-电能的转换。最常见的就是晶体话筒,声波使话筒内的压电晶体振动,晶体表面两电极出现微弱的音频电压。反之,利用逆压电效应可以实现电能-机械能转化,如晶体扬声器和晶体耳机就是音频电信号使压电晶体产生振动而发声。利用石英晶体还可制成水下发射和和接收超声波的换能器。现代的超声发生器和声呐中普遍使用了压电换能器。扫描显微镜中要求探针在样品表面做极微小的移动,以便显示样品表面原子的排列情况。探针这种微小的步移就是靠压电晶体的一次次电致伸缩来完成的。

(2)把压电晶片夹在两个电极之间就成为了压电晶体谐振器。当它接入交流电路时,由于逆压电效应,谐振两极的交变电压使压电片产生机械振动;这样,由于振动产生的形变反过来又引起压电效应,在两极产生交变电压,从而影响交流电路中的交流电流。历史上早在 1920 年就已经制成了石英振荡器。因为压电片的固有振动频率是非常稳定的,所以石英振荡器的计时误差就非常小。现代这种振荡器已广泛应用于钟表、通信和计算机技术中。压电晶体谐振器和电感、电容等元件,可以制成压电滤波器,广泛应用于各类通信设备和测量仪器中。

(3)利用压电体的性能还可以将各种非电信号转化成电信号,并进行放大、运算、传递、记录和显示,这就是压电传感器。如把压力转换成电信号的力敏传感器,用在应变仪、血压计中;而温度计、红外探测仪等则是应用了压电体的因热而释放电的效应(热释电效应)。

此外,利用压电效应制成的晶体点火器普遍用在打火机、煤气灶及火花塞中。可以说,压电效应在我们日常生活中几乎是随处可见的。

内容提要

1. 库仑定律

真空中,两个电荷量分别为 q_1 和 q_2 的静止点电荷之间相互作用的静电力的大小,与 q_1 和 q_2 的乘积成正比,与它们之间距离的平方成反比;静电力的方向沿着两点电荷的连线,同号电荷相斥、异号电荷相吸。大小可表示为

$$F=\frac{1}{4\pi\varepsilon_0}\cdot\frac{q_1q_2}{r^2}$$

其中,$\varepsilon_0=8.85\times10^{-12}\,\mathrm{C^2\cdot N^{-1}\cdot m^{-2}}$ 称为真空介电常量或真空电容率。

2. 电场强度

$$\boldsymbol{E}=\frac{\boldsymbol{F}}{q_0}$$

点电荷电场中任一点 P 的电场强度:

$$\boldsymbol{E}=\frac{q}{4\pi\varepsilon_0 r^2}\boldsymbol{e}_r$$

其中,$\boldsymbol{e}_r$ 为电场源电荷 q 所在点指向场点 P 的单位矢量。

3. 电场强度叠加原理

在点电荷系产生的电场中,任意点的电场强度等于各个点电荷单独存在时在该点产生的电场强度的矢量和。

在点电荷系产生的电场中,任意点的电场强度:

$$\boldsymbol{E}=\sum_{i=1}^{n}\boldsymbol{E}_i=\sum_{i=1}^{n}\frac{q_i}{4\pi\varepsilon_0 r_i{}^2}\boldsymbol{e}_{ri}$$

在电荷连续分布的带电体产生的电场中,任意点的电场强度:

$$\boldsymbol{E}=\int\mathrm{d}\boldsymbol{E}=\int\frac{\mathrm{d}q}{4\pi\varepsilon_0 r^2}\boldsymbol{e}_r$$

4. 电通量

在电场中,通过某一曲面 S 的电场线条数称为通过该面的电通量:

$$\Phi_\mathrm{e}=\int_S\boldsymbol{E}\cdot\mathrm{d}\boldsymbol{S}=\int_S E\cos\theta\mathrm{d}S$$

5. 真空中静电场的高斯定理

通过真空中静电场的任意闭合曲面 S 的电通量 Φ_e,等于该闭合曲面所包围的所有电荷量的代数和 $\sum\limits_{i=1}^{n}q_i$ 的 $\frac{1}{\varepsilon_0}$ 倍。

$$\Phi_\mathrm{e}=\oint_S\boldsymbol{E}\cdot\mathrm{d}\boldsymbol{S}=\frac{1}{\varepsilon_0}\sum_{i=1}^{n}q_i$$

高斯定理揭示了静电场是有源场,并且提供了一种求解具有某种对称性或分区均匀静电场的简便方法。

(1)均匀带电球面产生的电场中,任意点的电场强度:

$$\boldsymbol{E}=\begin{cases}\dfrac{q}{4\pi\varepsilon_0 r^2}\boldsymbol{e}_r, & r>R\\ 0, & r<R\end{cases}$$

(2)均匀带电无限长直圆柱面产生的电场中,任意点的电场强度:

$$\boldsymbol{E}=\begin{cases}\dfrac{\lambda}{2\pi\varepsilon_0 r}\boldsymbol{e}_r, & r>R\\ 0, & r<R\end{cases}$$

(3)均匀带电无限大平面产生的电场中,任意点的电场强度:

$$E=\frac{\sigma}{2\varepsilon_0}$$

6. 真空中静电场的环路定理

真空中的静电场,电场强度沿任意闭合环路的线积分恒等于零。

$$\oint_l \boldsymbol{E}\cdot \mathrm{d}\boldsymbol{l}=0$$

这说明静电场做功与路径无关,静电场是保守力场,又称无旋场。

7. 电势

静电场中某一点 a 的电势等于单位正电荷在该点具有的电势能或等于将单位正电荷自该点移动到电势零点,电场力所做的功。

$$u_a=\frac{W_a}{q_0}=\int_a^0 \boldsymbol{E}\cdot \mathrm{d}\boldsymbol{l}$$

点电荷电场中任意一点 a 的电势:

$$u_a=\frac{q}{4\pi\varepsilon_0 r}$$

电场中,任意两点间电势的差值称为电势差(或电压):

$$u_{ab}=u_a-u_b=\int_a^b \boldsymbol{E}\cdot \mathrm{d}\boldsymbol{l}$$

8. 电势叠加原理

任意带电体系的静电场中,某点的电势等于各个电荷元单独存在时在该点产生电势的代数和。

在点电荷系产生的电场中,任意点的电势:

$$u=\sum_{i=1}^{n}u_i=\sum_{i=1}^{n}\frac{q_i}{4\pi\varepsilon_0 r_i}$$

在电荷连续分布的带电体产生的电场中,任意点的电势:

$$u=\int \mathrm{d}u=\int\frac{\mathrm{d}q}{4\pi\varepsilon_0 r}$$

9. 电场强度与电势的微分关系

电场中某点电场强度沿任意方向的分量等于电势沿该方向变化率的负值,即

$$E_x=-\frac{\partial u}{\partial x},\ E_y=-\frac{\partial u}{\partial y},\ E_z=-\frac{\partial u}{\partial z}$$

10. 导体的静电平衡

导体达到静电平衡的条件:(1)导体内的场强处处为零;(2)导体表面附近的场强垂直于导体表面。由此可得,导体是等势体,导体表面是等势面。

静电平衡时导体上电荷的分布：处于静电平衡的导体，电荷只分布在导体的表面上，导体内部无净电荷分布。

静电平衡导体表面附近的场强：

$$E=\frac{\sigma}{\varepsilon_0}$$

11. 有电介质时的高斯定理

$$\oint_S \boldsymbol{D}\cdot \mathrm{d}\boldsymbol{S}=\sum_i q_i$$

式中，$\boldsymbol{D}=\varepsilon\boldsymbol{E}$ 称为电位移矢量，$\sum_i q_i$ 是高斯面内自由电荷电量的代数和。

12. 电容器的电容

$$C=\frac{q}{u_{AB}}$$

(1)平行板电容器的电容：

$$C=\frac{\varepsilon S}{d}$$

(2)球形电容器的电容：

$$C=4\pi\varepsilon\frac{R_A R_B}{R_B-R_A}$$

(3)圆柱形电容器的电容：

$$C=\frac{2\pi\varepsilon l}{\ln\frac{R_\mathrm{B}}{R_\mathrm{A}}}$$

13. 静电场的能量

$$W_\mathrm{e}=\int_V w_\mathrm{e}\mathrm{d}V=\int_V \frac{1}{2}\varepsilon E^2\mathrm{d}V$$

其中，$w_\mathrm{e}=\frac{1}{2}\varepsilon E^2$ 称为静电场的能量密度，即单位体积内的电场能量。

电容器中储存的电场能量：

$$W_\mathrm{e}=\frac{Q^2}{2C}=\frac{1}{2}C{u_{AB}}^2=\frac{1}{2}Qqu_{AB}$$

思考题

4.1　根据库仑定律，点电荷之间的相互作用力随距离 r 的减小而增大，当 r 趋近零时，点电荷之间的作用力将无限大，这种看法对否，为什么？

4.2　高斯定理 $\oint_S \boldsymbol{E}\cdot\mathrm{d}\boldsymbol{S}=\frac{1}{\varepsilon_0}\sum_i q_i$ 中场强 $\boldsymbol{E}$ 是否只是由高斯面内的电荷产生的？它与高斯面外的电荷有无关系，计算时考虑了没有，表现在什么地方？

4.3　先将点电荷 q 放在球心处，然后改变点电荷相对球面的位置，问在下面各种情况下，通过球面的电通量和球面上各点的场强有何变化？

(1)将 q 移到球内任意位置；

(2)将 q 移到球面外任意位置;

(3)点电荷 q 仍在球心处,而球面半径减少为原来的一半;

(4)点电荷 q 仍在球面中心,球面外加另一个点电荷 Q。

4.4　在点电荷产生的电场中,有一正电荷在电场力作用下沿径向运动,电势能是增加、减小还是不变?换成负电荷电势能如何变化?在这两种情况下,相应的电势如何变化,正负电荷是否相同?

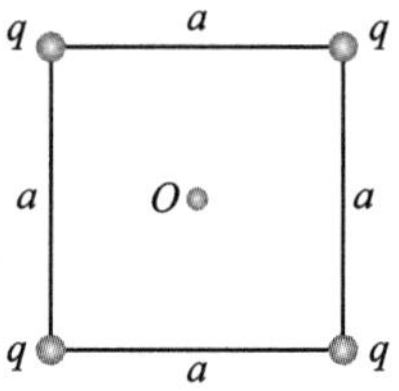

思考题 4.5 图

4.5　边长为 a 的正方形的四个顶点上分别有等量同号电荷 q,O 为正方形的中点,如思考题 4.5 图所示,在计算 O 点电势时,有人根据电势叠加原理求得 $u_o=\dfrac{\sqrt{2}q}{\pi\varepsilon_0 a}$;又有人根据 $u=\int_O^{\infty}\boldsymbol{E}\cdot\mathrm{d}\boldsymbol{l}$ 得出 $u_o=0$,原因是 $\boldsymbol{E}_o=\mathbf{0}$,试判断哪种做法正确,错误做法错在何处?

4.6　判断下列说法的正误并说明理由:

(1)电势为零处场强也一定为零,场强为零处电势也一定为零;

(2)电势较高处场强也一定较大,电势较低处场强也一定较小;

(3)等势面较密处场强一定大,电场线较疏处电势一定高;

(4)在均匀电场中各点电势一定相等,在同一等势面上各点场强一定相等。

4.7　有人说在静电平衡条件下,金属导体上所有电荷都应分布在导体表面上,另一个人说在任何情况下导体都是等势体。这两种说法对吗?如果不对,错在何处?

4.8　带电无限大平面两侧场强 $E=\dfrac{\sigma}{2\varepsilon_0}$,而在导体表面附近的场强 $E=\dfrac{\sigma}{\varepsilon_0}$,这两种结果是否矛盾,为什么?

4.9　将一个带正电的导体 A 移近一个接地的导体 B 时,导体 B 上是否维持零电势,B 上是否带电?

4.10　介质的极化与导体的静电感应有什么相似之处,有什么不同,感应电荷与极化电荷有什么区别?

习　题

一、简答题

4.1　什么是静电场,为什么称之为静电场?

4.2　何为带电,何为不带电,如何使物体带电?

4.3　什么是点电荷,什么情况下带电体可以视为点电荷?试举例说明。

4.4　库仑定律的内容是什么,库仑定律建立的意义是什么,适用条件呢?

4.5　场的概念是如何引入的,场物质和实物物质有哪些区别?

4.6　电场强度是如何定义的,它描述了电场的什么属性?

4.7　式 $\boldsymbol{E}=\dfrac{\boldsymbol{F}}{q_0}$ 和 $\boldsymbol{E}=\dfrac{q}{4\pi\varepsilon_0 r^2}\boldsymbol{e}_r$ 的物理意义有何区别?

4.8　什么是场强叠加原理?请简述用场强叠加原理求场强分布的一般步骤。

4.9　为什么要引入电场线,电场线的性质有哪些?

4.10　什么是电通量,电通量如何计算?

4.11　真空静电场的高斯定理是什么，它表示了静电场的什么性质？

4.12　简述利用高斯定理求场强分布的一般步骤。

4.13　静电场的环路定理内容是什么，它表示静电场的什么性质？

4.14　电势是如何定义的，它描述了静电场的什么属性？

4.15　电势两种计算方法各适用于什么情况？

4.16　场强的计算有几种方法，各有什么特点，各适用于什么情况？

4.17　静电平衡的场强和电势条件分别是什么，静电平衡时电荷是如何分布的？

4.18　什么是电容器，电容器的电容反映了电容器的什么性质，电容器的电容和哪些因素有关？

4.19　电介质对电容器的电容会产生怎样的影响，对电场又会产生怎样的影响？

4.20　电场能量的分布和什么因素有关？

二、计算题

4.1　在正方形的两对角上各置一个电荷 Q，其余两对角上各置一个电荷 q。若要使 Q 所受合力为零，试分析 Q 和 q 应该满足怎样的关系？

4.2　真空中两个相距 $2l$ 的点电荷电量均为 Q，在它们连线的中垂线上放有另外一个点电荷 q，q 到两点电荷 Q 连线的距离为 r，求 q 所受的电场力，并讨论 q 在中垂线上哪点受力最大？

4.3　真空中一电偶极子，电矩大小为 $p_e=ql$，如计算题 4.3 图所示。试求其连线的中垂线上任意点的场强，并证明 $r\gg l$ 时场强的大小为 $E=\dfrac{p_e}{4\pi\varepsilon_0 r^3}$。

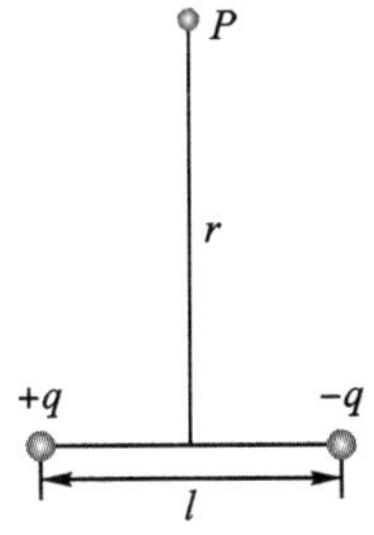

计算题 4.3 图

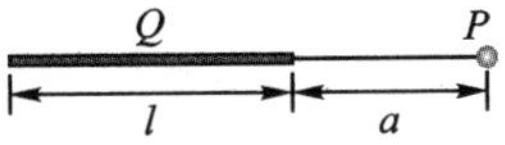

计算题 4.4 图

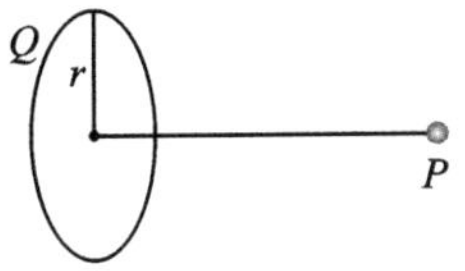

计算题 4.5 图

4.4　真空中长为 l 的均匀带电细杆带电量为 q，如计算题 4.4 图所示。试求在杆的延长线上距杆近端距离 a 的 P 点场强大小。

4.5　真空中半径为 R 的细圆环带电量为 Q，如计算题 4.5 图所示。试求圆环轴线上任意一点 P 的场强。

4.6　如计算题 4.6 图所示，真空中，半径为 R 的半圆导线均匀带电，电荷线密度为 λ，试求圆心 O 点处的电场强度。

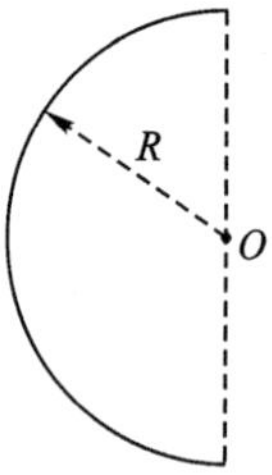

计算题 4.6 图

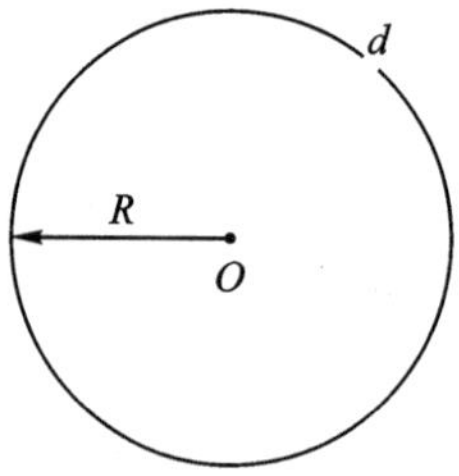

计算题 4.7 图

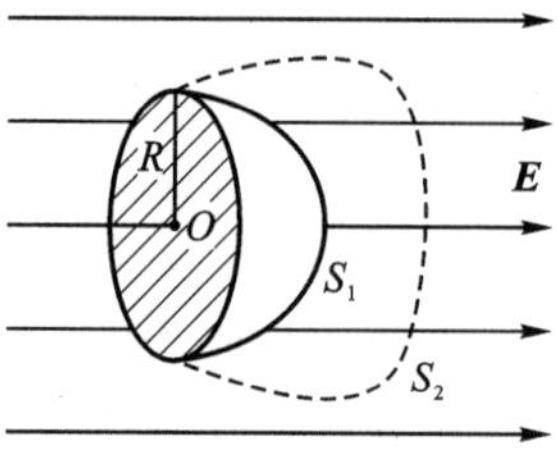

计算题 4.8 图

4.7　真空中，半径为 $R=0.5$ m，带电量 $Q=3.12\times10^{-9}$ C 的圆环上，有 $d=0.2$ cm 的空隙，如计算题 4.7 图所示，试求圆环中心 O 点的场强。

4.8　如计算题 4.8 图所示，在均匀电场 $\boldsymbol{E}$ 中，一个半径为 R 的半球面 S_1，其轴线与电场平行。试求：

(1)通过该半球面 S_1 的电通量；

(2)若以半球面的大圆边缘为边线构成任意形状的曲面 S_2，则通过 S_2 的电通量。

4.9　真空中，电量为 q 的点电荷位于正立方形闭合面的中心，试求通过整个闭合面的电通量。若将 q 移至一个顶点处，试求通过该闭合面的电通量。

4.10　地球半径 $R=6.37\times10^6$ m。实验表明，在靠近地面处场强的大小 $E=1.0\times10^2$ N/C，方向指向地球中心，试求地球所带的总电量 Q。

4.11　如计算题 4.11 图所示，闭合曲面 S 内有一点电荷 q，P 点为 S 面上一点，S 面外 A 点有一点电荷 q'。若将 q' 移至 B 点，试分析通过 S 面的电通量如何变化，P 点的电场场强如何变化，并说明为什么。

4.12　如计算题 4.12 图所示，真空中，半径分别为 R_1 和 R_2 的两个均匀带电的同心球面，电量分别为 q 和 Q，试用高斯定理求其电场分布。

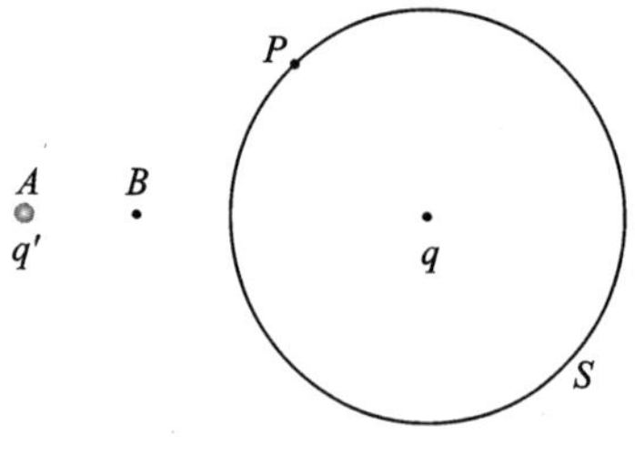

计算题 4.11 图

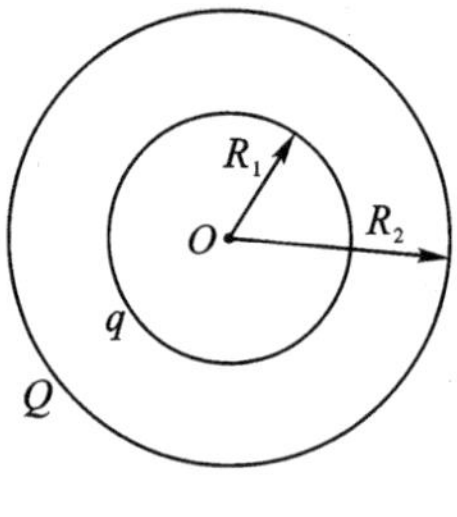

计算题 4.12 图

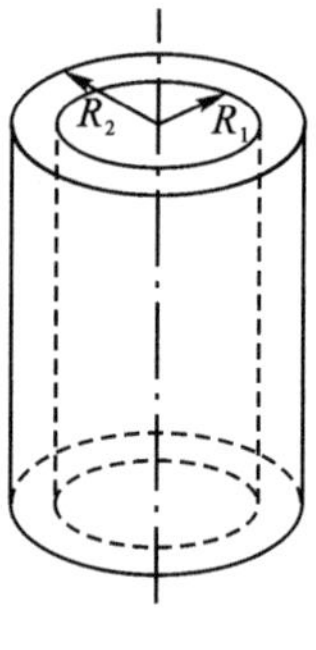

计算题 4.13 图

4.13　如计算题 4.13 图所示，真空中两同轴长圆柱面半径为 R_1 和 R_2，其内、外圆柱面沿轴方向单位长度带电荷分别为 $+\lambda$ 和 $-\lambda$，试求此带电系统的电场分布。

4.14　真空中，A 点的电荷为 $+q$，O 点的电荷为 $-q$，$\overline{AB}=\overline{BO}=R$，$\widehat{BCD}$ 是半径为 R 的半圆弧，如计算题 4.14 图所示。试求：

(1)将单位正电荷从 B 点沿 $\widehat{BCD}$ 到 D 点，电场力做功；

(2)将单位正电荷从无限远处移到 D 点，电场力做功。

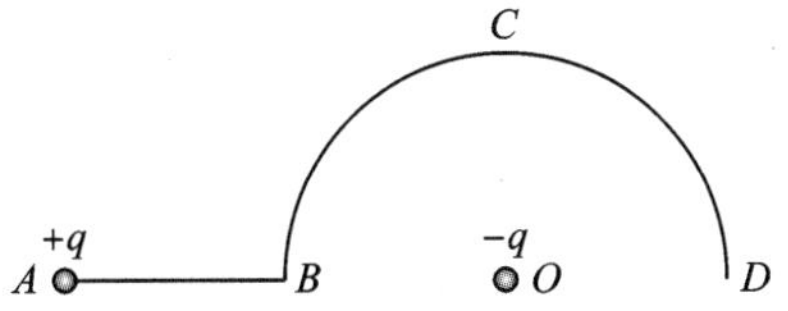

计算题 4.14 图

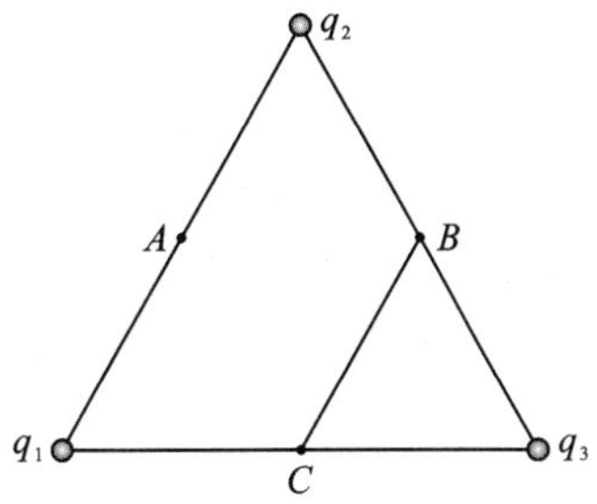

计算题 4.15 图

4.15　如计算题 4.15 图所示，点电荷 q_1、q_2 和 q_3 分别置于等边三角形的三个顶点上，$q_1=q_2=1.0\times10^{-8}$ C，$q_3=-1.0\times10^{-7}$ C；等边三角形的边长为 20 cm，A、B 和 C 分别为三条边的中点。若电荷 $q_0=1.0\times10^{-9}$ C 自 B 点移到 C 点，试求电场力做功。

4.16　真空中，半径为 R 的半圆导线均匀带电，电荷线密度为 λ，试求圆心 O 点处的电势。

4.17　真空中，两无限长同轴圆柱面半径分别为 $R_1=3$ cm 和 $R_2=10$ cm，带有等量异号电荷。经测得两者之间的电势差为 450 V，试求：

(1) 内圆柱面外表面附近一点的场强（$r=R_1$）；

(2)两圆柱面中间处的场强$\left(r=\dfrac{R_1+R_2}{2}\right)$。

4.18　真空中，金属球 A 半径为 10 cm，带电为 1.0×10^{-8} C。将一个原来不带电的内外半径分别为 20 cm 和 25 cm 的金属球壳 B，同心罩在 A 球外面。

(1)试求球壳 B 内外表面的电量及距球心为 15 cm 和 30 cm 的两点的电势；

(2)若用导线将 AB 连接起来，试求电荷分布以及距球心为 15 cm 和 30 cm 两点的电势。

4.19　真空中，三块平行金属板 A、B、C，面积均为 S，AB 间距为 $2d$，AC 间距为 d，B、C 两板均接地，如计算题 4.19 图所示。设 A 板带电为 Q。试求：

(1)B、C 两板的感应电量；

(2)以地为零电势点，A 板的电势。

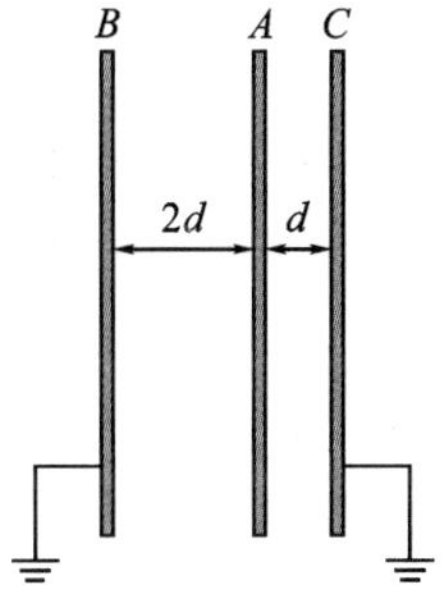

计算题 4.19 图

4.20　空气平行板电容器，两极板间距 $d=5.0$ mm，极板面积 $S=100\ \text{cm}^2$，将电容器接在电动势为 300 V 的电源上充电：

(1)求电容器的电容、极板上电荷面密度和两极板间的场强；

(2)若充电后切断电源，将两极板之间的距离减小一半，试求电容器的电容、极板间的场强及电势差。

4.21　两同轴圆柱面半径分别为 R_1、R_2，长度为 l，且 $l\gg R_2$，假设中间是真空。当两圆柱面分别带电 $+Q$ 和 $-Q$ 时，试求：

(1)两圆柱面之间任一点的电场能量密度；

(2)总电场能量；

(3)电容器的电容。

三、应用题

4.1　利用静电感应原理，简要说明打雷时不能站在高处，不能站在大树下，不能打带尖的金属杆雨伞的原因。试设计一个避雷装置(可以画图)。

4.2 电力系统维修工人身穿屏蔽服可在数十万伏超高压输电线路上进行高空带电作业,对电力管网进行维护和保养。试用你在本章所学内容说明其中蕴含的物理原理。

4.3 在电子器件的装配维修技术中,有时将整机机壳作为电势零点。若机壳未接地,能否说因为机壳电势为零,人站在地上就可以任意接触机壳,若机壳接地,则又如何?

4.4 当人们进入地下车库或者电梯里时,他们所携带手机常常会没有信号,这是为什么?试根据所学的物理知识,设计一种方法或者装置,手机无法和外界联系,或者使打电话的人听到"您拨打的电话暂时无法接通",画出结构示意图并说明原理。

4.5 在实验室中,我们有时需要用到小范围的匀强电场。请说明什么是匀强电场,试设计一种产生匀强电场的装置,说明原理,并写出计算公式。

4.6 静电天平如应用题4.6图所示,空气平板电容器两极板的面积 S、相距 d。电容器下极板固定,上极板接天平的一个挂钩。当电容器不带电时天平正好平衡,如在电容器两极板上加上电压 U,需要在天平另一端添加质量为 m 的砝码,才能使天平恢复平衡,试证明电压 U 和砝码质量 m 之间的关系为 $U=d\sqrt{\dfrac{2mg}{\varepsilon_0 S}}$。

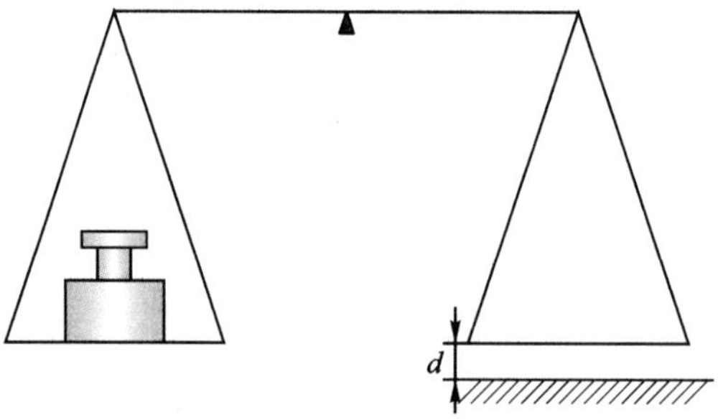

应用题4.6图

4.7 我们希望制备一个充满油的平行板电容器,在等于或低于某一最大电势差 V_m 的情况下,它不致发生击穿且能安全工作。可是,因为设计师设计得不够好,电容器偶尔会产生电弧。试问,使用同样的电介质,并在电容和最大电势差 V_m 保持不变的情况下,你将如何设计这个电容器?

第5章　恒定磁场

静止电荷周围会激发静电场，那么运动电荷周围会形成什么样的场呢？众所周知，电荷宏观定向移动时会形成电流，研究发现其附近的磁针会受力而偏转，这说明电流对磁铁有作用力，电流和磁铁一样，也会产生磁现象。电现象和磁现象在本质上有着密切的联系，在静电情况下这种联系并不显示，只有在动电(形成电流)或电场发生变化的情况下，才能看到这种联系。日常生活中存在着大量与磁性有关的现象，例如用于储存大量数据的计算机硬，再如与轨道无摩擦高速行驶的磁悬浮列车等。

本章研究的是磁感应强度(或磁场强度)不随时间变化的情况，即恒定磁场。研究的方法与静电场相似，因此，我们采用与静电场类比的方法来研究。首先，研究磁场的起源，接着，通过带电粒子在磁场中运动时受到的磁力作用，研究磁场的物质性，引出描述磁场性质的物理量——磁感应强度 $\boldsymbol{B}$；讨论电流激发磁场的规律——毕奥-萨伐尔定律；然后通过高斯定理和安培环路定理讨论磁场的性质，以及磁场对运动电荷的作用力——洛伦兹力和磁场对电流的作用力——安培力，并分析磁力做功的特点；最后研究磁介质与磁场的相互作用。

预习提要：

1. 激发磁场的场源是什么，如何理解磁感应强度 $\boldsymbol{B}$ 的概念。

2. 传导电流激发磁场的规律是什么？电流元 $I\mathrm{d}\boldsymbol{l}$ 激发的磁场 $\mathrm{d}\boldsymbol{B}=\dfrac{\mu_0 I\mathrm{d}\boldsymbol{l}\times\boldsymbol{e}_r}{4\pi r^2}$ 与电荷元 $\mathrm{d}q$ 激发的电场 $\mathrm{d}\boldsymbol{E}=\dfrac{1}{4\pi\varepsilon_0}\dfrac{\mathrm{d}q}{r^2}\boldsymbol{e}_r$ 有何异同之处？

3. 磁场的高斯定理是什么，和静电场的高斯定理形式有什么不同，表明了磁场线的什么性质？

4. 磁场的安培环路定理是什么，和静电场的环路定理形式有什么不同，表明了磁场线的什么性质？

5. 运动电荷在磁场中受到的洛伦兹力表达式是什么，电荷在磁场中运动时，磁场力是否对它做功，为什么？

6. 如何理解载流导线在磁场中所受的安培力，作相应的运动分析。

7. 如何得到载流线圈在磁场中所受的磁力矩，并理解磁矩 $\boldsymbol{m}$。

8. 磁介质的磁化原理是什么，铁磁质的特性是什么？

5.1　磁场　磁感应强度

5.1.1　磁现象的本质

小贴士：

中国是世界上最早发现并利用磁现象的国家。公元前 4 世纪左右成书的《管子》中就有“上有慈石者，其下有铜金”的记载，这是关于磁的最早记载。在东汉以前的古籍中，一直将“磁”写作“慈”，意为“慈爱”。东汉著名的唯物思想家王冲在《论衡》中所描述的“司南勺”铁硼被公认为最早的磁性指南针，如图 5.1 所示。我国在 11 世纪首先制造了航海用的指南针，并且发现了地磁偏角。

图 5.1　司南

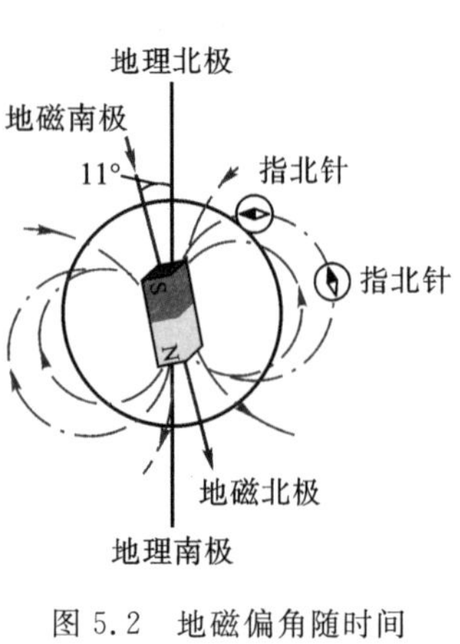

图 5.2　地磁偏角随时间地点变化

1. 基本磁现象

磁铁可以吸引钉子等金属制品，但却不吸引银、铝或大部分非金属制品。磁铁的这种具有吸引铁、钴、镍等物质的性质，称为磁性。磁铁可以分成“永久磁铁”与“非永久磁铁”，即“硬磁”与“软磁”。永久磁铁可以是天然矿物，又称天然磁石，天然磁铁主要成分是四氧化三铁(Fe_3O_4)。磁铁也可以由人工制造，人造磁铁通常由金属合金制成，具有强磁性，最强磁性的人工磁铁是钕磁铁。

磁铁两端的磁性特别集中的区域称为磁极。当磁铁自由悬挂时，两个磁极中，恒指北的称为北(N)极，恒指南的称为南(S)极。实验表明，同性磁极互相排斥，异性磁极互相吸引，这条规则与电荷之间互相作用力的规则很相似，它启发库仑等人曾引入“磁荷”概念来研究静磁力，得到了一些重要的结果，但是由于磁荷并不存在，这种方法不再使用。

实际上，地球本身就是一个大磁铁，它的 S 极在地球的北极附近，N 极在地球的南极附近，地理两极与地磁两极的位置并不一致。地磁场的两极方向与地理上的南北极之间的夹角称为地磁偏角，如图 5.2 所示，地磁偏角是随时间地点而变化的。

18 世纪，人们引入磁场的概念，把磁场作为传递磁极之间相互作用的媒介，并且规定：小磁针的 N 极在磁场中任意点所指示的方向为该点磁场的方向，这一规定一直沿用至今。

2. 电流的磁效应

在历史上很长一段时期里，磁学和电学的研究一直彼此独立地进行着。人们曾认为磁和电是两类截然不同的现象，但一些实际的事例却不断引起人们注意，1731 年一名英国商人诉述，雷鸣电闪过后，他的一箱新刀叉竟带上了磁性；1751 年富兰克林(Benjamin Franklin，1706—1790)发现莱顿瓶放电能使钢针磁化。电真的能生磁吗？在相当长的历史时期内，对磁的研究进展非常缓慢，直到 1820 年 4 月，丹麦物理学家奥斯特(Hans Christian Oersted)在一次讲座上做演示实验时，偶然发现了小磁针在通电导线周围受到磁力作用会发生偏转，这才揭开了电、磁现象之间的内在联系。此后奥斯特花了三个月时间，做了大量的实验，发现了磁针在电流周围都会偏转，图 5.3 是著名的奥斯特实验。当上面的导线通有电流时，下面的小磁针发生了偏转，他终于向世界宣布电流的磁效应，这件事在欧洲引起了巨大轰动。法国物理学家安培得知此消息后立刻重复了奥斯特的实验，两根平行的载流导线通有同向电流时彼此相互吸引，如图 5.4(a)所示；通有反向电流时彼此相互排斥，如图 5.4(b)所示。安培还发现磁场对电流有作用力，如图 5.5 所示，将一根通有电流的导线放入马蹄形磁铁中时，导线在磁场作用下向外运动。

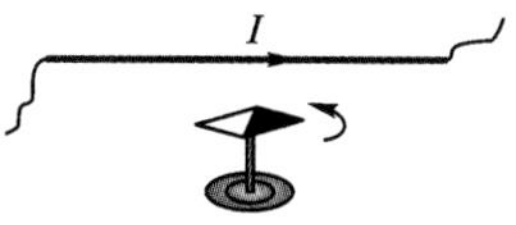

图 5.3　奥斯特实验

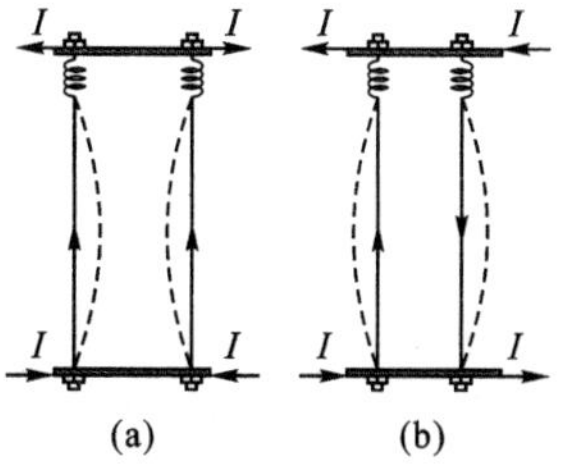

图 5.4　安培实验

我们知道，磁极与磁极之间的作用是通过磁场实现的。而上述实验则表明：电流周围存在着磁场，电流的磁场对磁针及电流有作用，磁铁对电流同样有作用。

3. 安培的分子电流假说

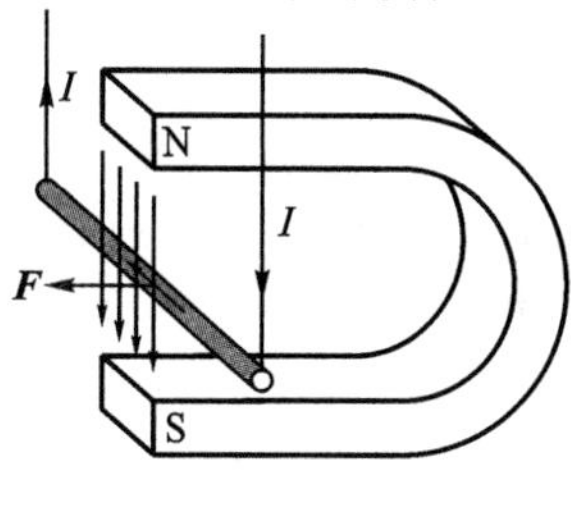

图 5.5　通电导线在磁场受力

但是，磁铁中并没有传导电流，可它却有很强的磁性，能在周围激发很强的磁场，那么，它的场源又是什么呢？

安培在大量实验的启发下，确信一切磁现象的根源是电流。为了说明磁铁磁性的本质，安培在尚不知道原子结构的情况下，在 1822 年大胆提出了分子电流的假设：他认为产生磁现象的本源在于电流，组成物质的分子相当于一个环形电流，称为分子电流。每一个分子电流等效于一个小磁针，如图 5.6(a)所示。如果各分子电流排列无序，物质对外不显磁性，如图 5.6(b)所示。如果各分子电流排列有序(如在外磁场作用下)，物质对外显磁性，如图 5.6(c)所示。

安培的这个假说与现代原子分子结构的概念相符合。电子不仅绕核旋转，而且还有自转，也称为自旋；分子、原子等微观粒子内的电子实际上成了“运动电荷”，它们的这些运动形成了“分子电流”，这便是物质磁性的基本来源。在后面讨论磁介质的磁化时将会进一步看到安培分子电流的重要意义。

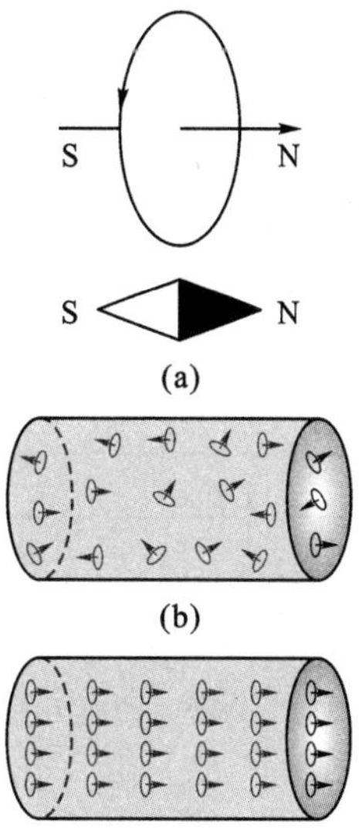

图 5.6　安培分子电流假说

5.1.2　磁场

从静电场的研究中我们已经知道：静止的电荷周围存在着电场，静止电荷相互作用是通过电场实现的。而电流与电流之间、磁铁与磁铁之间以及磁铁与电流之间彼此相互作用则是通过磁场来进行的。就其本质来说，运动的电荷(电流)在其周围会产生磁场，磁场对放入其中的运动电荷(电流)的作用，称为磁场力。永磁体间的磁现象，来源于永磁体中分子电流所激发的磁场和磁场给永磁体内分子电流的作用力。综上所述，磁体与磁体之间、磁体与电流之间、电流与电流之间的相互作用是

通过磁场来传递的。而从根本上而言,是运动电荷激发周围磁场,通过磁场对另一个电荷进行作用。这种相互作用可以表示为

$$\text{运动电荷} \rightleftharpoons \text{磁场} \rightleftharpoons \text{运动电荷}$$

恒定电流周围激发的磁场不随时间发生变化,称**恒定磁场**。本章着重讨论恒定磁场的一些基本性质和规律。

磁场和电场一样,具有质量、动量和能量等物质属性,也是物质存在的一种形式。

5.1.3　磁感应强度

小贴士:

描述磁场强度的物理量,看似应该以"磁场强度"来表示。然而人们在对磁场的认识过程中用"磁场强度"表示了电流产生的磁场的强度,在这里运动电荷在磁场中所受的磁场测得磁场的强度就用磁感应强度表示,后面我们还会学习磁场强度这个概念,并且学习磁场强度和磁感应强度这两个物理量之间的关系。

我们曾利用电场对试验电荷的作用来定义电场强度。为了考查空间某点是否有电场,将试验电荷 q_0 置于该点,如 q_0 受到力的作用,说明该处有电场存在,并以场强 $\boldsymbol{E}=\dfrac{\boldsymbol{F}}{q_0}$ 来定量描述该点的电场。与此类似,我们引入运动电荷在磁场中受力来描述磁场。描述磁场性质的物理量称为磁感应强度,用 $\boldsymbol{B}$ 表示。下面介绍确定磁感应强度 $\boldsymbol{B}$ 的具体方法。

1. 先确定磁感应强度 $\boldsymbol{B}$ 的方向

在磁场中存在一个特定的方向,当电荷沿这特定方向(或其反方向)运动时,磁力 $\boldsymbol{F}$ 为零。我们定义该特定方向为**磁感应强度 $\boldsymbol{B}$** 的方向,如图 5.7 所示。这与历史上沿用已久,小磁针 N 极的稳定指向就是该处磁感应强度 $\boldsymbol{B}$ 的方向相一致。

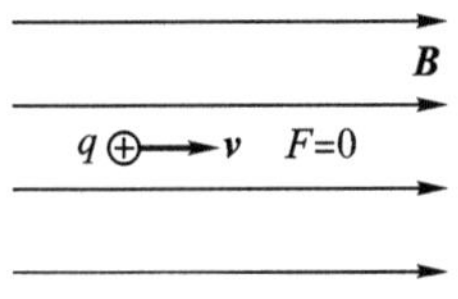

图 5.7　磁感应强度 $\boldsymbol{B}$ 的方向

2. 再确定 $\boldsymbol{B}$ 的数值

当运动电荷以同一速率 v 沿不同方向通过一点时,电荷所受的磁力的大小是不同的。但磁力的方向却总是垂直于磁场的方向,即 $\boldsymbol{F}\perp\boldsymbol{B}$,又垂直于电荷运动的方向,即 $\boldsymbol{F}\perp\boldsymbol{v}$。当 $\boldsymbol{v}$ 与 $\boldsymbol{B}$ 垂直时,作用在运动电荷上的磁场力最大,用 F_m 表示,如图 5.8 所示。在磁场中给定点,运动电荷在该点受到的最大磁场力 F_m 与运动电荷的电量及速度大小的乘积成正比,而**比值 $\dfrac{F_m}{qv}$ 仅与该处磁场性质有关,与运动电荷无关,这个比值定义为 B 的大小**,即 $B=\dfrac{F_m}{qv}$。在国际单位制中,磁感应强度的单位为特斯拉(T)。

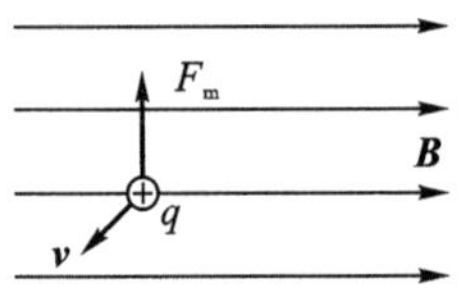

图 5.8　运动电荷磁力方向

5.2　毕奥-萨伐尔定律

5.2.1　电流　电流密度

电流是电荷的宏观定向流动形成的。产生电流的条件有

两个：一是有可以自由移动的电荷的导体；二是导体两端有电势差，即导体内出现电场。一般来说电荷的携带者可以是自由电子、质子、正负离子，这些带电粒子统称为载流子。这种由载流子宏观定向移动形成的电流称为**传导电流**。带电物体做机械运动形成的电流称作**运流电流。**

> **小贴士：**
>
> **金属导体中电流**
>
> 第 4 章我们讨论过，金属导体中存在大量做无规则热运动的自由电子，在静电平衡条件下，导体内电荷没有做定向移动，因而导体内不能形成电流。如果导体两端加上电势差（电压），此时导体内部电场不为零，自由电子除了做无规则热运动外，在电场力的作用下自由电子做宏观定向移动，从而形成了**电流。**

常见的电流是沿着一根导线流动的电流，电流的强弱用电流（强度）I 来描述。**单位时间内，通过导体任意截面的电量称为通过该截面的电流强度，**简称**电流**，用 I 表示。若 $\mathrm{d}t$ 时间内，通过导体某一截面的电量为 $\mathrm{d}q$，则通过该截面的电流为

$$I=\frac{\mathrm{d}q}{\mathrm{d}t} \tag{5.1}$$

并且规定，正电荷的运动方向就是电流的方向。在国际单位制中，电流的单位为安培（A）。大小和方向不随时间变化的电流称为**恒定电流**。

电流反映通过导体的电流的强弱，即反映导体截面电流的整体特征，而不能反映电流通过导体截面各点的分布情况。对于电流均匀沿导体流动的情况，电流在导体某截面上各点的分布也是均匀的，引入电流强度的概念就可以了。但在实际应用中，常常遇到大块导体中流过的电流不均匀分布的情况，此时为了描述导体中各处电流的分布情况，引入**电流密度**的概念。**载流导体中任意点的电流密度矢量方向与该点的电流方向相同，大小等于通过该点垂直于电流方向的单位面积上的电流，**用 $\boldsymbol{j}$ 表示，即

$$\boldsymbol{j}=\frac{\mathrm{d}I}{\mathrm{d}S}\boldsymbol{e}_{\mathrm{n}} \tag{5.2}$$

图 5.9　电流流过圆柱导体

式中，$\boldsymbol{e}_{\mathrm{n}}$ 为电流方向的单位矢量。在国际单位制中，电流密度的单位是安培每二次方米，（$\mathrm{A\cdot m^{-2}}$）。

在图 5.9 中，电流 I 均匀流过截面积 $S=\pi R^2$ 的圆柱导体，P 点的电流密度的大小为 $j=\dfrac{I}{S}=\dfrac{I}{\pi R^2}$，方向与 I 一致。

5.2.2　毕奥-萨伐尔定律

在静电场中，计算带电体在空间某点产生场强 $\boldsymbol{E}$ 的方法是：把带电体分成许多可视为点电荷的电荷元 $\mathrm{d}q$，先求出电荷元在该点产生的场强 $\mathrm{d}\boldsymbol{E}$，然后根据场强叠加原理用积分方法求得该点的总场强 $\boldsymbol{E}$。

磁场是由电流产生的，类似于点电荷及其在定义电场强度 $\boldsymbol{E}$ 中的作用，引入电流元 $I\mathrm{d}\boldsymbol{l}$ 的概念。其中，I 为回路导线中的电流，$\mathrm{d}\boldsymbol{l}$ 是回路导线中沿电流方向所取的一个长为 $\mathrm{d}l$ 的矢量线元，电流元中电流的流向就作为线元矢量的方向。要求载流

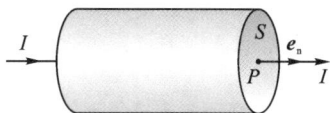

导线在空间产生的磁感应强度 $\boldsymbol{B}$,可以采用类似于求连续带电体产生电场的场强的方法,先将载流导线分成很多电流元 $I\mathrm{d}\boldsymbol{l}$,求出它在某点的元磁感应强度 $\mathrm{d}\boldsymbol{B}$,再把载流导线上所有电流元在某点产生的 $\mathrm{d}\boldsymbol{B}$ 相叠加,从而求得载流导线在该点产生的总磁感应强度 $\boldsymbol{B}$。与单独存在的电荷不同,电流元是不能单独存在的,因而电流元 $I\mathrm{d}\boldsymbol{l}$ 产生的磁场不能直接从实验得到。1820 年,法国实验物理学家毕奥和萨伐尔根据实验总结出了载流导线周围的磁场与电流的关系。在此基础上,法国数学家拉普拉斯进一步从数学上加以分析,证明任何闭合的载流回路产生的磁场可以看成是由电流元产生的磁场叠加的结果,从毕奥和萨伐尔的实验结果倒推,得出电流元产生磁场的规律。

如图 5.10 所示,设在一段通有电流 I 的导线上,任取一电流元 $I\mathrm{d}l$。**电流元 $I\mathrm{d}l$ 在空间任意 P 点产生的磁感应强度 $\mathrm{d}B$ 的大小与电流元的大小 $I\mathrm{d}l$ 成正比,与电流元到 P 点的位矢 $\boldsymbol{r}$ 之间的夹角 θ 的**正弦 $\sin\theta$ **成正比,并与电流元到 P 点距离的平方 r^2 成反比**,其数学表达式为

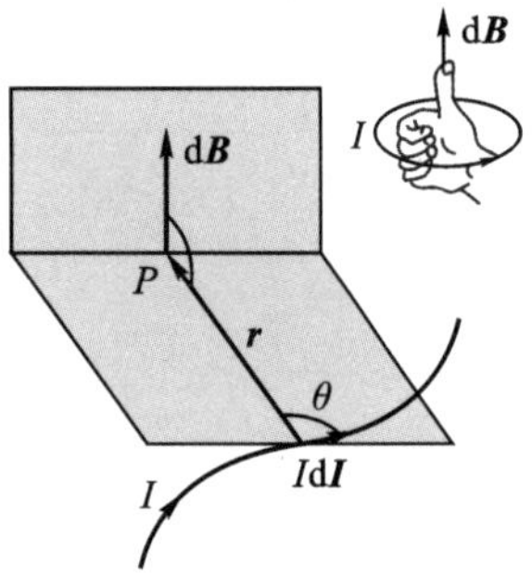

图 5.10 电流元的磁场

$$\mathrm{d}B=\frac{\mu_0}{4\pi}\cdot\frac{I\mathrm{d}l\sin\theta}{r^2} \tag{5.3}$$

式中,$\frac{\mu_0}{4\pi}$为比例系数,$\mu_0=4\pi\times10^{-7}\,\mathrm{T\cdot m\cdot A^{-1}}$为真空中的磁导率。上式称为**毕奥-萨伐尔定律。**

$\mathrm{d}\boldsymbol{B}$ 的方向垂直于 $I\mathrm{d}\boldsymbol{l}$ 与 $\boldsymbol{r}$ 组成的平面,指向用右手螺旋定则确定,即右手四指由 $I\mathrm{d}\boldsymbol{l}$ 经小于 180°的角 θ 转向位矢 $\boldsymbol{r}$ 时,大拇指的指向即为 $\mathrm{d}\boldsymbol{B}$ 的方向。

毕奥-萨伐尔定律可以写成如下的矢量形式

$$\mathrm{d}\boldsymbol{B}=\frac{\mu_0 I\mathrm{d}\boldsymbol{l}\times\boldsymbol{e}_r}{4\pi r^2} \tag{5.4}$$

式中,$\boldsymbol{e}_r$ 为位矢 $\boldsymbol{r}$ 方向的单位矢量。

根据磁场叠加原理,整个载流导线在 P 点产生的磁感应强度为

$$\boldsymbol{B}=\int\mathrm{d}\boldsymbol{B}=\int\frac{\mu_0 I\mathrm{d}\boldsymbol{l}\times\boldsymbol{e}_r}{4\pi r^2} \tag{5.5}$$

通常,各个电流元产生的 $\mathrm{d}\boldsymbol{B}$ 方向不同,因此,式(5.5)为矢量积分式。具体应用时,应先取适当的坐标系,求出 $\mathrm{d}\boldsymbol{B}$ 在各坐标轴上的分量,再分别积分得到 $\boldsymbol{B}$ 的各分量,最后求出 $\boldsymbol{B}$ 矢量。

如果各个电流元产生的 $\mathrm{d}\boldsymbol{B}$ 方向相同,则式(5.5)成为标量积分,即

$$B=\int_l\mathrm{d}B=\int\frac{\mu_0 I\mathrm{d}l\sin\theta}{4\pi r^2} \tag{5.6}$$

想一想:

比较由库仑定律得到的点电荷场强 $\boldsymbol{E}=\frac{q}{4\pi\varepsilon_0 r^2}\boldsymbol{e}_r$,和由毕奥-萨伐尔定律得到的电流元的磁感应强度 $\mathrm{d}\boldsymbol{B}=\frac{\mu_0 I\mathrm{d}\boldsymbol{l}\times\boldsymbol{e}_r}{4\pi r^2}$的相似与差别之处。

小贴士:

毕奥-萨伐尔定律虽是以毕奥和萨伐尔的实验为基础,又由拉普拉斯经过科学抽象得到的,但由于孤立的电流源是不存在的,因此它不能由实验直接证实,然而由这个定律得出的结果都和实验相符得很好,从而说明了这个定律的正确性。

可见，用该定律计算 $\boldsymbol{B}$ 的一般思路如下：

(1)取电流元 $I\mathrm{d}\boldsymbol{l}$；

(2)写出此电流元在某一点产生的磁感应强度

$$\mathrm{d}\boldsymbol{B}=\frac{\mu_0 I\mathrm{d}\boldsymbol{l}\times\boldsymbol{e}_r}{4\pi r^2}$$

(3)整个载流导线在该点产生的磁感应强度为

$$\boldsymbol{B}=\int\mathrm{d}\boldsymbol{B}=\boldsymbol{i}\int\mathrm{d}B_x+\boldsymbol{j}\int\mathrm{d}B_y+\boldsymbol{k}\int\mathrm{d}B_z$$

5.2.3　毕奥-萨伐尔定律应用举例

例 5.1　半径为 R 的圆导线中通有电流 I，如图 5.11 所示。试求圆心 O 点的磁感应强度。

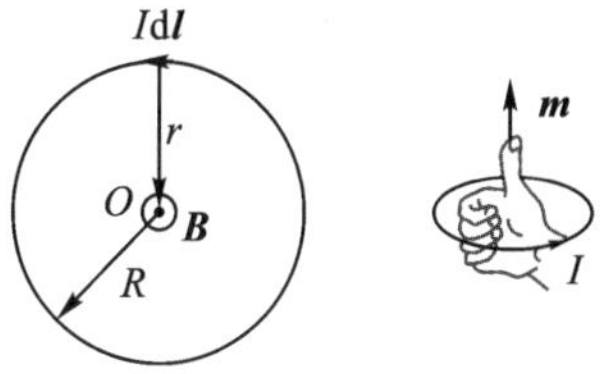

图 5.11　圆导线磁场的计算

解　取电流元 $I\mathrm{d}\boldsymbol{l}$。已知 $\theta=\frac{\pi}{2}$，$r=R$。由毕奥-萨伐尔定律，$I\mathrm{d}\boldsymbol{l}$ 在 O 点产生的磁感应强度的大小为

$$\mathrm{d}B=\frac{\mu_0}{4\pi}\cdot\frac{I\mathrm{d}l\sin\theta}{r^2}=\frac{\mu_0 I\mathrm{d}l}{4\pi R^2}$$

方向用右手螺旋定则确定为垂直纸面向外，用⊙表示。由于所有电流元在 O 点产生的磁感应强度方向相同。于是，圆心处的磁感应强度的大小为

$$B=\int\mathrm{d}B=\int_0^{2\pi R}\frac{\mu_0 I\mathrm{d}l}{4\pi R^2}=\frac{\mu_0 I}{2R}$$

通电圆导线中心处的磁感应强度也可写作

$$\boldsymbol{B}=\frac{\mu_0\boldsymbol{m}}{2\pi R^3}$$

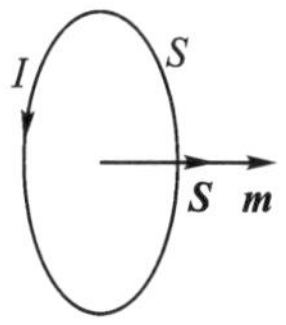

图 5.12　线圈平面的正法线方向

式中，$\boldsymbol{m}=I\boldsymbol{S}=I\pi R^2\boldsymbol{e}_{\mathrm{n}}$ 为线圈的磁矩，其大小为 IS，方向为线圈平面正法线方向，以 $\boldsymbol{e}_{\mathrm{n}}$ 表示。所谓正法线方向是这样规定的：它垂直于线圈平面，用右手四指弯曲方向代表电流流向，则大拇指指向就是 $\boldsymbol{e}_{\mathrm{n}}$ 的方向。用它可以确定载流线圈在空间的方位，如图 5.12 所示。

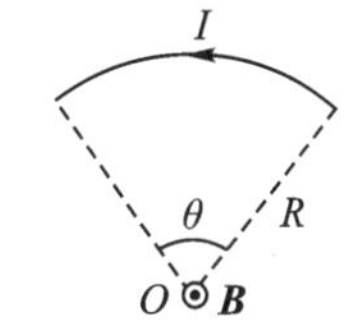

图 5.13　圆弧导线的磁场

圆导线在圆心处产生的磁场是通过整个圆导线电流的贡献。对于一段圆弧导线，如图 5.13 所示，其半径为 R，电流为 I，圆弧导线对圆心的张角为 θ，同理可得圆心处的磁感应强度的大小为

$$B=\frac{\mu_0 I}{2R}\cdot\frac{\theta}{2\pi}=\frac{\mu_0 I}{4\pi R}\theta$$

方向垂直于纸面向外，用⊙表示。

例 5.2　试求载流直导线的磁场分布。

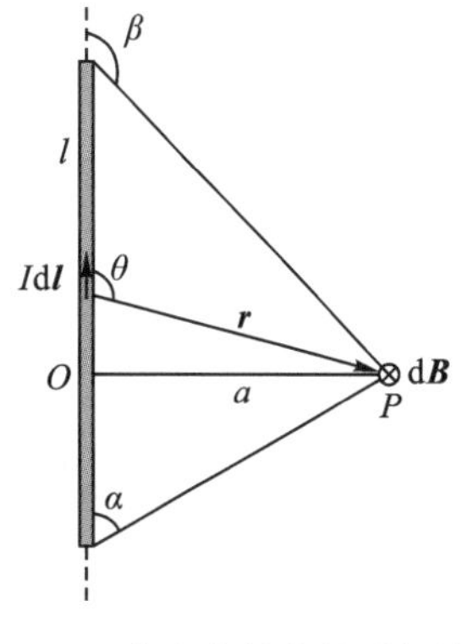

图 5.14　载流直导线的磁场计算

解　已知载流直导线的电流为 I，设磁场中任意点 P 到直导线的距离为 a，α 为电流始端和 P 点连线与电流的夹角；β 为电流延长线与电流末端和 P 点连线的夹角，如图 5.14 所示。

解题指导：

(1)**“先分割”**——在导线上取任意一电流元 $Id\boldsymbol{l}$，按照毕奥-萨伐尔定律得出这个电流元在 P 点产生的磁感应强度；

(2)**“再分解”**——在长直导线上，由于每一个电流元与 P 点的距离不同，因此产生的磁感应强度大小也不同，但是，每一个电流元产生的磁感应强度的方向都相同。因此，本题不需要对电流元产生的磁感应强度“再分解”；

(3)**“后叠加”**——以积分的方法把电流元在 P 点产生的磁感应强度叠加。

在导线上任取一电流元 $Id\boldsymbol{l}$，由毕奥-萨伐尔定律可知，$Id\boldsymbol{l}$ 在 P 点产生的磁感应强度的大小为

$$dB=\frac{\mu_0}{4\pi}\cdot\frac{Idl\sin\theta}{r^2}$$

方向垂直纸面向里(在图中用⊗表示)。

由于各个电流元产生的磁场的方向均相同，因而该载流直导线在 P 点产生的磁感应强度方向垂直纸面向里，大小为

$$B=\int dB=\int\frac{\mu_0}{4\pi}\cdot\frac{Idl\sin\theta}{r^2}$$

式中，l、r 和 θ 都是变量，要进行积分计算，就必须先将三个变量换算为一个变量。由图 5.14 可见，$r=a\sec\theta$。$l=a\cot(\pi-\theta)=-a\cot\theta$，微分得 $dl=a\sec^2\theta d\theta$。将 dl 和 r 代入上式，化简后积分，可得载流直导线产生的磁场中，任意点的磁感应强度的大小为

$$B=\frac{\mu_0 I}{4\pi a}\int_\alpha^\beta\sin\theta d\theta=\frac{\mu_0 I}{4\pi a}(\cos\alpha-\cos\beta)$$

若 P 点离载流直导线很近，则载流直导线可视为“无限长”，这时 $\alpha\to0$、$\beta\to\pi$，则有

$$B=\frac{\mu_0 I}{2\pi a}$$

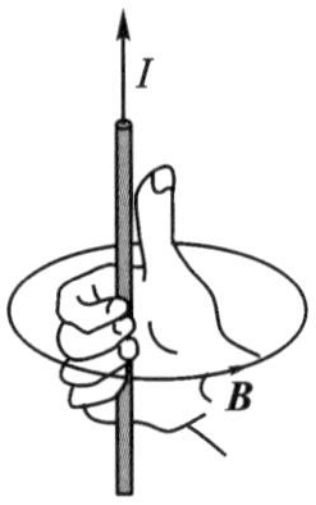

图 5.15　右手螺旋定则

载流直导线产生磁场的方向，还可以用右手螺旋定则确定，如图 5.15 所示，以伸直的大拇指表示导线中电流的方向，则四指环绕的方向就是 $\boldsymbol{B}$ 的方向。

例 5.3　一载流长导线弯成图 5.16 所示的形状，四分之三圆弧的半径为 R，圆心 O 点在ab的延长线上。已知电流为 I，试求 O 点的磁感应强度。

解　O 点的磁场是 ab 段、$\widehat{bcd}$弧和 de 段三段导线中电流共同产生的。设各段导线在 O 产生的磁感应强度分别为 $\boldsymbol{B}_1$、$\boldsymbol{B}_2$ 和 $\boldsymbol{B}_3$，根据磁场叠加原理，O 点的磁感应强度为

$$\boldsymbol{B}=\boldsymbol{B}_1+\boldsymbol{B}_2+\boldsymbol{B}_3$$

因为 O 点在 ab 导线的延长线上，因此直导线 ab 在 O 点产生的磁感应强度 $B_1=0$。

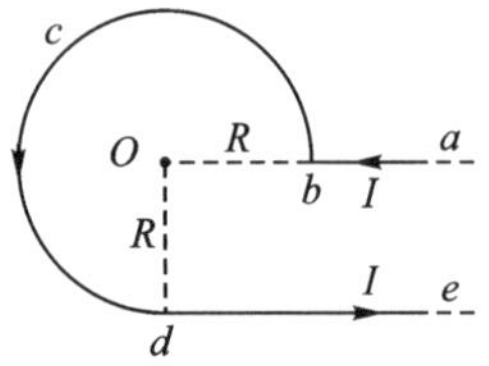

图 5.16　载流长导线

圆弧$\widehat{bcd}$对圆心的张角 $\theta=\frac{3}{4}\times2\pi=\frac{3}{2}\pi$，利用例 5.1 的结论，圆弧$\widehat{bcd}$在圆心处产生的磁感应强度的大小为 $B_2=\frac{\mu_0 I}{4\pi R}\theta=\frac{\mu_0 I}{4\pi R}\times\frac{3}{2}\pi=\frac{3\mu_0 I}{8R}$，方向垂直于纸面向外。

利用例 5.2 的结论，因为 $\alpha=\frac{\pi}{2}$，$\beta=\pi$，$a=R$，所以直导线

de 在 O 点产生的磁感应强度的大小为 $B_3=\dfrac{\mu_0 I}{4\pi R}$，方向垂直纸面向外。

于是，O 点的磁感应强度的大小为

$$B=B_2+B_3=\frac{\mu_0 I}{4\pi R}\left(1+\frac{3}{2}\pi\right)$$

方向垂直纸面向外。

5.2.4　运动电荷产生的磁场

前面讨论了传导电流产生磁场的基本规律。由于传导电流是由大量的电荷定向运动所形成的，因此，电流产生磁场从本质上讲就是运动电荷所产生的磁场。

设导体截面积为 S，带电粒子的电量为 $+q$，定向运动速度为 $\boldsymbol{v}$，导体内带电粒子数密度为 n。则长度为 $v\mathrm{d}t$ 的导体内带电粒子的总电量为

$$\mathrm{d}Q=Svnq\mathrm{d}t \tag{5.7}$$

在 $\mathrm{d}t$ 时间内，导体中的带电粒子均流过截面 S，如图 5.17 所示。根据电流的定义式(5.1)，有

$$I=\frac{\mathrm{d}Q}{\mathrm{d}t}=\frac{Svnq\mathrm{d}t}{\mathrm{d}t}=Svnq \tag{5.8}$$

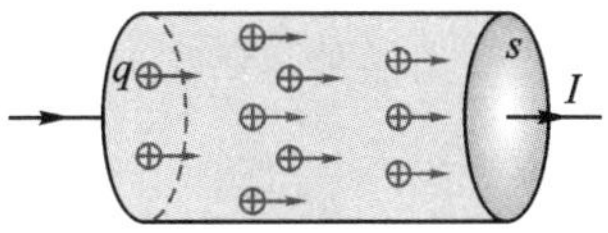

图 5.17　导体中的带电粒子

在导体中取 $I\mathrm{d}\boldsymbol{l}$ 得电流元，由毕奥-萨伐尔定律可知，该电流元在空间某点产生的磁感应强度为

$$\mathrm{d}\boldsymbol{B}=\frac{\mu_0}{4\pi}\frac{I\mathrm{d}\boldsymbol{l}\times\boldsymbol{e}_r}{r^2}=\frac{\mu_0}{4\pi}\frac{(Svnq)\mathrm{d}\boldsymbol{l}\times\boldsymbol{e}_r}{r^2} \tag{5.9}$$

由于在电流元 $I\mathrm{d}\boldsymbol{l}$ 内的带电粒子数为 $\mathrm{d}N=nS\mathrm{d}l$，电流元 $I\mathrm{d}\boldsymbol{l}$ 产生的磁感应强度 $\mathrm{d}\boldsymbol{B}$，就可看成是由这 $\mathrm{d}N$ 个运动电荷所产生的。另外由于 $I\mathrm{d}\boldsymbol{l}$ 的方向与电荷运动速度的方向相同，上式可写成

$$\mathrm{d}\boldsymbol{B}=\frac{\mu_0}{4\pi}\frac{q\mathrm{d}N\boldsymbol{v}\times\boldsymbol{e}_r}{r^2} \tag{5.10}$$

因此，每个运动电荷所产生的磁感应强度 $\boldsymbol{B}$ 为

$$\boldsymbol{B}=\frac{\mathrm{d}\boldsymbol{B}}{\mathrm{d}N}=\frac{\mu_0}{4\pi}\frac{q\boldsymbol{v}\times\boldsymbol{e}_r}{r^2} \tag{5.11}$$

此式给出了一个运动的载流子在周围空间产生磁场强度的计算式。

式(5.11)对正、负运动电荷均适用。如图 5.18 所示，图 5.18(a)表示正电荷在 P 点产生的磁场，图 5.18(b)则表示负电荷在 P 点产生的磁场。

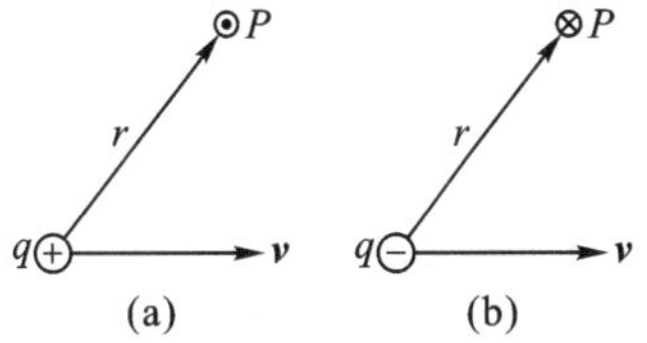

图 5.18　正负电荷产生的磁场

例 5.4　氢原子中的电子绕核做匀速率圆周运动。已知电子的运动速率 $v=2.19\times10^6$ m/s，第一轨道半径 $r_1=5.29\times10^{-11}$ m。试求该电子在原子核处产生的磁感应强度。

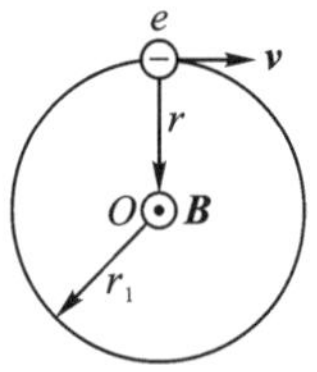

图 5.19　氢原子视为圆电流

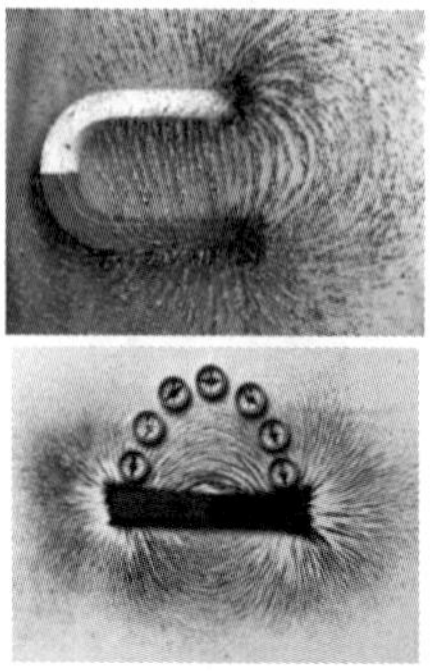

图 5.20　磁感应线的分布图

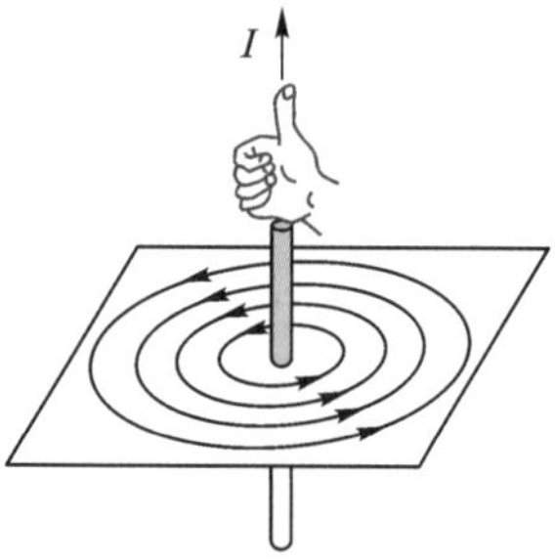

(a) 载流长直导线的磁感应线

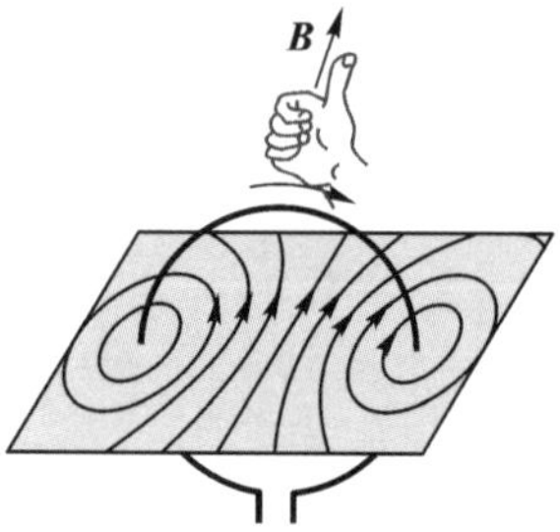

(b) 圆电流的磁感应线

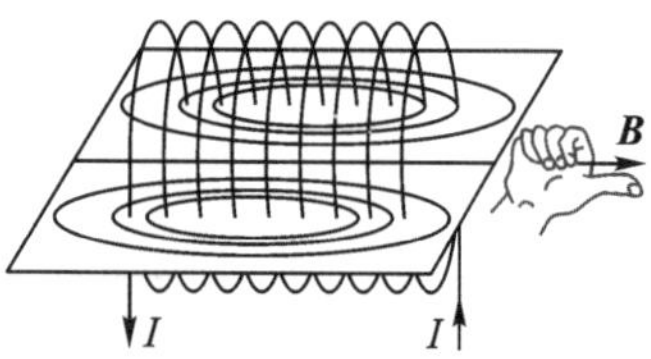

(c) 载流长直螺线管的磁感应线

图 5.21　不同形状的导线的磁感应线分布

解　根据式(5.11),电子在原子核处产生的磁感应强度的大小为

$$B=\frac{\mu_0 ev}{4\pi r_1^2}\sin\theta$$

将 $\theta=\frac{\pi}{2}$,$r=r_1=5.29\times10^{-11}\,\mathrm{m}$,$q=e=1.62\times10^{-19}\,\mathrm{C}$ 和 $v=2.19\times10^6\,\mathrm{m/s}$ 代入,可得 $B=12.5\mathrm{T}$。

由于电子带负电,$\boldsymbol{B}$ 的方向应为 $-\boldsymbol{v}\times\boldsymbol{r}$ 的方向,即垂直纸面向里,如图 5.18(b)中所示。

此题另一种解法是:将电子绕核做顺时针运动视为一载流圆导线,如图 5.19 所示。电流方向与电子运动方向相反,即沿逆时针方向。电流 $I=\frac{e}{T}=\frac{e}{2\pi r_1}=\frac{ev}{2\pi r}$,则圆电流中心处的磁感应强度的大小为

$$B=\frac{\mu_0 I}{2r_1}=\frac{\mu_0 ev}{2\times2\pi r_1}=\frac{\mu_0 ev}{4\pi r_1^2}$$

5.3　磁通量　磁场的高斯定理

5.3.1　磁场线

正如在静电场中用电场线来表示静电场分布一样,为了形象地反映磁场在空间的分布情况,也可以引入磁场线(又称为磁感应线)来描绘磁场。

在给定磁场中某一点 $\boldsymbol{B}$ 的大小及方向都是确定的。为此我们规定**磁场线上每一点的切线方向就是该点磁感应强度 $\boldsymbol{B}$ 的方向;过某点作垂直于磁感应强度 $\boldsymbol{B}$ 的单位面积,穿过该面积的磁场线条数等于该点 $\boldsymbol{B}$ 的数值。**因此,$\boldsymbol{B}$ 大即磁场强处,磁场线密集;$\boldsymbol{B}$ 小即磁场弱处,磁场线稀疏。对均匀磁场来说,磁场线相互平行,且处处密度相等;对于非均匀磁场来说,磁场线相互不平行,各处密度不相等。

实验中很容易把磁感应线显示出来,在水平放置的玻璃板上,可以用铁屑和小磁针来显示出磁感应线的分布图,如图 5.20所示。

由载流长直导线的磁感应线图形及毕奥-萨伐尔定律可知,磁感应线的回转方向和电流流向遵从右手螺旋定则,如图 5.21(a)所示。此外,截流圆导线和载流长直螺线管的磁感应线也遵从右手螺旋定则,如图 5.21(b)、(c)所示。

由上述几种典型的载流导线的磁感应线图形可知磁感应线具有如下特性:

（1）由于磁场中任一点的磁感应强度都是唯一的，因此磁场中的磁感应线不会相交，这一特点与电场线相同。

（2）磁场中的磁感应线是无头无尾的闭合曲线，这与电场线的情况截然不同。而且这些闭合曲线都和电流互相套连。

5.3.2　磁通量

通过磁场中某给定面积的磁场线的条数称为通过该曲面的磁通量，用 Φ_m 表示。

在磁感应强度为 $\boldsymbol{B}$ 的磁场中，有一任意曲面 S，如图 5.22 所示。怎样求通过 S 面的磁通量呢？先在曲面上任取面元矢量 $\mathrm{d}\boldsymbol{S}$，通过该面元的磁通量

$$\mathrm{d}\Phi_m=\boldsymbol{B}\cdot\mathrm{d}\boldsymbol{S}=B\mathrm{d}S\cos\theta \tag{5.12}$$

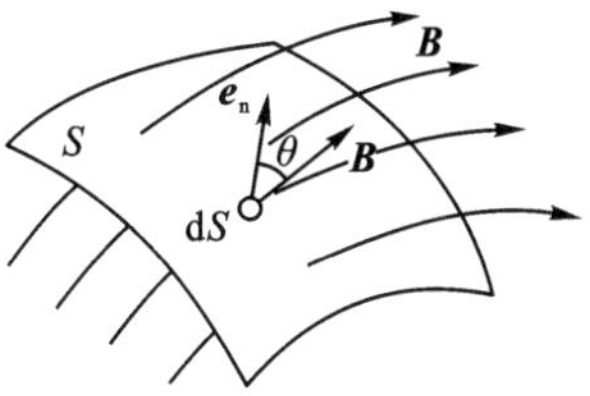

图 5.22　通过曲面的磁通量

则通过曲面 S 的磁通量为通过各面积元磁通量的积分，即

$$\Phi_m=\int\mathrm{d}\Phi_m=\int_S\boldsymbol{B}\cdot\mathrm{d}\boldsymbol{S} \tag{5.13}$$

在国际单位制中，磁通量单位为韦伯（Wb），$1\mathrm{Wb}=1\mathrm{T}\cdot\mathrm{m}^2$。

例 5.5　如图 5.23 所示，通有电流 $I=20$ A 的长直导线旁有一矩形线框，其边长分别为 $l_1=9$ cm 和 $l_2=20$ cm，线框近边到直导线的距离 $a=1$ cm，试求通过矩形线框平面的磁通量。

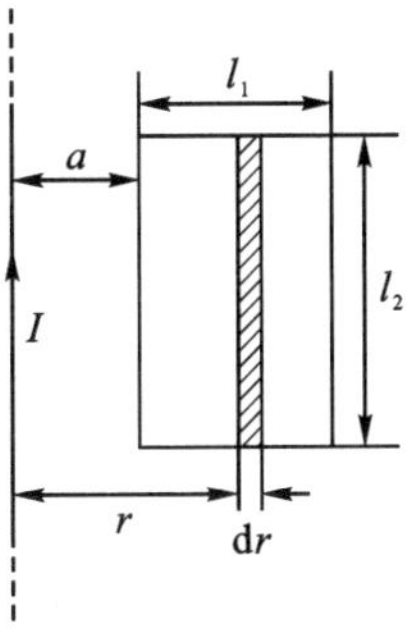

图 5.23　矩形线框平面的磁通量计算

解　利用例 5.2 的结论，距直导线为 r 处的磁感应强度的大小为 $B=\dfrac{\mu_0 I}{2\pi r}$，方向垂直纸面向里。

在矩形线框中距直导线为 r 处取一矩形面元，其宽度为 $\mathrm{d}r$、长度为 l_2，面积为 $\mathrm{d}S=l_2\mathrm{d}r$。取该面元法线垂直纸面向里，则 $\boldsymbol{B}$ 与 $\mathrm{d}\boldsymbol{S}$ 方向相同。于是，通过面元的元磁通量为 $\mathrm{d}\Phi_m=\boldsymbol{B}\cdot\mathrm{d}\boldsymbol{S}=B\mathrm{d}S=\dfrac{\mu_0 I}{2\pi r}l_2\mathrm{d}r=\dfrac{\mu_0 Il_2}{2\pi}\cdot\dfrac{\mathrm{d}r}{r}$，通过整个线框平面的磁通量为

$$\Phi_m=\int_a^{a+l_1}\frac{\mu_0 Il_2}{2\pi}\cdot\frac{\mathrm{d}r}{r}=\frac{\mu_0 Il_2}{2\pi}\int_a^{a+l_1}\frac{\mathrm{d}r}{r}=\frac{\mu_0 Il_2}{2\pi}\ln\frac{a+l_1}{a}$$

将 $a=1$ cm$=0.01$ m，$l_1=9$ cm$=0.09$ m，$l_2=20$ cm$=0.2$ m和 $I=20$ A 代入，通过整个线框平面的磁通量为 $\Phi_m=1.8\times10^{-6}$ Wb 。

5.3.3　磁场的高斯定理

与研究电场强度通量一样，对于闭合曲面，规定正法线矢量 $\boldsymbol{e}_n$ 的方向垂直于曲面向外，依据这个规定，当磁感应线从曲面内穿出时，磁通量是正的（$\theta<\dfrac{\pi}{2}$，$\cos\theta>0$），而当磁感应线从

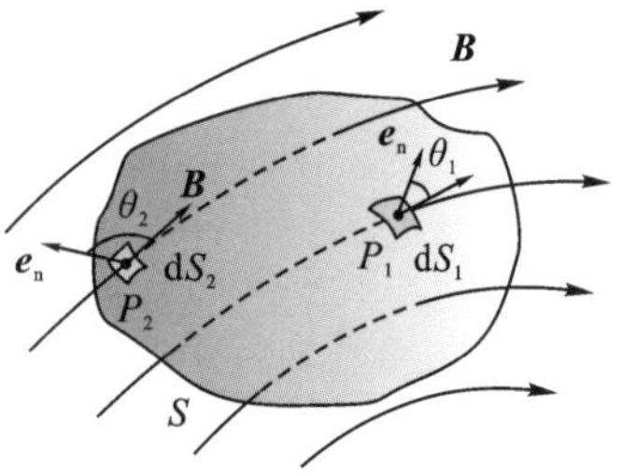

图 5.24　闭合曲面的磁感应线

想一想：

恒定磁场中的高斯定理与静电场的高斯定理一样吗，分别说明了恒定磁场和静电场的什么性质？

曲面外穿进时，磁通量是负的($\theta>\frac{\pi}{2}$，$\cos\theta<0$)。由于磁感应线永远是闭合的，因此，对任意一闭合曲面来说，有多少条磁感应线进入闭合曲面，就一定有多少条磁感应线穿出闭合曲面，如图 5.24 所示。也就是说，**通过磁场中任意闭合曲面的磁通量等于零，这就是磁场的高斯定理。数学表达式为**

$$\Phi_m=\int_S \boldsymbol{B}\cdot d\boldsymbol{S}=0$$

静电场的高斯定理表明静电场是有源场，电场线的源头是正电荷，尾部是负电荷。恒定磁场的高斯定理则表明磁场是无源场，磁场线是无头无尾的闭合线。这说明自然界不存在单独的磁极。的确，迄今为止，人们还没有发现可以肯定磁单极子确实存在的实验现象，磁极总是成对出现的。

磁场的高斯定理是反映磁场性质的基本规律之一，它不仅对恒定磁场成立，而且对随时间变化的非恒定磁场也适用。

5.4　磁场的安培环路定理

在第 4 章中，我们介绍了电场强度 $\boldsymbol{E}$ 的环流 $\oint_L \boldsymbol{E}\cdot d\boldsymbol{l}$ 及其环流定理 $\oint_L \boldsymbol{E}\cdot d\boldsymbol{l}=0$，它反映了静电场是保守场的这一重要性质。与此类似，磁感应强度 $\boldsymbol{B}$ 对任意闭合路径的积分 $\oint_L \boldsymbol{B}\cdot d\boldsymbol{l}$ 称为磁感应强度 $\boldsymbol{B}$ 的环流，那么 $\oint_L \boldsymbol{B}\cdot d\boldsymbol{l}$ 等于什么呢？安培从理论上推证了 $\boldsymbol{B}$ 的环流与环路所包围电流的关系，这就是磁场的安培环路定理。

5.4.1　磁场的安培环路定理

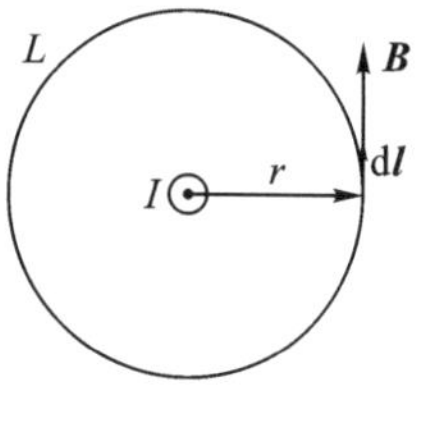

图 5.25　以载流长直为中心的圆回路

为简单起见，我们从一些特例出发来求 $\oint_L \boldsymbol{B}\cdot d\boldsymbol{l}$ 的值，从而分析总结其规律。真空中载流长直导线垂直纸面放置，由内向外通有电流 I，如图 5.25 所示。以导线何纸面交点为圆心作半径为 r 的圆，其圆周为 L。若选定圆周逆时针方向为回路的环绕方向，则此回路与载流长直导线产生的一条磁场线相重合，即在回路上 $\boldsymbol{B}$ 与 $d\boldsymbol{l}$ 方向相同，故 $\boldsymbol{B}\cdot d\boldsymbol{l}=Bdl\cos\theta=Bdl$，即在回路上 $\boldsymbol{B}$ 与 $d\boldsymbol{l}$ 方向相同，故 $\boldsymbol{B}\cdot d\boldsymbol{l}=Bdl\cos\theta=Bdl$，而 $B=\frac{\mu_0 I}{2\pi r}$。所以，$\boldsymbol{B}$ 沿本径为 r 的圆形回路 L 的线积分为 $\oint_L \boldsymbol{B}\cdot d\boldsymbol{l}=\oint_L Bdl=\oint_L \frac{\mu_0 I}{2\pi r}dl=\frac{\mu_0 I}{2\pi r}\oint_L dl=\frac{\mu_0 I}{2\pi r}\cdot 2\pi r=\mu_0 I$，这一结果表

明，$\boldsymbol{B}$ 的环流等于路径 L 所包围电流 I 的 μ_0 倍，与回路的半径无关。

现在考虑当回路 L 为任意闭合回路时，如图 5.26 所示。在线元 $\mathrm{d}\boldsymbol{l}$ 处，$\boldsymbol{B}$ 与 $\mathrm{d}\boldsymbol{l}$ 的夹角为 θ，所以

$$\boldsymbol{B}\cdot\mathrm{d}\boldsymbol{l}=B\mathrm{d}l\cos\theta$$

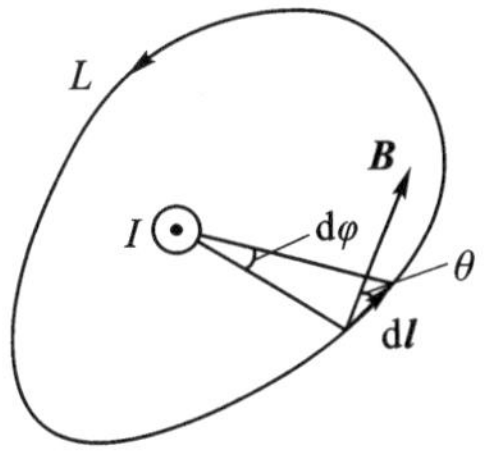

图 5.26　任意回路 $\boldsymbol{B}$ 的环流

由图 5.26 可见，$\cos\theta\mathrm{d}l=r\mathrm{d}\varphi$，$\mathrm{d}\varphi$ 为 $\mathrm{d}l$ 对长直导线所张的角。于是

$$\oint_L\boldsymbol{B}\cdot\mathrm{d}\boldsymbol{l}=\oint_L\frac{\mu_0 I}{2\pi r}r\,\mathrm{d}\varphi=\frac{\mu_0 I}{2\pi r}\oint_L\mathrm{d}\varphi$$

$\oint_L\mathrm{d}\varphi=2\pi$ 是整个闭合路径 L 对长直导线所张的圆周角，所以

$$\oint_L\boldsymbol{B}\cdot\mathrm{d}\boldsymbol{l}=\mu_0 I$$

这一结果表明，$\boldsymbol{B}$ 的环流只与闭合路径所包围的电流有关，而与闭合路径 L 的形状无关。$\boldsymbol{B}$ 沿任意闭合路径的线积分称**环流**。

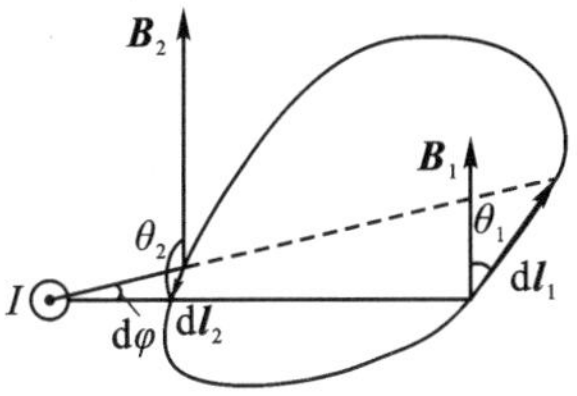

图 5.27　电流在闭合回路外 $\boldsymbol{B}$ 的环流

如果电流在闭合回路外，如图 5.27 所示。线元 $\mathrm{d}\boldsymbol{l}_1$ 与 $\boldsymbol{B}_1$ 的夹角 θ_1 为锐角，$\mathrm{d}\boldsymbol{l}_2$ 与 $\boldsymbol{B}_2$ 的夹角为钝角，分别有

$$\boldsymbol{B}_1\cdot\mathrm{d}\boldsymbol{l}_1=B_1\mathrm{d}l_1\cos\theta_1=\frac{\mu_0 I}{2\pi r_1}r_1\mathrm{d}\varphi=\frac{\mu_0 I}{2\pi}\mathrm{d}\varphi$$

$$\boldsymbol{B}_2\cdot\mathrm{d}\boldsymbol{l}_2=B_2\mathrm{d}l_2\cos\theta_2=-\frac{\mu_0 I}{2\pi r_2}r_2\mathrm{d}\varphi=-\frac{\mu_0 I}{2\pi}\mathrm{d}\varphi$$

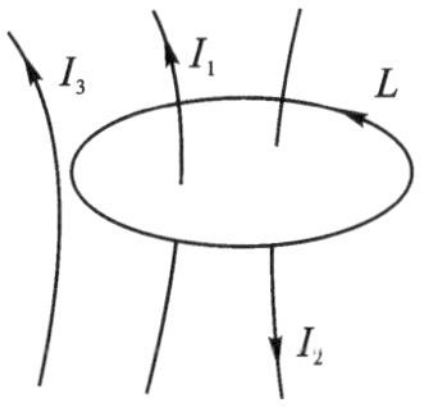

图 5.28　任意电流的 $\boldsymbol{B}$ 的环流

可得

$$\boldsymbol{B}_1\cdot\mathrm{d}\boldsymbol{l}_1+\boldsymbol{B}_2\cdot\mathrm{d}\boldsymbol{l}_2=0$$

因此，$\boldsymbol{B}$ 的环路积分为零，即

$$\oint_L\boldsymbol{B}\cdot\mathrm{d}\boldsymbol{l}=0$$

以上的讨论虽然是以平面积分路径包围一个直线电流进行的。可以证明，对任意积分路径，包围多个方向任意的不同电流（见图 5.28）都成立。于是

$$\oint_L\boldsymbol{B}\cdot\mathrm{d}\boldsymbol{l}=\mu_0\sum_i I_i \tag{5.14}$$

式中，$\sum\limits_i I_i$ 是环路所包围电流的代数和。上式表明，恒定磁场的磁感应强度 $\boldsymbol{B}$ 沿任意闭合路径的线积分（$\boldsymbol{B}$ 的环流）等于 μ_0 乘以环路所包围电流的代数和。这称为磁场的**安培环路定理**。

对于安培环路定理有以下几点说明：

(1)这一定律指出，$\oint_L\boldsymbol{B}\cdot\mathrm{d}\boldsymbol{l}=\mu_0\sum\limits_i I_i\neq 0$，所以，磁场的基本性质与静电场是不同的，静电场是保守场，磁场是非保守

小贴士：

安培(André - Marie Ampère，1775—1836)，法国物理学家、化学家和数学家，近代电动力学的奠基人之一。1821 年，安培提出了分子电流假说。1826 年，安培证明了磁场沿包围产生其电流的闭合路径的曲线积分等于其电流密度，这一定理成为了麦克斯韦方程组的基本方程之一。

想一想：

恒定磁场中的安培环路定理与静电场的安培环路定理分别说明了恒定磁场和静电场的什么性质？

场。环流不为零的场又称为涡旋场,所以磁场是涡旋场,它没有一个与静电场中的电势 U 相对应的物理量,这是该定理的意义所在。

(2)$\boldsymbol{B}$ 的环流仅由回路内的电流决定,而与回路外电流无关。但是回路上的磁感应强度 $\boldsymbol{B}$ 则是回路内外所有电流共同产生的,满足磁场叠加原理。

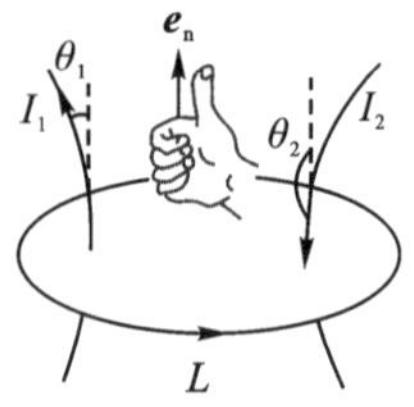

图 5.29　电流的正负规定

(3)在式(5.14)中,电流的正负这样确定:用右手螺旋定则确定环绕回路的法线方向 $\boldsymbol{e}_n$,若电流方向与 $\boldsymbol{e}_n$ 的夹角小于 $90°$,电流为正;若电流方向与 $\boldsymbol{e}_n$ 的夹角大于 $90°$,电流为负。如图 5.29 中,I_1 与 $\boldsymbol{e}_n$ 夹角 $\theta_1<90°$,I_1 为正;I_2 与 $\boldsymbol{e}_n$ 夹角 $\theta_2>90°$,I_2 为负。

5.4.2　安培环路定理的应用

对于某些对称分布的电流,应用安培环路定理可以很方便地计算某些对称场或均匀场的磁感应强度,这与静电场的高斯定理非常相似。应用安培定理计算磁感应强度的步骤如下:

(1) 分析磁场的分布特性,看是否具有对称性或均匀性。

(2) 选取合适的闭合回路作为积分路径 L。所谓"合适",是指闭合回路 L 方向和 $\boldsymbol{B}$ 的方向处处,$\boldsymbol{B}$ 的数值处处相等;或者部分回路满足以上条件,而另一部分回路方向与 $\boldsymbol{B}$ 的方向处处垂直,这样才可使 $\oint_L \boldsymbol{B}\cdot \mathrm{d}\boldsymbol{l}$ 中的 $\boldsymbol{B}$ 从积分号里提出。

(3) 再计算回路所包围电流的代数和,最后根据安培环路定理列方程,求得 $\boldsymbol{B}$,即

$$\boldsymbol{B}=\frac{\mu_0\sum_i I_i}{\oint_L \mathrm{d}l}$$

下面,举例说明这种简便计算磁感应强度的方法。

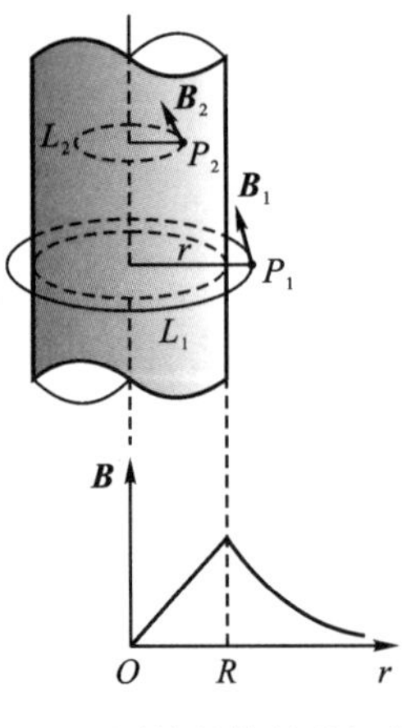

图 5.30　圆柱导体的磁场分布

例 5.6　试求均匀载流长直圆柱导体的磁场分布,设导体截面半径为 R,通有电流 I。

解　如图 5.30 所示,在圆柱导体外,任意点 P_1 到圆柱体轴线的距离为 $r(r>R)$,当圆柱体截面半径 $R\ll l$(l 为载流圆柱体的长度)时,可将载流圆柱体视为"无限长"。其磁场具有轴对称性,磁场线是在垂轴平面内以轴线为中心的圆。选一条磁场线为闭合回路 L_1,由于回路上任意点 $\boldsymbol{B}$ 的值均相等,且与 $\mathrm{d}\boldsymbol{l}$ 方向相同,所以

$$\oint_{L_1}\boldsymbol{B}\cdot \mathrm{d}\boldsymbol{l}=\oint_{L_1}B\mathrm{d}l=B\cdot 2\pi r$$

L_1 包围的电流就是通过导体截面的电流 I,由安培环路定理,有

$$2\pi rB=\mu_0 I$$

可得

$$B=\frac{\mu_0 I}{2\pi r},\ r>R$$

在圆柱导体内，磁场分布也是对称的。取距离轴线为 $r(r<R)$ 一点 P_2 的磁场线为闭合积分回路，同理有

$$\oint_{L_2}\boldsymbol{B}\cdot \mathrm{d}\boldsymbol{l}=2\pi rB$$

设通过导体截面的电流密度为 j，L_2 包围的电流为半径为 r 的圆柱导体内的电流，其值为

$$I'=j\pi r^2=\frac{I}{\pi R^2}\pi r^2=\frac{I}{R^2}r^2$$

由安培环路定理，有

$$2\pi rB=\mu_0 I'=\mu_0\frac{I}{R^2}r^2=\frac{\mu_0 I}{R^2}r^2$$

可得

$$B=\frac{\mu_0 Ir}{2\pi R^2},\ r<R$$

可见，在圆柱体外，B 与 r 成反比，即载流长直圆柱体外的磁场相当于电流集中于轴线的载流长直导线的磁场。在圆柱体内，B 与 r 成正比。B 随 r 的变化曲线见图 5.30。

解题指导：

(1)分析对称性。长直圆柱导体是整体上具有轴对称电流分布的载流导体，其产生的整个磁场也具有轴对称性；

(2)选取圆心在圆柱形导体轴线上、半径为 r 的圆周作为闭合回路 L，通过对称性分析可知，无论导体内或导体外，L 上各点的磁感应强度的大小相等，方向都沿圆周的切线；

(3)在导体外和导体内分别利用安培环路定理，从整体到部分完成环路积分。

例 5.7　长直密绕螺线管中通有电流 I，如图 5.31(a)所示。管长为 l，匝数为 N，管直径为 D，且 $l\gg D$，试求螺线管内的磁场分布。

解　因为 $l\gg D$，故管内中央部分各点 $\boldsymbol{B}$ 大小及方向相同，可视为均匀磁场。在管外可近似认为 $B=0$。为了计算管内 P 点的磁场，可过 P 点作闭合矩形回路 $abcda$，如图 5.31(b) 所示。在 cd 段上及 bc 和 da 的管外部分 B 均为 0，而管内部分 $\boldsymbol{B}$ 与 $\mathrm{d}\boldsymbol{l}$ 垂直，所以 $\boldsymbol{B}\cdot\mathrm{d}\boldsymbol{l}=0$，因此

$$\oint_L\boldsymbol{B}\cdot\mathrm{d}\boldsymbol{l}=\int_a^b\boldsymbol{B}\cdot\mathrm{d}\boldsymbol{l}=B\overline{ab}$$

矩形回路所包围的电流为 $\frac{N}{l}\overline{ab}I=n\,\overline{ab}I$，$n=\frac{N}{l}$ 为单位长度上的匝数。

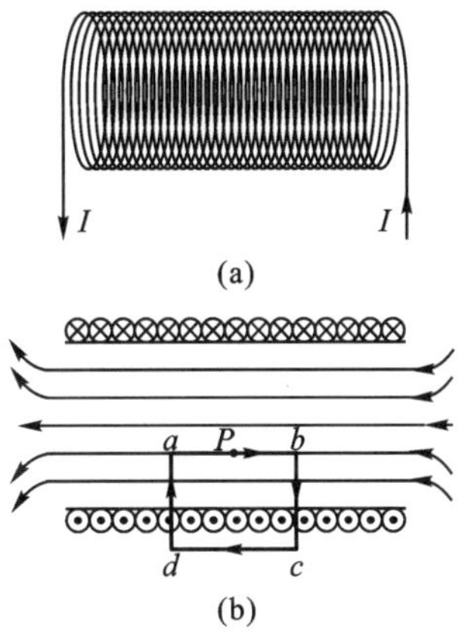

图 5.31　长直密绕螺线管磁场分布

根据安培环路定理，有

$$B\overline{ab}=\mu_0 n\overline{ab}I$$

可得螺线管内任意点的磁感应度的大小为

$$B=\mu_0 nI$$

方向如图 5.31(b)中所示。

解题指导：

根据对称性可知，螺线管内部的磁场沿轴向均匀分布。为了计算内部某一点的磁感应强度，过该点作一矩形回路，回路的积分方向与包围的电流方向满足右手螺旋定则。

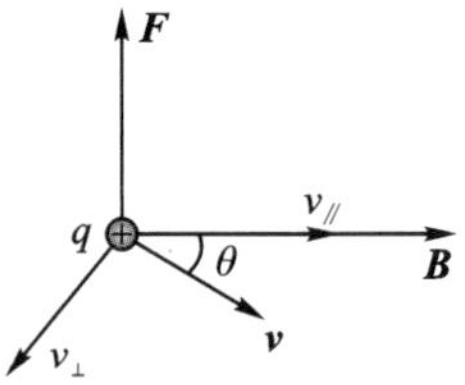

图 5.32　长直密绕螺线管磁场分布

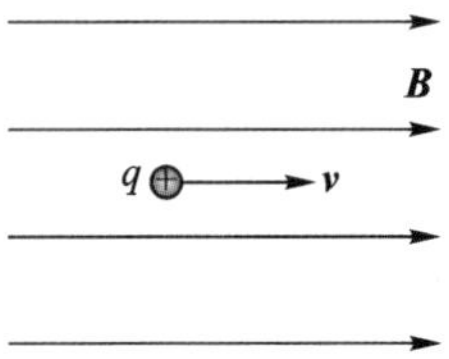

(a) $\boldsymbol{v}/\!/\boldsymbol{B}$

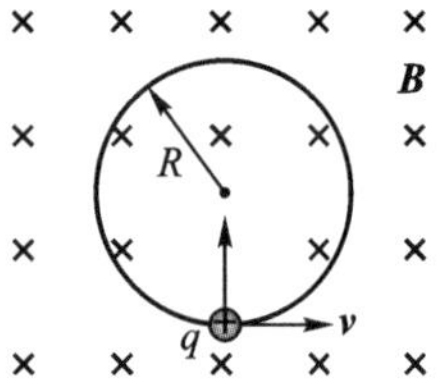

(b) $\boldsymbol{v}\perp\boldsymbol{B}$

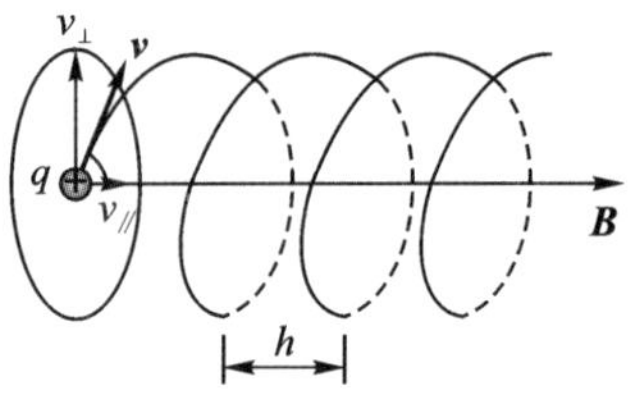

(c) $\boldsymbol{v}$与$\boldsymbol{B}$有一夹角θ

图 5.33　带电粒子在均匀磁场中的运动规律

> **小贴士：**
>
> 1930 年 C. 安德森根据洛伦兹力的原理引入了威尔逊云室，即把云室置于磁场中，让被观测粒子穿过金属平板，观察粒子的磁偏转以及它们在穿过平板时的行为。他是利用云室发现了来自宇宙射线的正电子，从而获得了 1936 年诺贝尔物理学奖。图 5.34 就是发现正电子的云室照片。

5.5　磁场对运动电荷的作用

5.5.1　洛伦兹力

5.1.3 节指出，当带点粒子沿磁场方向运动时，作用在带电粒子上的磁场力为零；带电粒子的运动方向与磁场方向相互垂直时，所受磁场力最大，记作 F_m，其值为

$$F_m = qvB$$

并且磁场力 F_m、电荷运动速度 v 和磁感应强度 B 三者相互垂直。

如果电量为 $+q$ 的带电粒子，以速度 $\boldsymbol{v}$ 在磁感应强度为 $\boldsymbol{B}$ 的磁场中运动时，$\boldsymbol{v}$ 与 $\boldsymbol{B}$ 方向之间的夹角为 θ，则带电粒子所受磁场力为

$$\boldsymbol{F} = q\boldsymbol{v}\times\boldsymbol{B} \tag{5.15}$$

式(5.15)就是洛伦兹力——磁场对运动电荷作用力的公式。其大小为

$$F = qvB\sin\theta \tag{5.16}$$

洛伦兹力 $\boldsymbol{F}$ 与粒子运动速度 $\boldsymbol{v}$ 和磁场 $\boldsymbol{B}$ 三个矢量之间满足右手螺旋定则，如图 5.32 所示。洛伦兹力 $\boldsymbol{F}$ 的方向为 $\boldsymbol{v}\times\boldsymbol{B}$ 的方向。如果粒子带负电，即 $q<0$，则洛伦兹力的方向为 $-\boldsymbol{v}\times\boldsymbol{B}$的方向。由于洛伦兹力的方向总是与粒子运动速度方向垂直，因此，洛伦兹力不改变带电粒子速度的大小，只改变速度的方向。

当带电粒子在电场和磁场共同存在的空间运动时，它将同时受到电场力 $q\boldsymbol{E}$ 和磁场力 $q\boldsymbol{v}\times\boldsymbol{B}$ 的作用，合力为

$$\boldsymbol{F} = q\boldsymbol{E} + q\boldsymbol{v}\times\boldsymbol{B} \tag{5.17}$$

上式称为**洛伦兹公式**。利用电场和磁场的作用控制带电粒子的运动在现代科学技术中有着广泛的应用。

5.5.2　带电粒子在磁场中的运动

下面分三种情况讨论质量为 m、电量为 q 的带电粒子，以速度 $\boldsymbol{v}$ 进入磁感应强度为 $\boldsymbol{B}$ 的均匀磁场中的运动规律。

(1)当 $\boldsymbol{v}/\!/\boldsymbol{B}$ 时，$\boldsymbol{F}=\boldsymbol{0}$，粒子做匀速直线运动，如图5.33(a)所示。

(2)当 $\boldsymbol{v}\perp\boldsymbol{B}$ 时，粒子所受的洛伦兹力最大，其大小为

$$F = qvB$$

方向与 $\boldsymbol{v}$ 垂直，如图 5.33(b)所示。粒子做匀速率圆周运动，用 R 表示圆周的半径，根据牛顿第二定律，有

$$qvB=m\frac{v^2}{R}$$

得

$$R=\frac{mv}{qB} \tag{5.18}$$

可见，粒子的轨道半径与其速率成正比，与电量和磁感应强度成反比。带电粒子绕圆形轨道一周所需时间称为回转周期，用 T 表示，有

$$T=\frac{2\pi R}{v}=\frac{2\pi m}{qB} \tag{5.19}$$

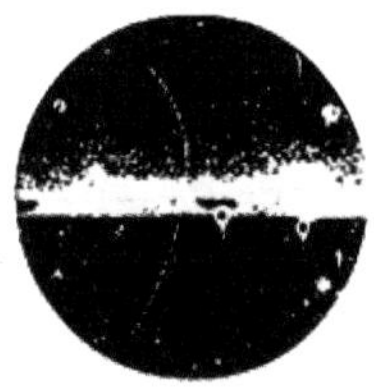

图 5.34　正电子的云室照片

可见，粒子的回转周期与速率无关。这是因为，当粒子速率较大时，轨道半径大，因而轨道长，而 $2\pi R$ 与速度 v 成正比的关系。

回旋加速器正是利用这些性质来加速带电粒子，它是研究原子核物理和高能物理的重要基础设备。其主要部分是高真空的容器中，作为电极的两个半圆形 D 形盒 D_1 和 D_2，如图 5.35所示。由电磁铁产生的强均匀磁场的方向与 D 形盒垂直，两个 D 形盒与高频交变电源相接，保持一交变电势差 U，即在两极缝隙间产生一个高频交变电场，该电场在相等的时间间隔内迅速地交替变换。由于 D 形盒金属壁的屏蔽作用，盒内电场极弱，粒子在盒内不受电场力，而在 D 形盒缝隙间受到交变电场力的作用。在两 D 形盒缝隙中心处装有粒子源 S。

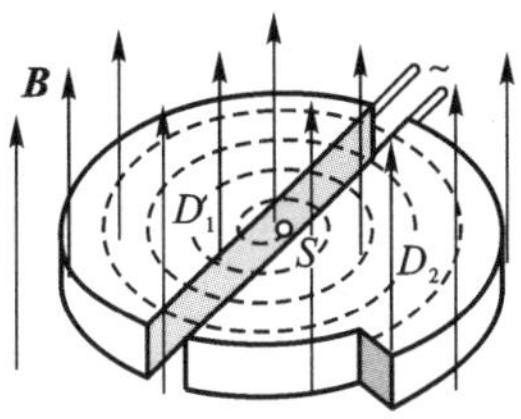

图 5.35　回旋加速器

设在某一时刻从粒子源 S 发射出一带正电荷的粒子，此粒子进入 D_1 中，由于洛伦兹力的作用使其做半圆周运动（半径 R 由 $\frac{mv}{qB}$ 决定），经过时间 $\frac{T}{2}$（T 由 $\frac{2\pi R}{qB}$ 决定）重新回到缝隙间，设此时 D_1 为高电势而 D_2 为低电势，则粒子在缝隙间被加速，速率增大。然后粒子进入 D_2，在 D_2 沿较大半径的圆轨道运行半周，经过 $\frac{T}{2}$ 时间再次进入缝隙，此时交变电场反向，D_1 变成低电势而 D_2 变成高电势，粒子再次被加速，速率继续增大。这样的过程持续进行，每绕行半周粒子被加速一次，直到粒子轨迹半径接近于 D 形盒的半径。如果粒子被引出前最后一圈轨道半径为 R、出射速率为 v_{m}，则

$$R=\frac{mv_{\mathrm{m}}}{qB}$$

可得

$$v_m=\frac{q}{m}BR$$

而粒子此时的动能为

> **小贴士：**
>
> 1958 年，我国第一台回旋加速器中国在原子能科学研究院建成。1994 年底建成的 30 MeV 医用强流回旋加速器，标志着质子加速器的发展进入了一个新时期；2014 年建成的 100 MeV 强流质子回旋加速器，其能量、加速引出效率和靶上束流功率等性能指标均达到了国际领先水平。2020 年 9 月 21 日，我国自主研发的超导回旋加速器质子束能量首次达到 231 MeV，这是亚洲地区自主研发紧凑型超导回旋加速器质子束能量首次达到 230 MeV 以上。

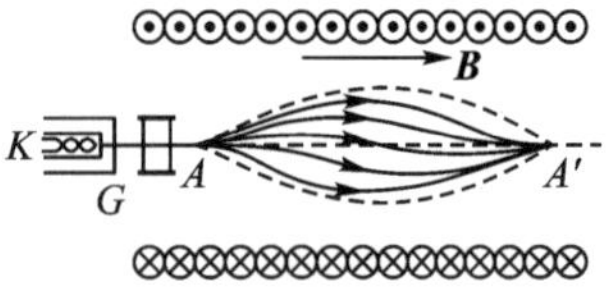

图 5.36　磁聚焦

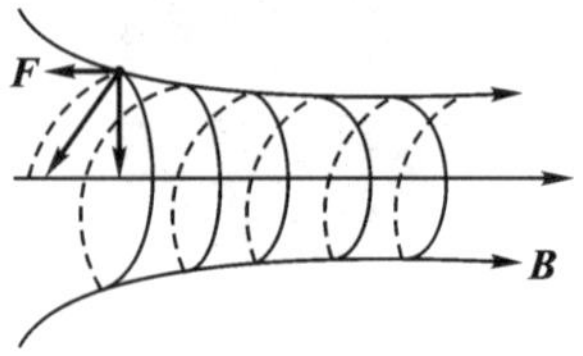

图 5.37　不均匀磁场对运动带电粒子的力

小贴士：

托卡马克，是 20 世纪 50 年代苏联阿齐莫维齐等科学家发明的磁约束装置。该装置的中央是一个环形的真空室，外面缠绕线圈，形成了环形磁场和极向磁场。在受控热核聚变反应中，托卡马克内部的磁场就会将束缚其中的核聚变物质加热到几千万甚至上亿摄氏度高温，最终达到核聚变的目的。由于托卡马克的热核聚变反应与太阳发光发热过程相似，也被形象地称为人造太阳。我国自行研制的可控热核反应实验装置全超导托卡马克 EAST 在 2006 年 9 月 28 日首次成功完成放电实验。2020 年 12 月 4 日，“中国环流器二号”建成并实现首次放电；2023 年 8 月 25 日，“中国环流三号”首次实现 100 万安培等离子体电流下的高约束模式运行，装置向全球开放。这标志着中国磁约束聚变装置研制已达到国际先进水平。

$$E_k=\frac{1}{2}mv_m^2=\frac{q^2}{2m}B^2R^2$$

可见，带电粒子在加速器中所获得的动能与粒子本身的性质(m 和 q)、磁感应强度 B 以及 D 形盒的半径 R 有关。

用回旋加速器获得的粒子能量有一定限制，其原因一方面受技术限制，如 B 和 R 太大，不但昂贵，而且技术上有困难；另一方面当粒子被加速到接近于光速时，粒子质量和回转时间不再是恒量了，上述原理就不再适用了。

利用回旋加速器，使质子和氘核等带电粒子加速，从而获得高能粒子，用以轰击原子核，致使发生核反应，以便获得有关核结构的信息。还可用回旋施加速器生产在核工业、医学、农业和考古学等科学技术领域有着广泛应用的放射性物质。

(3)$\boldsymbol{v}$ 与 $\boldsymbol{B}$ 有一定夹角 θ 时，粒子的速度 $\boldsymbol{v}$ 可分解成平行于 $\boldsymbol{B}$ 的分量 $v_{//}=v\cos\theta$ 和垂直于 $\boldsymbol{B}$ 方向的分量 $v_{\perp}=v\sin\theta$，如图 5.33(c)所示。在平行于 $\boldsymbol{B}$ 的方向粒子将以速率 $v_{//}=v\cos\theta$ 做匀速直线运动；在垂直于 $\boldsymbol{B}$ 的方向，粒子将以 $v_{\perp}=v\sin\theta$ 做匀速率圆周运动。两者相叠加，粒子的轨迹为螺旋线，粒子旋转一周沿磁场方向运动的距离称为**螺距**，如图 5.33(c)所示。

粒子旋转一周的时间等于粒子回转周期 T，由式(5.19)，粒子运动的螺距为

$$h=v_{//}T=v\cos\theta\cdot\frac{2\pi m}{qB}\tag{5.20}$$

螺旋线的半径为

$$R=\frac{mv\sin\theta}{qB}\tag{5.21}$$

如果 $\theta<5°$，则有 $\cos\theta\approx1$，$\sin\theta\approx\theta$，则式(5.20)和式(5.21)变为

$$h=\frac{2\pi mv}{qB},R=\frac{mv\theta}{qB}$$

可见，当从磁场某点 A 发射出一束很窄、速率相等且与 $\boldsymbol{B}$ 夹角很小的带电粒子流，如图 5.36 所示。由于速度的垂直分量不同，在磁场的作用下，粒子将沿不同半径的螺旋线前进。但由于速度的水平分量近似相等，经过距离 $h=\frac{2\pi mv}{qB}$后，粒子会聚于 A'点，这与光束经透镜后聚焦的情形相似，所以称比现象为**磁聚焦**。磁聚焦的原理广泛应用于电子显微镜和其他电真空器件中。

上述讨论的是均匀磁场。在非均匀磁场中，速度方向和磁场方向有夹角时，带电粒子也做螺旋运动，但螺旋运动不是一个圆周，曲率半径和螺距将不断变化，如图 5.37 所示。当带电

粒子向磁场增强的方向运动时，在各点所受到的磁力总可以分解出一个与前进方向相反的分量，这一分量有可能使粒子前进的速度减小到零，并继而沿反方向运动，就像被“反射”一样，因而称这种磁场分布为**磁镜**。

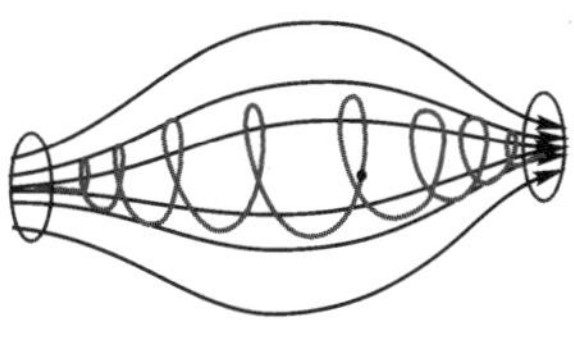

图 5.38　磁约束

如图 5.38 所示，当两个通电方向相同的线圈平行放置，就形成了这样一个两头强、中间弱的磁场分布。带电粒子运动到两端磁场最强处时越来越慢直至速度为零，继而反向运动。最终粒子在两线圈之间来回往复地做变速运动。这种两头强、中间弱、具有轴对称性分布的磁场我们把它称为“磁瓶”。它可以将带电粒子甚至是高温等离子体束缚在瓶状分布的磁场区域内，这是一般容器所不能做到的。我们把这类将带电粒子束缚在磁场中运动的技术称为**磁约束**，“托卡马克”就是一个典型的应用，其装置原理如图 5.39 所示。

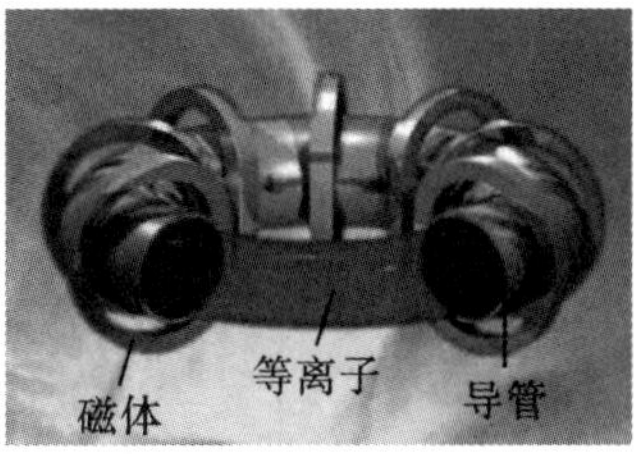

图 5.39　托卡马克装置

5.5.3　霍尔效应

1879 年，美国物理学家霍尔发现，将一载流导体放入磁场中时，如果磁场方向与电流方向垂直，如图 5.40 所示，则在与磁场和电流两者都垂直的方向出现了横向电势差 U_H，这种现象称为**霍尔效应**，相应的电势差称为**霍尔电势差**。

实验表明，霍尔电势差 U_H 与电流 I 和磁感应强度 B 成正比，与导体的厚度 d 成反比，即

$$U_H = R_H \frac{IB}{d} \tag{5.22}$$

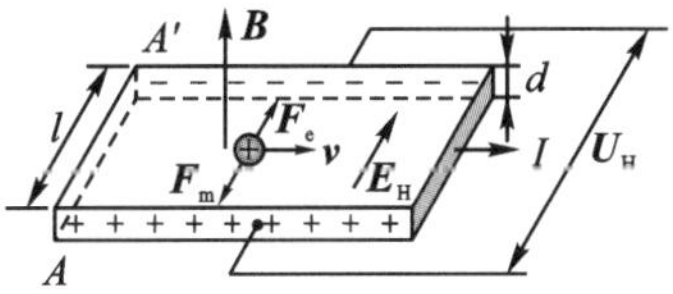

图 5.40　霍尔效应

式中，R_H 是由导体材料的性质决定的比例系数，称为**导体的霍尔系数**。

霍尔效应可以用洛伦兹力解释。导体中的电流 I 是电荷（称为载流子）定向运动形成的。假定载流子是带正电的（如 p 型半导体），如图 5.40 所示，电流的方向即为载流子定向运动速度 $\boldsymbol{v}$ 的方向。磁感应强度 $\boldsymbol{B}$ 向上与 $\boldsymbol{v}$ 垂直。载流子所受洛伦兹力 $F_m = qvB$。由于洛伦兹力的作用，在导体的 A 面聚集了正电荷，A' 面聚集了负电荷，从而形成电场 $\boldsymbol{E}_H$（称为霍尔电场）。因此，载流子既受到洛伦兹力 $\boldsymbol{F}_m$ 的作用，又要受到与 $\boldsymbol{F}_m$ 方向相反的电场力 $\boldsymbol{F}_e$ 的作用。随着两侧面 A 和 A' 上电荷的累积，$\boldsymbol{F}_e$ 不断增大。当 $F_m = F_e$ 时达到平衡状态，载流子的横向运动停止。这时 A、A' 之间形成霍尔电势差。若导体板的宽度为 l，则霍尔电势差为

$$U_H = E_H l$$

由于动态平衡时 $F_e = F_m$，即 $qE_H = qvB$，所以有 $E_H = vB$，代入上式，可得

$$U_H = E_H l = vBl$$

小贴士：

霍尔传感器同其他磁敏传感器一样，都是能感应磁场，并将其转换成电信号输出的传感器，可以用来检测磁场及变化，目前应用日趋广泛。霍尔传感器是由霍尔元件、磁场和电源组成的。

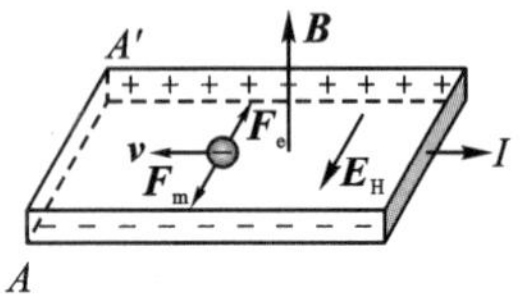

图 5.41　霍尔效应示意图

小贴士：

量子霍尔效应和反常霍尔效应

1980 年德国物理学家克利青在研究 1.5K 极低温和强磁场下半导体的霍尔效应时，发现霍尔电压和磁感应强度之间关系不再是线性的，而是量子化的，称作量子霍尔效应，并因此于 1985 年获得诺贝尔物理学奖。2010 年前后，有物理学家从理论上预言了一种内部绝缘、表面导电的材料，如果在其中掺入磁性原子，无需加强外场就可以产生量子霍尔效应，此即反常霍尔效应。中科院院士带领其团队经过过多年努力，成功生长出磁性薄膜材料并测量到了反常霍尔效应。该成果获得 2018 年度国家自然科学奖一等奖。

设导体板中的载流子数密度为 n，则通过导体板的电流 $I=nqSv=nqldv$，于是，$v=\dfrac{I}{nqld}$，代入上式，可得霍尔电势差

$$U_{\mathrm{H}}=\frac{1}{nq}\cdot\frac{IB}{d} \tag{5.23}$$

对于一定的材料，载流子数密度 n 和电荷 q 都是一定的，所以从理论得到的结果式(5.23)与实验结果式(5.22)符合得很好。比较两式，可得霍尔系数

$$R_{\mathrm{H}}=\frac{1}{nq} \tag{5.24}$$

上式表明，霍尔系数 R_{H} 与载流子数密度成反比。在金属导体中，载流子为自由电子，浓度很高，所以 R_{H} 很小，U_{H} 很小、由于半导体材料中，载流子数密度比金属导体小得多，所以半导体的霍尔效应比金属导体显著得多。

如果载流子是带负电的(如 n 型半导体)，由于载流子定向运动速度的方向与电流相反，$\boldsymbol{F}$ 的方向与 $\boldsymbol{v}\times\boldsymbol{B}$ 方向相反，因此在 A 侧累积负电荷，A' 侧累积正电荷，形成的霍尔电场的方向由 A' 指向 A，电场力 $\boldsymbol{F}_{\mathrm{H}}$ 同 $\boldsymbol{E}_{\mathrm{H}}$ 反向；当 $F_{\mathrm{m}}=F_{\mathrm{e}}$ 时达到平衡状态，电势差仍符合式(5.23)，不过这时 $U_A{}'$ 大于 U_A，电势差的符号与正载流子的情形刚好相反，如图 5.41 所示。据此，我们可以根据霍尔电势差的正负来判断导电材料的载流子所带的电荷的正负。

霍尔效应在科学技术和工业生产中应用相当广泛，例如利用霍尔效应制成的霍尔元件，可用来判断材料的导电类型、确定载流子密度、测量磁感应强度或电流等。在自动控制和计算机技术等方面，霍尔效应的应用也越来越广泛。

5.6　磁场对电流的作用

当载流导线处在磁场中时，磁场对其有作用力。作用在载流导线上的磁场力称为安培力。而电流是由电荷定向运动形成的，在磁场中运动的电荷要受洛伦兹力的作用。本节先介绍磁场对电流作用的安培定律及安培力与洛伦兹力的关系，然后讨论安培定律的应用以及磁场对载流线圈的作用。

5.6.1　安培定律

我们知道，导体中的电流是由大量自由电子的定向运动形成的。由于运动着的带电粒子在磁场中要受到洛伦兹力的作用，所以载流导线在磁场中所受到的磁力的本质可以看成是在洛伦兹力的作用下，导体中做定向运动的电子与晶格上的正离

子不断地碰撞，把动量传给了导体，从而使整个载流导体在磁场中受到磁力的作用。

在通电导线上取电流元 $Id\boldsymbol{l}$，如图 5.42 所示。设导线中载流子的浓度为 n，载流子带电量为 $+q$，定向运动速度为 $\boldsymbol{v}$。截面积为 S、长为 d_l 的体积元内，载流子数 $dN=nSdl$。由于每个载流子受到的磁场力均为 $q\boldsymbol{v}\times\boldsymbol{B}$，所以 dN 个载流子所受磁场力的总和为

$$d\boldsymbol{F}=nSdlq\boldsymbol{v}\times\boldsymbol{B}$$

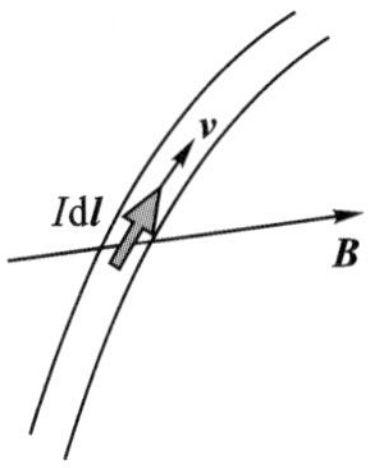

图 5.42　电流元 $Id\boldsymbol{l}$

由于 $\boldsymbol{v}$ 与 $d\boldsymbol{l}$ 同方向，所以 $\boldsymbol{v}dl=vd\boldsymbol{l}$，而 $I=nSqv$。于是，上式可写作

$$d\boldsymbol{F}=nSqvd\boldsymbol{l}\times\boldsymbol{B}=Id\boldsymbol{l}\times\boldsymbol{B} \tag{5.25}$$

这就是磁场对电流元 $Id\boldsymbol{l}$ 的作用力，常称为安培力，式(5.25)表示的规律就称为安培定律。

想一想：

安培定律 $d\boldsymbol{F}=Id\boldsymbol{l}\times\boldsymbol{B}$ 中三个矢量，哪些矢量始终是正交的？哪些矢量之间可以有任意角度？

$d\boldsymbol{F}$ 的大小为

$$dF=IdlB\sin\theta \tag{5.26}$$

$d\boldsymbol{F}$ 的方向垂直于 $Id\boldsymbol{l}$ 和 $\boldsymbol{B}$ 组成的平面，用右手螺旋定则确定：即右手四指由 $Id\boldsymbol{l}$ 沿小于180°的角转到 $\boldsymbol{B}$ 的方向时，伸直的大拇指的指向为 $d\boldsymbol{F}$ 的方向，如图 5.43 所示。

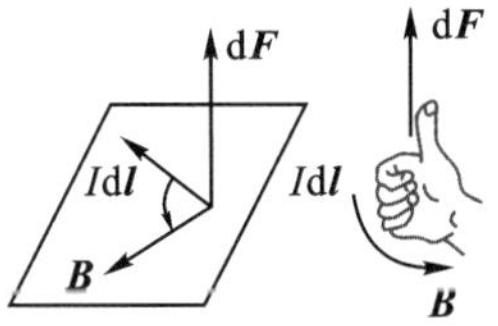

图 5.43　右手螺旋定则

应用安培定律通过积分，原则上可以求出作用于任意形状载流导线上的安培力

$$\boldsymbol{F}=\int d\boldsymbol{F}=\int_L Id\boldsymbol{l}\times\boldsymbol{B} \tag{5.27}$$

式中，$\boldsymbol{B}$ 是电流元 $Id\boldsymbol{l}$ 所在处的磁感应强度。

对于均匀磁场中，长为 l、通有电流 I 的直导线，设其与 $\boldsymbol{B}$ 之间的夹角为 θ，如图 5.44 所示，由式(5.27)，可求得直导线所受的安培力大小为

$$F=\int_l IdlB\sin\theta=IBl\sin\theta$$

其方向垂直于纸面向里。

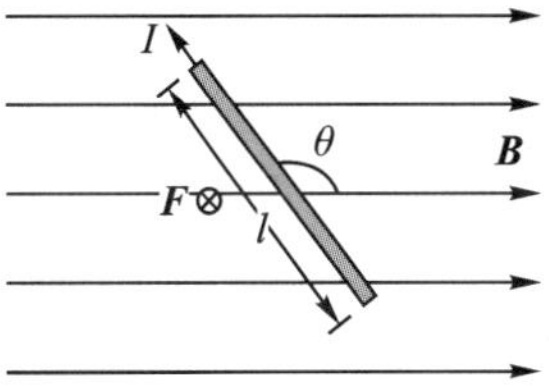

图 5.44　均匀磁场中的直导线

一般来说，运用式(5.27)时，要将 $d\boldsymbol{F}$ 在选定的坐标系中，投影到各坐标轴上，先分别计算在各坐标方向上力的分量，这时的积分为标量积分，然后将各分力叠加得到合力 $\boldsymbol{F}$。在进行积分运算时，首先注意各个 $d\boldsymbol{F}$ 的方向是否一致。如果一致，则矢量积分变成标量积分(如例 5.8)。其次还需要利用载流导线的对称性，确定合力 $\boldsymbol{F}$ 的方向，将 $d\boldsymbol{F}$ 投影到该方向上，从而使积分运算简化(如例 5.9)。

例 5.8　载流长直导线通有电流 $I_1=2.0$ A。另一载流直导线 MN 长为 $l=0.4$ m，通有电流 $I_2=3.0$ A。两导线共面且正交，导线 MN 的 M 端到长直导线的距离 $a=0.2$ m，如图 5.45所示。试求 MN 导线所受长直导线的安培力。

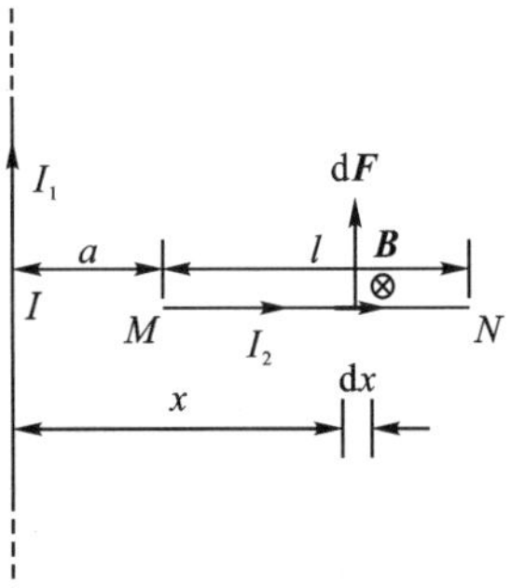

图 5.45　直导线所受安培力计算

解题指导：

例 5.8 解题思路：先“分解”，在直导线上取一段电流元，计算该电流元在磁场里受到的电场力；然后“判断方向”，载流长直导线产生磁场，各个电流元在该磁场里受到的作用力方向相同；最后“叠加”，把各个电流元受到的磁场力相加即可得到整个载流导线受到的安培力。

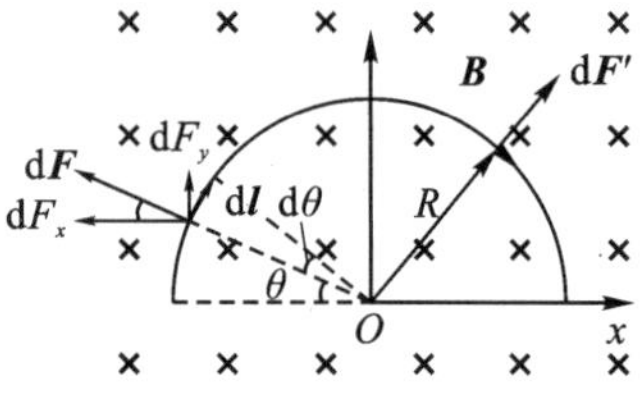

图 5.46　半圆形导线所受安培力

解题指导：

中学物理只讨论一段长直载流导线在均匀磁场中受到的磁场力。大学物理可以讨论一段任意形状载流导线在磁场中受到的磁场力。其方法是“先分割”，在该导线上取一段电流元 $I\mathrm{d}\boldsymbol{l}$，计算该电流元在磁场里受到的作用力；“再分解”，电流元受到的安培力按照设立的坐标系分解，例 5.9 由于半圆形导线的对称性，各个电流元的 $\mathrm{d}F_x$ 相互抵消；最后“叠加”，把各个电流元的 $\mathrm{d}F_y$ 相加就得到整个半圆形导线所受的安培力。

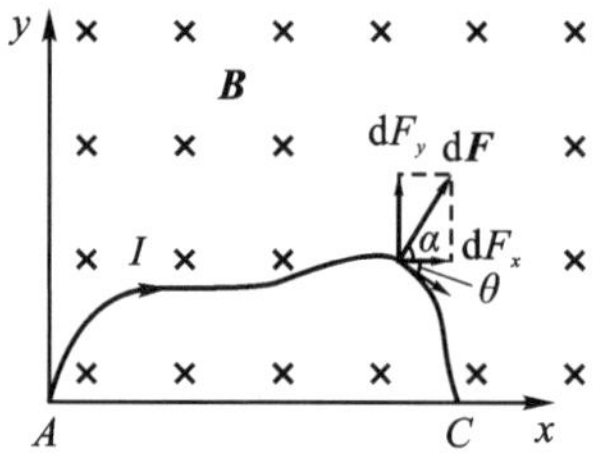

图 5.47　弯曲载流导线所受安培力计算

解　载流长直导线在导线 MN 上各点产生的磁场的方向都是垂直纸面向里的，但磁感应强度的大小逐点不同，要计算导线 MN 受力，先要选取电流元 $I_2\mathrm{d}x$，该电流元到长直导线的距离为 x，所在处的磁感应强度的大小为

$$B=\frac{\mu_0 I_1}{2\pi x}$$

因为 $I_2\mathrm{d}x$ 与 $\boldsymbol{B}$ 垂直，即 $\theta=\frac{\pi}{2}$，所以 $I_2\mathrm{d}x$ 所受的元安培力为

$$\mathrm{d}F=BI_2\mathrm{d}x=\frac{\mu_0 I_1 I_2}{2\pi x}\mathrm{d}x$$

其方向向上。由于所有电流元受力方相同，所以导线 MN 所受的安培力方向向上，其大小为

$$F=\int\mathrm{d}F=\int_a^{a+l}\frac{\mu_0 I_1 I_2}{2\pi}\cdot\frac{\mathrm{d}x}{x}=\frac{\mu_0 I_1 I_2}{2\pi}\ln\frac{a+l}{a}$$

将 $I_1=2.0\ \mathrm{A}$，$I_2=3.0\ \mathrm{A}$，$a=0.2\ \mathrm{m}$ 和 $l=0.4\ \mathrm{m}$ 代入，可得

$$F=1.32\times10^{-6}\,\mathrm{N}$$

例 5.9　半径为 R 的半圆形导线，通有电流 I，放在均匀磁场中，磁感应强度 $\boldsymbol{B}$ 与导线平面垂直，如图 5.46 所示。试求该导线所受的安培力。

解　取如图 5.46 所示的坐标系，半圆形电流关于 y 轴对称，因此在 x 方向上分力的总和为零，只有 y 方向上分力对合力有贡献。$I\mathrm{d}\boldsymbol{l}$ 受力大小为 $\mathrm{d}F=BI\mathrm{d}l$，方向沿径向向外，而

$$\mathrm{d}F_y=\mathrm{d}F\sin\theta=BI\mathrm{d}l\sin\theta$$

合力的大小为

$$F=F_y=\int\mathrm{d}F_y=\int_L BI\sin\theta\mathrm{d}l$$

由于 $\mathrm{d}l=R\mathrm{d}\theta$，所以导线所受的安培力的大小为

$$F=BIR\int_0^{\pi}\sin\theta\mathrm{d}\theta=2BIR$$

方向沿 y 轴向上。

由本例的结果不难看出，该结果等效于弯曲导线起点到终点的载流直导线所受的安培力。从下面的例题还将看出，这个结论具有普遍意义。

例 5.10　一条弯曲的载流平面导线，两端点 A、C 的距离为 L，通有电流 I，导线置于均匀磁场中，$\boldsymbol{B}$ 的方向垂直于导线所在平面，如图 5.47 所示，求该导线所受的磁力。

解　建立如图 5.47 所示的坐标系。在导线上任取电流元 $I\mathrm{d}\boldsymbol{l}$，它所受的安培力为 $\mathrm{d}\boldsymbol{F}=I\mathrm{d}\boldsymbol{l}\times\boldsymbol{B}$，其大小 $\mathrm{d}F=IB\mathrm{d}l$，方向如图 5.47 所示。

设 $\mathrm{d}\boldsymbol{F}$ 与 x 轴的夹角为 α，由于 $\mathrm{d}\boldsymbol{F}\perp\mathrm{d}\boldsymbol{l}$，所以 $\mathrm{d}\boldsymbol{l}$ 与 x 轴的夹角 $\theta=\frac{\pi}{2}-\alpha$，因此 $\mathrm{d}\boldsymbol{F}$ 在 x 轴和 y 轴方向的分力大小分别为

$$\begin{cases}\mathrm{d}F_x=\mathrm{d}F\cos\alpha=\mathrm{d}F\sin\theta=IB\mathrm{d}l\sin\theta=-IB\mathrm{d}y\\ \mathrm{d}F_y=\mathrm{d}F\sin\alpha=\mathrm{d}F\cos\theta=IB\mathrm{d}l\cos\theta=IB\mathrm{d}x\end{cases}$$

因此

$$\begin{cases}F_x=\int_l\mathrm{d}F_x=-IB\int_{y_A}^{y_C}\mathrm{d}y=0\\ F_y=\int_l\mathrm{d}F_y=IB\int_{x_A}^{x_C}\mathrm{d}x=IBL\end{cases}$$

即导线受力大小为 IBL，方向沿 y 轴正向。也可表示为

$$\boldsymbol{F}=IBL\,\boldsymbol{j}$$

该结果同样与一根电流由 A 流向 C 的直导线 AC 所受的力相等。

由例 5.10 可见，在一个平面内，一段形状不规则的载流导线若处在磁感应强度为 B 的均匀磁场中，磁场的方向垂直于平面。**作用在此载流导线上的磁场力等同于作用在载流导线首尾相连之直导线上的磁场力。**

5.6.2　两平行的载流长直导线的相互作用

如图 5.48 所示，两导线的间距为 a，分别通有同向电流 I_1 和 I_2。电流 I_1 在导线 2 处产生的磁感应强度的大小为

$$B_{21}=\frac{\mu_0 I_1}{2\pi a}$$

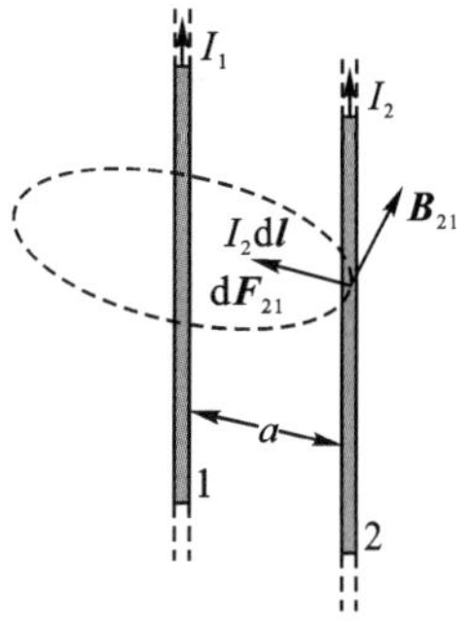

图 5.48　同向电流平行长直导线的相互作用

在导线 2 上取电流元 $I_2\mathrm{d}\boldsymbol{l}$。由安培定律，$I_2\mathrm{d}\boldsymbol{l}$ 所受的安培力为

$$\mathrm{d}\boldsymbol{F}_{21}=I_2\mathrm{d}\boldsymbol{l}\times\boldsymbol{B}_{21}$$

其大小

$$\mathrm{d}F_{21}=IB_{21}\mathrm{d}l=\frac{\mu_0 I_1 I_2}{2\pi a}\mathrm{d}l$$

方向指向导线 1。

显然，载流导线 2 上任意电流元所受的安培力大小及方向与上述电流元相同，所以导线 2 上每单位长度受安培力大小为

$$f_{21}=\frac{\mathrm{d}F_{21}}{\mathrm{d}l_2}=\frac{\mu_0 I_1 I_2}{2\pi a}\qquad(5.28\mathrm{a})$$

方向指向导线 1。

同理，导线 1 每单位长度所受电流 I_2 的安培力大小为

$$f_{12}=\frac{\mu_0 I_1 I_2}{2\pi a}=f_{21}\qquad(5.28\mathrm{b})$$

方向指向导线 2。

由上述讨论可知：两根载有同向电流的平行长直导线是相

互吸引的。若两者电流方向相反，不难证明，两载流导线是相互排斥的。

若 $I_1=I_2=I$，即两导线中的电流相等，式(5.28)可写作

$$f=\frac{\mu_0 I^2}{2\pi a} \tag{5.29}$$

在国际单位制中，电流强度的单位"安培"就是根据式(5.29)定义的。即**在真空中两根相互平行的长直导线，通有相等的恒定电流，彼此相距 1 m，如果导线每米长度上所受的安培力为 2×10^{-7} N时，导线中的电流为 1 A。**

于是，将 $a=1$ m，$I_1=I_2=1$ A 和 $f=2\times10^{-7}$ N · m 代入式(5.29)，亦可得

$$\mu_0=4\pi\times10^{-7}\ \mathrm{H/m}$$

5.6.3　磁场对载流线圈的作用

在磁电式仪表和直流电动机中，都在磁场中放置有线圈。当线圈中通有电流时会发生转动，这是磁场对载流线圈有磁力矩作用的结果。下面利用安培力来分析磁场对载流线圈的作用。

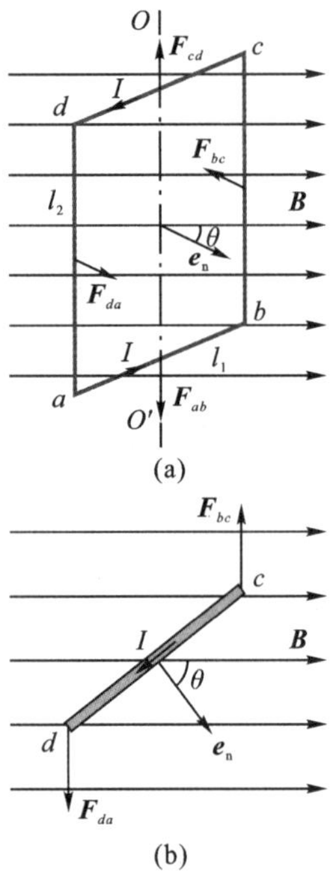

图 5.49　磁场对载流线圈的作用

为简单起见，以载流的刚性矩形线圈为例。在均匀磁场 $\boldsymbol{B}$ 中放置一矩形线圈 $abcd$，如图 5.49(a)所示。线圈中通有电流 I，$ab=cd=l_1$，$ad=bc=l_2$，线圈可绕垂直于 $\boldsymbol{B}$ 的中心轴 OO' 自由转动。$\boldsymbol{e}_n$ 为线圈的法线方向，它与 $\boldsymbol{B}$ 的夹角为 θ。

线圈的四个边受安培力分别为 $\boldsymbol{F}_{ab}$、$\boldsymbol{F}_{bc}$、$\boldsymbol{F}_{cd}$ 和 $\boldsymbol{F}_{da}$。$\boldsymbol{F}_{cd}$ 和 $\boldsymbol{F}_{ab}$ 大小分别为

$$F_{cd}=Il_1B\sin\left(\frac{\pi}{2}+\theta\right)=Il_1B\cos\theta$$

$$F_{ab}=Il_1B\sin\left(\frac{\pi}{2}-\theta\right)=Il_1B\cos\theta$$

由于 $\boldsymbol{F}_{cd}$ 与 $\boldsymbol{F}_{ab}$ 大小相等、方向相反且作用在同一条直线上，故相互抵消。

$\boldsymbol{F}_{bc}$ 和 $\boldsymbol{F}_{da}$，大小相等，为

$$F_{bc}=F_{da}=Il_2B$$

$\boldsymbol{F}_{bc}$ 和 $\boldsymbol{F}_{da}$ 方向相反，俯视图如图 5.49(b)所示。于是，线圈所受的合外力为

$$\boldsymbol{F}=\boldsymbol{F}_{ab}+\boldsymbol{F}_{bc}+\boldsymbol{F}_{cd}+\boldsymbol{F}\boldsymbol{F}_{da}=0$$

所以线圈不会发生平动。但 $\boldsymbol{F}_{bc}$ 和 $\boldsymbol{F}_{da}$ 不在同一条直线上，因而形成一个使线圈绕 OO' 轴逆时针转动的力矩，因 $\boldsymbol{F}_{bc}$ 与 $\boldsymbol{F}_{da}$ 对 OO' 轴的力矩大小相等，方向相同。所以这个力矩为 $\boldsymbol{F}_{bc}$ 对 OO' 轴力矩的两倍，即

$$M=2Il_2B\frac{l_1}{2}\sin\theta=Il_1l_2B\sin\theta$$

其中，$l_1l_2=S$ 为矩形面积。所以

$$M=ISB\sin\theta=mB\sin\theta \qquad (5.30a)$$

式中，$m=IS$ 为载流线圈的磁矩的大小。磁矩方向为线圈的法线方向，即 $\boldsymbol{m}=IS\boldsymbol{e}_n$。设 θ 为 $\boldsymbol{m}$ 与 $\boldsymbol{B}$ 之间的夹角，则上式可写成如下的矢量形式

$$\boldsymbol{M}=\boldsymbol{m}\times\boldsymbol{B} \qquad (5.30b)$$

如果线圈有 N 匝，则总磁力矩为

$$\boldsymbol{M}=N\boldsymbol{m}\times\boldsymbol{B} \qquad (5.30c)$$

式(5.30)虽然是从载流平面矩形线圈推导出来的，但可以证明对任意载流线圈都是适用的。

下面讨论几种情况：

(1)当载流线圈的 $\boldsymbol{e}_n$ 方向与磁感应强度 $\boldsymbol{B}$ 的方向相同时，即当 $\theta=0$ 时，线圈平面和 $\boldsymbol{B}$ 垂直，通过线圈的磁通量为最大值，磁力矩为零，处于稳定平衡状态，如图 5.50(a)所示；

(2)当载流线圈的 $\boldsymbol{e}_n$ 方向与磁感应强度 $\boldsymbol{B}$ 的方向垂直时，即当 $\theta=\frac{\pi}{2}$ 时，线圈平面与 $\boldsymbol{B}$ 平行，通过线圈的磁通量为零，线圈所受磁力矩达到最大值 $M=IBS$，如图 5.50(b)所示；

(3)当载流线圈的 $\boldsymbol{e}_n$ 方向与磁感应强度 $\boldsymbol{B}$ 的方向相反时，即当 $\theta=\pi$ 时，线圈平面虽然也与 $\boldsymbol{B}$ 垂直，但通过线圈磁通量最小(负值)。此时虽然 $M=0$，但线圈处于非稳定平衡状态；一旦受扰动，线圈就会在磁力矩作用下发生转动，如图 5.50(c)所示。

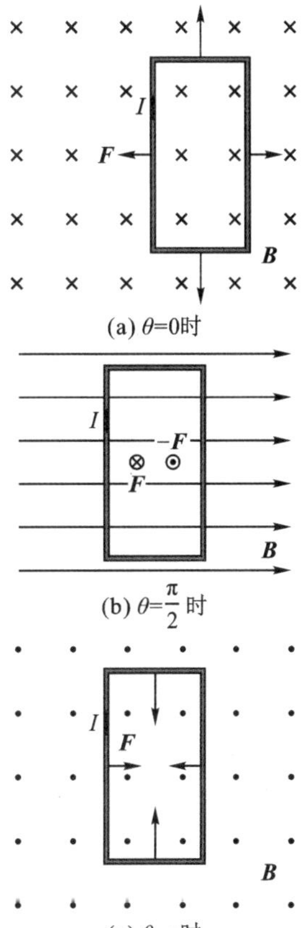

图 5.50　通过线圈的磁通量

从以上分析可得出结论：磁场对载流线圈作用的磁力矩总是要使线圈转到磁矩方向与外磁场 $\boldsymbol{B}$ 方向相同的稳定平衡状态。从磁通量角度分析，载流线圈在磁场中转动的趋势总是要使通过线圈面积的磁通量增加，直到磁通量达到最大值时使线圈稳定平衡为止。

例 5.11　半径 $R=10$ cm 的半圆形载流线圈，通有电流 $I=10$ A。将线圈放在 $B=0.5$ T 的均匀磁场中，磁场方向与线圈平面平行，如图 5.51 所示。试求线圈所受的磁力矩。

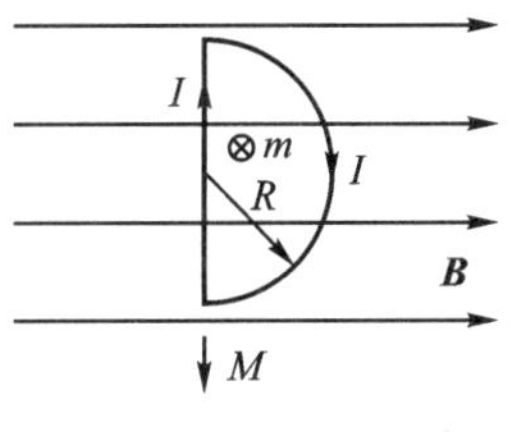

图 5.51　半圆形载流线圈磁力矩计算

解　半圆形载流线圈的磁矩为

$$\boldsymbol{m}=IS\boldsymbol{e}_n=\frac{1}{2}\pi IR^2\boldsymbol{e}_n$$

方向垂直纸面向里，即 $\theta=\frac{\pi}{2}$。由式(5.30a)，线圈所受磁力矩的大小为

$$M=mB=\frac{1}{2}\pi IR^2B=\frac{1}{2}\times3.14\times10\ \text{A}\times(0.1\ m^2\times0.5\ \text{T}$$
$$=7.85\times10^{-2}\ \text{N}\cdot\text{m}$$

其方向竖直向下。

5.7 磁场力做功

当载流导线在磁场力的作用下发生移动时,磁场力对载流导线要做功。载流线圈在磁力矩的作用下发生转动时,磁力矩对载流线圈也要做功。本节从特例出发推导磁场力做功的计算式。

5.7.1 磁场力对载流导线做功

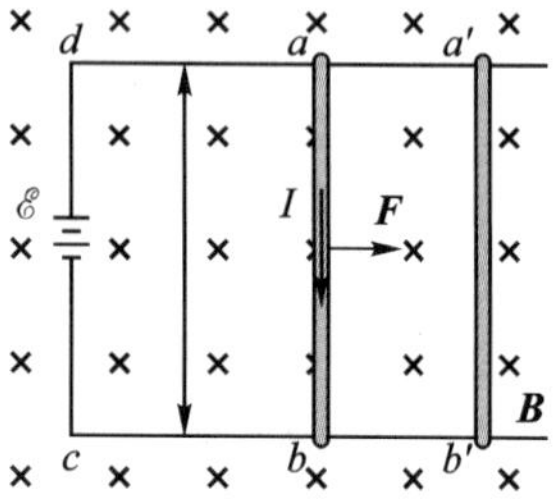

图 5.52　闭合载流回路磁场力做功

在磁感应强度为 $\boldsymbol{B}$ 的磁场中,一闭合载流回路 $abcd$ 与 $\boldsymbol{B}$ 垂直,如图 5.52 所示。ab 间长为 l 的导线可沿水平方向滑动。设在 l 滑动过程中,回路中的电流恒为 I。由安培定律可知,导线 l 所受磁场力方向向右,其大小为

$$F=IBl$$

在磁场力作用下,导线 l 由 ab 滑动到 $a'b'$ 的过程中,磁场力做的功为

$$A=F\overline{aa'}=IBl\overline{da'}-IBl\overline{da}$$

式中,$Bl\overline{da'}=BS_2$ 为末态通过 $a'b'cda'$ 回路磁通量,用 Φ_{m2} 表示;$Bl\overline{da}=BS_1$ 为初态通过 $abcda$ 回路的磁通量,用 Φ_{m1} 表示。于是,此过程中磁场力做的功为

$$A-I\Phi_{m2}-I\Phi_{m1}=I\Delta\Phi_m \qquad (5.31)$$

上式表明,**当载流导线在磁场中运动时,磁场力所做的功等于导线中的电流乘以通过回路磁通量的增量。也可以说,磁场力所做的功等于导线中的电流乘以载流导线在移动过程中所切割磁场线的条数。**

5.7.2 磁力矩对载流线圈做功

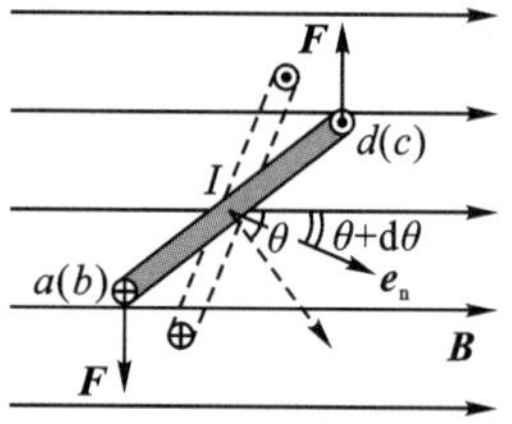

图 5.53　在磁力矩的作用下,线圈逆时针转动

载有电流 I 的矩形线圈 $abcda$,放在均匀磁场 $\boldsymbol{B}$ 中,见图 5.49(a)。由式(5.30),线圈所受磁力矩的大小为

$$M=IBS\sin\theta$$

式中,S 为线圈平面的面积,θ 为线圈法线与磁场方向之间的夹角。在这一磁力矩的作用下,线圈逆时针转动,如图 5.53 所示。在线圈转动一微小角度 $\mathrm{d}\theta$ 的过程中,磁力矩做的元功为

$$\begin{aligned}\mathrm{d}A&=-M\mathrm{d}\theta=-IBS\sin\theta\mathrm{d}\theta \\ &=I\mathrm{d}(BS\cos\theta)=I\mathrm{d}\Phi_m\end{aligned} \qquad (5.32)$$

式中,负号表示磁力矩作用使 θ 减小。

在线圈由 θ_1 转到 θ_2 的过程中,磁力矩做的功为

$$A=I\int_{\Phi_{m1}}^{\Phi_{m2}}\mathrm{d}\Phi_m=I(\Phi_{m2}-\Phi_{m1})=I\Delta\Phi_m \qquad (5.33)$$

式中，Φ_{m1} 和 Φ_{m2} 分别表示初态和末态通过线圈的磁通量。这一结果与式(5.31)相同。即**磁场力或磁力矩的功都等于电流乘以磁通量的增量。**

在例 5.11 中，开始时，磁场 $\boldsymbol{B}$ 与线圈平面平行，$\Phi_{m1}=0$；由于磁力矩的作用，线圈转动到其平面与 $\boldsymbol{B}$ 垂直时，磁通量 $\Phi_{m2}=B\,\frac{\pi}{2}R^2=\frac{1}{2}\pi BR^2$。在这一过程中，磁力矩做的功为

$$A=I(\Phi_{m2}-\Phi_{m1})=\frac{1}{2}\pi IBR^2$$

$$=\frac{1}{2}\times 3.14\times 10\ \text{A}\times 0.5\ \text{T}\times(10\times 10^{-2}\ \text{m})^2=7.85\times 10^{-2}\ \text{J}$$

磁场力做功表明磁场具有能量，关于磁场能量将在下一章讨论。

5.8　磁介质对磁场的影响

前面我们讨论了真空中恒定电流磁场的性质和规律。但在实际的磁场中，一般都存在着各种不同的磁介质。我们知道，放在静电场中的电介质会被电场极化，并且反过来，极化了的电介质会出现极化电荷，产生附加电场，从而对电场产生影响。与此相似，磁场中的物质也要和磁场发生相互作用。一方面由于物质分子、原子中都存在运动的电荷，所以当物质放在磁场中时，其中的运动电荷都要受会磁场力的作用而处于磁化状态；另一方面处于磁化状态的物质又会产生附加磁场反过来影响原来的磁场分布。本节讨论磁介质中的磁场以及磁场对磁介质的作用。

5.8.1　磁介质及其分类

凡能对磁场产生影响的物质都称为**磁介质**。实际上，一切实物物质都是磁介质。磁介质对磁场的影响可以通过实验来研究。以螺绕环为例，先使螺绕环通有电流 I，环中为真空，测量其中的磁感应强度 B_0；然后在环中充满某种均匀的磁介质，保持电流不变，再测量此时环内的磁感应强度 B。实验结果显示两者数值不同，B 与 B_0 的比值称为磁介质的**相对磁导率**，用 μ_r 表示，即

$$\mu_r=\frac{B}{B_0} \tag{5.34}$$

相对磁导率 μ_r 是无单位的纯数。与电介质极化不同的是，电介质中的场强总是小于真空中的场强，因为电介质极化产生的附加电场 $\boldsymbol{E}'$，总是与外电场 $\boldsymbol{E}_0$ 方向相反。磁介质的磁

化则复杂得多,磁化产生的附加磁场 $\boldsymbol{B}'$ 可能与原磁场 $\boldsymbol{B}_0$ 方向相同,也可能相反。因此 μ_r 可能小于 1,也可能大于 1,还可能远大于 1。μ_r 反映了磁介质磁化后对原磁场的影响的程度,是描述磁介质本身性质的物理量。根据 μ_r 的大小,可将磁介质分成以下三类。

1. 顺磁质

μ_r 略大于 1 的磁介质称为**顺磁质**,例如氧、铝和镁等。顺磁质的特点是磁化后产生的附加磁场与原磁场方向相同,使磁介质中的磁场 B 略有增强,即 B 略大于 B_0。

2. 抗磁质

μ_r 略小于 1 的磁介质称为**抗磁质**,例如铜和汞等。抗磁质的特点是磁化后产生的附加磁场与原磁场方向相反,使磁介质中的磁场 B 略有减弱,即 B 略小于 B_0。

3. 铁磁质

$\mu_r \gg 1$ 的磁介质称为**铁磁质**,例如铁、钴、镍及其合金等。铁磁质的特点是磁化后产生的附加磁场很强,且与原磁场方向相同,使磁介质中的磁场 B 显著增强,即 $B \gg B_0$。

表 5.1　给出了几种磁介质的相对磁导率

物质	μ_r	物质	μ_r
氧气(标准状态)	$(1\sim1.9)\times10^{-6}$	铜	$(1\sim1.0)\times10^{-5}$
铝	$(1\sim1.7)\times10^{-5}$	汞	$(1\sim3.2)\times10^{-5}$
镁	$(1\sim1.2)\times10^{-5}$	铋	$(1\sim1.6)\times10^{-5}$
纯铁	$2\times10^2\sim2\times10^5$	硅钢	8×10^4(最大值)
铁氧体	$3.0\times10^2\sim5.0\times10^3$		

顺磁质和抗磁质的相对磁导率 $\mu_r\approx1$,磁化后对原磁场影响很小,使原磁场稍微增强或减弱,磁化效应很弱,是弱磁性物质。因此,顺磁质和抗磁质均称为**弱磁质**。铁磁质的相对磁导率 $\mu_r\gg1$,磁化后对原磁场影响很大,使原磁场显著增强,磁化效应很强,是强磁性物质。因此,铁磁质称为**强磁质**。

5.8.2　弱磁质的磁化原理

根据安培的分子电流假设,物质的分子相当于圆电流,其磁矩即分子磁矩,如图 5.54 所示,用 $\boldsymbol{m}$ 表示。分子磁矩为电子绕核运动的轨道磁矩和电子自旋磁矩的矢量和。由于不同物质分子原子的电子数目不同,且电子状态各异,所以各个电子的磁矩方向也不相同。因此,若原子中电子的轨道磁距和自

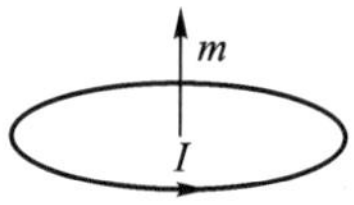

图 5.54　分子圆电流和磁矩示意图

旋磁矩没有完全相互抵消，则分子磁矩不为零，即 $\boldsymbol{m}\neq\boldsymbol{0}$。如果原子中电子的轨道磁距和自旋磁矩完全相互抵消，则分子磁矩为零，即 $\boldsymbol{m}=0$。据此，我们讨论磁介质的磁化机制。

1. 顺磁质的磁化

如图 5.55 所示，顺磁质的分子磁矩不为零，即 $\boldsymbol{m}\neq\boldsymbol{0}$，单个分子对外显磁性。在没有外磁场作用时，由于分子热运动，单个分子磁矩的取向是杂乱的，在各个方向上随机分布。因此就大量分子组成的磁介质来说，磁效应相互抵消，对外不显磁性。当将顺磁质放在外磁场中时，各分子磁矩会受到磁力矩的作用，使得分子磁矩有转向外磁场方向的趋势。因此磁介质中分子磁矩的矢量和不为零，形成与外磁场方向相同的附加磁矩。从而在整体上显示一定的磁性。外磁场越强，分子磁矩排列的有序程度越高，对外显示的磁性越强。因此，附加磁矩产生与外磁场方向相同的附加磁场 $\boldsymbol{B}'$。顺磁质中的磁感应强度为

$$\boldsymbol{B}=\boldsymbol{B}_0+\boldsymbol{B}' \tag{5.35}$$

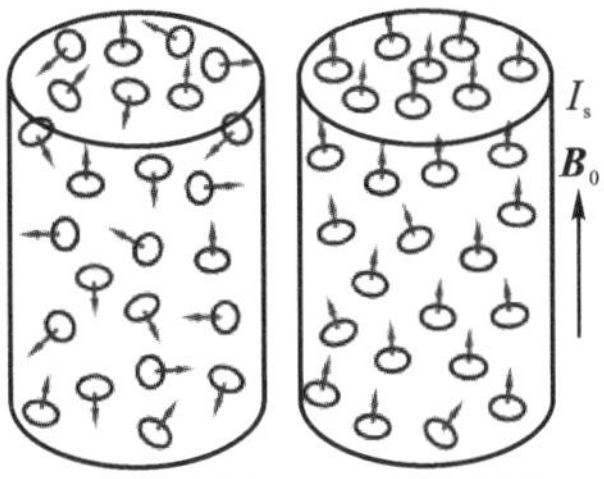

(a) 无外磁场　(b) 有外磁场

图 5.55　顺磁质磁化过程示意图

由于 $\boldsymbol{B}'$ 与 $\boldsymbol{B}_0$ 方向相同，所以顺磁质中磁感应强度的大小为

$$B=B_0+B' \tag{5.36}$$

$B>B_0$，即顺磁质磁化后，其中的磁场增强了。

2. 抗磁质的磁化

如图 5.56 所示，抗磁质的分子磁矩为零，即 $\boldsymbol{m}=0$，单个分子对外不显磁性。因此，在没有外磁场作用时，抗磁质对外不显磁性。当将抗磁质放在外磁场中时，外磁场作用的洛伦兹力使电子的轨道运动发生变化，可以证明，这种变化形成与外磁场方向相反的附加磁矩，从而在整体上显示一定的磁性。而附加磁矩产生与外磁场方向相反的附加磁场 $\boldsymbol{B}'$。抗磁质中的磁感应强度

$$\boldsymbol{B}=\boldsymbol{B}'+\boldsymbol{B}_0$$

因 $\boldsymbol{B}'$ 与 $\boldsymbol{B}_0$ 方向相反，所以抗磁质中磁感应强度的大小为

$$B=B_0-B'$$

$B<B_0$，即抗磁质磁化后，其中的磁场减弱了。

应该说明的是，无论是顺磁质还是抗磁质，在外磁场中都要产生与外磁场方向相反的附加磁矩，结果都表现出一定的抗磁性。只不过顺磁质中大量分子磁矩所产生的磁性远大于分子附加磁矩所表现的磁性。因此，顺磁质和抗磁质就表现各异了。

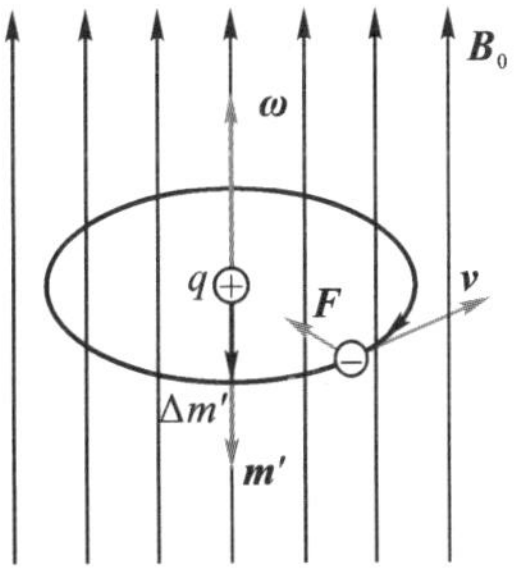

(a) $\boldsymbol{\omega}$与$\boldsymbol{B}_0$同向时

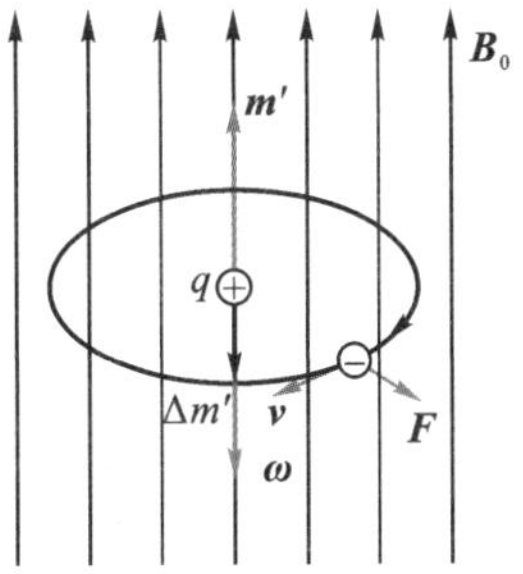

(b) $\boldsymbol{\omega}$与$\boldsymbol{B}_0$反向时

图 5.56　抗磁质磁化过程示意图

3. 磁化电流

磁介质磁化后会出现磁化电流。下面以长直密绕螺线管

为例,介绍磁化电流的概念。

设长直密绕螺线管中,充以某种各向同性的均匀顺磁性物质。电荷定向运动形成的电流称为**传导电流**,用 I_c 表示。当螺线管通有传导电流 I_c 时,螺线管中为均匀磁场。由于磁场的作用,分子磁矩沿磁场方向有序排列。图 5.57(a)为磁介质的任意截面上分子电流的分布情况。由图 5.57(a)可见,在磁介质内任意点,相邻分子电流总是成对且反向,因而相互抵消,其结果等效为形成沿截面边缘的圆电流,称为**磁化电流(或束缚电流)**,用 I_s 表示。对于顺磁质而言,磁化电流 I_s 与传导电流 I_c 方向相同,因此,磁化电流产生的附加磁场 $\boldsymbol{B}'$ 与传导电流产生的磁场 $\boldsymbol{B}_0$ 方向相同,如图 5.57(b)所示。对于抗磁质,由于分子在外场中产生的附加磁矩与外磁场方向相反,磁化电流 I_s 与传导电流 I_c 方向相反,因此,磁化电流产生的附加磁场 $\boldsymbol{B}'$ 与传导电流产生的磁场 $\boldsymbol{B}_0$ 方向相反。

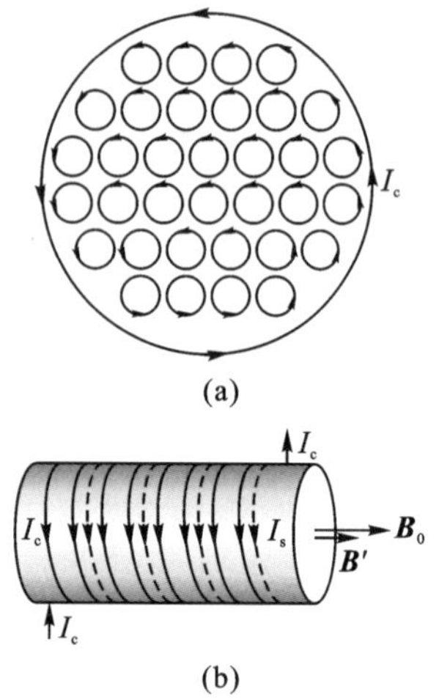

图 5.57　磁化电流

5.8.3　磁场强度　有磁介质时的安培环路定理

综上所述,在有磁介质存在时,空间的磁场不仅与传导电流的分布有关,而且与磁化电流的分布有关。在磁介质中,空间各点的磁感应强度 $\boldsymbol{B}$ 应该是传导电流 I_c 和磁化电流 I_s 所产生的磁感应强度叠加的结果。因此,在磁介质中的安培环路定理应写成

$$\oint_L \boldsymbol{B} \cdot \mathrm{d}\boldsymbol{l} = \mu_0 \sum (I_c + I_s) \tag{5.37}$$

但是磁化电流 I_s 是很难测定的,且与磁感应强度的关系非常复杂,我们仿照在静电场中引入电位移矢量 $\boldsymbol{D}$ 的办法,避开磁化电流,引入一个新的物理量——**磁场强度 $\boldsymbol{H}$**,其与 $\boldsymbol{B}$ 的关系为

$$\boldsymbol{H} = \frac{\boldsymbol{B}}{\mu} \quad 或 \quad \boldsymbol{B} = \mu \boldsymbol{H} \tag{5.38}$$

式中,$\mu = \mu_0 \mu_r$ 称为磁介质的**磁导率**。引入 $\boldsymbol{H}$ 后,安培环路定理就写成如下形式

$$\oint_L \boldsymbol{H} \cdot \mathrm{d}\boldsymbol{l} = \sum_i I_{0i} \tag{5.39}$$

上式表明,**磁场强度 $\boldsymbol{H}$ 沿任意闭合回路的线积分(称为 $\boldsymbol{H}$ 的环流),等于闭合回路所包围的传导电流的代数和**,这就是**有磁介质时的安培环路定理。**

在国际单位制中,磁场强度的单位为安培每米(A/m)。

应该明确的是 $\boldsymbol{H} = \dfrac{\boldsymbol{B}}{\mu}$ 是由传导电流和磁化电流共同决定的;$\boldsymbol{H}$ 的环流仅由回路所包围的传导电流决定,而与磁介质无

关。这就为我们求解磁介质的磁场问题带来了极大的方便，在各向同性的磁介质中，如果传导电流分布具有对称性，就可由式(5.39)先求出磁场强度，再根据 $\boldsymbol{B}=\mu\boldsymbol{H}$ 求出磁感应强度，其方法同真空中安培环路定理的应用类似。

例如充满磁导率为 μ 的磁介质的螺绕环，通有电流 I 时，根据有磁介质时的安培环路定理，有

$$\oint_L \boldsymbol{H} \cdot \mathrm{d}\boldsymbol{l} = 2\pi r H = NI$$

磁场强度为

$$H=\frac{NI}{2\pi r}$$

由式(5.38)，可得磁感应强度的大小为

$$B=\mu H=\frac{\mu NI}{2\pi r}$$

例 5.12　如图 5.58 所示，两个半径分别为 R_1 和 R_2 的同轴圆筒形导体，两筒间充以相对磁导率为 μ_r 的均匀磁介质，两导体通有方向相反的电流 I，试求磁介质中磁场分布。

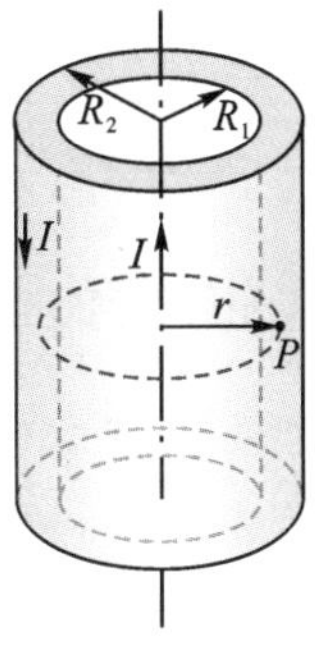

图 5.58　同轴圆筒形导体的磁场分布计算

解　两个同轴长圆筒导体中有电流通过时，所产生的磁场是轴对称分布的。设 P 为磁介质中距轴线为 r 的任意点，过 P 点作半径为 r、圆心在轴线上的圆回路，回路上处处 $\boldsymbol{H}$ 的大小相等、方向与 $\mathrm{d}\boldsymbol{l}$ 的方向一致，由式(5.39)，有

$$\oint_L \boldsymbol{H} \cdot \mathrm{d}\boldsymbol{l} = 2\pi r H = I$$

所以

$$H=\frac{I}{2\pi r}$$

由式(5.38)，可得磁感应强度的大小为

$$B=\mu H=\frac{\mu I}{2\pi r}$$

5.8.4　铁磁质

铁磁质的相对磁导率 $\mu_r \gg 1$，一般数量级为 $10^2 \sim 10^4$。这就是说，铁磁质在外磁场作用下将产生很强的附加磁场。不仅如此，铁磁质的磁导率随磁场强度而变，其关系比较复杂。与顺磁质和抗磁质不同，铁磁质在撤除外磁场后，仍保留有部分磁性。当温度超过某一值时，铁磁质的铁磁性立即消失而成为普通的顺磁质。这一临界温度称为铁磁质的**居里点**，用 T_c 表示，例如纯铁、钴和镍的居里点 T_c 分别为 767 ℃、1115 ℃和 358 ℃。

现在讨论铁磁质的磁化规律。将铁磁质作成环状样品，上面以漆包线绕成螺线环。在线圈内通有电流 I，用实验方法测

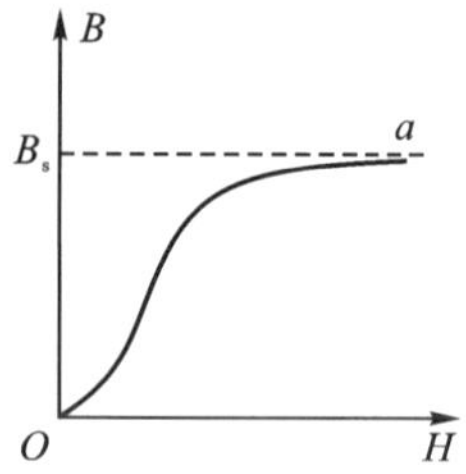

(a) B-H关系曲线

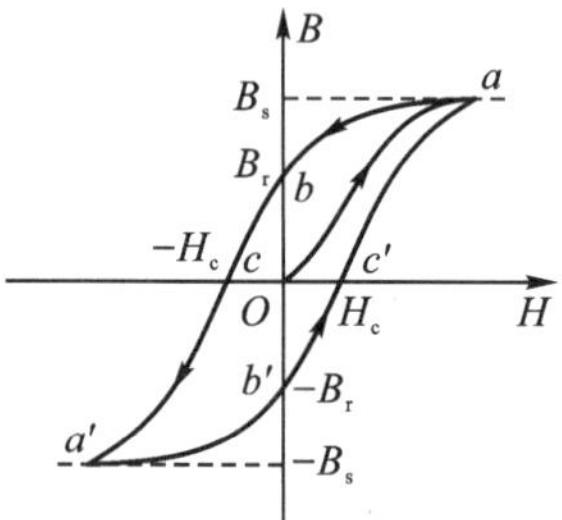

(b) 磁滞回线

图 5.59　铁磁质化特性图

出铁磁质中的磁感应程度 B,再根据电流 I 计算出环中磁场强度 $H=nI$,可以得到一组 B 与 H 的数据,画出 $B-H$ 关系曲线,如图 5.59(a)所示。由曲线可以看出 B 与 H 为非线性关系。当 H 比较小时,B 随 H 的增大缓慢增大,当 H 再继续增大时,B 增加得很快,但当 B 达到某一值后就不再随 H 增大而增大了。这时铁磁质的磁化达到饱和状态。相应的磁感应强度称为饱和磁感应强度,用 B_s 表示。

实验表明,铁磁质的磁化过程是不可逆的。当铁磁质达到饱和状态 a 后,使 H 减小,B 也减小,但并不沿原磁化曲线逆向返回,B 的变化滞后于 H 的变化,如图 5.59(b)所示。当 $H=0$时,B 并不为零,此时对应的磁感应强度称为剩磁,用 B_r 表示。为了消除剩磁,需加一反向电流,当 H 反向增大至 $-H_c$时,B 才为零,H_c 称为矫顽力。继续增加反向电流,可以使铁磁质达到反向磁饱和状态 a',对应的磁感应强度称为反向饱和磁感应强度$-B_s$;将反向电流逐渐减小到零,此时的磁感应强度为$-B_r$,再增加正向电流到 c'时,$B=0$,继续增大正向电流就又回到了原磁饱和状态 a,这样磁化曲线就形成一个闭合曲线。该曲线显示 B 的变化总是滞后于 H 的变化,故将此曲线称为磁滞回线。不同的铁磁质有不同的磁滞回线,主要区别在于矫顽力和磁滞回线的面积的大小。

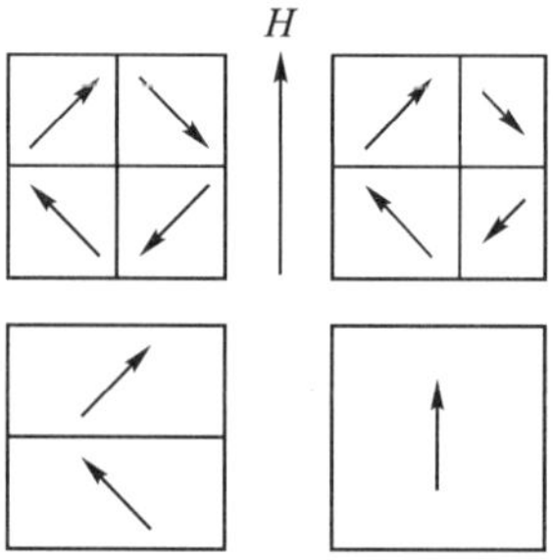

图 5.60　某单晶结构磁体磁化过程

铁磁质的磁性之所以与顺磁质和抗磁质不同,是因为铁磁质有特殊的结构。在铁磁质中,存在许多宏观上足够小(体积约为$10^{-12}\ m^3$)而微观上足够大(含有大量原子,约 $10^{12}\sim10^{15}$ 个)的区域,每个小区域自发磁化到饱和状态,这种自发磁化的区域称为磁畴。在无外磁场作用时,铁磁质中磁畴排列杂乱无序,整体上不显磁性。在外磁场作用下,磁矩与外磁场同向或接近的磁畴的体积扩大(壁移),而磁矩与外磁场相反的磁畴体积缩小。当外磁场进一步增强时,所有磁畴的磁矩都几乎转到和外磁场相同的方向,即磁饱和状态。由于磁畴之间有某种阻碍磁畴转向的"摩擦"作用,所以在外磁场减弱或消失时,磁畴不能按原来变化规律返回,这就产生了磁滞现象。当外磁场撤去后,磁畴不可能完全恢复原状,因此有剩磁。当温度升高超过居里点时,由于热运动加剧,磁畴瓦解,从而使磁体由铁磁质转变成顺磁质。图 5.60 是某单晶结构磁体的磁化过程示意图。

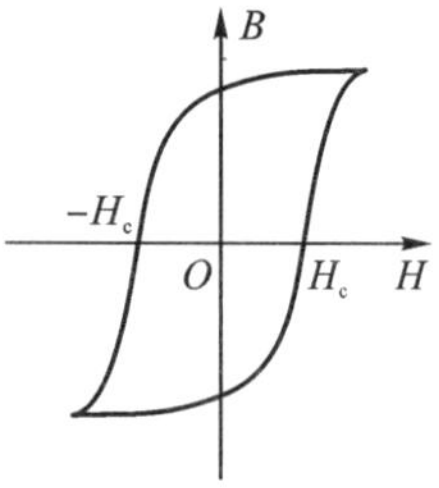

图 5.61　硬磁材料的磁滞回线

铁磁材料在工程技术上应用很广,不同的铁磁性物质性能各不相同,工程上常常依据磁性材料的磁滞回线将铁磁性材料分为硬磁材料和软磁材料。

硬磁材料的磁滞回线如图 5.61 所示,其特点是:磁滞回线包围的面积比较大，磁滞现象显著，其矫顽力大剩磁也大。此种材料充磁后，保留很强的剩磁且不易退磁。因此，硬磁材料适合于制成永久磁铁，例如磁电式仪表和扬声器的磁铁，耳机及雷达中的磁控管等用的永久磁铁都是硬磁材料作成的。

软磁材料的磁滞回线如图 5.62 所示，其特点是：磁滞回线包围的面积比较小，磁滞现象不显著，其矫顽力小而磁导率大。此种材料易于磁化，也易于退磁。因此，软磁材料适用于高频磁场，可以用来制造变压器、继电器、电磁铁及各种高频电磁元件的铁芯。

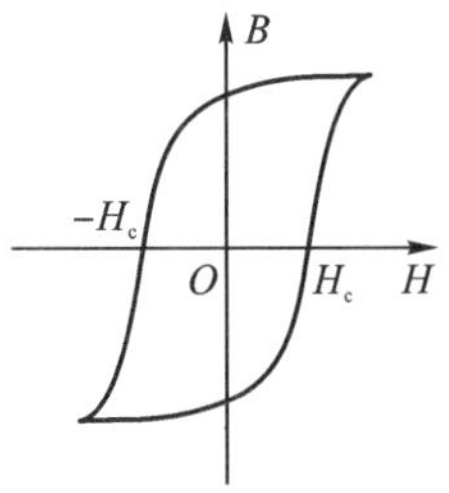

图 5.62　软磁材料的磁滞回线

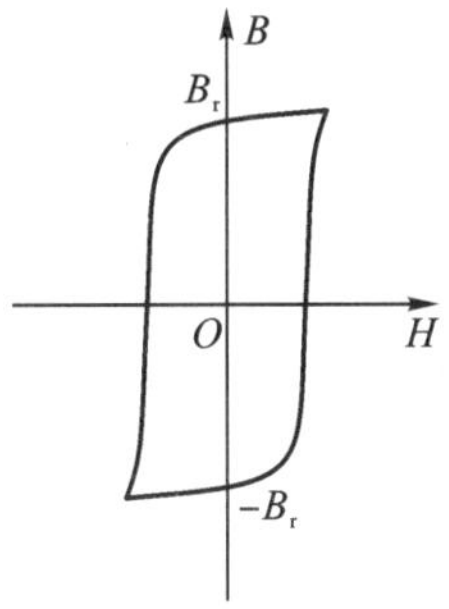

图 5.63　矩磁材料的磁滞回线

磁滞回线接近于矩形的材料称为矩磁材料。矩磁材料的磁滞回线如图 5.63 所示，其特点是：剩磁 B_r 接近饱和磁感应强度 B_s，其正向和反向的两个剩磁相当于两个稳态。当 H 值小于矫顽力时，保持一稳态不变；只有当 H 值达到矫顽力时，这一稳态才向另一稳态翻转，且翻转迅速。可用这种材料的两种剩磁状态 B_r 和 $-B_r$ 分别代表“1”和“0”两个数码，起到记忆的作用。因此此种材料被广泛应用于电子计算机和自动控制技术中制作存储及开关等元件。

阅读材料

电磁轨道炮

电磁轨道炮是一种利用电流磁场产生的作用力驱动炮弹加速运动的武器，由于它具有无声、无烟、可控等特点，所以电磁轨道炮已经引起许多军事科学家的关注和重视。

现在，以火药作为发射能源的传统火炮，已经能够将质量为几千克的弹丸加速到 1.8 km/s左右的炮口速度，也就是弹丸离开炮口时的速度，这已经接近化学能发射弹丸速度的极限。然而随着军事科学技术的发展，利用化学能发射弹丸所能获得的最大速度，已远远不能适应目前反装甲、防空、拦截高速导弹技术的需要。在这种情况下，利用电能发射弹丸以获得更高速度的电磁炮便应运而生。

电磁轨道炮的结构如图 5.64(a)所示。

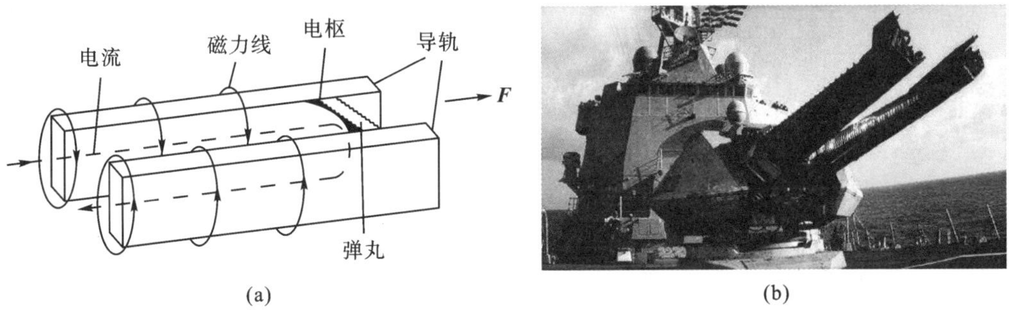

图 5.64　电磁轨道炮

电磁轨道炮有两条平行的金属导轨,用以通电流,它的长度相当于炮管的长度。弹丸就放在两根导轨之间,并且将两导轨连通构成闭合回路。在导轨轴线方向上的电枢是在电动机实现机械能与电能相互转换过程中起关键作用的部件。

在发射过程中,在两根导轨中通以很大的反向电流,方向如图 5.61(a)所示,由安培环路定理知道在两根轨道中会产生很强大的同向磁场,方向为竖直向下,这个磁场与流经电枢的电流相互作用,产生强大的电磁力,该力推动电枢和置于电枢前面的弹丸沿导轨加速运动,从而获得高速度。

根据安培力公式:

$$\mathrm{d}\boldsymbol{F}=I\mathrm{d}\boldsymbol{l}\times\boldsymbol{B}$$

又根据毕奥-萨伐尔定律

$$\mathrm{d}\boldsymbol{B}=\frac{\mu_0 I\mathrm{d}\boldsymbol{l}\times\boldsymbol{e}_r}{4\pi r^2}$$

可知弹丸受到的力和电流强度的二次方成正比,即

$$F=kI^2$$

电枢和弹丸在移动过程中,电磁力所做的功就等于电枢和弹丸的动能增量,即

$$Fl=\frac{1}{2}mv^2$$

于是,可得电枢和弹丸的出射速度为

$$v=\sqrt{\frac{2klI^2}{m}}$$

式中,m 为电枢和弹丸的质量,l 是它们移动的距离,k 是与轨道炮结构相关的系数。由此可见,要想获得弹丸的高速度,必须供给轨道强大的电流。通常该电流的数值在兆安级,而电流的脉冲宽度在毫秒数量级。同时,在强脉冲电流的作用下,电磁轨道炮中弹丸的加速度可达重力加速度的几十万倍,因此,电磁轨道炮只需要较短的导轨,就能使弹丸获得很高的速度。

电磁轨道炮有一些突出优点:一是弹丸速度快,精度高,射程远,威力大。弹丸约能在 6 min内飞行 370 km,初始速度达到 2500 m/s,比普通枪弹的速度快 2 至 3 倍。带有巨大动能的弹丸通过直接撞击目标将其摧毁,威力极大。同时极高的飞行速度可以减少炮弹的飞行时间,使炮弹不易受到干扰,保证了打击的精度。二是炮弹体积小,重量轻。电磁炮弹几乎不使用推进剂,减少了装药量,所以炮弹的体积只是传统 120 min 火炮炮弹的八分之一,重量是其十分之一,这样可显著提高武器系统的携弹量,减少后勤负担。舰船一次一般只能携带 70 枚制导导弹,而电磁轨道炮弹则能轻易地一次装载几百枚。三是生存能力强。电磁炮弹几乎不装填炸药,又可减少炮弹在制造、运输、储存方面的安全隐患。所以,它是一种具有吸引力的高新技术,不仅可作为现代武器用于战略反导及反装甲和防空等地面战术武器,还可用于各类高速碰撞,如碰撞核聚变、流星体碰撞研究等。

内容提要

1. 磁感应强度 $\boldsymbol{B}$

描述磁场强度的物理量是磁感应强度,我们用运动电荷在磁场中受力来定义。其大小等

于 $B=\frac{F_m}{qv}$，方向根据矢量形式 $\boldsymbol{F}=\boldsymbol{v}\times\boldsymbol{B}$ 判断。

2. 毕奥-萨伐尔定律

(1) 传导电流激发的磁场(毕奥-萨伐尔定律)

$$\mathrm{d}\boldsymbol{B}=\frac{\mu_0}{4\pi}\frac{I\mathrm{d}\boldsymbol{l}\times\boldsymbol{e}_r}{r^2}$$

(2)根据磁场叠加原理，任意电流在空间产生的磁感应强度为

$$\boldsymbol{B}=\int\mathrm{d}\boldsymbol{B}=\int\frac{\mu_0}{4\pi}\frac{I\mathrm{d}\boldsymbol{l}\times\boldsymbol{e}_r}{r^2}$$

其中，$\boldsymbol{e}_r$ 为矢量 $\boldsymbol{r}$ 方向的单位矢量，$\mu_0=4\pi\times10^{-7}\,\mathrm{T\cdot m\cdot A^{-1}}$为真空中的磁导率。

3. 运动电荷的磁场

一个电量为 q、以速度 $\boldsymbol{v}$ 运动的粒子，在 P 点产生的磁感应强度为

$$\boldsymbol{B}=\frac{\mu_0}{4\pi}\frac{q\boldsymbol{v}\times\boldsymbol{e}_r}{r^2}$$

4. 磁通量和磁场的高斯定理

通过磁场中某给定面积的磁场线的条数称为通过该曲面的磁通量，用 Φ_m 表示，则，

$$\Phi_m=\int\mathrm{d}\Phi_m=\int\boldsymbol{B}\cdot\mathrm{d}\boldsymbol{S}$$

由于恒定电流的磁场线是无头无尾的闭合曲面，因此对任意闭合曲面来说，磁通量一定为零，即，

$$\Phi_m=\int_S\boldsymbol{B}\cdot\mathrm{d}\boldsymbol{S}=0$$

这是磁场中的高斯定理，表明磁场是无源场。

5. 安培环路定理

恒定磁场的磁感应强度 $\boldsymbol{B}$ 的环流等于 μ_0 乘以环路所包围电流的代数和，即，

$$\oint_L\boldsymbol{B}\cdot\mathrm{d}\boldsymbol{l}=\mu_0\sum_i I_i$$

说明磁场是个涡旋场，即磁场是非保守力场。利用安培环路定理可以计算出具有对称分布电流的磁场。例如：

无限长直载流导线的磁场　$B=\frac{\mu_0 I}{2\pi a}$

载流圆环圆心上的磁场　$B=\frac{\mu_0 I}{2R}$

无限长直载流螺线管内的磁场　$B=\mu_0 nI$

6. 洛伦兹力

磁场对运动电荷的作用力(洛伦兹力)

$$\boldsymbol{F}=q\boldsymbol{v}\times\boldsymbol{B}$$

7. 安培定律

磁场对载流导线的作用力(安培定律)

$$\mathrm{d}\boldsymbol{F}=I\mathrm{d}\boldsymbol{l}\times\boldsymbol{B},\ \boldsymbol{F}=\int\mathrm{d}\boldsymbol{F}$$

磁场对载流线圈的力矩

$$\boldsymbol{M}=N\boldsymbol{m}\times\boldsymbol{B}$$

其中,$\boldsymbol{m}$ 为载流线圈的磁矩

$$\boldsymbol{m}=IS\boldsymbol{e}_{\mathrm{n}}$$

8. 磁场中的磁介质

磁介质置于磁场中会发生磁化现象。铁磁质 $\mu_r\gg1$。

磁介质中的安培环路定理

$$\oint_L \boldsymbol{H}\cdot\mathrm{d}\boldsymbol{l}=\sum_i I_{0i}$$

磁场强度 $\boldsymbol{H}$ 沿任意闭合回路的线积分等于闭合回路所包围的传导电流的代数和。

$$\boldsymbol{H}=\frac{\boldsymbol{B}}{\mu}\quad 或\quad \boldsymbol{B}=\mu\boldsymbol{H}l$$

式中,$\mu=\mu_0\mu_r$ 称为磁介质的磁导率。

习　题

一、简答题

5.1　磁感应强度 $\boldsymbol{B}$ 是表示磁场特性的物理量,试说明它的物理意义。

5.2　在同一磁感应线上,各点 $\boldsymbol{B}$ 的数值是否都相等?为何不把作用于运动电荷的磁力方向定义为磁感应强度 $\boldsymbol{B}$ 的方向?

5.3　什么是毕奥-萨伐尔定律?写出求解一般连续载流导线磁场空间分布的思路和步骤。

5.4　什么是磁感线,磁感线分布具有什么特征?

5.5　磁通量是如何定义的?说明其正、负的物理意义。若穿过某一闭合曲面的磁通量为零,那么,穿过另一非闭合曲面的磁通量是否也为零?

5.6　写出恒定磁场的高斯定理的内容及公式,它说明恒定磁场具有什么性质?

5.7　(1)写出恒定磁场环路定理的数学表达式并说明它反映的物理意义;

(2)在磁场空间分别取两个闭合回路,若两个回路各自包围载流导线的根数不同,但电流的代数和相同,则磁感应强度沿两闭合回路的线积分是否相同,两个回路的磁场分布是否相同,为什么?

5.8　在什么条件下才能用安培环路定理求解载流体系的磁场?

5.9　写出电荷在磁场中所受的洛伦兹力。根据所学知识判断电荷在磁场中什么情况不受磁场力的作用,什么情况受到的磁场力最大。

5.10　写出安培定律。试总结用它求安培力的一般思路和方法。

5.11　磁力矩的一般表达式是什么?

5.12　什么是顺磁质,什么是抗磁质,什么是铁磁质?

二、计算题

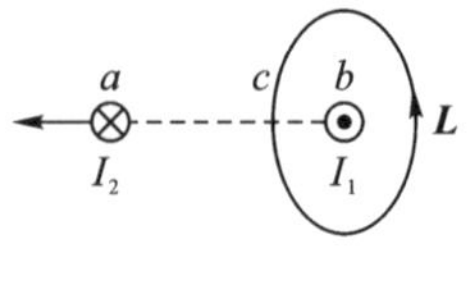

计算题 5.1 图

5.1　如计算题5.1图所示,两条无限长直导线 a、b 相互平行,分别通有方向相反的电流 I_1 和 I_2。L 为绕导线 b 的闭合回路,其上 c 点磁感应强度的大小为 B_c。当导线 a 向左平行地远离导线 b 时,B_c 和 $\oint_L \boldsymbol{B}\cdot\mathrm{d}\boldsymbol{l}$ 是否

变化，怎样变化？(　　)

A. B_c 减小，$\oint_L \boldsymbol{B} \cdot \mathrm{d}\boldsymbol{l}$ 不变；　　B. B_c 增大，$\oint_L \boldsymbol{B} \cdot \mathrm{d}\boldsymbol{l}$ 不变；

C. B_c 增大，$\oint_L \boldsymbol{B} \cdot \mathrm{d}\boldsymbol{l}$ 增大；　　D. B_c 减小，$\oint_L \boldsymbol{B} \cdot \mathrm{d}\boldsymbol{l}$ 增大。

5.2　如计算题5.2图所示，带电粒子1和2以速度 $\boldsymbol{v}$ 进入匀强磁场 $\boldsymbol{B}$ 后偏转方向各不相同，则1、2所带电荷的正、负为(　　)。

A. 1带负电荷，2带正电荷；

B. 1带正电荷，2带负电荷；

C. 1和2都带正电荷；

D. 1和2都带负电荷。

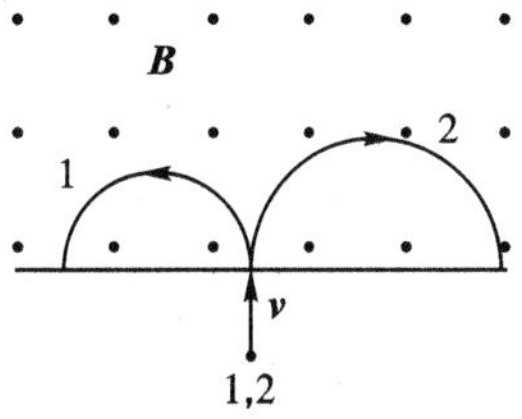

计算题 5.2 图

5.3　在匀强磁场中，如果带电粒子的速度方向垂直于磁场方向，则该带电粒子在磁场中会做什么样的运动？(　　)

A. 匀速直线运动；　　B. 匀速率圆周运动；

C. 螺旋式运动；　　D. 抛物线运动。

5.4　在磁感应强度为 $\boldsymbol{B}$ 的均匀磁场中，以垂直于磁场方向且半径为 R 的圆周为边线作一半球面 S，如计算题5.4图所示，则通过该半球面 S 的磁通量为__________。

5.5　如计算题5.5图所示，真空中通有电流 I 的无限长导线 $abcd$，ab 段和 cd 段为直线，bc 段为半径为 R 的四分之一圆弧，三段导线在同一平面内，则圆心 O 处磁感应强度的大小 $B=$________，方向为__________。

5.6　如计算题5.6图所示，载流导线 ab 段是半径为 R 的四分之一圆周，电流 I 由 a 流向 b，磁感应强度为 $\boldsymbol{B}$ 的均匀磁场与导线垂直并指向纸面内，则 ab 段导线所受磁力的大小为__________，方向为__________。

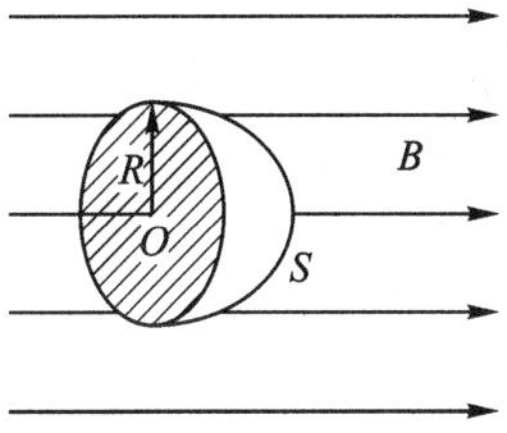

计算题 5.4 图

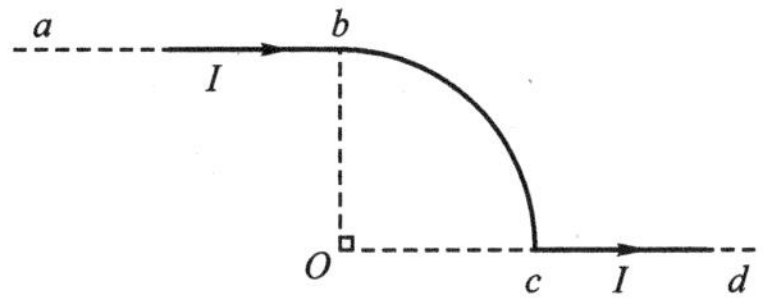

计算题 5.5 图

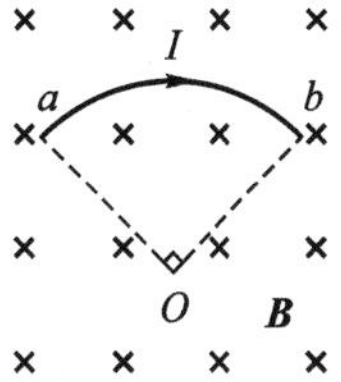

计算题 5.6 图

5.7　如计算题5.7图所示，两根长直导线相互平行地放在真空中，通有大小相等方向相同的电流 $I_1 = I_2 = 10.0\ \mathrm{A}$，$P$ 点到两导线的距离 $l_1 = l_2 = 0.5\ \mathrm{m}$，且 l_1 与 l_2 垂直，试求：

(1) 两根导线分别在 P 点的磁感应强度的大小和方向；

(2) P 点的合磁感应强度的大小和方向。

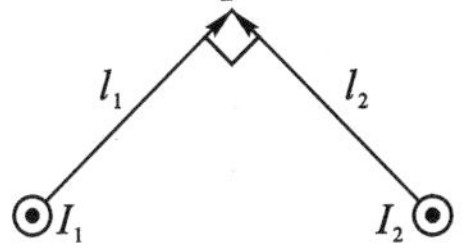

计算题 5.7 图

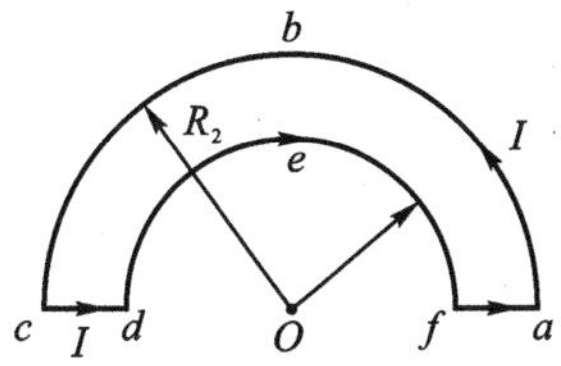

计算题 5.8 图

5.8　如计算题5.8图所示的扇形电流,其中$\overset{\frown}{abc}$和$\overset{\frown}{def}$分别为半径R_2和R_1的半圆弧,圆心O点在cd和fa的延长线上,试求O点的磁感应强度。

5.9　将一根长直导线的中间部分弯成半径$R=4.0$ cm的圆形,如计算题5.9图所示。设导线通有电流$I=6.0$ A。试求圆心O点的磁感应强度。

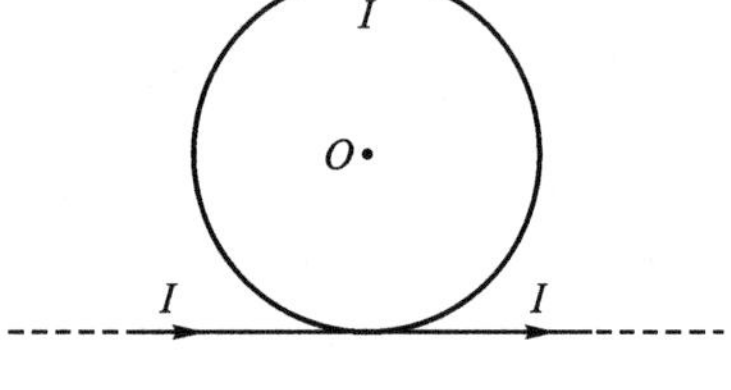

计算题5.9图

5.10　如计算题5.10图所示,真空中,两条无限长直导线互相垂直但不相交,导线1与纸面平行,通有电流$I_1=4.0$ A;导线2与纸面垂直,通有电流$I_2=6.0$ A,两导线间的垂直距离$d=2.0$ cm。P点到两导线的垂直距离都是d,真空磁导率$\mu_0=4\pi\times10^{-7}$ N/A^2,试求(请作图标明所建立的坐标系,并把结果表示为矢量形式):

(1) 导线1在P点产生的磁感应强度的大小和方向;

(2) 导线2在P点产生的磁感应强度的大小和方向;

(3) 两条导线在P点产生的总磁感应强度。

5.11　如计算题5.11图所示,无限长载流直导线电流为I,试求通过与直线共面的矩形面的磁通量Φ_m。

5.12　半径为R的半球面,放在磁感应强度为$\boldsymbol{B}$的均匀磁场中,如计算题5.12图所示。$\boldsymbol{B}$与半球面轴线夹角为α,试求通过该半球面的磁通量。

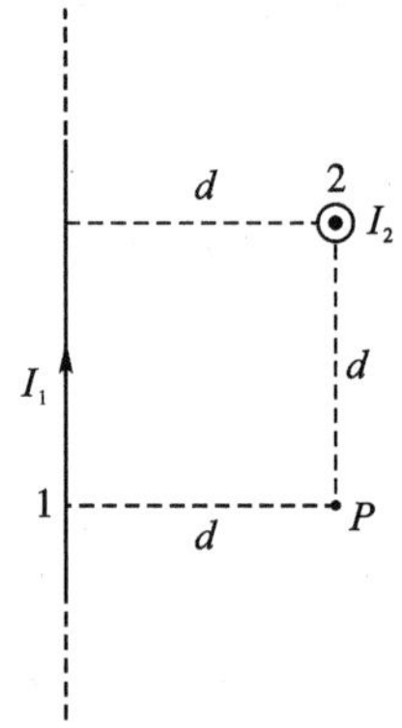

计算题5.10图

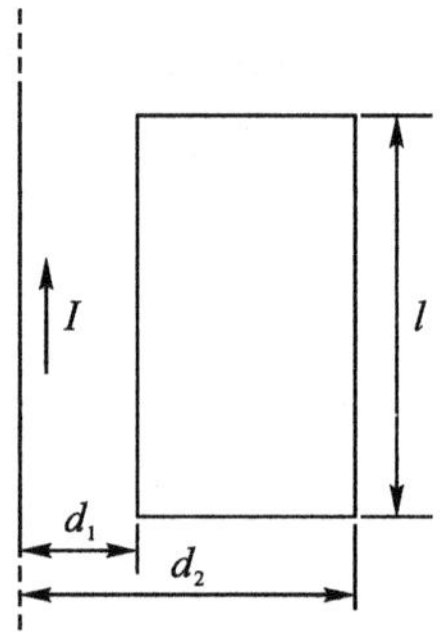

计算题5.11图

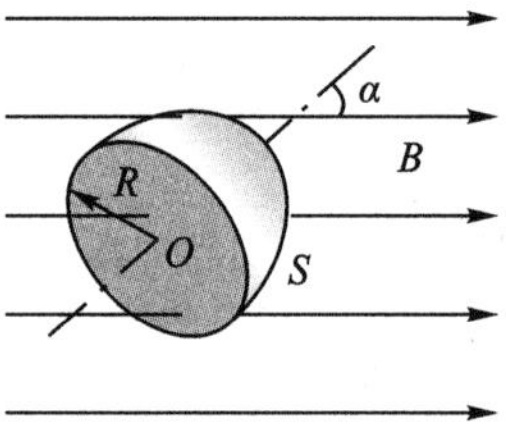

计算题5.12图

5.13　如计算题5.13图所示,真空中,截面半径为R的无限长直圆柱导体,沿轴向通有电流I。设电流在其截面上均匀分布,试计算空间各点的磁场分布。

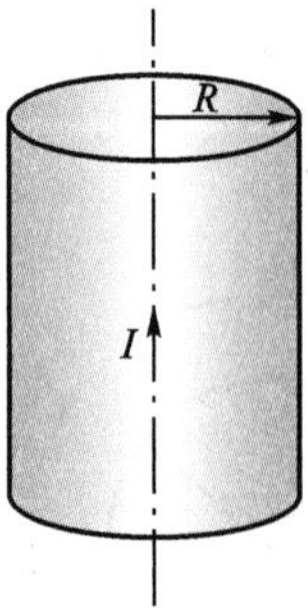

计算题5.13图

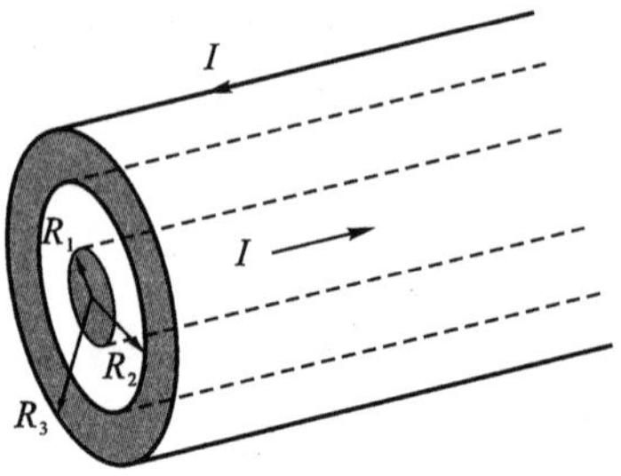

计算题5.14图

5.14　通信用的同轴电缆由圆柱形导体和同轴的导体圆筒构成，如计算题 5.14 图所示。已知内圆柱体的半径为 R_1，外筒内、外半径分别为 R_2 和 R_3，电流 I 均匀分布在导体的截面上。试求磁场分布。

5.15　长度 $l = 0.5$ m、总匝数为 $N = 2000$ 的密绕细长螺线管，通有电流 $I = 2$ A。试求管内的磁感应强度。

5.16　已知地面上空某处地磁场的磁感强度 $B = 0.4 \times 10^{-4}$ T，方向向北，如计算题 5.16 图所示。若宇宙射线中有一速率 $v = 5.0 \times 10^{7}$ m/s 的质子，垂直地通过该处。求：(1) 质子所受的洛伦兹力的方向；(2) 洛伦兹力的大小，并与该质子受到的万有引力相比较。

5.17　地面上空某处，地磁场磁感应强度的大小 $B = 4.0 \times 10^{-5}$ T，方向正北。若宇宙射线中一质子以速率 $v = 5.0 \times 10^{7}$ m/s 垂直通过该处，质子的质量 $m = 1.67 \times 10^{-27}$ kg，电量 $q = 1.60 \times 10^{-19} C$。试求该质子所受的洛伦兹力。

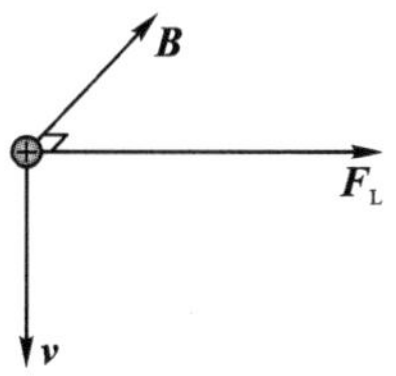

计算题 5.16 图

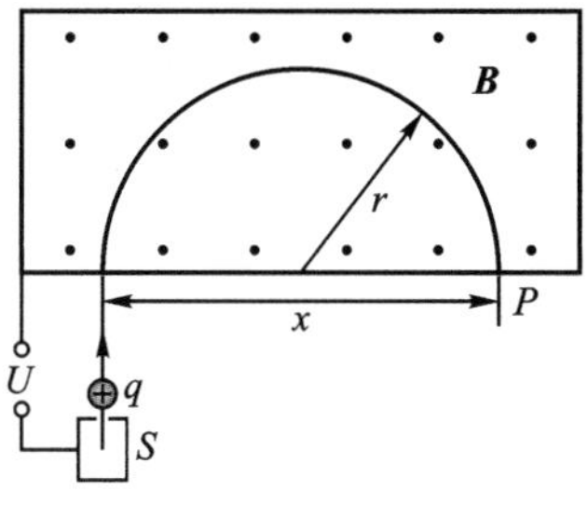

计算题 5.18 图

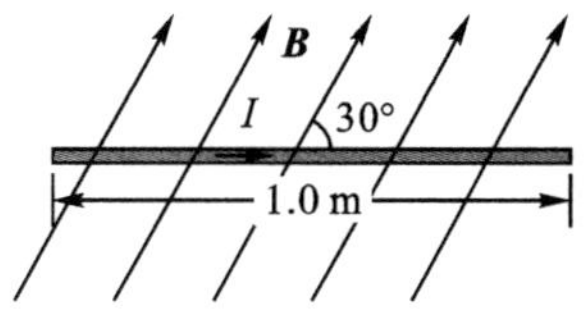

计算题 5.19 图

5.18　测定离子质量的质谱仪如计算题 5.18 图所示。离子源 S 产生质量为 m、电量为 q 的静止离子，经电势差为 U 的电场加速后，进入磁感应强度为 B 的均匀磁场中，沿着半径为 r 的半圆形轨道运动到照相底片的 P 点，试证明离子的质量 $m = \dfrac{B^2 q}{2U} r^2$。

5.19　如计算题 5.19 图所示，长 $l = 1.0$ m 的一段直导线，通有电流 $I = 10$ A，放在 $B = 1.5$ T 的均匀磁场中，导线与磁场之间的夹角为 30°，试求导线所受的安培力。

5.20　如计算题 5.20 图所示，在匀强磁场 $\boldsymbol{B}$ 中，扇形导体线圈 $abcd$ 放置在垂直于磁场的平面内。扇形线圈对其圆心所张的角 $\theta = 60°$，通有电流 I，$oa = ab = R$，试求：

(1) 各段导线所受的安培力；

(2) 扇形导体线圈所受的总安培力。

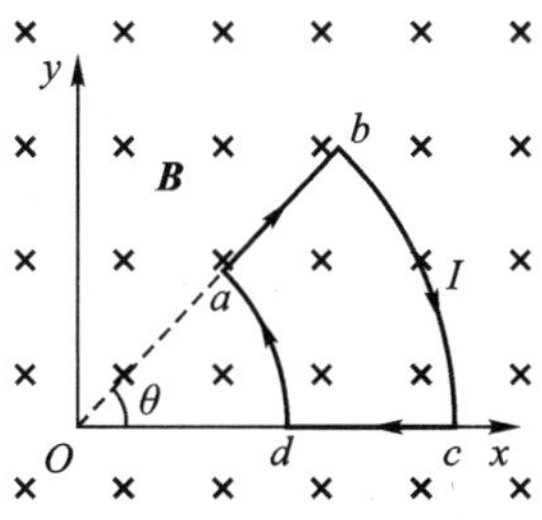

计算题 5.20 图

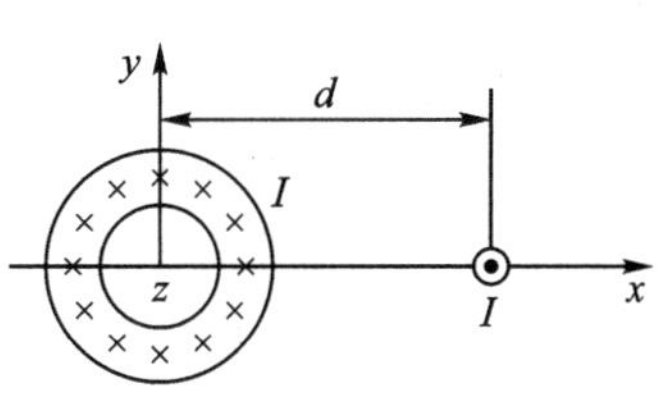

计算题 5.21 图

5.21　如计算题 5.21 图所示，真空中，无限长直导体管轴线与 z 轴重合，x 轴上距导体管轴心为 d 的无限长直导线与 z 轴平行。导体管中沿 z 轴负方向通有均匀电流 I，导线中沿 z 正方

向通有电流 I。试求：

(1) 导体管中的电流在导线所在处产生的磁场；

(2) 单位长度导线所受的安培力。

5.22　载流长直导线通有电流 $I_1 = 2.0$ A，另一载流直导线 MN 长为 $l = 0.4$ m，通有电流 $I_2 = 3.0$ A。两导线共面且正交，导线 MN 的 M 端到长直导线的距离 $a = 0.2$ m，如计算题 5.22 图所示。试求 MN 导线所受安培力的大小和方向。

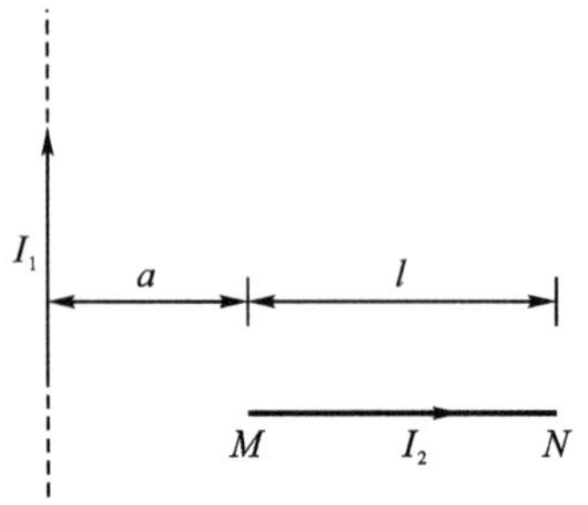

计算题 5.22 图

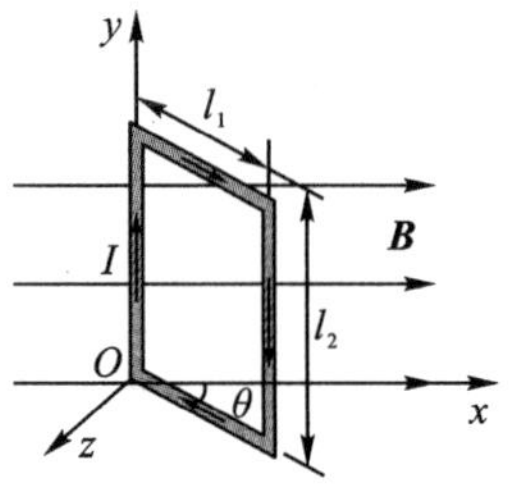

计算题 5.23 图

5.23　如计算题 5.23 图所示，匝数 $N = 20$ 的矩形线圈，边长分别为 $l_1 = 5$ cm 和 $l_2 = 10$ cm，通有电流 $I = 1.0$ A。将线圈放入均匀磁场 $\boldsymbol{B}$ 中，磁场与线圈平面之间的夹角 $\theta = 30°$，试求：

(1) 此时线圈所受磁力矩；

(2) 在磁力矩作用下，线圈由图中的位置转动到平衡位置过程中，磁场力做多少功？

5.24　匝数 $N = 10$ 的圆形小线圈，半径 $R = 0.2$ cm，通有电流 $I = 0.1$ A。将线圈放入均匀磁场中时，测得其最大磁力矩为 6.28×10^{-4} N · m，试求磁感应强度。

三、应用题

5.1　2013 年 11 月 9 日，全球第一艘装备电磁弹射器的美军“杰拉尔德 · 福特”号航空母舰正式下水。为了缩短跑道长度，航母上需增加弹射起飞装置，也就是利用外力将飞机先弹出去，获得初动能。我国成为第二个拥有电磁弹射航母的国家。2022 年 6 月 17 日，我国第三艘航空母舰“中国人民解放军海军福建舰”下水。福建舰是我国完全自主设计建造的首艘弹射型航空母舰，采用平直通长飞行甲板，配置电磁弹射装置。电磁弹射装置的作用是弹射舰载飞机，助其起飞。简要说明电磁弹射的原理，请画出原理图，予以说明，并从能量转化的角度说明如何获得初动能的。

5.2　霍尔效应可用来测量血流的速度，其原理如应用题 5.2 图所示。在动脉管两侧分别安装电极并加以磁场，设血管直径为 $d = 2.0$ mm，磁场为 $B = 0.080$ T，毫伏表测出血管上下两端的电压为 $U_H = 0.10$ mV，血流的流速为多大？

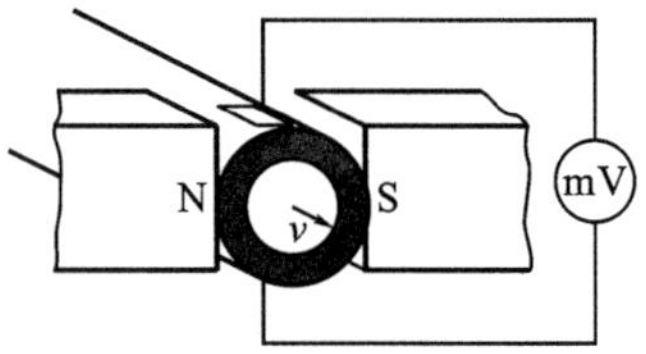

应用题 5.2 图

5.3　电子所带电量为 $-e$，正电子所带电量为 $+e$，其他性质与电子相同。试设计一种方案(建议使用磁场)来区分电子和正电子，请画出方案的原理图，并说明原理和具体步骤。

5.4　根据所学知识解释为什么在电子仪器中，载有大小相等方向相反的电流的两根导线，通常是扭在一起的。

第6章　电磁感应与电磁场

电流可以产生磁场，那么磁场能否产生电流呢？英国物理学家法拉第经过十多年的潜心研究，于1831年发现了电磁感应现象及其规律。这一划时代的发现不仅深刻地揭示了电与磁的内在联系，为电磁理论的建立打下了基础，同时还标志着新技术革命和工业革命的开始。根据电磁感应原理，人类设计并制造了发电机、电动机和变压器等电力设备，为大规模生产、传输和使用电能开辟了广阔的道路。

本章先介绍电动势的概念，然后讨论电磁感应的基本规律及其应用，最后简要介绍电磁场理论。

预习提要：

1. 如何理解电源电动势，了解电源电动势非静电力分别是什么。

2. 什么是电磁感应现象，有什么特点？

3. 理解法拉第电磁感应定律，能利用楞次定律理解法拉第电磁感应定律中负号的含义。

4. 理解动生电动势和感生电动势，产生这两种电动势的非静电力各是什么。

5. 理解感生电场与静电场有什么异同。

6. 什么是自感和互感现象，自感和互感系数各由哪些因素决定？

7. 磁场能量和什么有关？试将磁场能量和电场能量密度作比较。

8. 了解位移电流假设提出背景，理解其物理意义。

9. 了解麦克斯韦方程组的积分形式及其物理意义。

6.1　电磁感应的基本规律

6.1.1　电动势

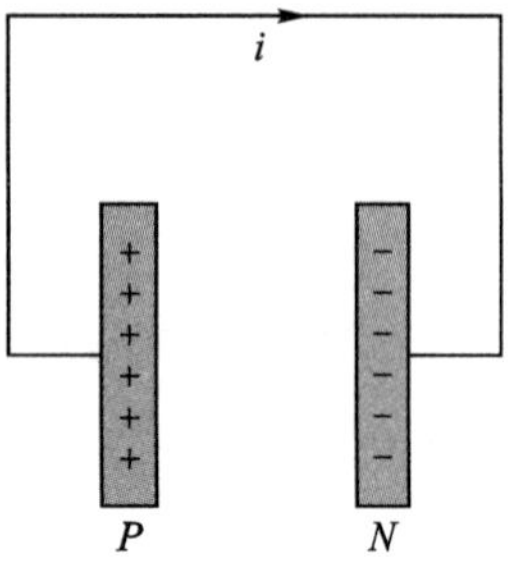

图 6.1　电容器的放电

我们知道,要在导体中产生恒定电流,就必须在导体中维持恒定不变的电场,也就是在导体两端维持恒定不变的电势差。如何实现导体两端电势差恒定呢?

以电容器的放电为例。用导线将已经充了电的电容器的两极板 P 和 N 连接起来,如图 6.1 所示。正电荷由电势高的正极板 P 经导线流向电势低的负极板 N,在导线中形成电流。两极板上正负电荷中和,其结果使两极板间的电势差逐渐降低,最终为零。电荷的定向运动形成的电流也就逐渐减弱到零。所以这种电路中的电流是不可能持久的。因此,仅有静电力的作用,是不能形成持续不断的电流的。要在电路中形成持续不断的电流,就必须另外有非静电力的作用,这种非静电力不断地分离正负电荷来补充两极板上减少的电荷,从而在两极板 P、N 之间维持一定的电势差,这样才能实现电流持续不变。

提供非静电力的装置称为电源。电源的类型很多,在不同类型的电源中,形成非静电力的过程不同。在化学电池中,非静电力是与离子的溶解和沉积过程相联系的化学作用;在发电机中,非静电力是导体在磁场中运动所引起的电磁作用;在温差电池中,非静电力是与温度差和电子的浓度差相联系的扩散作用。

电源分直流电源和交流电源。前者在电路中提供恒定电流,后者提供交变电流。下面以直流电源为例说明电源的工作原理。

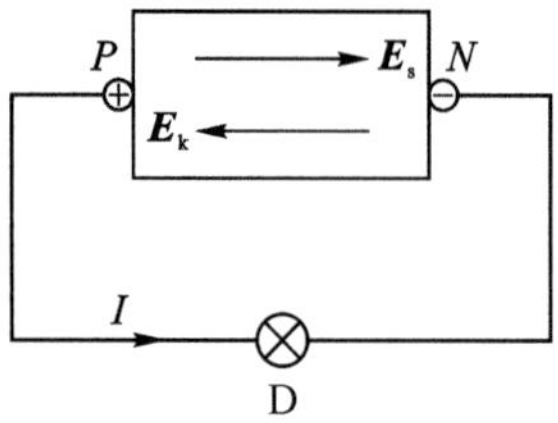

图 6.2　电源示意图

图 6.2 为电源的示意图。电源的正极 P 上积累正电荷,负极 N 上积累负电荷。用导线从电源外部将灯泡 D 与电源正负极连接起来。静电力在电路中将正电荷由电势高的正极经灯泡 D 移到电势低的负极。在电源内部既有静电场 $\boldsymbol{E}_s$,又有非静电场 $\boldsymbol{E}_k$,非静电力反抗静电力将正电荷从低电势的负极 N 经电源内部移到高电势的正极 P。这样在静电力和电源提供的非静电力的共同作用下,正电荷才能持续不断地运动,在整个电路中形成恒定的电流。

电源提供的非静电力克服静电力做功,不断地将其他形式的能量转换成电能。为了定量描述电源非静电力做功的本领,引入电源电动势的概念。**单位正电荷从电源负极经电源内部**

运动到正极的过程中，电源内的非静电力所做的功称为电源的电动势，用 $\mathscr{E}$ 表示。

电量为 q 的正电荷，从电源的负极经电源内部运动到电源正极的过程中，电源内部的非静电力 $\boldsymbol{F}_k$ 做功为 $A=\int_{-}^{+}\boldsymbol{F}_k\cdot \mathrm{d}\boldsymbol{l}$。根据定义，电源的电动势为

$$\mathscr{E}=\frac{A}{q}=\int_{-}^{+}\frac{\boldsymbol{F}_k}{q}\cdot \mathrm{d}\boldsymbol{l}$$

仿照静电场强的定义，单位正电荷所受的非静电力称为非静电场强，用 $\boldsymbol{E}_k$ 表示，即

$$\boldsymbol{E}_k=\frac{\boldsymbol{F}_k}{q}$$

于是，电源的电动势为

$$\mathscr{E}=\int_{-}^{+}\boldsymbol{E}_k\cdot \mathrm{d}\boldsymbol{l} \tag{6.1}$$

当电动势分布在一段电路 ab 之间时，电源的电动势为

$$\mathscr{E}=\int_{a}^{b}\boldsymbol{E}_k\cdot \mathrm{d}\boldsymbol{l} \tag{6.2a}$$

如果电动势分布在整个电路中，电源的电动势为

$$\mathscr{E}=\oint_{L}E_k\cdot \mathrm{d}l \tag{6.2b}$$

电源的电动势表征电源本身的性质，与外电路的情况及其是否接通无关。

电源的电动势是标量。为研究问题的方便，通常把电源内部电势升高的方向，即在电源内部从负极到正极的方向规定为电动势的方向。

在国际单位制中，电动势的单位与电势的单位相同，均为伏[特](V)，1 V=1 J/C。

想一想：

你所知道的的电源有哪些，你知道它们的电动势吗，它们的非静电力分别是什么？

小贴士：

电动势的单位与电势的单位相同，均为伏[特](V)。例如，常见的 5 号电池的电动势为 1.5 V，市电的电动势的有效值为 220 V。

6.1.2　电磁感应现象

实验表明，当通过导体回路的磁通量发生变化时，导体回路中就有电流产生，这称为电磁感应现象。电磁感应现象产生的电流称为感应电流。

由磁通量的定义式

$$\Phi_m=\int_S\boldsymbol{B}\cdot \mathrm{d}\boldsymbol{S}=\int_S B\,\mathrm{d}S\cos\theta$$

可见，磁通量 Φ_m 由磁感应强度 $\boldsymbol{B}$、回路面积 $\mathrm{d}S$ 以及面积矢量 $\mathrm{d}\boldsymbol{S}$ 与 $\boldsymbol{B}$ 的夹角 θ 三个因素决定。三个量中只要有一个变化，回路中的磁通量就会发生变化，从而产生电磁感应现象。如图 6.3(a)所示，直导线中电流随时间变化，空间磁场发生变化，回路中的磁通量发生变化，因此回路中就产生感应电流。

如图 6.3(b)所示,由于ab段导线运动,$abcda$ 内面积变化,回路中的磁通量变化,回路中就产生感应电流。如图 6.3(c)所示,线框绕 OO' 轴转动,θ 变化,回路中的磁通量变化,回路中就产生感应电流。

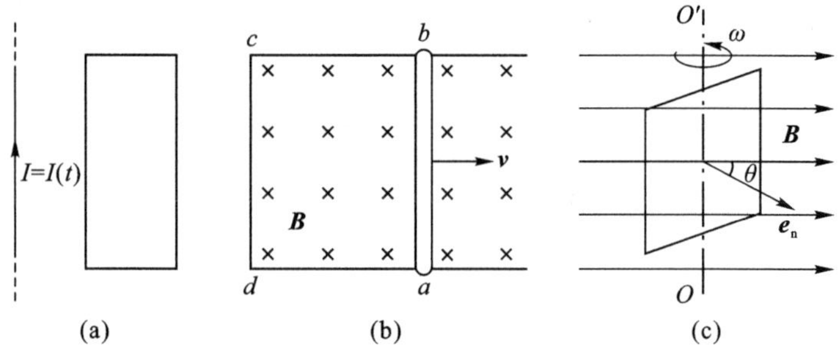

图 6.3　磁通量变化的方式

导体回路中出现感应电流表明导体中有电动势存在,这种电动势称为**感应电动势**。产生感应电动势的导体相当于电源。当电路闭合时,感应电流的大小由感应电动势和回路的电阻决定;当电路断开时,虽然没有电流,但感应电动势依然存在。所以感应电动势更能反映电磁感应现象的本质。

想一想:

利用楞次定律,如何判断感应电流的方向和电动势的方向?

如何理解楞次定律是能量守恒的具体表现?

在闭合电路中,感应电动势和感应电流的方向一致。所以只要确定了感应电流的方向,感应电动势的方向也就知道了。感应电流的方向,可以利用下面介绍的楞次定律判断。

6.1.3　楞次定律

1833 年,楞次在大量实验的基础上,总结得出判断感应电流方向的法则:在闭合回路中,感应电流的方向,总是使它所产生的磁场反抗引起感应电流的磁通量的变化,这称为**楞次定律**。

应用楞次定律判断感应电流的方向,首先要清楚回路中磁感应强度的方向,磁通量是增加的还是减少的。然后根据楞次定律,确定感应电流在回路中产生磁场的方向与原磁场方向相同还是相反。最后用右手螺旋定则确定感应电流的方向。

楞次定律实质上是能量守恒定律在电磁感应中的具体体现。如图 6.3(b)中的情形,由于感应电流的出现,在磁场中运动的导线 ab 所受的安培力必定阻止导线 ab 向右移动。因此要使导线移动就必须有外力对它做功,这样就将机械能转换成电能。所以电磁感应现象的本质是通过非静电力做功产生电动势,从而将其他形式的能量转换成电能。

小贴士:

法拉第(Michael Faraday,1791—1867),英国物理学家、化学家,也是著名的自学成才的科学家。

他是电磁理论的创始人之一。他创造性地提出了场的思想,磁场这一名称是法拉第最早引入的。1831 年法拉第首次发现电磁感应现象,得到产生交流电的方法,发明了圆盘发电机,是人类创造出的第一个发电机。后又相继发现了物质的抗磁性和顺磁性,以及光的偏振面在磁场中的偏转。由于他在电磁学方面做出了伟大贡献,被称为“电学之父”和“交流电之父”。

6.1.4　法拉第电磁感应定律

法拉第对电磁感应现象作了深入细致的研究,根据实验总结出感应电动势与磁通量变化之间的关系。**当通过导体回路的磁通量随时间变化时，不论这种变化是由什么原因引起的，回路中产生感应电动势与通过该回路磁通量的变化率负值成正比，称为法拉第电磁感应定律**，即

$$\mathscr{E}=-k\frac{\mathrm{d}\Phi_{\mathrm{m}}}{\mathrm{d}t}$$

式中，负号表示感应电动势的方向。当 $\mathscr{E}$ 的单位为 V、Φ_{m} 的单位为 Wb、t 的单位为 s 时，上式中的比例系数 $k=1$，于是法拉第电磁感应定律表达式写作

$$\mathscr{E}=\frac{\mathrm{d}\Phi_{\mathrm{m}}}{\mathrm{d}t} \tag{6.3}$$

上式称为**法拉第电磁感应定律**。

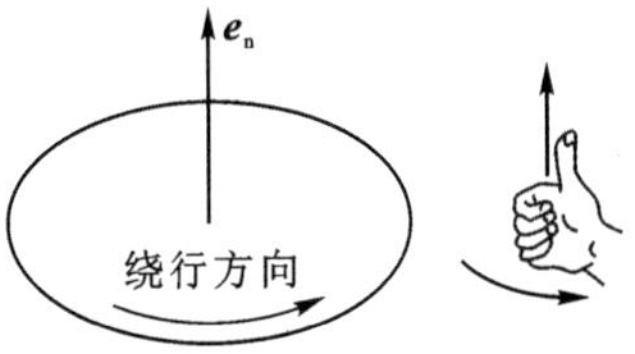

图 6.4　闭合回路绕行方向图

利用式(6.3)中的负号可以判断感应电动势的方向。如图 6.4 所示的闭合回路，先任意选定回路的绕行方向，然后右手四指握向回路的绕行方向，则大拇指的指向即为回路面积的正法线 $\boldsymbol{e}_{\mathrm{n}}$ 的方向。并规定，当 $\boldsymbol{B}$ 与 $\boldsymbol{e}_{\mathrm{n}}$ 方向的夹角小于 90° 时 Φ_{m} 正，当 $\boldsymbol{B}$ 与 $\boldsymbol{e}_{\mathrm{n}}$ 方向的夹角大于 90° 时 Φ_{m} 负。由式(6.3)，若 $\frac{\mathrm{d}\Phi_{\mathrm{m}}}{\mathrm{d}t}>0$，则 $\mathscr{E}<0$，表示电动势的方向与回路的绕行方向相反，如图 6.5(a)所示；若 $\frac{\mathrm{d}\Phi_{m}}{\mathrm{d}t}<0$，则 $\mathscr{E}>0$，表示电动势的方向与回路的绕行方向相同，如图 6.5(b)所示。

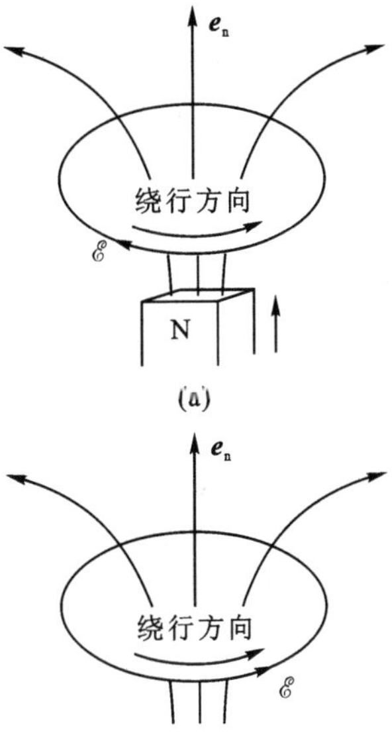

图 6.5　闭合回路绕行方向与感应电动势图

在解决实际问题时，也可以根据 $\left|\frac{\mathrm{d}\Phi_{\mathrm{m}}}{\mathrm{d}t}\right|$ 求出感应电动势的数值，再利用楞次定律判断感应电动势的方向。

应当注意式(6.3)只适用于单匝导线回路。实际上，常用的线圈往往由多匝线圈串联而成。此时，整个线圈中的感应电动势应为每匝的感应电动势的串联，则法拉第电磁感应定律应写作

$$\begin{aligned}\mathscr{E}&=\sum_i\mathscr{E}_i=-\left(\frac{\mathrm{d}\Phi_{\mathrm{m1}}}{\mathrm{d}t}+\frac{\mathrm{d}\Phi_{\mathrm{m2}}}{\mathrm{d}t}+\cdots+\frac{\mathrm{d}\Phi_{\mathrm{m}n}}{\mathrm{d}t}\right)\\&=-\frac{\mathrm{d}}{\mathrm{d}t}\left(\sum_i\Phi_{\mathrm{m}i}\right)=-\frac{\mathrm{d}\Psi_{\mathrm{m}}}{\mathrm{d}t}\end{aligned} \tag{6.4a}$$

式中，$\Psi_{\mathrm{m}}=\sum_i\Phi_{\mathrm{m}i}$ 是通过整个线圈的总磁通量，称为线圈的磁通链。当线圈由 N 匝线圈密绕而成时，通过各匝线圈的磁通量近似相等，则线圈的磁通链 $\Psi_{\mathrm{m}}=N\Phi_{\mathrm{m}}$，此时法拉第电磁感应定律为

$$\mathscr{E}=-\frac{\mathrm{d}\Psi_{\mathrm{m}}}{\mathrm{d}t}=-N\frac{\mathrm{d}\Phi_{\mathrm{m}}}{\mathrm{d}t} \tag{6.4b}$$

如果导体回路的电阻为 R，则回路中的感应电流为

解题指导:

感应电势解题指导

(1)任意选定回路的绕行方向;

(2)用右手螺旋定则确定回路面积矢量 $\boldsymbol{S}$ 的正法线方向;

(3)计算磁通量;

(4)用法拉第电磁感应定律计算感应电动势,并根据结果的正负判断其方向。

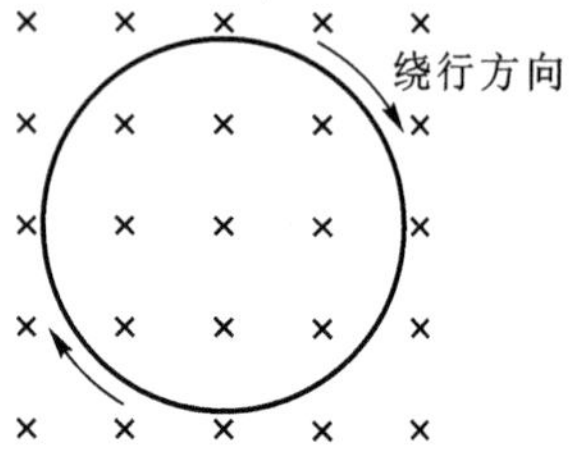

图 6.6　例 6.1 图

$$I_i = \frac{\mathscr{E}}{R} = -\frac{1}{R}\frac{\mathrm{d}\Psi_m}{\mathrm{d}t} \tag{6.5}$$

利用式(6.5)和电流的定义,可以计算在一段时间通过回路中导体截面的感应电量。设在 t_1 时刻和 t_2 时刻通过回路的磁通链分别为 Ψ_{m1} 和 Ψ_{m2},则在 t_1 到 t_2 时间内,通过回路导体任意截面的感应电量为

$$q = \int_{t_2}^{t_1} I_i \mathrm{d}t = -\frac{1}{R}\int_{\Psi_{m1}}^{\Psi_{m2}} \mathrm{d}\Psi_m = \frac{1}{R}(\Psi_{m1} - \Psi_{m2}) \tag{6.6}$$

可见,感应电量只取决于始、末状态通过回路的磁通量,而与磁通链的变化率无关。

式(6.6)表明,若测得感应电量及回路电阻,就可以计算出磁通链的差值。常用的磁通计就是根据这一原理设计制成的。

例 6.1　面积 $S=2\ \mathrm{cm}^2$ 的圆形导线回路,放在均匀磁场中,磁场方向垂直纸面向里,如图 6.6 所示。已知磁感应强度 $B=0.4t^2+0.2t+0.3$(SI),试求 $t=2$ s 时回路中的感应电动势。

解　设回路的绕行方向为顺时针方向,通过回路的磁通量

$$\Phi_m = \boldsymbol{B}\cdot\boldsymbol{S} = BS$$

由法拉第电磁感应定律

$$\mathscr{E} = -\frac{\mathrm{d}\Phi_m}{\mathrm{d}t} = -\frac{\mathrm{d}(BS)}{\mathrm{d}t} = -S\frac{\mathrm{d}B}{\mathrm{d}t}$$
$$= -2\times10^{-4}\times(0.8t+0.2)$$
$$= -(16t+4)\times10^{-4}\ \mathrm{V}$$

当 $t=2$ s 时,回路中的感应电动势的大小为

$$\mathscr{E}_2 = -3.6\times10^{-4}\ \mathrm{V}$$

负号表明,感应电动势的方向为逆时针方向。

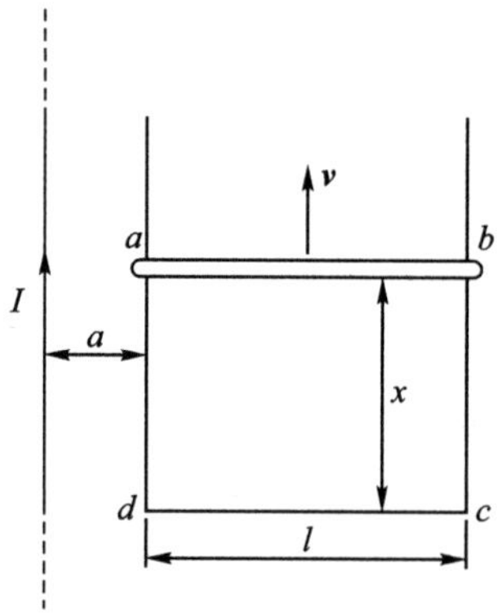

图 6.7　例 6.2 图

例 6.2　如图 6.7 所示,在通有电流 I 的长直导线旁,与其共面的 U 形导体线框上,长为 l 的导体棒 ab,以速度 $\boldsymbol{v}$ 沿线框向上滑动。线框的 ad 段到直导线的距离为 a,试求任意时刻回路中的感应电动势。

解　取绕行方向为顺时针方向,设某时刻 ab 距 dc 为 x。利用例 9.5 的结论,此时通过回路的磁通量为

$$\Phi_m = \frac{\mu_0 I x}{2\pi}\ln\frac{a+l}{a}$$

式中,x 是时间 t 的函数。由法拉第电磁感应定律,可得

$$\mathscr{E} = -\frac{\mathrm{d}\Phi_m}{\mathrm{d}t} = -\frac{\mu_0 I}{2\pi}\frac{\mathrm{d}x}{\mathrm{d}t}\ln\frac{a+l}{a} = -\frac{\mu_0 I v}{2\pi}\ln\frac{a+l}{a}$$

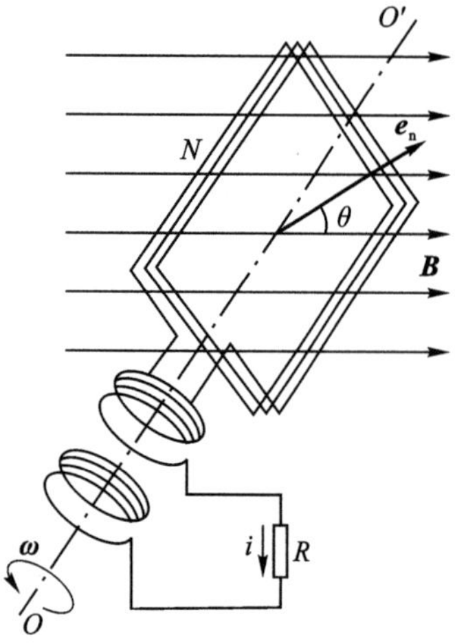

图 6.8　例 6.3 图

例 6.3　磁感应强度为 $\boldsymbol{B}$ 的均匀磁场中,由 N 匝导线绕成的平面矩形线圈,绕与 $\boldsymbol{B}$ 垂直的 OO' 轴以角速度 $\boldsymbol{\omega}$ 转动,如图 6.8 所示。设开始时,线圈平面与 $\boldsymbol{B}$ 垂直($\boldsymbol{e}_n$ 与 $\boldsymbol{B}$ 平行)。

试求任意时刻,线圈中的感应电动势。

解　由题意,任意时刻,线圈法线 $\boldsymbol{e}_n$ 与磁感应强度 $\boldsymbol{B}$ 的夹角 $\theta=\omega t$,则线圈

$$\Psi_m = N\Phi_m = NBS\cos\theta = NBS\cos\omega t$$

根据法拉第电磁感应定律,线圈中的感应电动势为

$$\mathscr{E} = -\frac{d\Psi_m}{dt} = -\frac{d(NBS\cos\omega t)}{dt} = BNS\omega\sin\omega t$$

式中,N、B、S 和 ω 均为常量。$BNS\omega$ 为感应电动势的幅值,令 $\mathscr{E}_m = BNS\omega$。于是

$$\mathscr{E} = \mathscr{E}_m\sin\omega t$$

可见,线圈在均匀磁场中匀速转动时,产生的感应电动势为交变电动势。这就是交流发电机的工作原理。

> **小贴士:**
> 由例 6.1、6.2、6.3,无论是改变磁感应强度的大小,还是改变回路的面积,或者是改变磁感应强度和回路围成的面之间的夹角,都可以在回路中产生相应的感应电动势。其根本原因是改变了磁通量的大小,所以学习过程中要切实理解和熟练掌握磁通量的计算思路和方法。

6.2　动生电动势和感生电动势

法拉第电磁感应定律表明,当通过导体回路的磁通量变化时,就有感应电动势产生。通常磁通量的变化可归纳为两种情况,一是磁场不变,导体回路或回路的部分导体在磁场中运动;二是导体回路不变,磁场变化。习惯上,前一种情况产生的电动势称为动生电动势,后一种情况产生的电动势称为感生电动势。下面分别讨论这两种电动势。

6.2.1　动生电动势

如图 6.9 所示,长为 l 的导体杆 ab,在固定的 U 形导体线框上以速度 $\boldsymbol{v}$ 向右移动。由于 ab 的运动,使得通过回路 $abcda$ 的磁通量发生变化,因而产生感应电动势。取回路绕行方向为逆时针方向。在图示位置时,通过回路的磁通量为

$$\Phi_m = -Blx$$

由法拉第电磁感应定律

$$\mathscr{E} = -\frac{d\Phi_m}{dt} = Bl\frac{dx}{dt} = Blv \tag{6.7}$$

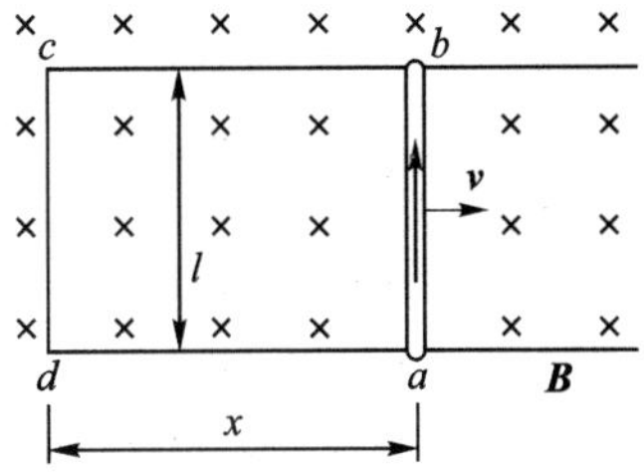

图 6.9　导体棒在匀强磁场中的 U 形导线框上运动

感应电动势为正,说明其方向与选取的绕行方向一致。由于 U 形线框静止不动,回路中的感应电动势是由于导体杆 ab 在磁场中运动而产生的,称为**动生电动势**。ab 相当于一个电源,注意到在电源内部电动势方向是由低电势指向高电势处,所以 b 端相当于电源正极,a 端相当于电源负极。

导体杆 ab 中有电动势,就有相应的非静电力。那么产生动生电动势的非静电力是什么力呢?如图 6.10 所示,当 ab 以速度 $\boldsymbol{v}$ 向右运动时,杆内每一个自由电子都获得了一个向右移动的定向速度 $\boldsymbol{v}$;因而相应地受到对其作用的洛伦兹力 $\boldsymbol{f}_m =$

$-e\boldsymbol{v}\times\boldsymbol{v}$ 的作用。在 $\boldsymbol{f}_m$ 的作用下,导体杆 a 端积累负电荷而 b 端累积正电荷。当然这种电荷的积累并不会无限地进行下去,因为一旦 ab 两端积累正、负电荷,它们就将在杆内产生由 b 指向 a 的静电场强 $\boldsymbol{E}$;由此产生的静电场力 $\boldsymbol{f}_e=-e\boldsymbol{E}$,将阻止正、负电荷在 ab 两端的进一步积累。当 ab 两端电荷积累到一定程度时,$f_e=f_m$,即达到了平衡。此时 ab 两端具有稳定的电势差,就相当于一个电源。

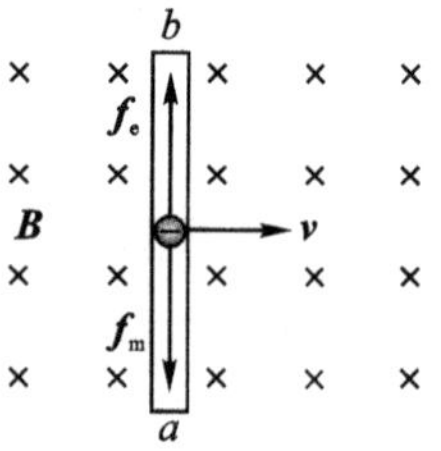

图 6.10　洛伦兹力是产生动生电动势的非静电力

如果只有 ab 杆在磁场中运动,由于未形成回路,则不会有电流产生。当如图 6.9 那样形成回路时,则 $b\to c\to d\to a$ 提供了电荷流动的外电路,ab 为内电路。这样回路中就有了电流。在内电路中,非静电力使正电荷从电势低的 a 端流向电势高的 b 端。在外电路中,静电力使正电荷从电势高的 b 端流向电势低的 a 端,于是回路中便形成了沿逆时针方向的电流。

因此,**产生动生电动势的非静电力是洛伦兹力**,即

$$\boldsymbol{f}_k=-e\boldsymbol{v}\times\boldsymbol{B}$$

相应的非静电场强 $\boldsymbol{E}_k=\dfrac{\boldsymbol{f}_k}{-e}$,即有

$$\boldsymbol{E}_k=\frac{\boldsymbol{f}_k}{-e}=-\frac{-e\boldsymbol{v}\times\boldsymbol{B}}{-e}=\boldsymbol{v}\times\boldsymbol{B}$$

由电动势定义式(6.1),有

$$\mathscr{E}=\int_-^+\boldsymbol{E}_k\cdot d\boldsymbol{l}=\int(\boldsymbol{v}\times\boldsymbol{B})\cdot d\boldsymbol{l}\qquad(6.8)$$

在图 6.10 中,$\boldsymbol{v}$ 与 $\boldsymbol{B}$ 及导体杆三者相互垂直情况下,$\boldsymbol{v}\times\boldsymbol{B}$ 大小为 vB、方向与杆 l 平行,所以电动势大小为

$$\mathscr{E}=\int(v\times B)\cdot dl=Blv$$

电动势的方向由 a 指向 b。上式是在导体杆与磁场方向垂直的条件下得到的。当导体杆平行磁场方向时,由于 $\boldsymbol{v}\times\boldsymbol{B}=\boldsymbol{0}$,因此电动势为零。所以可以形象地说:导体切割磁力线产生动生电动势。一般地说,若 $\boldsymbol{v}$ 和 $\boldsymbol{B}$ 的夹角为 θ 时,对切割磁力线起作用的是 v 垂直于 B 的分量 $v_\perp=v\sin\theta$,因而动生动电动势大小 $\mathscr{E}=Blv_\perp=Blv\sin\theta$。

式(6.8)虽然是从特例得到的,但可以证明它是普遍适用的。对于处在非均匀磁场中的一段任意形状的导线,利用式(6.8)求动生电动势的方法是:先将导线分割成许多线元 $d\boldsymbol{l}$,将在 $d\boldsymbol{l}$ 上的磁场 $\boldsymbol{B}$ 视为均匀的,各线元的运动速度相同;然后根据 $d\boldsymbol{l}$ 上 $\boldsymbol{B}$ 及 $\boldsymbol{v}$ 的方向,确定 $\boldsymbol{v}\times\boldsymbol{B}$ 的数值及 $\boldsymbol{v}\times\boldsymbol{B}$ 与 $d\boldsymbol{l}$ 的关系;再算出线元 $d\boldsymbol{l}$ 上的元电动势,最后对整个导线进行积分,求出总电动势。

解题指导:

动生电势解题指导:

(1)将导线分割成许多线元 $d\boldsymbol{l}$;

(2)确定线元 $d\boldsymbol{l}$ 上的磁场 $\boldsymbol{B}$ 及线元的速度 $\boldsymbol{v}$;

(3)计算线元两端的元电动势 $d\mathscr{E}=(\boldsymbol{v}\times\boldsymbol{B})\cdot d\boldsymbol{l}$;

(4)对整段导线积分,求出导线两端的总电动势,并根据结果的正负判断其方向。

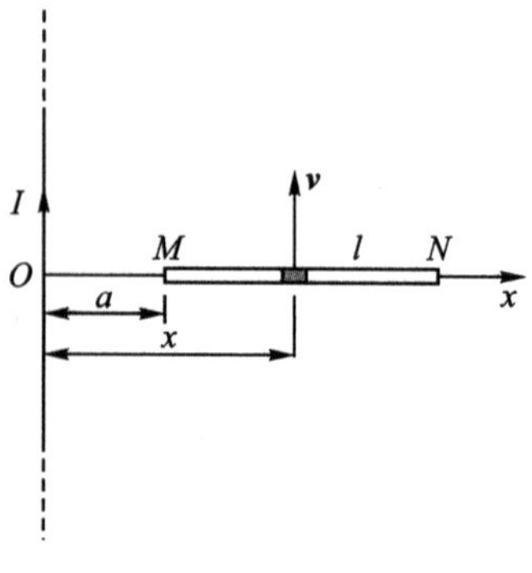

图 6.11　例 6.4 图

例 6.4　如图 6.11 所示,通有电流 I 的长直导线旁,与其

共面的导体杆 MN 长为 l，其 M 端到直导线距离为 a，杆与长直导线垂直。杆以速度 v 平行于载流直导线向上运动，试求杆中的动生电动势。

解 长直载流导线在其右边产生的磁场 $\boldsymbol{B}$ 的方向是垂直纸面向里的。而 $\boldsymbol{v}$ 与 $\boldsymbol{B}$ 及杆三者相互垂直。在杆上距直导线 x 处取线元 $\mathrm{d}\boldsymbol{x}$，由于 $B=\frac{\mu_0 I}{2\pi x}$，而 $\boldsymbol{v}\times\boldsymbol{B}$ 与线元 $\mathrm{d}\boldsymbol{x}$ 的夹角为 π，所以线元 $\mathrm{d}\boldsymbol{x}$ 上的动生电动势为

$$\mathrm{d}\mathscr{E}=(\boldsymbol{v}\times\boldsymbol{B})\cdot\mathrm{d}\boldsymbol{x}=-vB\,\mathrm{d}x=-\frac{\mu_0 Iv}{2\pi}\cdot\frac{\mathrm{d}x}{x}$$

整个导线上的动生电动势为

$$\mathscr{E}=\int\mathrm{d}\mathscr{E}=-\frac{\mu_0 Iv}{2\pi}\int_a^{a+l}\frac{\mathrm{d}x}{x}=-\frac{\mu_0 Iv}{2\pi}\ln\left(\frac{a+l}{a}\right)$$

式中，负号表示电动势方向与积分方向相反，即动生电动势方向由 N 指向 M。这一结论与例 6.2 相同。

小贴士：

由例 6.1、6.2、6.3，无论是改变磁感应强度的大小，还是改变回路的面积，或者是改变磁感应强度和回路围成的面之间的夹角，都可以在回路中产生相应的感应电动势。其根本原因是改变了磁通量的大小，所以学习过程中要切实理解和熟练掌握磁通量的计算思路和方法。

例 6.5 如图 6.12 所示，长为 R 的导体细杆，在垂直于磁场 $\boldsymbol{B}$ 的平面内，绕 O 点以角速度 $\boldsymbol{\omega}$ 转动。试求杆上的动生电动势。

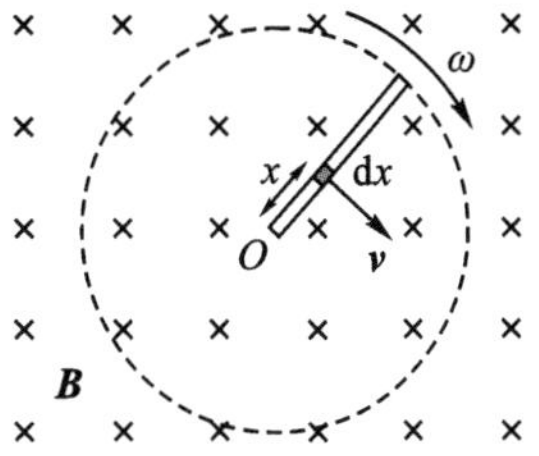

图 6.12 例 6.5 图

解 杆在转动过程中，其上各点线速度不同。在距 O 点为 l 处取线元 $\mathrm{d}\boldsymbol{l}$。由于 $\boldsymbol{v}$ 与 $\boldsymbol{B}$ 垂直，$\theta=\frac{\pi}{2}$，$\sin\frac{\pi}{2}=1$。因此，$\boldsymbol{v}\times\boldsymbol{B}$ 沿 $\mathrm{d}\boldsymbol{l}$ 方向，$|\boldsymbol{v}\times\boldsymbol{B}|=vB$，而 $v=\omega l$，所以 $\mathrm{d}\boldsymbol{l}$ 上的元动生电动势为

$$\mathrm{d}\mathscr{E}=(\boldsymbol{v}\times\boldsymbol{B})\cdot\mathrm{d}\boldsymbol{l}=vB\mathrm{d}l=\omega Bl\mathrm{d}l$$

杆上的动生电动势为

$$\mathscr{E}=\int\mathrm{d}\mathscr{E}=\int_0^R\omega Bl\,\mathrm{d}l=\frac{1}{2}\omega BR^2$$

$\mathscr{E}>0$ 说明电动势方向与积分方向一致。

从以上的讨论可以看出，产生动生电动势的必要条件是导体在磁场中运动切割磁力线。如图 6.13 所示，当 ab 匀速运动时，回路中的动生电动势 $\mathscr{E}=Blv$，方向沿逆时针方向。感应电流为 I_i。根据安培定律，ab 受安培力 $F_m=BlI_i$，方向向左。因此，要维持 ab 向右的速度不变，必须施一个向右的外力 $F=F_m=I_ilB$；外力的功率 $P'=\boldsymbol{F}\cdot\boldsymbol{v}=I_ilBv$，而动生电动势提供的功率 $P=\mathscr{E}I_i=I_ilBv$，所以 $P=P'$。由此可见，**电路中动生电动势提供的能量是由外力做功所消耗的机械能转换而来的。**

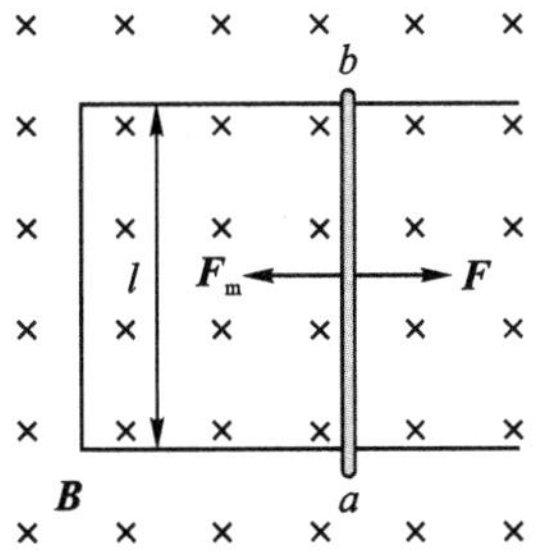

图 6.13 导体在切割磁力线

6.2.2 感生电动势

当闭合回路静止在变化的磁场中时，由于磁场变化，通过该回路的磁通量发生变化。根据法拉第电磁感应定律，回路中

将产生感应电动势。这种由磁场变化而产生的电动势称为**感生电动势**。

> **小贴士：**
> 实验中变化磁场能够使电荷运动，此时麦克斯韦大胆假设感生电场的存在，大量实验证明了这个假设的成立。从而也使人们对电场有了新的认识。**假设是一种重要的科学思维方法。**

产生动生电动势的非静电力是洛伦兹力。那么产生感生电动势的非静电力是什么呢？著名的英国物理学家麦克斯韦在分析了有关的实验事实后，敏锐地察觉到，感生电动势的产生预示着一种与变化磁场相关的新效应。他认为随时间变化的磁场会产生一种性质不同于静电场的新电场，称为**感生电场**，用 $\boldsymbol{E}_{\mathrm{i}}$ 表示。**正是这种感生电场对电荷的作用，提供了产生感生电动势的非静电力**。麦克斯韦关于感生电场的假说，后来被大量的实验证明是正确的。

下面根据法拉第电磁感应定律，分析变化磁场与所产生的电场之间的定量关系。

根据磁通量的表达式 $\Phi_{\mathrm{m}}=\oint_S \boldsymbol{B}\cdot\mathrm{d}\boldsymbol{S}$，由于回路 L 固定，即回路面积 S 不随时间变化，所以磁通量随时间的变化率为

$$\frac{\mathrm{d}\Phi_{\mathrm{m}}}{\mathrm{d}t}=\frac{\mathrm{d}}{\mathrm{d}t}\oint_S \boldsymbol{B}\cdot\mathrm{d}\boldsymbol{S}=\oint_S \frac{\partial \boldsymbol{B}}{\partial t}\cdot\mathrm{d}\boldsymbol{S}$$

由法拉第电磁感应定律 $\mathscr{E}=-\frac{\mathrm{d}\Phi_{\mathrm{m}}}{\mathrm{d}t}$，感应电动势可写作

$$\mathscr{E}=-\oint_S \frac{\partial \boldsymbol{B}}{\partial t}\cdot\mathrm{d}\boldsymbol{S} \tag{6.9}$$

式中，积分号内用 $\frac{\partial \boldsymbol{B}}{\partial t}$ 而不用 $\frac{\mathrm{d}\boldsymbol{B}}{\mathrm{d}t}$，是因为 $\boldsymbol{B}$ 是时间和空间坐标的函数，$\frac{\partial \boldsymbol{B}}{\partial t}$ 仅表示 $\boldsymbol{B}$ 对时间的变化率。

又根据电动势的定义，回路中的感生电动势为

$$\boldsymbol{E}=\oint_L \boldsymbol{E}_{\mathrm{i}}\cdot\mathrm{d}\boldsymbol{l}$$

所以有

$$\oint_L \boldsymbol{E}_{\mathrm{i}}\cdot\mathrm{d}\boldsymbol{l}=-\int_S \frac{\partial \boldsymbol{B}}{\partial t}\cdot\mathrm{d}\boldsymbol{S} \tag{6.10}$$

式(6.10)不仅给出了变化的磁场与其产生的电场之间的定量关系，还反映了感生电场 $\boldsymbol{E}_{\mathrm{i}}$ 的性质——感生电场是非保守场，其电场线是无头无尾的闭合曲线，很像水的旋涡，所以感生电场常被称为涡旋电场。因此，在感生电场中，通过任意闭合曲面的电通量恒为零，即

$$\oint_S \boldsymbol{E}_{\mathrm{i}}\cdot\mathrm{d}\boldsymbol{S}=0 \tag{6.11}$$

上式表明，**感生电场是无源场**。

> **想一想：**
> 感生电场和静电场有什么相同的地方，有什么不同的地方？

至此，我们知道自然界有两种电场：一种是由静止电荷产生的静电场；另一种是由变化磁场产生的感生电场。两种电场

的共性是，对电荷都有力的作用 $\boldsymbol{F}=q\boldsymbol{E}$，$\boldsymbol{E}$ 可以是静电场场强，也可以是感生电场场强。不同的是，静电场是有源的保守场（无旋场），而感生电场是无源的非保守场（涡旋场）。

感生电场在科学研究和生产实践中有很多应用，下面举例说明。

（1）电子感应加速器。

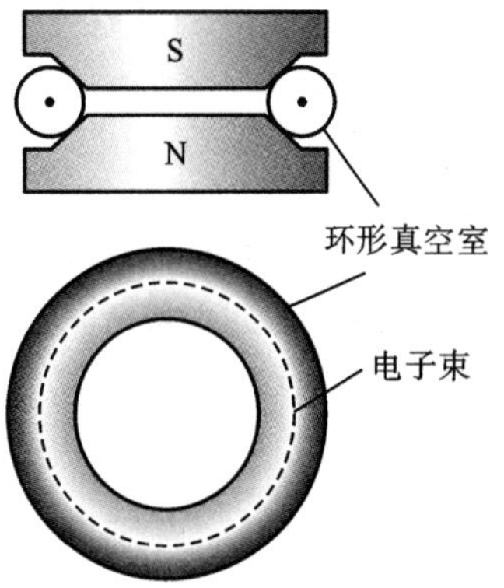

图 6.14　电子感应加速器结构图

电子感应加速器是利用感生电场加速电子以获得高能电子的装置。图 6.14 是电子感应加速器的结构图。S 和 N 是横截面为圆形的电磁铁的两极，两极间有环形真空室。电磁铁在频率为数十赫兹的强正弦交流电的激励下，在环形真空室中形成很强的感生电场。由电子枪注入环形真空室的电子，既受到洛伦兹力的作用做圆周运动，又在感生电场力作用下沿轨道切向不断加速。由于磁场和感生电场场强都是交变的，所以在交流电流的一个周期内，只有当感生电场场强的方向与电子的绕行方向相反，电场力才与电子的速度方向相同，电子才能得到加速。电场方向一变，电子就要减速。因而要求每次注入的电子束加速后，在电场未改变方向之前就从加速器中引出。由于用电子枪注入真空室的电子已经具有一定的速度，在电场方向改变前短短的时间内，电子已在环内绕行相当多的圈数，并一直受到电场加速，所以可获得相当高的能量。目前，利用电子感应加速器可以使电子的能量加速到几十兆电子伏特，电子的速度可达 $0.999987c$。高能电子击打在靶上，可得到能量较高的 X 射线；高能电子可用于核反应和制备放射性同位素。小型电子感应加速器所产生的 X 射线可用于医疗上诊断治疗疾病或用于工业上探伤等。

（2）涡电流及其应用。

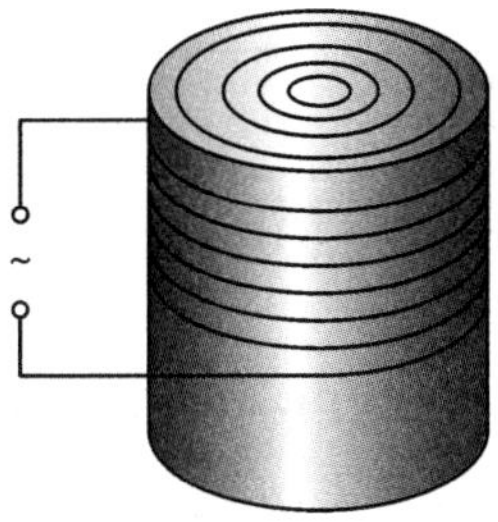

图 6.15　圆柱形铁芯上绕有线圈

不仅仅是在导体回路中会出现感应电流，变化磁场中的导体或在磁场中运动的导体中也会出现感应电流。这种电流的流线在导体中呈闭合状，所以称为涡电流。由于大块导体电阻很小，所以涡电流往往很大。例如在图 6.15 中，圆柱形铁芯上绕有线圈，铁芯处于交变的磁场中，变化的磁场产生的涡旋电场使得导体中自由电子在该电场的作用下形成涡电流。因为产生涡电流的感生电动势与磁通量变化率成正比，所以涡电流与交变电流的频率成正比。涡电流可以达到很大，铁芯内将放出大量的热能，这就是感应加热器的原理。图 6.16 所示的电磁炉就是利用这一原理制成的。电磁炉作为一种新型灶具，打破了传统的明火烹调方式，采用磁场感应涡电流的加热原理，通过电子线路板产生交变磁场。当将底部用铁质材料制作的锅放在炉面上时，锅具即切割交变磁力线而在锅具底部金属部

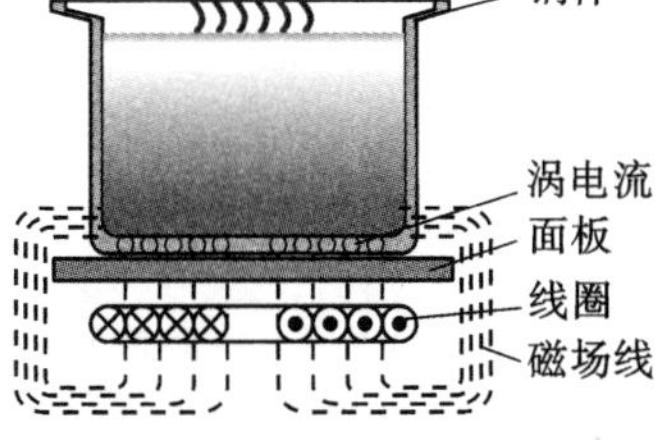

图 6.16　电磁炉加热原理

分产生交变的涡电流。涡电流使锅具的铁分子高速无规则运动，分子互相碰撞摩擦产生热能。由于锅底部直接发热而不是电磁炉发热传导给锅，所以热效率比其他炊具均高出1倍。电磁炉具有升温快、热效率高、无明火、无烟尘、无有害气体、对周围环境不产生热辐射、体积小巧、安全性好和外形美观等优点。感应加热在冶金工业和真空技术中有着广泛的应用。当然，涡电流也有有害的一面。例如变压器和发电机中的铁芯，由于处在交变磁场中，涡电流的热效应使铁芯温度升高，从而使导线间绝缘材料性能下降，甚至造成事故。为此，将变压器或电机中的铁芯用一片片彼此绝缘的硅钢片代替，可以减少涡电流的有害作用。

小贴士：

感应式无线充电器充电原理

感应式无线充电器中装有无线充电线圈，变化电流流过线圈会产生交变磁场。当用电器的充电线圈与之对准时，线圈上便会产生感生电动势，线圈回路中获得感生电流从而为用电器充电。感应式无线充电器已广泛应用扫地机器人、电动牙刷、手机等电器的充电。

6.3 自感和互感

电流可以产生磁场，电流变化要引起磁场变化。本节讨论由于回路电流变化在自身回路中或邻近回路中产生的电磁感应现象。

6.3.1 自感

当导体回路中有电流通过时，电流产生磁场，磁场线要通过回路自身包围的面积。当回路中电流变化时，回路的磁通量也要发生变化，从而在回路自身产生感应电动势。这种导体回路中的电流变化，在回路中产生感应电动势的现象称为自感现象。自感现象产生的电动势称为自感电动势。

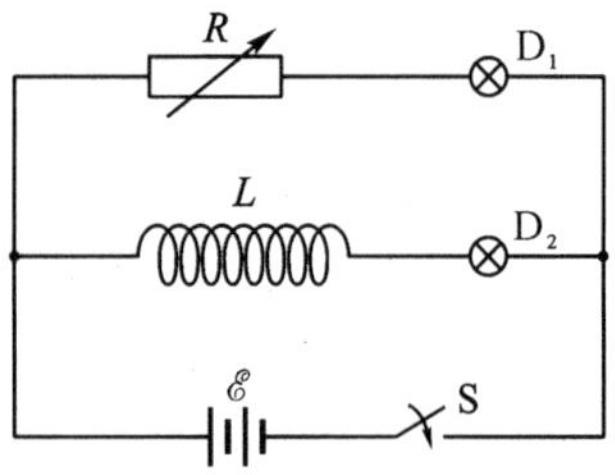

图 6.17　自感现象的实验

自感现象可以通过实验观察。如图 6.17 所示，D_1、D_2 是两个完全相同的灯泡、L 是自感线圈、R 为可调变阻器。调节 R 使其值与线圈的直流电阻相等。当开关 S 闭合时，D_1 立即变亮，而 D_2 渐渐变亮，经过一段时间后，D_2 和 D_1 才一样亮。D_2 由暗变亮需要一定的时间，是因为线圈 L 中的电流由零逐渐变大有一个过程。这一过程是由于 L 内电流变化产生自感电动势阻止电流增长的结果。如再将开关 S 打开，就会发现两灯泡不会立即熄灭，而是亮一下再熄灭，这是因为打开开关 S 后，电源提供的电流减小为零，线圈 L 中电流突然改变，产生阻止电流减小的自感电动势，在 R、L、D_1 和 D_2 构成的回路中出现短暂而较大的感应电流，因此，灯泡亮一下后才熄灭。

根据毕奥-萨伐尔定律，线圈在空间任意点产生的磁感应强度的大小与回路中的电流 I 成正比。因此，通过线圈自身的磁通量也与电流成正比，写成等式，有

$$\Phi_m = LI \tag{6.12}$$

式中，比例系数 L 由线圈的几何形状以及周围磁介质的磁导率决定，称为线圈的自感系数，简称自感。 上式表明，某线圈的自感在数值上等于线圈中的电流为一个单位时，通过线圈所包围面积的磁通量。

在国际单位制中，自感的单位为亨[利](H)。因为亨比较大，在实际中常用毫亨(mH)和微亨(μH)。

> 小贴士：
> 线圈大小和形状不同，可以制作成具有自感系数的元件，称为电感。电感是一种重要的电子元件。通常不同线圈自感相差很大。例如半导体收音机中，磁性天线的自感只有几毫亨；日光灯镇流器的自感是几亨；而电磁铁线圈的自感可达几万亨。

根据法拉第电磁感应定律，自感电动势为

$$\mathscr{E}_L = -\frac{d\Phi_m}{dt} = -\frac{d(LI)}{dt} = -\left(L\frac{dI}{dt} + I\frac{dL}{dt}\right)$$

当回路的几何形状和磁介质的磁导率都保持不变时，$\frac{dL}{dt}=0$。于是，自感电动势为

$$\mathscr{E}_L = -L\frac{dI}{dt} \tag{6.13a}$$

上式表明，某线圈的自感，在数值等于结圈中的电统为一个单位时通过线圈中引起的自感电动势的绝对值。式(6.13a)中，负号表明，自感电动势总是阻碍线圈中电流的改变。当$\frac{dI}{dt}>0$，即电流增加时，自感电动势与原电流方向相反；当$\frac{dI}{dt}<0$，即电流减少时，自感电动势与原电流方向相同。显而易见，当$\frac{dI}{dt}$一定时，线圈的自感越大，自感电动势越大，线圈中电流越不易改变。换言之，线圈的自感有使线圈保持原有电流不变的性质，这一特点与物体的惯性类似，因此自感可以视为线圈本身“电磁惯性”的量度。

对于由 N 匝线圈密绕组成的线圈，每一匝线圈的磁通量都是 Φ_m，那么回路中的磁通链为

$$\Psi_m = N\Phi_m$$

则有

$$\Psi_m = N\Phi_m = NLI \tag{6.13b}$$

自感电动势为

$$\mathscr{E}_L = -\frac{d\Psi_m}{dt} = -NL\frac{dI}{dt} \tag{6.13c}$$

自感现象在工程技术和日常生活中的应用很广泛。例如在无线电设备中常用自感线圈和电容器组成谐振电路或滤波器，利用线圈有阻碍电流变化的特性稳定电路中的电流，日光灯中的镇流器利用自感电动势点燃日光灯等。

自感现象也有有害的一面，必须采取防止措施。例如无轨电车行驶时，若地面不平整，由于车身颠簸，车顶电弓会短时间

脱离电网而使电路突然断开。这时由于自感而产生的自感电动势很大，并在电网和电弓之间形成电弧，对电网有损坏作用，须采取措施加以防范。

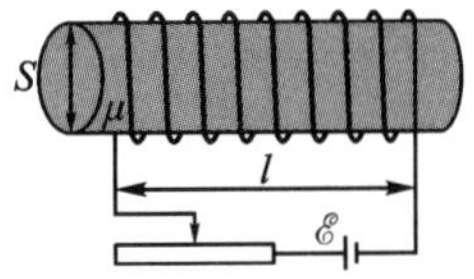

图 6.18　例 6.6 图

解题指导：

计算自感的步骤：

（1）假设线圈中通有电流 I；

（2）根据电流计算出线圈产生的磁感应强度 B，及其穿过自身回路的磁通量 Φ_m；

（3）磁通量除以电流就是自感，$L=\frac{\Psi_m}{I}$。

例 6.6　如图 6.18 所示，一长直密绕螺线管，长度为 l，横截面积为 S，线圈总匝数为 N，管中磁介质的磁导率为 μ。试求该螺线管的自感。

解　设螺线管通有电流 I，则其内任意点磁感应强度的大小为

$$B=\mu nI=\mu\frac{N}{l}S$$

磁感应强度的方向平行于管轴，因而通过每一匝的磁通量为

$$\Phi_m=BS=\mu\frac{N}{l}SI$$

整个螺线管的磁通链为

$$\Psi_m=N\Phi_m=\mu\frac{N^2}{l}SI=\mu\frac{N^2}{l^2}ISl=\mu n^2VI$$

式中，$V=Sl$ 为螺线管内的体积。由式(6.13b)，可得

$$L=\frac{\Psi_m}{I}=\mu n^2V \tag{6.14}$$

可见螺线管的自感仅由螺线管本身条件决定，与是否通电流无关。L 与螺线管体积 V、单位长度的匝数 n 的二次方及磁介质的磁导率 μ 成正比。对于一定体积的螺线管来说，要增大其自感，可以增加 n，或选取 μ 较大的磁介质充入管内。

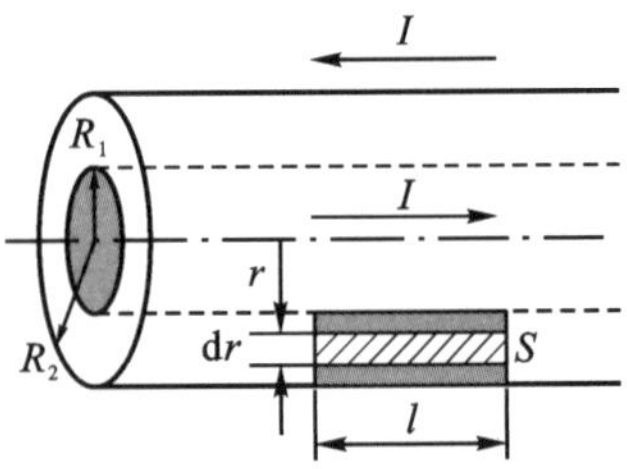

图 6.19　例 6.7 图

例 6.7　如图 6.19 所示，由两个同轴长圆筒状导体组成的同轴电缆，其间充满磁导率为 μ 的磁介质。已知内、外圆筒半径分别为 R_1、R_2。试求长为 l 的一段电缆的自感。

解　设电缆中沿内外圆筒状导体通有大小相等、方向相反的电流 I。设 r 为空间某处距圆筒轴的距离，由安培环路定律可知，磁场的分布为

$$\begin{cases}B=0, r<R_1, r>R_2\\ B=\dfrac{\mu I}{2\pi r},\ R_1<r<R_2\end{cases}$$

由于图中阴影部分的面积 S 内磁场不均匀，取面元 $\mathrm{d}S=l\mathrm{d}r$。通过该面元的元磁通量为

$$\mathrm{d}\Phi_m=\boldsymbol{B}\cdot\mathrm{d}\boldsymbol{S}=\frac{\mu Il}{2\pi}\frac{\mathrm{d}r}{r}$$

通过面积 S 的磁通量为

$$\Phi_m=\int\mathrm{d}\Phi_m=\frac{\mu Il}{2\pi}\int_{R_1}^{R_2}\frac{\mathrm{d}r}{r}=\frac{\mu Il}{2\pi}\ln\frac{R_2}{R_1}$$

由 $\Phi_m=LI$，可得长为 l 的一段电缆的自感

$$L=\frac{\mu l}{2\pi}\ln\frac{R_2}{R_1}$$

6.3.2　互感

两个邻近放置的导体线圈Ⅰ、Ⅱ，如图 6.20(a)所示，线圈Ⅰ通有电流 I_1，由 I_1 产生的磁场通过线圈Ⅱ回路的磁通量用 Φ_{21}表示。当 I_1 发生变化时，Φ_{21}也变化，因而在线圈Ⅱ中产生感应电动势。同理，如图 6.20(b)所示，线圈Ⅱ通有电流 I_2，由 I_2 产生的磁场通过线圈Ⅰ回路的磁通量用 Φ_{12}表示。当 I_2 发生变化时，Φ_{12}也变化，因而在线圈Ⅰ中产生感应电动势。这种一个导体线圈中的电流变化，在邻近导体回路中产生感应电动势的现象称为互感现象。互感现象产生的感应电动势称为**互感电动势**。

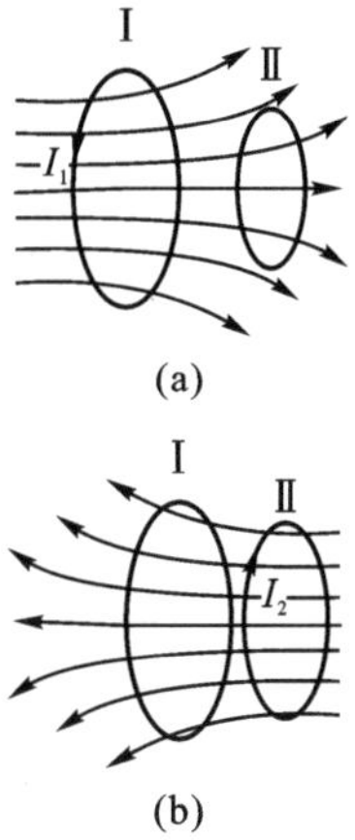

图 6.20　互感现象

当两个导体线圈的形状、相对位置和磁介质的磁导率都保持不变时，由毕奥-萨伐尔定律知，I_1 产生磁场的磁感应强度的大小与电流 I_1 成正比，因此，通过线圈Ⅱ的磁通量也与 I_1 成正比，即

$$\Phi_{21}=M_{21}I_1 \tag{6.15a}$$

同理有

$$\Phi_{12}=M_{12}I_2 \tag{6.15b}$$

只与两个结圈的形状、大小、匝数、相对位置和周围介质有关，理论和实验都证明

$$M_{21}=M_{12}=M \tag{6.16}$$

在国际单位制中，互感的单位与自感的单位相同，为亨[利](H)。常用单位有毫亨(mH)和微亨(μH)。

根据式(6.16)，分别有

$$\Phi_{21}=MI_1,\Phi_{12}=MI_2 \tag{6.17}$$

由法拉第电磁感应定律，当线圈Ⅰ中电流 I_1 变化时，在线圈Ⅱ回路中产生的互感电动势为

$$\mathscr{E}_{21}=-\frac{\mathrm{d}\Phi_{21}}{\mathrm{d}t}=-M\frac{\mathrm{d}I_1}{\mathrm{d}t} \tag{6.18a}$$

同理，当线圈Ⅱ中的电流 I_2 变化时，在线圈Ⅰ回路中产生的互感电动势为

$$\mathscr{E}_{12}=-\frac{\mathrm{d}\Phi_{12}}{\mathrm{d}t}=-M\frac{\mathrm{d}I_2}{\mathrm{d}t} \tag{6.18b}$$

若线圈Ⅰ的匝数为 N_1，线圈Ⅱ的匝数为 N_2，则两线圈的磁通链分别为

$$\Psi_{21}=N_2\Phi_{21}=MI_1,\Psi_{12}=N_1\Phi_{12}=MI_2 \tag{6.19}$$

相应地，互感电动势分别为

$$\mathscr{E}_{21}=-\frac{\mathrm{d}\Psi_{21}}{\mathrm{d}t}=-M\frac{\mathrm{d}I_1}{\mathrm{d}t},\varepsilon_{12}=-\frac{\mathrm{d}\Psi_{12}}{\mathrm{d}t}=-M\frac{\mathrm{d}I_2}{\mathrm{d}t} \tag{6.20}$$

小贴士：

电工和电子技术中广泛地应用了互感现象。例如将交变电信号从一个回路传输到另一回路就是利用的互感现象。各种变压器如电力变压器和中周变压器等都是利用互感原理制成的。但对于有害的互感效应，如电话由于互感而串音、电子仪器由于互感而产生相互干扰等现象，则应设法加以消除。

式(6.17)和(6.19)表明，**两个线圈的互感在数值上等于其中一个线圈中的电流为一个单位时，通过另一线圈所包围面积的磁通量。**式(6.20)表明，**两个线圈的互感在数值上等于一个线圈中的电流随时间变化率为一个单位时，在另一个线圈中产生的互感电动势的绝对值。**

解题指导：

计算互感的步骤：

(1)假设线圈1中通有电流 I_1(也可假设线圈2中通有电流 I_2)；

(2)根据电流计 I_1 算出线圈1产生的磁感应强度 B_1，及其穿过线圈2的磁通量 Φ_{21}；

(3)磁通量 Φ_{21} 除以电流 I_1 就可以得到互感系数。

例6.8　如图6.21所示，在一磁介质(非铁磁质)棒上密绕有两个线圈1和2。磁介质棒的长度为 l，截面积为 S，磁导率为 μ。线圈1和2的匝数分别为 N_1 和 N_2。试求：

(1)两个线圈的互感；

(2)自感与互感之间的关系。

解　(1)设线圈1中通有电流 I_1，则该线圈中磁感应强度大小为

$$B=\mu\frac{N_1}{l}I_1$$

通过线圈2的磁通链为

$$\Psi_{21}=N_2BS=\mu\frac{N_1N_2}{l}SI_1$$

由式(6.19)，可得

$$M=\frac{\Psi_{21}}{I_1}=\mu\frac{N_1N_2}{l}S$$

(2)由例6.6，可知两个线圈的自感分别为

$$L_1=\frac{\mu N_1^2S}{l},L_2=\frac{\mu N_2^2S}{l}$$

两式相乘，有

$$L_1L_2=\left(\mu\frac{N_1N_2}{l}S\right)^2=M^2$$

所以

$$M=\sqrt{L_1L_2}$$

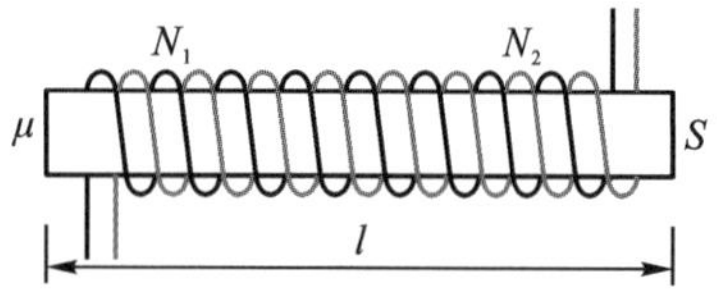

图6.21　例6.8图

这一结论是有条件的，即在无漏磁的理想情况下。如果有漏磁，则 $M<\sqrt{L_1L_2}$。写成等式有

$$M=k\sqrt{L_1L_2},0\leqslant k\leqslant 1$$

式中，k 为耦合系数，其值取决于两线圈的相对位置。

例6.9　矩形线圈与长直导线共面。试求以下两种情况下线圈与长直导线间的互感：

(1)如图6.22(a)所示，长直导线与线圈近边相距为 a；

(2)如图6.22(b)所示，长直导线在线圈的对称轴上。

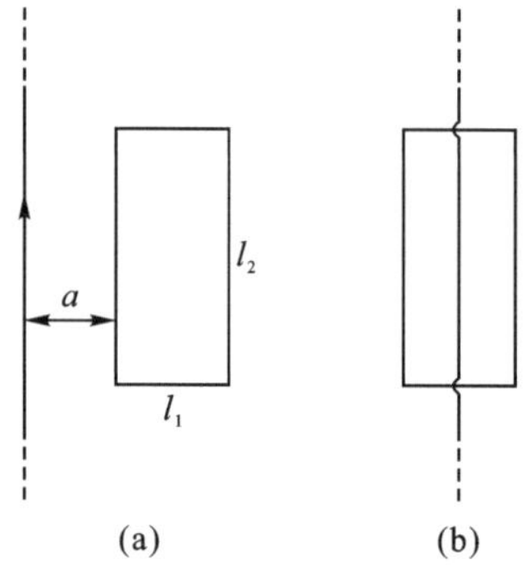

图6.22　例6.9图

解　(1)设长直导线通有电流 I，则距长直导线为 x 处的磁感应强度的大小为

$$B=\frac{\mu_0I}{2\pi x}$$

已知通过矩形线圈的磁通量为

$$\Phi_m = \frac{\mu_0 I l_2}{2\pi}\ln\frac{a+l_1}{a}$$

由式(6.17),可得线圈与长直导线间的互感为

$$M = \frac{\Phi_m}{I} = \frac{\mu_0 l_2}{2\pi}\ln\frac{a+l_1}{a}$$

对图 6.21(b)来说,若仍设长直导线通有电流 I,则由于长直载流导线所产生磁场的对称性,可得到通过矩形线圈的磁通量为零,即 $\Phi_m=0$。因而线圈与长直导线间的互感 $M=0$。

上述结果表明,互感不仅取决于回路的形状大小,还与它们的相对位置有关。

6.4　磁场的能量

在电流产生磁场的过程中,需要外界提供能量克服感应电动势做功,此功是消耗某种形式的能量转化而来的。当磁场建立后,外界提供的这部分能量便储存在磁场中成为磁场的能量。

下面以长直螺线管为例讨论磁场的能量。如图 6.23 所示的电路,由自感线圈 L、电阻 R 和电源 $\mathscr{E}$ 组成。当开关 S 闭合电路接通时,由于自感线圈 L 中自感电动势的阻碍作用,电流只能逐渐增大,最后达到稳定值 I。这一过程中,电源要维持电流的增长必须反抗自感电动势做功。这部分功转化成磁场能量储存在自感线圈中。

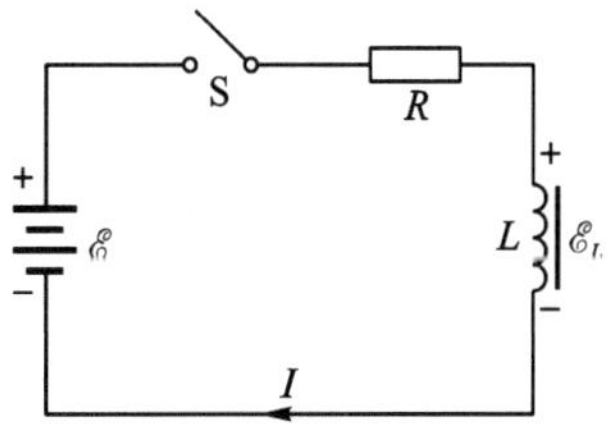

图 6.23　长直螺线管中的磁场能量

在电路中电流由零增长到稳定值 I 的过程中,电源 $\mathscr{E}$ 提供的能量一部分通过电阻 R 以焦耳热的形式释放出来,另一部分则转换成为磁场的能量。设任意时刻,电路中的电流为 i,由闭合电路的欧姆定律

$$\mathscr{E}_L - L\frac{di}{dt} = Ri$$

有

$$\mathscr{E}_L = iR + L\frac{di}{dt}$$

将上式两边乘以 $i\mathrm{d}t$,得

$$\mathscr{E}_L i\,\mathrm{d}t = i^2 R\mathrm{d}t + Li\mathrm{d}i$$

若 $t=0$ 时,$i=0$;t 时刻 $i=I$,积分上式

$$\int_0^t \mathscr{E}_L i\,\mathrm{d}t = \int_0^t i^2 R\mathrm{d}t + \int_0^I Li\mathrm{d}i \tag{6.21}$$

式中,$\int_0^t \mathscr{E}_L i\,\mathrm{d}t$ 是从 0 到 t 这段时间内电源提供的能量或者说

是电源所做的功，$\int_0^t i^2R\mathrm{d}t$ 为从 0 到 t 时间内电阻 R 放出的焦耳热，而

$$\int_0^I Li\,\mathrm{d}i = \frac{1}{2}LI^2$$

则是电源克服自感电动势所做的功。所以当电流为稳定值 I 时，线圈中储存的磁场能量为

$$A_\mathrm{m} = \frac{1}{2}LI^2 \tag{6.22}$$

对于体积为 V、单位长度上的匝数为 n 的长直螺线管，根据式(6.14)，其自感 $L=\mu n^2V$。长直螺线管通有电流 I 时，管内形成均匀磁场 $B=\mu nI$，代入式(6.22)，可得

$$W_\mathrm{m}=\frac{1}{2}LI^2=\frac{B^2}{2\mu}V$$

将 $B=\mu H$ 代入上式，可得

$$W_\mathrm{m}=\frac{1}{2}\mu H^2V$$

单位体积内的磁场能量称为磁场能量密度，用 w_m 表示。长直螺线管内磁场能量密度为

$$w_\mathrm{m}=\frac{W_\mathrm{m}}{V}=\frac{B^2}{2\mu}=\frac{1}{2}\mu H^2 \tag{6.23}$$

这一结论虽然是从长直螺线管中分布均匀磁场这一特例得出，但可以证明，它对非均匀磁场同样也是成立的。对于非均匀磁场，空间各点的 $\boldsymbol{B}$ 和 $\boldsymbol{H}$ 不相同，因而各点的磁场能量密度也不相同。在这种情况下，可以将磁场分布的空间划分为多个体积元 $\mathrm{d}V$，在每个小体积元内的磁场可以视为均匀的，因此体积元 $\mathrm{d}V$ 内的磁场能量

$$\mathrm{d}W_\mathrm{m}=w_\mathrm{m}\mathrm{d}V$$

对整个磁场分布的空间积分，可以得到磁场的总能量

$$W_\mathrm{m} = \int_V \mathrm{d}W_\mathrm{m} = \int_V w_\mathrm{m}\mathrm{d}V = \int_V \frac{B^2}{2\mu}\mathrm{d}V = \int_V \frac{1}{2}\mu H^2\mathrm{d}V \tag{6.24}$$

小贴士：

麦克斯韦(James Clerk Maxwell，1831—1879)，英国物理学家、数学家，经典电磁理论的奠基人，统计物理学的创始人之一。提出了有旋场和位移电流的概念，，建立了经典电磁理论，这个理论统一了有电磁现象的基本定律，并预言了以光速传播的电磁波的存在；在气体动理论方面，提出了气体分子按速率分布的统计规律。

6.5　麦克斯韦电磁场理论简介

19 世纪 60 年代，麦克斯韦在总结了由库仑、安培和法拉第等科学家关于静电场、恒定磁场和电磁感应规律的基础上，提出了感生电场和位移电流的假设，将电磁场的基本规律概括为一组完整的麦克斯韦方程组。本节先介绍位移电流的概念，然后讨论麦克斯韦方程组的积分形式。

6.5.1　位移电流和全电流

在 6.2 节中，我们介绍了麦克斯韦提出的变化磁场可以产生感生电场的假说，还讨论了感生电场的环流与变化的磁场之间的关系式(6.10)

$$\oint_L \boldsymbol{E}\cdot \mathrm{d}\boldsymbol{l}=-\int_S \frac{\partial \boldsymbol{B}}{\partial t}\cdot \mathrm{d}\boldsymbol{S}$$

通过对自然界物理现象的研究，人们发现物理规律在许多方面都表现出对称性。麦克斯韦认为，既然变化的磁场可以产生感生电场，那么变化的电场是否也可以产生磁场呢？他经过缜密分析和研究，提出了位移电流的概念，得到了变化电场产生磁场的重要结论。

我们知道，电荷定向运动形成的传导电流具有连续性，即在无分支的电路中，通过各个截面的电流都相等。但是，在接有电容器的电路中(不管电容器两极板间是真空，还是充以电介质)，情况就不同了。

不论是在图 6.24(a)所示的电容器充电电路中，还是在图 6.24(b)所示的电容器放电电路中，通过电路中任意截面的电流在同一时刻都相等。但这种在金属导体中的传导电流 I_c，不能在电容器的两极板间流动。因而对整个电路来说，传导电流是不连续的。但是，当对电容器充电时，极板上的电量 q 和电荷面密度 σ 都随时间增加。而当电容器放电时，极板上的电量 q 和电荷面密度 σ 随时间而减小。两极板间的场强 $\boldsymbol{E}$ 以及通过整个截面的电通量也随时间变化。因为电位移矢量 $\boldsymbol{D}=\varepsilon\boldsymbol{E}$，故其中 $\boldsymbol{D}$ 及其通量 $\Phi_D=DS$ 也随时间变化。平行板电容器带电时，其间的电位移矢量的大小等于极板上的电荷面密度，即 $D=\sigma$，而位移通量为 $\Phi_D=\sigma S=q$，所以导线中的传导电流为

$$I_c=\frac{\mathrm{d}q}{\mathrm{d}t}=\frac{\mathrm{d}\Phi_D}{\mathrm{d}t} \tag{6.25}$$

上式表明，导线中的传导电流 I_c 和电容器中的电位移通量随时间的变化率 $\frac{\mathrm{d}\Phi_D}{\mathrm{d}t}$ 在量值上相等。如果把 $\frac{\mathrm{d}\Phi_D}{\mathrm{d}t}$ 视为一种电流，我们注意到在充电时，D 增加，$\frac{\mathrm{d}D}{\mathrm{d}t}>0$，$\frac{\mathrm{d}\Phi_D}{\mathrm{d}t}>0$，$\frac{\mathrm{d}\Phi_D}{\mathrm{d}t}$ 与传导电流方向相同；在放电时，D 减少，$\frac{\mathrm{d}D}{\mathrm{d}t}<0$，$\frac{\mathrm{d}\Phi_D}{\mathrm{d}t}<0$，$\frac{\mathrm{d}\Phi_D}{\mathrm{d}t}$ 与传导电流方向也相同。所以 $\frac{\mathrm{d}\Phi_D}{\mathrm{d}t}$ 不但与传导电流 I_c 大小相等，且方向也相同。麦克斯韦将电位移通量随时间的变化率定义为**位移电流**，用 I_D 表示，即

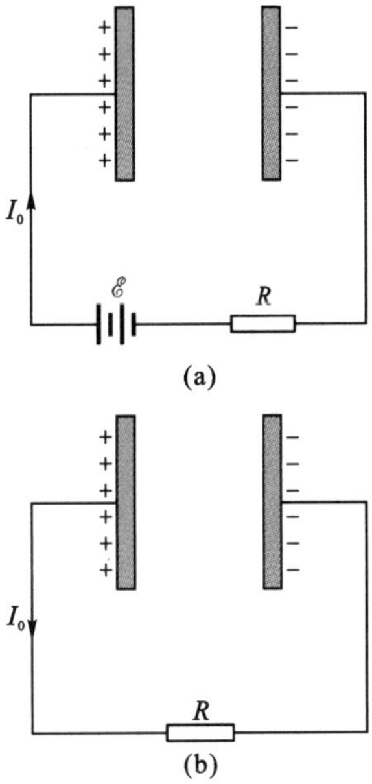

图 6.24　位移电流

$$I_D = \frac{d\Phi_D}{dt} \tag{6.26a}$$

相应地,位移电流密度用 j_D 表示,则

$$j_D = \frac{dD}{dt} \tag{6.26b}$$

可见电场中任意点的位移电流密度等于该点电位移矢量随时间的变化率。

在引入位移电流概念后,对上述的电容器充(放)电过程可以这样理解:电荷以传导电流的形式流入电容器的一个极板,再以位移电流的形式通过电容器传到另一极板,最后再以传导电流的形式从该极板流出。麦克斯韦将传导电流 I_c 和位移电流 I_D 的代数和称为**全电流**。电流的连续性在引入全电流之后,更具有普遍意义了。显然,全电流是连续的。

在上一章中,介绍了有磁介质时的安培环路定理

$$\oint_L \boldsymbol{H} \cdot d\boldsymbol{l} = \sum_i I_{ci}$$

麦克斯韦认为,位移电流(即变化电场)也可以产生磁场,大量的实验事实已经证明了这一点。对于全电流产生的磁场,可将安培环路定理推广为

$$\oint_L \boldsymbol{H} \cdot d\boldsymbol{l} = \sum_i (I_{ci} + I_{Di}) = \sum_i I_{ci} + \frac{d\Phi_D}{dt} \tag{6.27}$$

上式表明,**磁场强度 $\boldsymbol{H}$ 沿任意闭合回路的环流等于穿过此闭合回路所围的全电流,称为全电流安培环路定理。**

应当注意:位移电流 I_D 和传导电流 I_c 是两个不同的概念。传导电流是电荷定向运动形成的,当其通过导体时会产生焦耳热;而位移电流则是变化的电场,它可以存在于导体中,也可以存在于介质中,它不会产生焦耳热。只是在产生磁场方面,两者是等效的。

> **小贴士:**
>
> 物理学研究中解决新发现的问题途径一般有两个,一个是通过大量的实验事实分析总结,提出新的概念,建立与实验事实相符合的新理论。另一种是在原有理论的基础上,提出恰当的假设,从而修正和完善原有的理论,重要的是必须通过实验检验新理论的正确性,从而证明假设的合理性。麦克斯韦位移电流的假设,就是为修正安培环路定理,使之同样适合非恒定电流而提出的,并且取得了成功。这是物理学中"大胆假设、小心求证"成功范例之一。

想一想:

位移电流与传导电流的相同和不同之处。

6.5.2　麦克斯韦方程组的积分形式

回顾前面所学过知识,我们已经知道反映静电场基本规律的高斯定理

$$\oint_S \boldsymbol{D}^{(1)} \cdot d\boldsymbol{S} = \sum_i q_i \tag{6.28}$$

和安培环路定理

$$\oint_L \boldsymbol{E}^{(1)} \cdot dl = 0 \tag{6.29}$$

式(6.28)和(6.29)中的 $\boldsymbol{D}^{(1)}$ 和 $\boldsymbol{E}^{(1)}$ 分别表示静止电荷产生电场的电位移矢量和电场强度。两者关系为

$$D^{(1)} = \varepsilon E^{(1)}$$

式(6.28)说明静电场是有源场,式(6.29)说明静电场是保守场

(无旋场)。

我们已经得到反映恒定磁场基本规律的高斯定理

$$\oint_S \boldsymbol{B}^{(1)} \cdot \mathrm{d}\boldsymbol{S} = 0 \tag{6.30}$$

和安培环路定理

$$\oint_L \boldsymbol{H}^{(1)} \cdot \mathrm{d}\boldsymbol{l} = \sum_i I_{ci} \tag{6.31}$$

式(6.30)和(6.31)中的 $\boldsymbol{B}^{(1)}$ 和 $\boldsymbol{H}^{(1)}$ 分别表示恒定电流产生的磁场的磁感应强度和磁场强度。两者关系为

$$\boldsymbol{B}^{(1)} = \mu \boldsymbol{H}^{(1)}$$

麦克斯韦提出的感生电场，用 $\boldsymbol{E}^{(2)}$ 表示，其环流为

$$\oint_L \boldsymbol{E}^{(2)} \cdot \mathrm{d}\boldsymbol{l} = -\int_S \frac{\partial \boldsymbol{B}}{\partial t} \cdot \mathrm{d}\boldsymbol{S} \tag{6.32}$$

说明感生电场 $\boldsymbol{E}^{(2)}$ 是涡旋场，电场线为闭合线。用 $\boldsymbol{D}^{(2)}$ 表示感生电场的电位移，则有

$$\oint_S \boldsymbol{D}^{(2)} \cdot \mathrm{d}\boldsymbol{S} = 0 \tag{6.33}$$

而位移电流产生的磁场，磁感应强度用 $\boldsymbol{B}^{(2)}$ 表示，磁场强度用 $\boldsymbol{H}^{(2)}$ 表示。且 $\boldsymbol{B}^{(2)} = \mu \boldsymbol{H}^{(2)}$，则分别有

$$\oint_S \boldsymbol{B}^{(2)} \cdot \mathrm{d}\boldsymbol{S} = 0 \tag{6.34}$$

和

$$\oint_L \boldsymbol{H}^{(2)} \cdot \mathrm{d}\boldsymbol{l} = \frac{\mathrm{d}\Phi_D}{\mathrm{d}t} = \int_S \frac{\partial \boldsymbol{D}}{\partial t} \cdot \mathrm{d}\boldsymbol{S} \tag{6.35}$$

式(6.34)和(6.35)表明，变化电场产生的磁场是无源的非保守场。

在一般情况下，空间既有静止电荷产生的电场 $\boldsymbol{E}^{(1)}$ 和 $\boldsymbol{D}^{(1)}$，也有变化磁场产生的电场 $\boldsymbol{E}^{(2)}$ 和 $\boldsymbol{D}^{(2)}$。由叠加原理可知，总电场为

$$\boldsymbol{E} = \boldsymbol{E}^{(1)} + \boldsymbol{E}^{(2)}, \boldsymbol{D} = \boldsymbol{D}^{(1)} + \boldsymbol{D}^{(2)}$$

空间既有传导电流产生的磁场 $\boldsymbol{B}^{(1)}$ 和 $\boldsymbol{H}^{(1)}$，也有变化电场产生的磁场 $\boldsymbol{B}^{(2)}$ 和 $\boldsymbol{H}^{(2)}$，由叠加原理可知，总磁场为

$$\boldsymbol{B} = \boldsymbol{B}^{(1)} + \boldsymbol{B}^{(2)}, \boldsymbol{H} = \boldsymbol{H}^{(1)} + \boldsymbol{H}^{(2)}$$

麦克斯韦将前人总结的静电场基本规律式(6.28)和(6.29)、恒定磁场基本规律式(6.30)和(6.31)与他提出的反映变化磁场产生的感生电场性质的式(6.32)和(6.33)，以及位移电流产生的磁场性质的式(6.34)和(6.35)综合，得到反映电磁场性质的四个方程，即

> **小贴士：**
>
> 麦克斯韦电磁方程组的形式既简洁又优美，全面反映了电场和电磁的基本性质，并把电磁场作为一个整体，用统一的观点阐明了电场和磁场的相互关系，因此，麦克斯韦电磁方程组是对电磁场基本理论所做的总结性、统一性的简明而完美的描述。
>
> 麦克斯韦电磁方程组是麦克斯韦电磁理论的核心，麦克斯韦电磁理论的建立是19世纪物理学发展史上一个重要的里程碑。

$$\begin{cases}\oint_S \boldsymbol{D}\cdot \mathrm{d}\boldsymbol{S}=\sum_i q_i \\ \oint_L \boldsymbol{E}\cdot \mathrm{d}\boldsymbol{l}=-\dfrac{\mathrm{d}\Phi_\mathrm{m}}{\mathrm{d}t} \\ \oint_S \boldsymbol{B}\cdot \mathrm{d}\boldsymbol{S}=0 \\ \oint_L \boldsymbol{H}\cdot \mathrm{d}\boldsymbol{l}=\sum_i I_{ci}+\dfrac{\mathrm{d}\Phi_D}{\mathrm{d}t}\end{cases} \tag{6.36}$$

以上方程称为**麦克斯韦电磁方程组**的积分形式，除此之外，还相应的有四个微分形式的方程组，这里不做介绍。

麦克斯韦方程组不仅概括了所有宏观电磁现象的实验规律，更重要的是，麦克斯韦据此预言了电磁波的存在，并导出了电磁波在真空中的传播速度与光速相同，说明光是电磁波，从而揭示了光的本质。

内容提要

1. 法拉第电磁感应定律　楞次定律

法拉第电磁感应定律：导体回路中产生的感应电动势的大小与穿过回路的磁通量的变化率成正比，即

$$\mathscr{E}=-\frac{\mathrm{d}\Phi_\mathrm{m}}{\mathrm{d}t}$$

楞次定律：闭合回路中，感应电流的方向总是使得自身所产生的磁通量阻碍引起感应电流的磁通量的变化。

2. 动生电动势

动生电动势：磁场不变化，而导体或导体回路在磁场中运动，导体或导体回路中产生的感应电动势。

导体棒 ab 在恒定磁场 $\boldsymbol{B}$ 中运动时，动生电动势为

$$\mathscr{E}=\int_a^b(\boldsymbol{v}\times\boldsymbol{B})\cdot\mathrm{d}\boldsymbol{l}$$

导体回路 l 在恒定磁场 $\boldsymbol{B}$ 中运动时，动生电动势为

$$\mathscr{E}=\oint_l(\boldsymbol{v}\times\boldsymbol{B})\cdot\mathrm{d}\boldsymbol{l}$$

3. 感生电动势

感生电动势：导体或导体回路不动，而磁场随时间变化，导体或导体回路中产生的感应电动势。

感生电场：变化的磁场在其周围空间产生的电场。感生电场与感生电动势的关系为

$$\mathscr{E}=\oint_l \boldsymbol{E}_\mathrm{i}\cdot\mathrm{d}\boldsymbol{l}=-\int_S\frac{\partial\boldsymbol{B}}{\partial t}\cdot\mathrm{d}\boldsymbol{S}$$

4. 自感现象　自感电动势

自感现象：回路中的电流随时间变化，或者回路的几何形状、周围的磁介质发生改变，通过回路自身的磁通量也会发生变化，从而在回路中产生感应电动势。

自感电动势：自感现象产生的感应电动势。

自感为 L 的回路中通有电流 I 时，穿过回路自身的磁通量 $\varphi_m = LI$。当 L 为常数时，自感电动势为

$$\mathscr{E}_L = -\frac{d\Phi_m}{dt} = -L\frac{dI}{dt}$$

5. 互感现象　互感电动势

互感现象：一个回路中的电流发生变化，在另一个临近的回路中产生感应电动势。

互感电动势：互感现象产生的感应电动势。

当两个回路的形状、相对位置及周围介质的磁导率不变时，回路Ⅰ中的电流 I_1 产生的磁场在回路Ⅱ中的磁通量为 $\Phi_{21} = MI_1$ 。回路Ⅱ中的电流 I_2 产生的磁场在回路Ⅰ中的磁通量为 $\Phi_{12} = MI_2$。当两个回路间的互感 M 为常数时，电流 I_1 的变化在回路Ⅱ中产生的互感电动势

$$\mathscr{E}_{21} = -\frac{d\Phi_{21}}{dt} = -M\frac{dI_1}{dt}$$

电流 I_2 的变化在回路Ⅰ中产生的互感电动势

$$\mathscr{E}_{12} = -\frac{d\Phi_{12}}{dt} = -M\frac{dI_2}{dt}$$

6. 磁场的能量

自感为 L 的线圈中通有电流 I 时，磁场的能量

$$W_m - \frac{1}{2}LI^2$$

磁场能量密度：单位体积的磁场能量，即

$$w_m = \frac{1}{2}\boldsymbol{B} \cdot \boldsymbol{H}$$

磁场存在的空间体积 V 中，磁场的能量

$$W_m = \int_V w_m dV = \int_V \frac{1}{2}\boldsymbol{B} \cdot \boldsymbol{H} dV$$

思考题

6.1　一导体圆线圈在均匀磁场中运动，在下列几种情况下，哪些会产生什么？

(1)线圈沿磁场方向平移；

(2)线圈沿垂直于磁场方向平移；

(3)线圈以自身直径为轴转动，轴与磁场方向平行；

(4)线圈以自身直径为轴转动，轴与磁场方向垂直。

6.2　如思考题 6.2 图所示，长直导线通有电流 I，试确定下列情况下，矩形线框 $abcda$ 中感应电动势的方向：

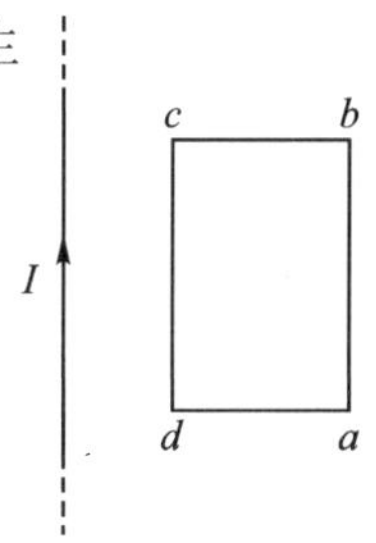

思考题 6.2 图

(1)矩形线框在纸面内向右移动;

(2)矩形线框绕 ad 轴旋转;

(3)矩形线框以直导线为轴旋转。

6.3 将磁铁迅速插入和缓慢插入金属环时,两种情况环中的感应电动势是否相同,感生电量是否相同?

6.4 如思考题 6.4 图所示,A 为闭合的导体环,B 为有间隙的导体环。当磁铁移近 A 环时,A 环被排斥;当磁铁移离时,A 环又被吸引。但当磁铁移近或移离 B 环时,B 环不发生移动。如何解释这一现象?

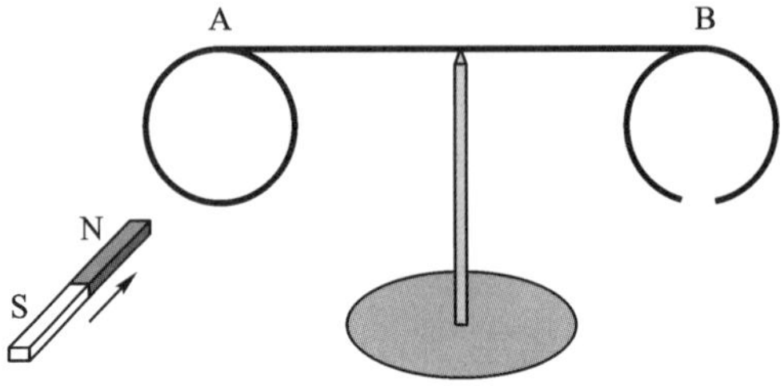

思考题 6.4 图

6.5 当导体杆 Oa 在均匀磁场中绕 O 端做切割磁力线转动时,杆上产生电动势,O、a 两点间有电势差,如思考题 6.5 图所示。若改用两倍于 Oa 的导体杆 ab,以相同的角速度绕中点 O 做切割磁力线转动,此时在 O、a 两点间的电势差是否与前者相同? a、b 两点间电势差是多少?

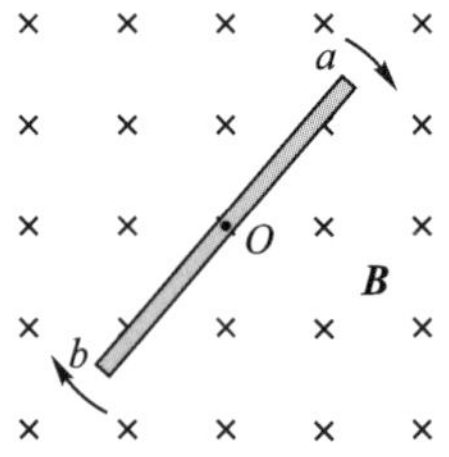

思考题 6.5 图

6.6 感生电场是怎样产生的,感生电场与静电场有何异同,为什么感生电场不能引入电势的概念?

6.7 如思考题 6.7 图所示,圆柱形空间中有一均匀磁场 $\boldsymbol{B}$,$\boldsymbol{B}$ 随时间变化,且 $\frac{dB}{dt}>0$;ab 为一导体杆。ab 上是否有电动势? 如有,其方向如何?

6.8 如思考题 6.8 图所示的延时继电器,线圈 A 和 B 绕在同一铁芯上,A 与电源相连接,B 的两端连在一起,构成闭合回路,当开关 S 闭合时,衔铁 D 被吸引,触头 C 将工作电路接通。当开关 S 断开时,弹簧 S 不能立即将衔铁 D 拉开使触头 C 立即将工作电路断开,而要经过一段时间才能使触头 C 离开切断电路。试说明其工作原理。

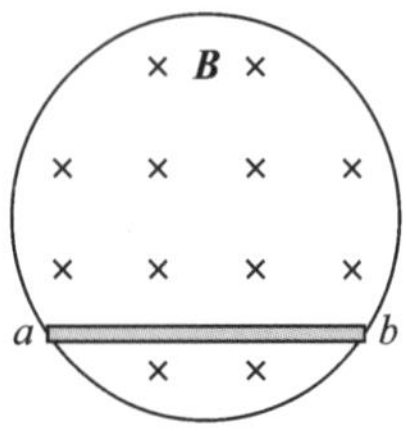

思考题 6.7 图

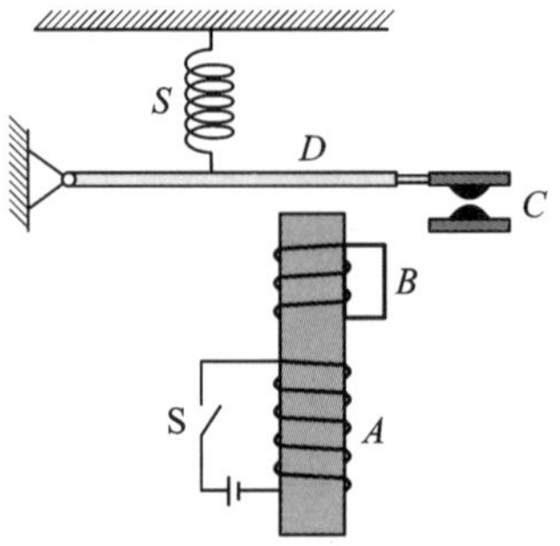

思考题 6.8 图

6.9　在电子感应加速器中电子被加速因而能量增加，电子增加的能量是从哪里来的？

6.10　利用涡电流的热效应制造的感应加热炉，为什么一般要通高频交变电流？

6.11　自感 $L=\dfrac{\Phi_m}{I}$ 能否说明通过自感线圈的电流 I 越小，线圈的自感 L 越大？线圈的自感 L 由什么因素决定？

6.12　有的电阻元件是用电阻丝绕成的，为了使其只有电阻而无自感，常采用如思考题 6.12 图所示的双线并绕，试说明这样绕的道理。

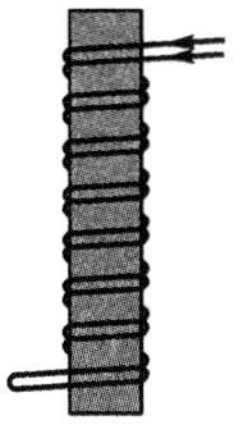

思考题 6.12 图

6.13　两圆线圈中心在同一条直线上，相距较近，如何放置才能使它们的互感为零？

6.14　互感电动势与哪些因素有关？

习　题

一、简答题

6.1　电源的作用是什么，电动势是什么？

6.2　法拉第电磁感应定律的内容是什么，如何应用该定律去求解感应电动势？

6.3　将磁铁以相同的速度分别插入形状、大小相同的铁环和铜环，两个环中的感应电动势是否相同，感应电流是否相同？

6.4　楞次定律的内容是什么，如何应用该定律去判断感应电流的方向？

6.5　试分析发电机中的能量转换过程。

6.6　动生电动势和感生电动势有什么区别？试举例说明。

6.7　自感和互感现象各是什么？试举例说明。

6.8　自感 $L=\dfrac{\Phi_m}{I}$，能否说明通过自感线圈的电流 I 越小，线圈的自感 L 越大？线圈的自感由哪些因素决定？

6.9　长直螺线管内如果充满磁导率为 μ 的磁介质，当其通有恒定电流 I 时，螺线管内储存的磁场能量是多少，磁场能量密度又是多少？

6.10　位移电流是什么，它具有怎样的物理意义，位移电流与传导电流有何异同？

6.11　全电流安培环路定理的内容是什么？

6.12　请写出麦克斯韦方程组的积分形式，并解释每一个方程的物理意义。麦克斯韦本人的独特贡献是什么？

二、计算题

6.1　一圆导体线圈放在均匀磁场 $\boldsymbol{B}$ 中，磁场方向垂直纸面向里，如计算题 6.1 图所示。已知线圈的电阻 $R=2\ \Omega$，通过线圈的磁通量 $\Phi_m=(3t^2+2t+3)\times10^{-2}$ (SI)。试求当 $t=2$ s 时，回路中感应电流的大小和方向。

6.2　由金属丝绕成的细螺绕环，环内磁介质的相对磁导率 $\mu_r=1$，单位长度上的匝数 $n=5000\ \text{m}^{-1}$，截面积 $S=2\times10^{-3}\ \text{m}^2$，金属丝的两端和电源及可变电阻连成一闭合回路，如计算题 6.2 图所示。环上再绕一线圈，其匝数 $N=5$，电阻值 $R=2\ \Omega$。调节可变电阻使通过螺绕环的电流每秒减少 2 A，试求线圈中的电动势及感应电流。

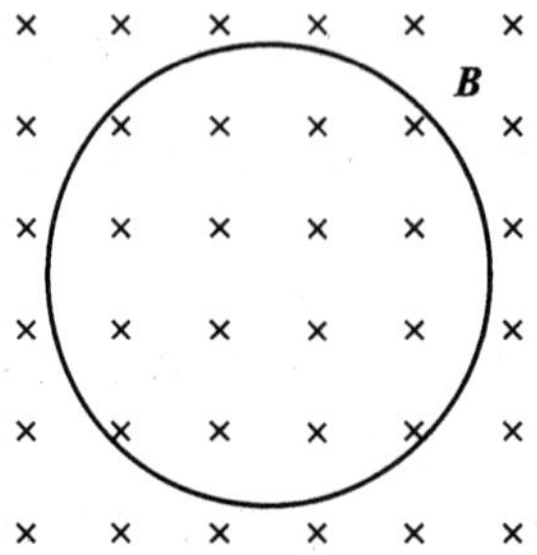

计算题 6.1 图

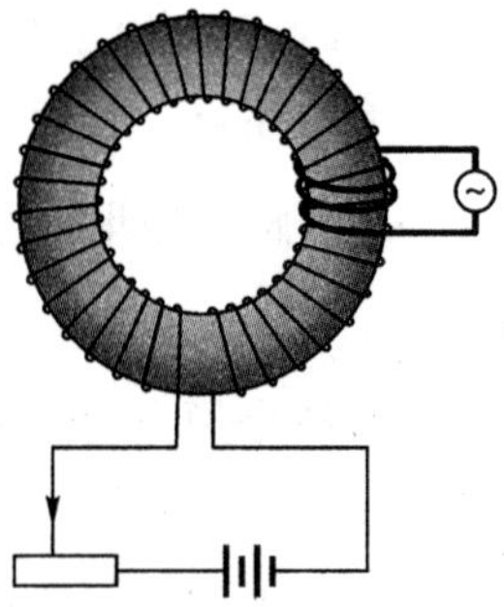

计算题 6.2 图

6.3　长方形线圈 $abcd$ 放在 $B=0.02$ T 的均匀磁场中，线圈两边长分别为 $l_1=6$ cm，$l_2=8$ cm，其平面垂直于磁场，如计算题 6.3 图所示。现线圈以速度 $v=30$ cm/s 水平向右匀速运动，试求：

(1)每段导线上电动势大小及方向；

(2)整个线圈回路中的电动势和电流。

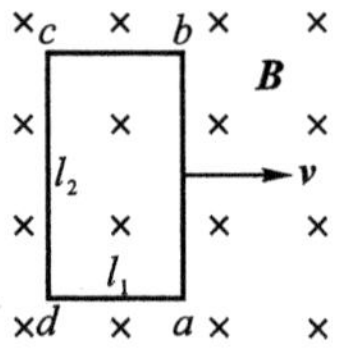

计算题 6.3 图

6.4　长直导线通有交变电流 $I=I_m\cos\omega t$，式中 I_m 及 ω 均为定值。矩形线圈 $abcd$ 与长直导线共面，其近边到直导线的距离为 a，边长分别为 l_1、l_2，如计算题 6.4 图所示。试求线圈中的感应电动势。

6.5　均匀磁场中，ab 和 bc 两段导线，长度均为 10 cm，在 b 处相接成角 $\theta=30°$，如计算题 6.5 图所示。磁感应强度 $B=2.5\times10^{-2}$ T。若导线以速度 $v=1.5$ m/s 沿竖直方向运动，试求导线 a、c 两端间的电势差。

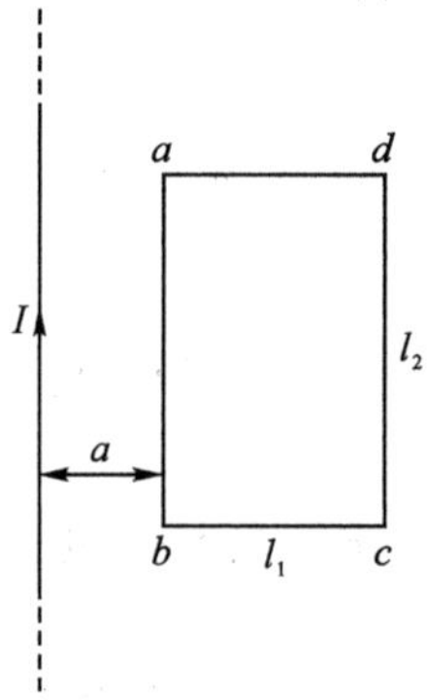

计算题 6.4 图

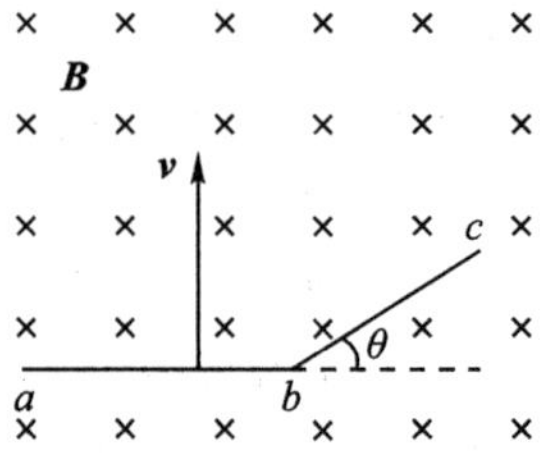

计算题 6.5 图

6.6　长为 l 的细铜杆，水平放在磁感应强度为 B 的均匀磁场中，如计算题 6.6 图所示。铜杆绕距杆 a 端为 $\frac{l}{4}$ 的 OO' 轴以角速度 ω 匀速转动。试求铜杆两端 a、b 间的电势差。

6.7　通有电流 I 的长直导线旁有一导体杆 MN，两者共面且相互垂直，已知杆长为 l，M 端到长直导线的距离为 a，如计算题 6.7 图所示。MN 由图示位置开始做自由落体运动，试求任意时刻杆上的感应电动势。

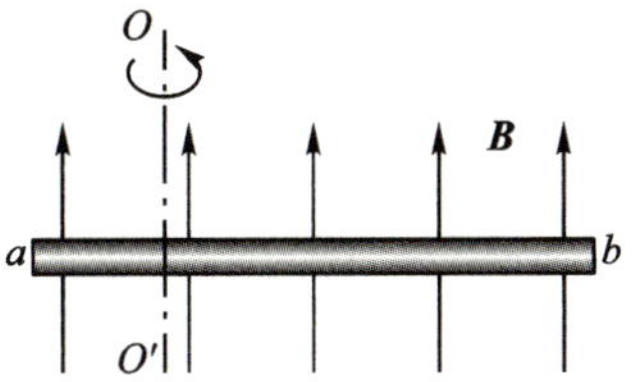

计算题 6.6 图

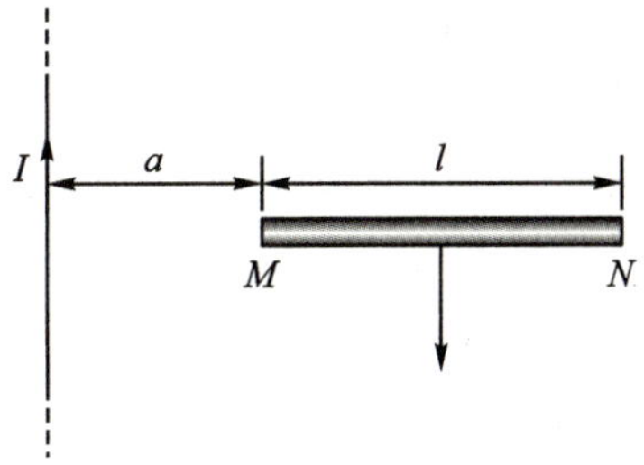

计算题 6.7 图

6.8 如计算题 6.8 图所示，U 形线框放在 $B=0.5$ T 的均匀磁场中，磁场方向与纸面垂直向里。导体杆 ab 长为 $l=0.50$ m。试求：

(1)ab 以速率 $v=4.0$ m/s 向右运动时，导体杆中的电动势大小及方向。

(2)若回路电阻 $R=0.2\ \Omega$，不计摩擦，导体杆运动到某一位置时杆所受的力。

(3)计算外力的功率及电路所消耗的热功率。

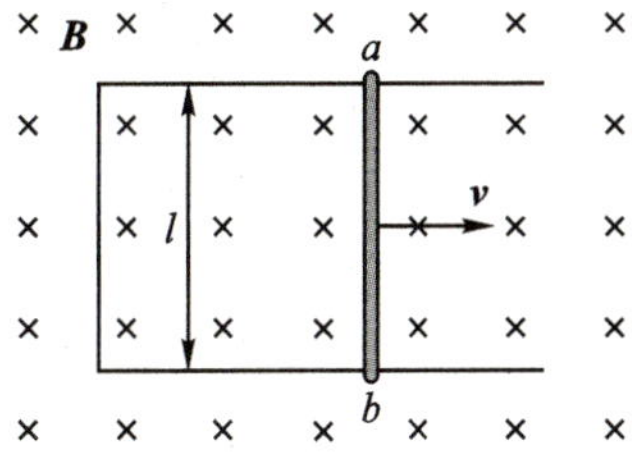

计算题 6.8 图

6.9 闭合线圈共有 N 匝总电阻为 R，当通过线圈每一匝的磁通量变化为 $\Delta\Phi_m$ 时，流过线圈截面的电量是多少？

6.10 长为 50 cm、截面积为 $8.0\ \text{cm}^2$ 的空心螺线管上，绕有 4000 线圈。

(1)试求此螺线管的自感；

(2)若电流在 1.0×10^{-3} s 时间内由 1.0 A 均匀减小到 0.1 A，试求线圈中的自感电动势。

6.11 在长 60 cm、直径为 5.0 cm 的空心纸筒上绕多少匝导线，才能得到自感为 6.0 mH 的线圈。

6.12 两个圆形线圈同心放在一平面内，它们的半径分别为 R 和 r，且 $R\gg r$。

(1)试求两圆线圈的互感；

(2)若小线圈通有电流 $I=I_0e^{-\alpha t}$(α 为大于零的常量)，试求大圆线圈中的互感电动势。

6.13 一螺绕环截面半径为 a，中心轴线的半径为 R，且 $R\gg a$，其上用彼此绝缘的漆包线密绕两组线圈，两线圈的匝数分别为 N_1 和 N_2。试求两线圈的互感。

6.14 要在自感 $L=0.10$ mH 的线圈中产生 100 V 的自感电动势，试求线圈内电流的变化率应为多少？

6.15 匝数为 1000 的长直密绕螺线管，直径为 0.01 m，长为 0.1 m，电阻为 7.76 Ω。如果将此线圈接到电动势为 2.0 V 的电源上，试求电流稳定后：

(1)线圈内储存的磁场能量；

(2)磁场的能量密度。

6.16 环状铝铁芯($\mu_r=1$)，截面积 $S=1.0\ \text{cm}^2$ 环的平均半径 $R=8.0$ cm，如计算题 6.16 图所示。铝芯上单层密绕 $N=1000$ 匝线圈，线圈中通有电流 $I=1.0$ A，试求：

(1)环内磁场的总能量和平均能量密度；

(2)螺绕环的自感。

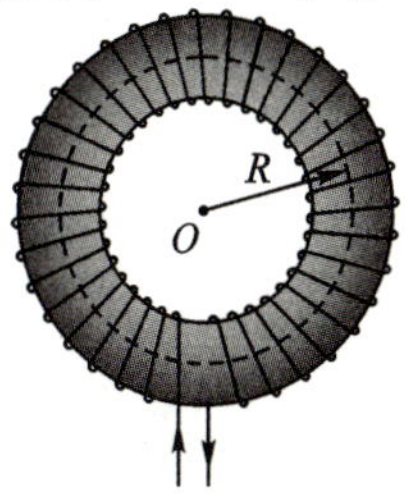

计算题 6.16 图

6.17　同轴电缆由长直导线与筒状长直导体共轴组成。设长直导线的半径为 R_1，筒状长直导体的半径为 R_2，其间磁介质的磁导率为 μ。电流 I 自导线的一端流入，由外筒的另一端流出，假定内导线和外筒导体截面上的电流均匀分布。试求：

(1)单位长度同轴电缆内的磁场能量；

(2)单位长度同轴电缆的自感。

三、应用题

6.1　灵敏电流计的线圈，由于摩擦很小因而可以长时间来回摆动。请设计一种方法让它尽快停止摆动。(提示：利用变化磁场中的涡电流受到的阻力来设计，画出装置图，说明原理。)

6.2　有些电阻元件是利用电阻丝绕成的，这样电阻应用到交流电路后，就存在自感，成了感性负载，请根据所学磁场知识，改变电阻丝绕的方向，消除自感，请画出图，并说明原理。

6.3　电磁炉路已成为重要厨房工具，你知道它的加热原理吗，应用电磁炉经常需要改变功率，请设计出改变电磁炉功率的方案。

6.4　一般使用铁质锅在电磁炉上加热，使用非金属材料做的锅可以吗，使用铜质锅和铝质锅可以吗，请说明原因。

6.5　磁悬浮是未来高速列车发展的重要方向，我国西南交通大学、株洲车辆厂在该领域的研究已有突破性进展。磁悬浮列车和轨道没有接触所以没有摩擦力，因此运行速度很高。然而，无摩擦力列车如何减速，请利用所学电磁原理设计一种减速方案。

6.6　在机场、车站、大型会议会场等人流较大的公共场所，金属安检门用来排查进入的人随身携带的金属物品，如枪支、管制刀具等。安检门之所以能“看到”金属物体，是因为两侧门板内装有能发射和接收交变电磁场的器件。试利用电磁感应原理解释金属安检门原理，并画出示意图。

附　录

矢　量

在大学物理课程中，矢量在力学、电学、光学中有着广泛应用，而矢量代数是常用的数学工具，它可用较为简洁的数学语言表达某些物理量及其变化规律，这对加深理解物理量及物理定律的含义是很有帮助的。这里简单介绍矢量的概念，矢量的合成和分解，矢量的标积和矢积以及矢量的导数和积分。

一、标量和矢量

在大学物理学范围内一般有两类物理量，一类物理量，如质量、长度、时间、密度、能量、温度等，它们是只表示大小(多少)，遵循通常的代数运算法则，称作标量物理量(简称标量)；另一类物理量如位移、速度、力、力矩、角动量、电场强度、磁感应强度等，它们既有大小，也包含方向，遵循矢数代数运算法则，称作矢量物理量(简称矢量)。

通常矢量用黑斜体字母来表示(如 $\boldsymbol{A}$)，手写一般用带箭头的字母表示(如 $\vec{A}$)，在作图时，常用有向线段表示(见附录图 1)。线段的长短按一定比例表示矢量的大小，箭头的指向表示矢量的方向。

矢量的大小叫作矢量的模，矢量 $\boldsymbol{A}$ 的模常用符号 $|A|$ 或者 A 表示。如果有一矢量，其模与矢量 $\boldsymbol{A}$ 的模相等、方向相反，这时就可用 $-\boldsymbol{A}$ 来表示这个矢量。

如附录图 2 所示，如把矢量 $\boldsymbol{A}$ 在空间平移，则矢量 $\boldsymbol{A}$ 的大小和方向都不会因平移而改变。矢量的这个性质称为矢量平移的不变性。

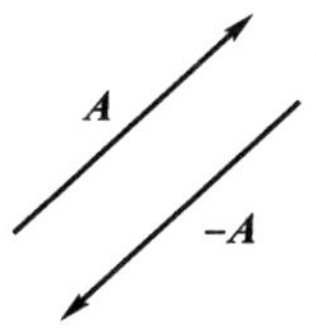

附录图 1　矢量的图像表示

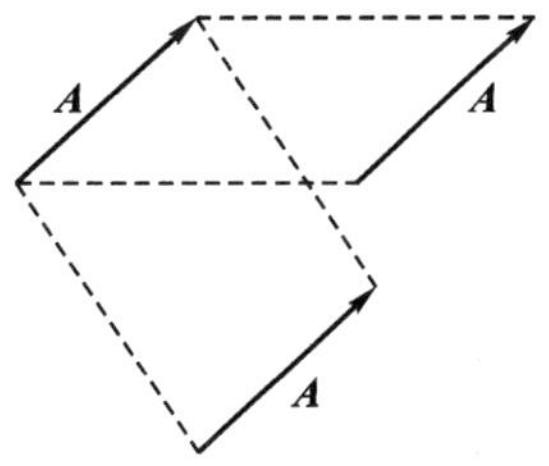

附录图 2　矢量平移

二、矢量合成的几何法

矢量合成的几何方法如下。矢量 $\boldsymbol{A}$ 和矢量 $\boldsymbol{B}$，如附录图 3 所示，矢量之和为 $\boldsymbol{C}$，写作

$$\boldsymbol{A}+\boldsymbol{B}=\boldsymbol{C} \tag{1}$$

这就是矢量相加，称作矢量相加的三角形法则：自矢量 $\boldsymbol{A}$ 的末端画出矢量 $\boldsymbol{B}$，则自矢量 $\boldsymbol{A}$ 的始端到矢量 $\boldsymbol{B}$ 的末端画出矢量 $\boldsymbol{C}$，$\boldsymbol{C}$ 就是 $\boldsymbol{A}$ 和 $\boldsymbol{B}$ 的合矢量。

也可以利用矢量平移不变性,可把附录图 3 中矢量 **B** 的始端平移到点 a,这样,点 a 就成为 **A**、**B** 的交点(见附录图 4)。从附录图 4 可以看出,矢量 **A** 和 **B** 相加的合矢量是以这两矢量为邻边的平行四边形对角线矢量 **C**。这个方法叫作矢量相加的平行四边形法则。

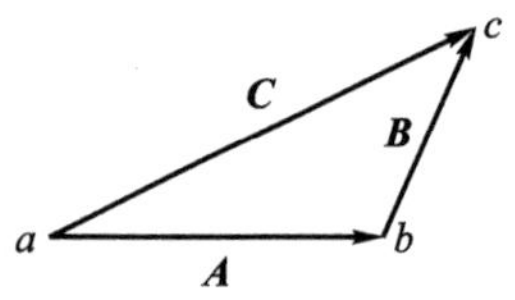

附录图 3　两矢量合成的三角形法则

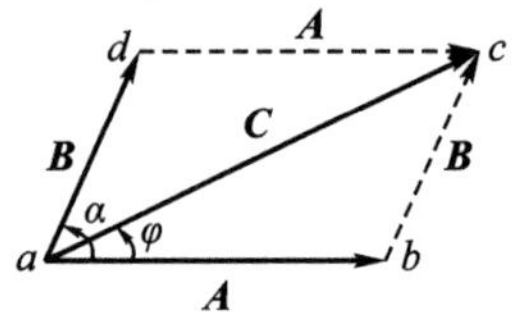

附录图 4　两矢量合成的平行四边形法则

合矢量的大小和方向,除了上述几何作图法外,还可由计算求得。在附录图 4 中,设 α 为矢量 **A** 和 **B** 之间小于 π 的夹角,合矢量 **C** 与矢量 **A** 的夹角为 φ。由附录图 5 可知

$$C=\sqrt{A^2+B^2+2AB\cos\alpha} \tag{2}$$

$$\varphi=\arctan\frac{B\sin\alpha}{A+B\cos\alpha} \tag{3}$$

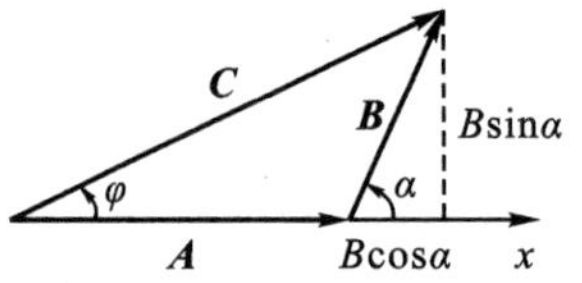

附录图 5　合矢量 **C** 的计算

合矢量 **C** 的大小和方向由式(2)和式(3)确定。

对于在同一平面上多矢量的相加,一般可以逐次采用三角形法则进行,先求出其中两个矢量的合矢量,然后将该合矢量再与第三个矢量相加,求得三矢量的合矢量……依此类推,即得到多个矢量合成时的多边形法则。如附录图 6 所示,或者从 **A** 矢量出发,首尾相接地依次画出 **B**、**C**、**D** 各矢量,然后由第一矢量 **A** 的始端到最后一个矢量 **D** 的末端连一有向线段 **R**,这个矢量 **R** 就是 **A**、**B**、**C**、**D** 四个矢量的合矢量。

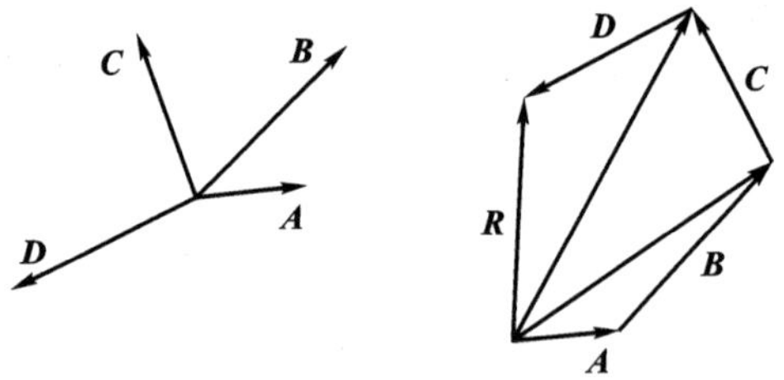

附录图 6　同平面多矢量相加

三、矢量运算的代数法

1. 矢量在直角坐标轴上的分矢量和分量

若一矢量 **A** 在如附录图 7 所示的直角坐标系中,那么它在 x、y 和 z 轴上的分矢量分别为 $\boldsymbol{A}_x$、$\boldsymbol{A}_y$,和 $\boldsymbol{A}_z$,于是有

$$\boldsymbol{A}=\boldsymbol{A}_x+\boldsymbol{A}_y+\boldsymbol{A}_z$$

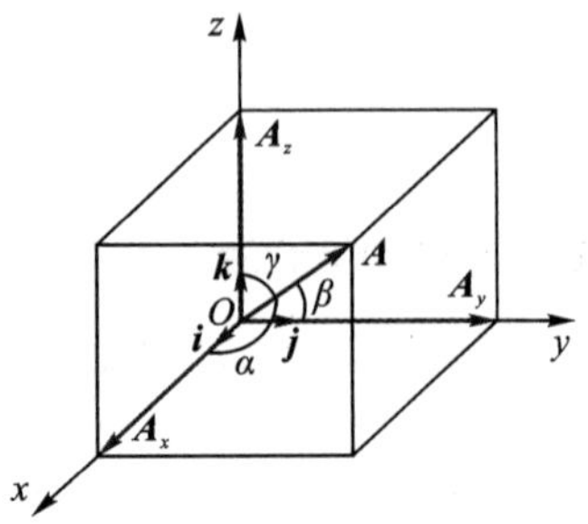

附录图 7　矢量三维直角坐标轴上的分矢量

如果矢量 **A** 在 x、y 和 z 轴上的分量(即投影)分别

为 A_x、A_y，和 A_z，以 $\boldsymbol{i}$、$\boldsymbol{j}$ 和 $\boldsymbol{k}$ 分别表示 x、y 和 z 轴上的单位矢量，则有

$$\boldsymbol{A}=A_x\boldsymbol{i}+A_y\boldsymbol{j}+A_z\boldsymbol{k} \tag{4}$$

矢量 $\boldsymbol{A}$ 的大小 $|\boldsymbol{A}|$ 为

$$A=\sqrt{\boldsymbol{A}_x^2+\boldsymbol{A}_y^2+\boldsymbol{A}_z^2}$$

矢量 $\boldsymbol{A}$ 的方向由该矢量与 x 、y 和 z 轴的夹角 α 、β 和 γ 来确定，有

$$\cos\alpha=\frac{A_x}{A},\ \cos\beta=\frac{A_y}{A},\ \cos\gamma=\frac{A_z}{A}$$

2. 矢量和解析法

矢量合成也可以称作矢量求和，在直角坐标系里矢量 $\boldsymbol{A}$ 和矢量 $\boldsymbol{B}$ 分别写为

$$\boldsymbol{A}=A_x\boldsymbol{i}+A_y\boldsymbol{j}+A_z\boldsymbol{k},\boldsymbol{B}=B_x\boldsymbol{i}+B_y\boldsymbol{j}+B_z\boldsymbol{k}$$

这两个矢量和写作：

$$\boldsymbol{A}+\boldsymbol{B}=(A_x+B_x)\boldsymbol{i}+(A_y+B_y)\boldsymbol{j}+(A_z+B_z)\boldsymbol{k} \tag{5}$$

这两个矢量差可以写作：

$$\boldsymbol{A}-\boldsymbol{B}=(A_x-B_x)\boldsymbol{i}+(A_y-B_y)\boldsymbol{j}+(A_z-B_z)\boldsymbol{k} \tag{6}$$

矢量加法遵循以下运算法则：

$$\text{交换律}\qquad \boldsymbol{A}+\boldsymbol{B}=\boldsymbol{B}+\boldsymbol{A} \tag{7}$$

$$\text{结合律}(\boldsymbol{A}+\boldsymbol{B})+\boldsymbol{C}=\boldsymbol{A}+(\boldsymbol{B}+\boldsymbol{C}) \tag{8}$$

3. 矢量的乘法运算

在物理学中，和矢量相关乘积常见的有三种，分别是数积(数乘)、标积(或称点积、点乘)、矢积(或称叉积、叉乘)。

(1)矢量的数积。

如果矢量 $\boldsymbol{A}$ 和 $\boldsymbol{C}$ 满足 $\lambda\boldsymbol{A}=\boldsymbol{C}$，其中 λ 为一个标量，那么矢量 $\boldsymbol{C}$ 的大小为 $C=|\lambda|A$。当 $\lambda>0$ 时，矢量 $\boldsymbol{A}$ 和 $\boldsymbol{C}$ 方向相同；当 $\lambda<0$ 时，矢量 $\boldsymbol{A}$ 和 $\boldsymbol{C}$ 方向相反。

如果 λ 和 μ 为标量，矢量的数乘遵守以下运算规则：

$$\text{结合律}\qquad \lambda(\mu\boldsymbol{A})=(\lambda\mu)\boldsymbol{A} \tag{9}$$

$$\text{分配律}\qquad \lambda(\boldsymbol{A}+\boldsymbol{B})=\lambda\boldsymbol{A}+\lambda\boldsymbol{B} \tag{10}$$

(2)矢量的标积。

设两矢量 $\boldsymbol{A}$ 和 $\boldsymbol{B}$ 之间小于 180°的夹角为 α，矢量 $\boldsymbol{A}$ 和 $\boldsymbol{B}$ 的标积用符号 $\boldsymbol{A}\cdot\boldsymbol{B}$ 表示，定义为

$$\boldsymbol{A}\cdot\boldsymbol{B}=AB\cos\alpha \tag{11}$$

即矢量 $\boldsymbol{A}$ 和 $\boldsymbol{B}$ 的标积是矢量 $\boldsymbol{A}$ 和 $\boldsymbol{B}$ 的大小及它们夹角 α 余弦的乘积，为一标量。由附录图 8 可见，$\boldsymbol{A}\cdot\boldsymbol{B}$ 也相当于 $\boldsymbol{A}$ 的大小与 $\boldsymbol{B}$ 沿 $\boldsymbol{A}$ 方向分量的乘积(或相当于 $\boldsymbol{B}$ 的大小与 $\boldsymbol{A}$ 沿 $\boldsymbol{B}$ 方向分量的乘积)。

标积遵守以下运算法则：

$$\text{交换律}\qquad \boldsymbol{A}\cdot\boldsymbol{B}=AB\cos\alpha=BA\cos\alpha=\boldsymbol{B}\cdot\boldsymbol{A} \tag{12}$$

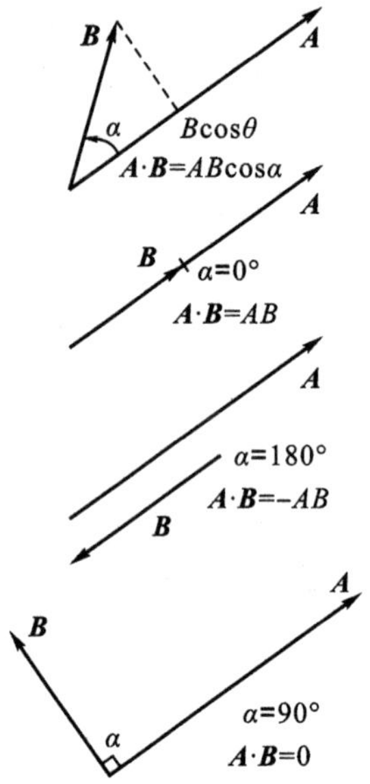

附录图 8　两矢量的夹角与它们标积的关系

$$\text{分配律}\qquad (\boldsymbol{A}+\boldsymbol{B})\cdot\boldsymbol{C}=\boldsymbol{A}\cdot\boldsymbol{C}+\boldsymbol{B}\cdot\boldsymbol{C} \tag{13}$$

在直角坐标系中,有两矢量 $\boldsymbol{A}$ 和 $\boldsymbol{B}$,它们分别为

$$\boldsymbol{A}=A_x\boldsymbol{i}+A_y\boldsymbol{j}+A_z\boldsymbol{k},\boldsymbol{B}=B_x\boldsymbol{i}+B_y\boldsymbol{j}+B_z\boldsymbol{k}$$

利用上述标积的性质,可得 $\boldsymbol{i}\cdot\boldsymbol{i}=\boldsymbol{j}\cdot\boldsymbol{j}=\boldsymbol{k}\cdot\boldsymbol{k}=1,\boldsymbol{i}\cdot\boldsymbol{j}=\boldsymbol{j}\cdot\boldsymbol{i}=\boldsymbol{i}\cdot\boldsymbol{k}=\boldsymbol{k}\cdot\boldsymbol{i}=\boldsymbol{k}\cdot\boldsymbol{j}=\boldsymbol{j}\cdot\boldsymbol{k}=0$,则 $\boldsymbol{A}$、$\boldsymbol{B}$ 的标积为

$$\boldsymbol{A}\cdot\boldsymbol{B}=A_xB_x+A_yB_y+A_zB_z \tag{14}$$

(3)矢量的矢积。

设两矢量 $\boldsymbol{A}$ 和 $\boldsymbol{B}$ 之间小于 180°的夹角为 α,矢量 $\boldsymbol{A}$ 和 $\boldsymbol{B}$ 的矢积用符号 $\boldsymbol{A}\times\boldsymbol{B}$ 表示,并定义它为另一矢量 $\boldsymbol{C}$,即

$$\boldsymbol{C}=\boldsymbol{A}\times\boldsymbol{B} \tag{15}$$

矢量 $\boldsymbol{C}$ 的大小为

$$C=AB\sin\alpha \tag{16}$$

矢量 $\boldsymbol{C}$ 的方向垂直于 $\boldsymbol{A}$ 和 $\boldsymbol{B}$ 所在的平面,其指向可用右手螺旋定则确定。如附录图 9 所示,当右手四指从 $\boldsymbol{A}$ 经小于 180°的角转向 $\boldsymbol{B}$ 时,右手拇指的指向(即右螺旋前进的方向)就是 $\boldsymbol{C}$ 的方向。如果以 $\boldsymbol{A}$ 和 $\boldsymbol{B}$ 构成平行四边形的邻边,则 $\boldsymbol{C}$ 是这样一个矢量,它垂直于此平行四边形所在的平面,且其指向代表着此平面的正法线方向,而它的大小则等于该平行四边形的面积。

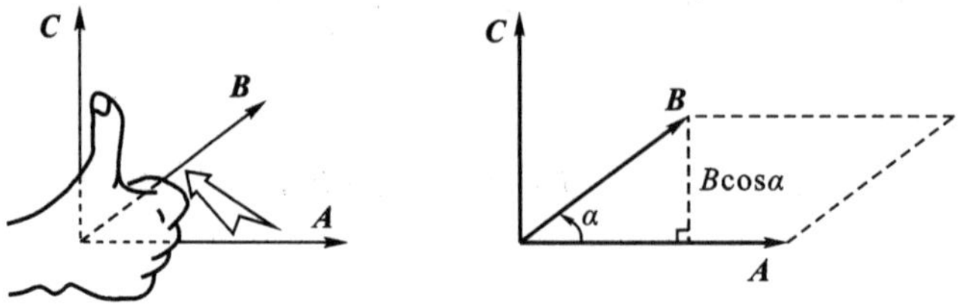

附录图 9　矢量 **A** 和 **B** 的矢积

矢积遵循以下运算法则：

$$\text{交换律}\qquad \boldsymbol{A}\times\boldsymbol{B}=-\boldsymbol{B}\times\boldsymbol{A} \tag{17}$$

这是由于 $\boldsymbol{A}\times\boldsymbol{B}$ 的大小 $AB\sin\alpha$ 与 $\boldsymbol{B}\times\boldsymbol{A}$ 的大小 $BA\sin\alpha$ 相同，但 $\boldsymbol{A}\times\boldsymbol{B}$ 和 $\boldsymbol{B}\times\boldsymbol{A}$ 的方向相反，所以矢量的矢积不遵守交换律。

$$\text{分配律}\qquad \boldsymbol{C}\times(\boldsymbol{A}+\boldsymbol{B})=\boldsymbol{C}\times\boldsymbol{A}+\boldsymbol{C}\times\boldsymbol{B} \tag{18}$$

如果矢量 $\boldsymbol{A}$ 和 $\boldsymbol{B}$ 是平行或反平行，即它们之间的夹角 α 为 0°或 180°时，由于 $\sin\alpha=0$，所以 $\boldsymbol{B}\times\boldsymbol{A}=0$。

直角坐标系中，由于 $\boldsymbol{i}\times\boldsymbol{j}=\boldsymbol{k}$，$\boldsymbol{i}\times\boldsymbol{k}=\boldsymbol{j}$，$\boldsymbol{i}\times\boldsymbol{i}=0$，则两个矢量的矢积可以写成

$$\begin{aligned}\boldsymbol{A}\times\boldsymbol{B}&=(A_x\boldsymbol{i}+A_y\boldsymbol{j}+A_z\boldsymbol{k})\times(B_x\boldsymbol{i}+B_y\boldsymbol{j}+B_z\boldsymbol{k})\\&=(A_yB_z-A_zB_y)\boldsymbol{i}+(A_zB_x-A_xB_z)\boldsymbol{j}+(A_xB_y-A_yB_k)\boldsymbol{k}\end{aligned} \tag{19a}$$

上式还可写成行列式：

$$\boldsymbol{A}\times\boldsymbol{B}=\begin{vmatrix}\boldsymbol{i} & \boldsymbol{j} & \boldsymbol{k}\\ A_x & A_y & A_z\\ B_x & B_y & B_z\end{vmatrix} \tag{19b}$$

四、矢量的导数和积分

1. 矢量的导数

在直角坐标系中有一矢量 $\boldsymbol{A}$，它仅是时间的函数。随着时间的流逝，矢量 $\boldsymbol{A}$ 的大小和方向都在改变。设在时刻 t，该矢量为 $\boldsymbol{A}_1(t)$，在时刻 $t+\Delta t$，这矢量为 $\boldsymbol{A}_2(t+\Delta t)$。那么在 Δt 时间间隔内，其增量为

$$\Delta\boldsymbol{A}=\boldsymbol{A}(t+\Delta t)-\boldsymbol{A}(t)$$

当 $\Delta t\to 0$ 时，$\dfrac{\Delta\boldsymbol{A}}{\Delta t}$的极限为

$$\lim_{\Delta t\to 0}\frac{\Delta\boldsymbol{A}}{\Delta t}=\frac{\mathrm{d}\boldsymbol{A}}{\mathrm{d}t} \tag{20}$$

式中，$\dfrac{\mathrm{d}\boldsymbol{A}}{\mathrm{d}t}$为矢量 $\boldsymbol{A}$ 对时间 t 的导数。在一般情况下，矢量 $\boldsymbol{A}$ 不仅是时间 t 的函数，还可以是坐标 x、y、z 等的函数，即是一多元函数。关于多元函数的求导，请参阅有关数学书籍。

矢量函数的导数常用其分量函数的导数来表示。在直角坐标系中，矢量 $\boldsymbol{A}$ 的导数可表示为

$$\frac{\mathrm{d}\boldsymbol{A}}{\mathrm{d}t}=\frac{\mathrm{d}A_x}{\mathrm{d}t}\boldsymbol{i}+\frac{\mathrm{d}A_y}{\mathrm{d}t}\boldsymbol{j}+\frac{\mathrm{d}A_z}{\mathrm{d}t}\boldsymbol{k} \tag{21}$$

利用矢量导数的公式可以证明下列公式：

(1) $\dfrac{\mathrm{d}}{\mathrm{d}t}(\boldsymbol{A}+\boldsymbol{B})=\dfrac{\mathrm{d}\boldsymbol{A}}{\mathrm{d}t}+\dfrac{\mathrm{d}\boldsymbol{B}}{\mathrm{d}t}$；

(2) $\dfrac{\mathrm{d}(C\boldsymbol{A})}{\mathrm{d}t}=C\dfrac{\mathrm{d}\boldsymbol{A}}{\mathrm{d}t}$（$C$ 为常数）；

(3) $\dfrac{\mathrm{d}}{\mathrm{d}t}(\boldsymbol{A}\cdot\boldsymbol{B})=\boldsymbol{A}\cdot\dfrac{\mathrm{d}\boldsymbol{B}}{\mathrm{d}t}+\boldsymbol{B}\cdot\dfrac{\mathrm{d}\boldsymbol{A}}{\mathrm{d}t}$；

(4) $\dfrac{\mathrm{d}}{\mathrm{d}t}(\boldsymbol{A}\times\boldsymbol{B})=\boldsymbol{A}\times\dfrac{\mathrm{d}\boldsymbol{B}}{\mathrm{d}t}+\dfrac{\mathrm{d}\boldsymbol{A}}{\mathrm{d}t}\times\boldsymbol{B}$。

2. 矢量的积分

矢量函数的积分是很复杂的，下面举两个简单的例子。

设 $\boldsymbol{A}$ 和 $\boldsymbol{B}$ 均在同一平面直角坐标系内，且 $\frac{\mathrm{d}\boldsymbol{B}}{\mathrm{d}t}=\boldsymbol{A}$。于是，有

$$\mathrm{d}\boldsymbol{B}=\boldsymbol{A}\mathrm{d}t \tag{22}$$

对上式积分并略去积分常数，得

$$\boldsymbol{B}=\int\boldsymbol{A}\mathrm{d}t=\int(A_x\boldsymbol{i}+A_y\boldsymbol{j})\mathrm{d}t$$

即

$$\boldsymbol{B}=\boldsymbol{B}_x+\boldsymbol{B}_y$$

式中，$B_x=\int A_x\mathrm{d}t, B_y=\int A_y\mathrm{d}t$。

如果 $\boldsymbol{A}$ 表示力，$\mathrm{d}t$ 为时间，式(22)就是变力冲量计算式。

若矢量 $\boldsymbol{A}$ 沿如附录图 10 所示的曲线变化，那么 $\int\boldsymbol{A}\cdot\mathrm{d}\boldsymbol{l}$ 为这个矢量沿此曲线的线积分。由于

$$\boldsymbol{A}=A_x\boldsymbol{i}+A_y\boldsymbol{j}+A_z\boldsymbol{k}$$
$$\mathrm{d}\boldsymbol{l}=\mathrm{d}x\boldsymbol{i}+\mathrm{d}y\boldsymbol{j}+\mathrm{d}z\boldsymbol{k}$$

所以

$$\int\boldsymbol{A}\cdot\mathrm{d}\boldsymbol{l}=(A_x\boldsymbol{i}+A_y\boldsymbol{j}+A_z\boldsymbol{k})\cdot(\mathrm{d}x\boldsymbol{i}+\mathrm{d}y\boldsymbol{j}+\mathrm{d}z\boldsymbol{k})$$

由于 $\boldsymbol{i}\cdot\boldsymbol{i}=\boldsymbol{j}\cdot\boldsymbol{j}=\boldsymbol{k}\cdot\boldsymbol{k}=1, \boldsymbol{i}\cdot\boldsymbol{j}=\boldsymbol{j}\cdot\boldsymbol{k}=\boldsymbol{k}\cdot\boldsymbol{i}=0$，可得

$$\int\boldsymbol{A}\cdot\mathrm{d}\boldsymbol{l}=\int A_x\mathrm{d}x+\int A_y\mathrm{d}y+\int A_z\mathrm{d}z \tag{23}$$

如果 $\boldsymbol{A}$ 表示力，$\mathrm{d}\boldsymbol{l}$ 表示位移元，式(23)就是变力做功计算式。

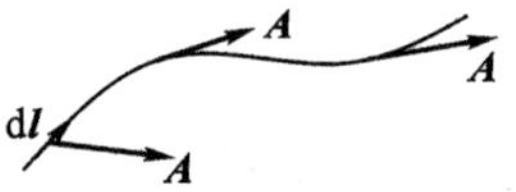

附录图 10 矢量线积分

希腊字母中英文读音及常用意义表

序号	大写正体	小写斜体	英文注音	对应英文字母	中文读音	常用意义	对应数值
1	A	α	alpha	a	阿尔法	角度(小写)；系数；角加速度(小写)	1
2	B	β	beta	b，v	贝塔	磁通系数；磁感应强度(大写)；角度(小写)；系数	2
3	Γ	γ	gamma	g，gh，y	伽马	电导系数(小写)	3
4	Δ	δ	delta	d，dh，th	德尔塔	变化量(大写)；屈光度	4

续表

序号	大写正体	小写斜体	英文注音	对应英文字母	中文读音	常用意义	对应数值
5	Ε	ε	epsilon	e	艾普西隆	黏滞系数;电势能(小写),电容率	5
6	Ζ	ζ	zeta	z	截塔	系数;方位角;阻抗;相对黏度;原子序数	7
7	Η	η	eta	e, i	艾塔	磁滞系数;效率(小写)	8
8	Θ	θ	theta	th	西塔	温度;相位角	9
9	Ι	ι	iota	i	约塔	微小,一点儿	10
10	Κ	κ	kappa	k	卡帕	介质常数	20
11	Λ	λ	lambda	l	兰姆达	波长(小写);体积	30
12	Μ	μ	mu	m	缪	磁导系数;微(千分之一);放大因数(小写);动摩擦因数(小写)	40
13	Ν	ν	nu	n	纽	磁阻系数;光频率(小写);中微子(小写)	50
14	Ξ	ξ	xi	ksi	克西	随机变量	60
15	Ο	o	omicron	o	奥密克戎	无穷小量:$o(x)$	70
16	Π	π	pi	p	派	圆周率=圆周÷直径=3.141592653589793	80
17	Ρ	ρ	rho	r	柔	电阻系数(小写);密度(小写)	100
18	Σ	σ	sigma	s	西格马	总和(大写);表面密度(小写)	200
19	Τ	τ	tau	t	陶	时间常数;周期(大写)	300
20	Υ	υ	upsilon	u, y, v, f	宇普西隆	位移	400
21	Φ	φ	phi	ph, f	斐	磁通(大写);电势(小写);黄金分割符号;工程中表示直径(大写斜体)	500
22	Χ	χ	chi	ch, kh	奇	卡方分布;电感	600

续表

序号	大写正体	小写斜体	英文注音	对应英文字母	中文读音	常用意义	对应数值
23	Ψ	ψ	psi	ps	普西	角速度;电通量;角	700
24	Ω	ω	omega	o	奥米伽	欧姆(大写);角速度(小写);角	800

参考文献

[1] 马文蔚,周雨青,解希顺. 物理学:上册[M]. 7 版. 北京:高等教育出版社,2020.
[2] 吴百诗. 大学物理:彩色修订版[M]. 西安:西安交通大学出版社,2019.
[3] 赵凯华,罗蔚茵. 力学[M]. 北京:高等教育出版社,2004.
[4] 李甲科. 大学物理[M]. 西安:西安交通大学出版社,2012.
[5] 李元成,张静,钟寿仙. 大学物理[M]. 北京:机械工业出版社,2016.
[6] 朱长军,翟学军. 大学物理学[M]. 西安:西安电子科技大学出版社,2012.
[7] 宋士贤,文喜星,吴平. 工科物理教程[M]. 北京:国防工业出版社,2012.
[8] 李甲科. 大学物理[M]. 西安:西北大学出版社,2011.
[9] 程守珠,江之勇. 普通物理学[M]. 7 版. 北京:高等教育出版社,2016.
[10] 周雨青. 工科基本物理学[M]. 北京:清华大学出版社,2010.
[11] 钟锡华. 电磁学通论[M]. 北京:北京大学出版社,2014.